人民邮电出版社

北京

图书在版编目（CIP）数据

怎样识读电子电路图 / 门宏编著. -- 3版. -- 北京:人民邮电出版社, 2024.5
ISBN 978-7-115-63072-8

Ⅰ. ①怎… Ⅱ. ①门… Ⅲ. ①电子电路—识图 Ⅳ. ①TN710

中国国家版本馆CIP数据核字(2023)第208179号

内 容 提 要

本书紧扣“怎样识读电子电路图”的主题，系统地介绍了看懂电路图所必须掌握的基础知识和基本方法，并通过具体的电路实例对常用电路进行了具体分析，内容包括电路图基础知识、电路图符号、元器件和集成电路的性能特点与作用、电路图的基本看图方法、基本单元电路工作原理分析、数字单元电路工作原理分析、怎样看电路图实例。

本书内容丰富，取材新颖，图文并茂，直观易懂，具有很强的实用性，可供初学电子技术的读者学习使用，也可作为电子技术爱好者和从业人员的参考书，并可作为职业技术学校教学和务工人员上岗培训的参考书。

◆ 编　　著　门　宏
　责任编辑　李　强
　责任印制　马振武
◆ 人民邮电出版社出版发行　　北京市丰台区成寿寺路 11 号
　邮编　100164　　电子邮件　315@ptpress.com.cn
　网址　https://www.ptpress.com.cn
　固安县铭成印刷有限公司印刷
◆ 开本：880×1230　1/32
　印张：14.125　　　　2024 年 5 月第 3 版
　字数：393 千字　　　2024 年 5 月河北第 1 次印刷

定价：79.80 元

读者服务热线：(010)81055493　印装质量热线：(010)81055316
反盗版热线：(010)81055315
广告经营许可证：京东市监广登字 20170147 号

第 3 版前言

电路图又称作电路原理图，是一种反映电子设备中各元器件的电气连接情况的图纸。通过对电路图的分析和研究，我们就可以了解电子设备的电路结构和工作原理。因此，识读电子电路图是学习电子技术的一项重要内容，是进行电子制作或电器修理的前提，也是电子技术爱好者必须掌握的基本功。

怎样才能尽快学会看懂电路图呢？这就需要对电路图的构成要素有一个基本的了解，熟悉组成电路图的各种符号，了解并掌握各种元器件的性能特点和基本作用，掌握电路图的一般画法规则，熟练掌握各种基本单元电路的结构、原理和分析方法，并融会贯通、灵活运用。

为了帮助广大电子技术初学者更好地解决“识读电子电路图”的难题，更快地掌握看图、识图、分析电路图的方法和技巧，笔者根据自学的特点和要求，结合自己长期从事电子技术教学工作的实践，编写了本书。

随着信息技术与数字技术的飞速发展，电子产品正迅速地朝着集成化、数字化、信息化的方向发展，集成电路不仅越来越多地出现在电子设备的电路图中，而且越来越多地出现在电子技术爱好者业余制作的图纸中。掌握一定的集成电路的相关知识，已成为看懂现代新型电子电气设备电路图、顺利进行制作和维修的前提。因此，本书还特别阐述了集成电路的看图方法和分析方法。在单元电路分析和看图实例的取材中，更多地选用了集成化的电路图，以适应电子技术发展的新要求。

本书自 2010 年 6 月出版以来，特别是 2019 年 1 月再版以来，受到了广大读者的普遍认可和欢迎，已重印 40 多次。这次修订，在上一版增加数字电路基础和数字单元电路识读分析的基础上，又增加了传感器及其应用电路的知识，对其他内容也进行了更新，章节编排上作了适当调整，以便更好地满足读者的需要。

本书共分 8 章。第 1 章讲述了看懂电路图所必须掌握的基础知识；第 2 章讲述了电路图符号；第 3 章讲述了元器件的性能特点与作用；第 4 章讲述了集成电路的性能特点与作用；第 5 章讲述了电路图的基本看图方法；第 6 章讲述了基本单元电路的的工作原理及分析方法；第 7 章讲述了数字单元电路的工作原理及分析方法；第 8 章通过 10 个不同类型的具体电路实例，详细讲解了识读电子电路图的基本方法和步骤。内容涉及电源电路、放大电路、振荡电路、调制解调电路、编码译码电路、显示电路、有源滤波电路、开关和数字电路、控制和遥控电路等常用电路。读者可以循序渐进、逐步掌握本书内容，并在此基础上举一反三，不断提高自己的看图、识图和分析电路图的能力。

本书紧扣“怎样识读电子电路图”的主题，重点突出了实用的基本知识和分析方法，避开了令初学者不得要领的烦冗的理论阐述。在写作形式上，本书力求做到深入浅出，并配以大量的图解，做到图文并茂，直观易懂。相信本书能为广大电子技术爱好者提高电路图的看图、识图和分析能力带来益处。

本书适合广大电子技术爱好者、电子技术专业人员、家电维修人员和相关行业从业人员阅读学习，并可作为职业技术学校和务工人员上岗培训的基础教材。书中如有不当之处，欢迎读者朋友批评指正。

作者

2023 年 6 月

目录

第1章 电路图基础知识

第4章 集成电路的性能特点与作用

第5章 电路图的基本看图方法

第7章 数字单元电路工作原理分析

第8章 怎样看电路图实例

第 1 章　电路图基础知识

电路图是一种反映电子设备中各元器件的电气连接情况的图纸。通过对电路图的分析和研究，我们就可以了解电子设备的电路结构和工作原理。因此，学会看懂电路图是学习电子技术的重要环节，是进行电子设备设计、制作、维修的前提，也是电子技术人员和爱好者必须掌握的基本功。

也许你会觉得，电路图就像天方夜谭里的藏宝图似的很难看懂，但是请不要失去信心，就像掌握了藏宝图的密码就能够找到宝藏一样，掌握了电路图的基本概念、构成要素、元器件符号、画法规则等破译电路图的密码，就一定能够看懂电路图。

1.1　电路图的基本概念

要认识和看懂电路图，首先要对电路图的基本概念有所了解，即知道什么是电路图，电路图有哪些种类，它们具有什么样的作用。现在我们就来重点讲讲这些问题。

1.1.1　什么是电路图

顾名思义，电路图是关于电路的图纸。电路图由各种符号和线条按照一定的规则组合而成，反映了电路的结构与工作原理。例如，图 1-1 为调频无线话筒电路图，它用抽象的符号反映出调频无线话筒的电路结构与工作原理。

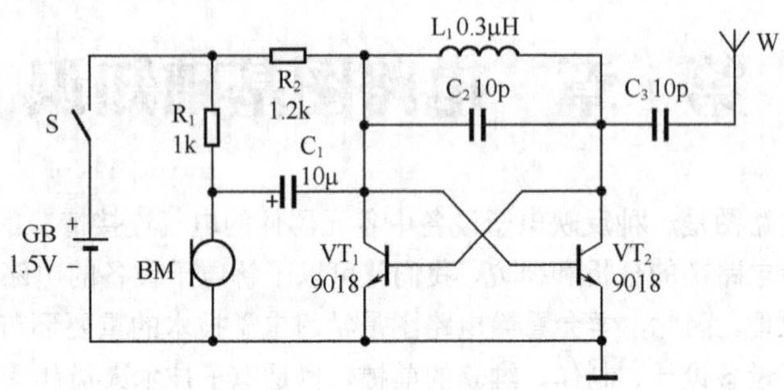

图 1-1　调频无线话筒电路图

1.1.2　电路图有哪些种类和作用

通常所说的电路图是指电路原理图，广义的电路图概念还包括方框图、电路板图和实物连接图等。

（1）电路原理图

电路原理图是一种反映电子设备中各元器件的电气连接情况的图纸。电路原理图由各种符号和字符组成。通过电路原理图，我们可以详细了解电子设备的电路结构、工作原理和接线方法，还可以进行定量的计算分析和研究。电路原理图是电子制作和维修的最重要的依据，图 1-1 就是电路原理图。

（2）方框图

方框图是一种概括地反映电子设备的电路结构与功能的图纸。方框图由方框、线条和说明文字组成，它简单明了地反映出电子设备的电路结构和电路功能，有助于我们从整体上了解和研究电路原理。例如，图 1-2 就是调频无线话筒的方框图。

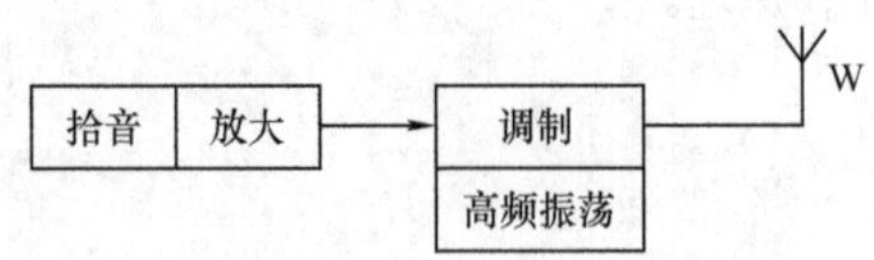

图 1-2　调频无线话筒的方框图

（3）电路板图

电路板图是一种反映电路板上元器件安装位置和布线结构的图纸。电路板图由写实性的电路板线路、相应位置上的元器件符号和注释字符等组成。例如，图 1-3 为调频无线话筒的电路板图。

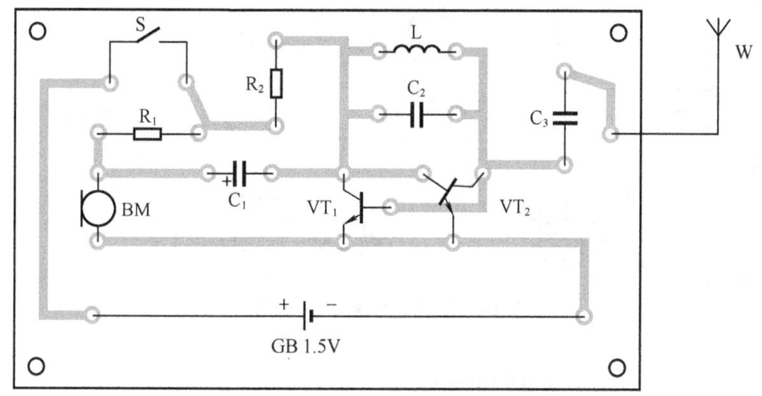

图 1-3　调频无线话筒的电路板图

电路板图是根据电路原理图设计绘制的实际的安装图，标明了各元器件在电路板上的安装位置。电路板图为实际制作和维修提供了很大的方便。

（4）实物连接图

实物连接图由写实性的元器件图形和连接线条等组成，是一种用实物图形形象地表示电路原理图的图纸，可以帮助初学者较好、较快地理解电路原理图。

例如，图 1-4 为调频无线话筒的实物连接图，它形象地反映出调频无线话筒各元器件的连接关系。

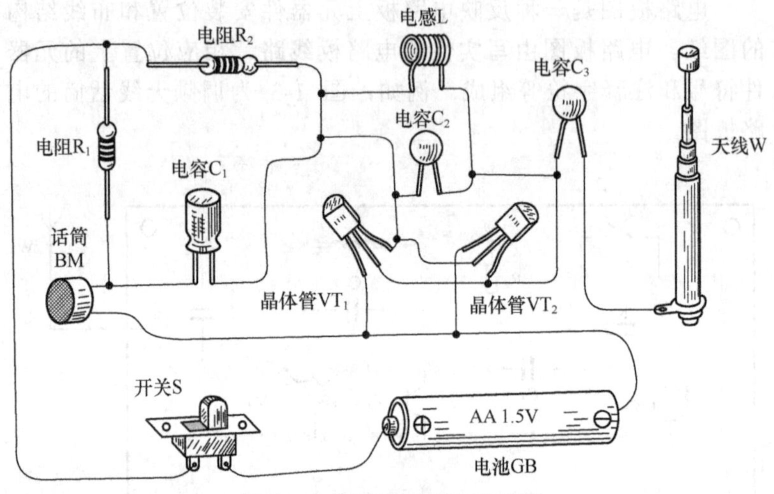

图 1-4　调频无线话筒实物连接图

1.2　电路基础知识

看懂电路图需要掌握哪些最基础的知识呢？站在不同的角度可以有不同的回答。但是对于初学者来说，可以认为电压、电流、电阻等是最重要的基础知识。

1.2.1　电压

什么是电压？电压就是指某点相对于参考点的电位差。某点电位高于参考点电位称为正电压，某点电位低于参考点电位称为负电压。电压的符号是“U”。电压的单位为伏特，简称伏，用字母“V”表示。

形象地说，电压就好比自来水管中的水压。如图 1-5 所示，水塔的水位高于水龙头的水位，它们之间的水位差即为水压。有了水压，自来水才能从水龙头里流出来。

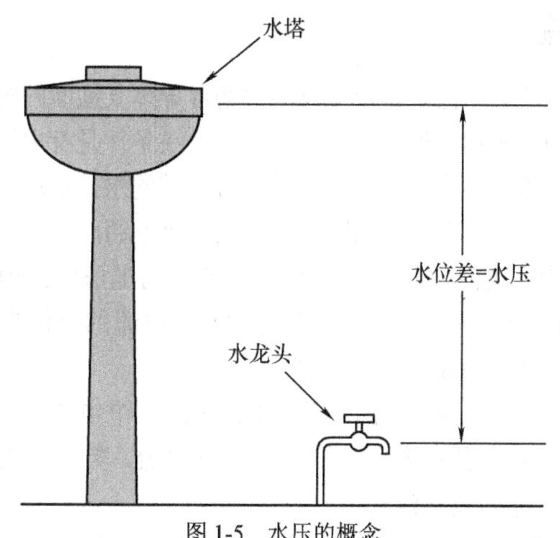

图 1-5　水压的概念

对于一节电池来说，电压就是电池正、负极之间的电位差，如图 1-6 所示。一般以电池负极为参考点（电位为 0V），那么电池正极的电压为“1.5V”。如果以电池正极为参考点，则电池负极的电压为“−1.5V”。

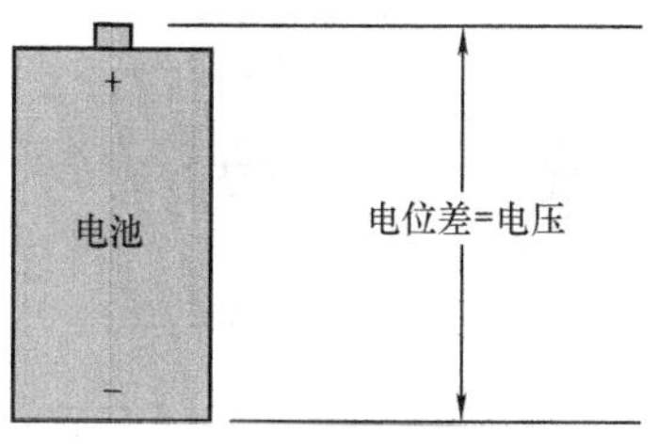

图 1-6　电压的概念

可以说，电压是产生电流的原动力，有了电压，才会有电流在电路中流动。在电路中，通常以公共接地点为参考点。如果说电路中某点的电压是 6V，其含义就是说该点相对于公共接地点具有 6V 的电位差。至于我们的家庭用电 220V 电压，是指相线相对于零线具有 220V 的电位差，当然它是交流电压，这点我们以后再详细介绍。

1.2.2 电流

什么是电流？电流是指单位时间内通过导体某截面的电荷转移量，反映了电荷的规则运动过程。产生电流的先决条件是有电压存在，并且电路要构成回路。没有电压，就好像没有落差的水，形成不了电流。同样重要的是，电路没有构成回路，就好像水渠不通，也形成不了电流。

在电路中，电流总是从电压高的地方流向电压低的地方，就像水从高处流向低处一样。电流的符号是“I”。电流的单位为安培，简称安，用字母“A”表示。

有时我们为了分析电路，可以预先设定一个电流的方向。这时，实际电流的方向与预设方向相同的称为正电流，实际电流的方向与预设方向相反的称为负电流。

我们以最简单的手电筒电路为例来说明电流方向的概念。图 1-7 所示为手电筒电路，如果我们规定电流的方向为从上到下，那么图 1-7（a）中电流 $I = 0.25\text{A}$。如果我们将电池颠倒过来装入手电筒，如图 1-7（b）那样，那么电流 $I = -0.25\text{A}$。

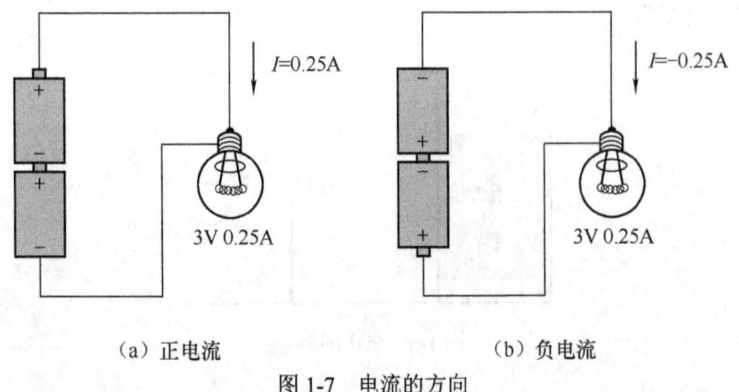

（a）正电流　（b）负电流

图 1-7　电流的方向

1.2.3 电阻

什么是电阻？简单来说电阻就是指电流在电路中所遇到的阻力，或者说是指物体对电流的阻碍能力。电阻越大，电流所受到的阻力就越大，因此电流就越小。反之，电阻越小，电流所受到的阻力就越小，因此电流就越大。电阻的符号是“R”。电阻的单位为欧姆，简称欧，用字母“Ω”表示。

任何物体都存在电阻，导体也不例外。大家可能有这样的体验，电饭煲在煮饭的时候，导线会有些许发热，究其原因就是制作导线的铜存在电阻，虽然电阻很小，但是在煮饭的大电流情况下仍会消耗部分电能，以热的形式散发出来，如图 1-8 所示。

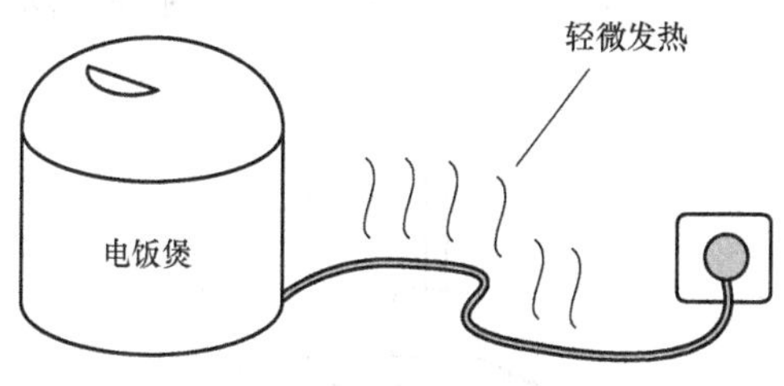

图 1-8　导线发热

那么电阻是不是一无是处呢？当然不是。正因为有电阻的存在，我们才能够控制电流的大小。为了让电流按照人们的意愿做功，人们发明了电阻器。后面我们会专门讲解。

1.2.4　欧姆定律

欧姆定律是一个很重要的基本定律。我们知道，电流在电压的驱动下、在电阻的限制下流动。电压、电流、电阻三者之间存在着必然的、内在的、互相制约的关系，欧姆定律就是反映电压、电流、电阻三者之间关系的数学公式。

欧姆定律：电路中电流的大小等于电压与电阻的比值，即 $I=\dfrac{U}{R}$。

实际上，我们只要知道了电压、电流、电阻三项中的任意两项，就可以通过欧姆定律来求出另外一项，即欧姆定律还可以写作以下两种形式：$U=IR$，$R=\dfrac{U}{I}$。

1.2.5 功率

电功率简称功率，是指电能在单位时间所做的功，或者说是表示电能转换为其他形式的能量的速率。功率的符号是“P”。功率的单位为瓦特，简称瓦，用字母“W”表示。功率在数值上等于电压与电流的乘积，即 $P = UI$ 。

例如，某盏电灯在点亮时的电流约为 0.455A，那么这盏电灯在点亮时的功率为 $P = 220\text{V} \times 0.455\text{A} \approx 100\text{W}$，如图 1-9 所示。

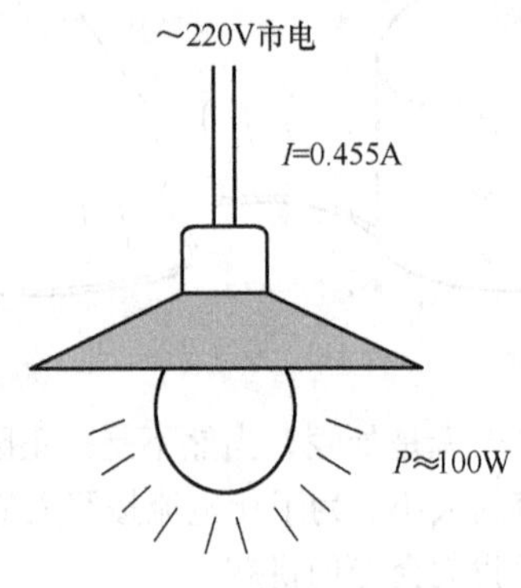

图 1-9　功率的概念

电路中的元器件在工作时会产生热量，这些热量是由电能转换而来的，它与元器件在工作时所消耗的功率，或者说所加的电压和所通过的电流有关。

1.2.6 并联

什么是并联？并联是指两个或两个以上物体并行连接在一起，就好像高速公路的收费站，许多收费通道并排在一起，可以提高通过能力。电子技术中的并联主要有元器件的并联、电路的并联、电气设备的并联等。

在元器件的并联中，电阻并联后总阻值减小。两个电阻的并联如图 1-10 所示，两个电阻 R_1、R_2 并联后，等效为一个电阻 R，其总阻

值 $R=\dfrac{R_1R_2}{R_1+R_2}$。当 $R_1=R_2$ 时，$R=\dfrac{1}{2}R_1$。

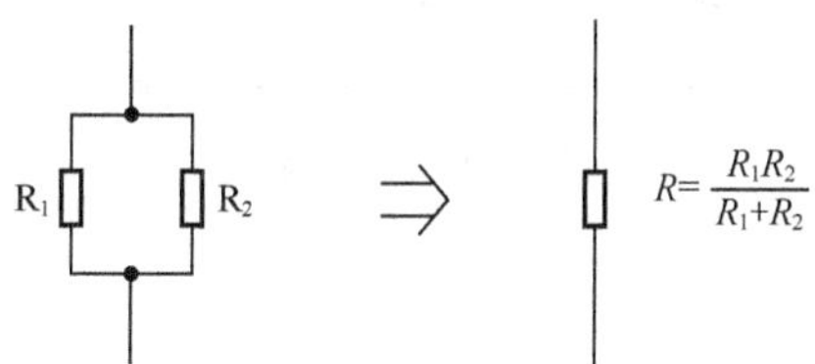

图 1-10　电阻的并联

电容并联后总容量增大。两个电容的并联如图 1-11 所示，两个电容 C_1、C_2 并联后，等效为一个电容 C，其总容量 $C=C_1+C_2$。当 $C_1=C_2$ 时，$C=2C_1$。

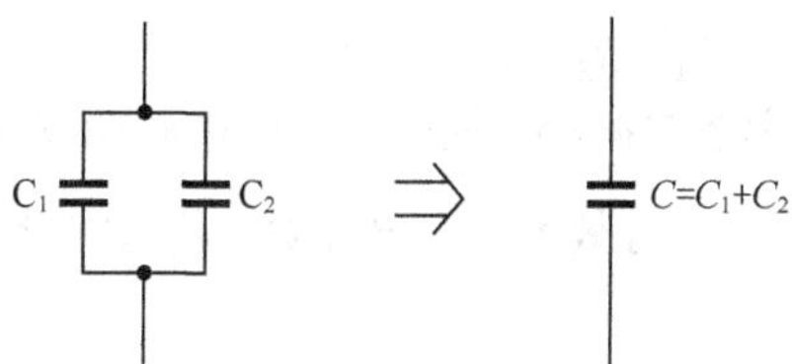

图 1-11　电容的并联

测量电压时一般采用并联方式，如图 1-12 所示，电压表 PV 并接在灯泡 EL 上，即可测量灯泡上的电压。

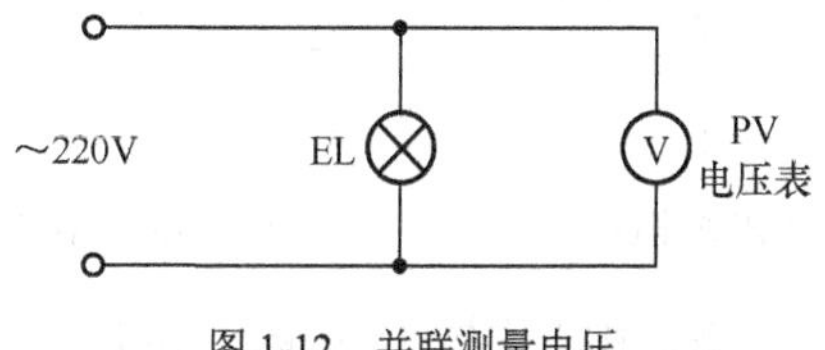

图 1-12　并联测量电压

我们家里的所有电气设备都是并联用电的。例如，图 1-13 为电灯的并联，两个灯泡 EL_1、EL_2 并联在 220V 电源上，每个灯泡都得到 220V 电压。

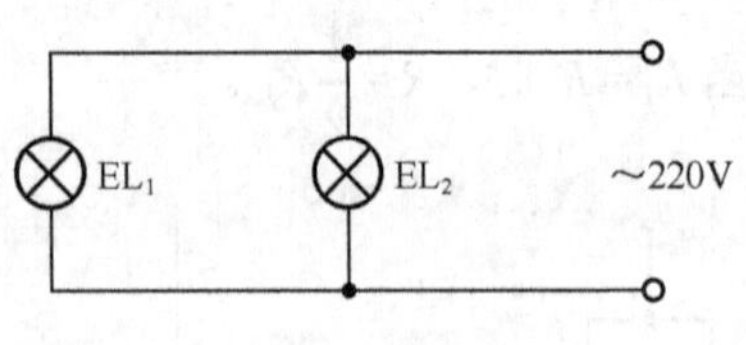

图 1-13　灯泡的并联

1.2.7　串联

什么是串联？串联是指两个或两个以上物体首尾相连串接在一起，就好像一列火车，各个车厢依次连接在一起。电子技术中的串联主要有元器件的串联、电路的串联、电气设备的串联等。

在元器件的串联中，电阻串联后总阻值增大。两个电阻的串联如图 1-14 所示，两个电阻 R_1、R_2 串联后，等效为一个电阻 R，其总阻值 $R=R_1+R_2$。当 $R_1=R_2$ 时，$R=2R_1$。

电容串联后总容量减小。两个电容的串联如图 1-15 所示，两个电容 C_1、C_2 串联后，等效为一个电容 C，其总容量 $C=\dfrac{C_1C_2}{C_1+C_2}$。当 $C_1=C_2$ 时，$C=\dfrac{1}{2}C_1$。

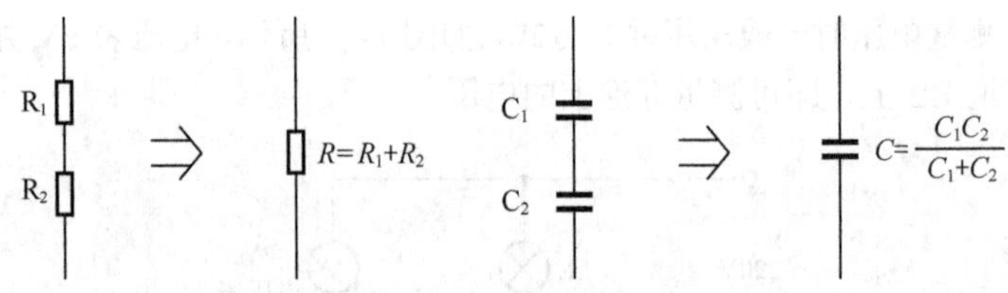

图 1-14　电阻的串联　　图 1-15　电容的串联

测量电流时一般采用串联方式，如图 1-16 所示，电流表 PA 串联在灯泡 EL 的电路中，即可测量灯泡的电流。

电灯的串联如图 1-17 所示，两个功率相等的灯泡 EL_1、EL_2 串联在 220V 电源上，每个灯泡得到一半电压，即 110V 电压。这可以是两个 110V 灯泡的一种应用方式，也可以是两个 220V 灯泡降低亮度、延长寿命的应用方式。

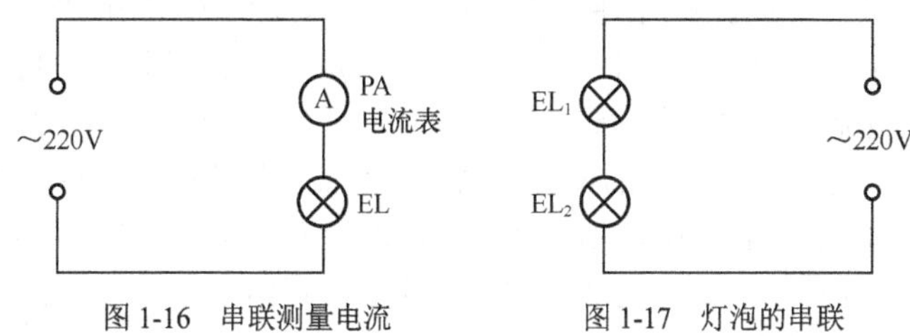

图 1-16　串联测量电流　　图 1-17　灯泡的串联

1.3 数字电路基础

随着数字技术的飞速发展和电子产品的更新换代，数字电路不仅越来越多地出现在电气设备的电路图中，而且越来越多地出现在电子技术爱好者业余制作的图纸中。数字电路技术是建立在数字技术理论基础之上的。掌握一定的数字电路基础理论知识，是看懂数字电路图的前提。数字电路的基础理论知识主要有二进制和二进制编码、逻辑关系和逻辑代数以及基本公式和定律等。

1.3.1 常用数制和码制

数制即计数体制，是指人们进行计数的方法和规则。在我们的日常生活和工作中，经常会用到不同的一些数制，例如：平常计数和计算所使用的十进制，时间上分、秒计数的六十进制，小时计数的十二进制或二十四进制，每星期天数计数的七进制等，其中使用得最多、最普遍的是十进制。

数字电路中采用的是二进制，这是因为二进制只有“1”和“0”两个数码，可以方便地用电流的有无、电压的高低、电路的通断等两种状态来表示。

码制即编码体制，在数字电路中主要是指用二进制数来表示非二进制数字以及字符的编码方法和规则。

（1）十进制

十进制是最基本、最重要的计数体制，也是我们最熟悉、最习惯

的计数体制，我们平时写出来的不做任何标记的数都是十进制数。

十进制数的最显著的特点是“逢十进一”，即：有 10 个“一”就进位成为 1 个“十”，有 10 个“十”就进位成为 1 个“百”，依此类推。

十进制数有 10 个数码：0、1、2、3、4、5、6、7、8、9，它们在一个十进制数中所处的位置不同，其所表示的数值也不同。例如：在十进制数“345”中，“5”处于个位表示五，“4”处于十位表示四十，“3”处于百位表示三百，“345”表示三百四十五。这种差别是由各位的位权带来的。

十进制数各位的位权是 10 的整数次幂（小数部分各位的位权是 10 的负整数次幂）。例如，个位的位权是 $10^0=1$，十位的位权是 $10^1=10$，百位的位权是 $10^2=100$，千位的位权是 $10^3=1000$，见表 1-1。一个十进制数的数值是各位系数与位权乘积的和。

▼ 表 1-1　十进制数各位的位权

名称	……	万位	千位	百位	十位	个位	小数点	十分位	百分位	……	
数位 n	……	5	4	3	2	1		−1	−2	……	$-n$
位权 10^{n-1}	……	10^4	10^3	10^2	10^1	10^0		10^{-1}	10^{-2}	……	10^{-n}

注：n 为正整数。

（2）二进制

二进制是另一种重要的计数体制。虽然二进制不符合我们的计数习惯，也不够直观，但是二进制具有计算规则简单、电路实现方便的优势，是数字电路中最基本的计数体制。

二进制数的最显著的特点是“逢二进一”，即：二进制数的每一位只要有 2 个“一”，就进位成为上一位的 1 个“一”，用算式表示就是：“1+1=10”。我们需要特别注意的是，这个算式中的数字都是二进制数，绝不能将等式右边的和“10”(一零)误作十进制数中的10(十)。在可能混淆引起误解的场合，应将数字用括号括起来，并在括号外右下角标注代表数制的字符。例如：$(1001)_2$ 是二进制数“一零零一”，$(1001)_{10}$ 是十进制数“一千零一”。

二进制数只有两个数码：0 和 1。与十进制数一样，二进制数的

各位也有相应的位权，二进制数各位的位权是2的整数次幂，见表1-2。例如："1"在右起第一位时（位权是2^0=1）表示一，"1"在右起第二位时（位权是2^1=2）表示二，"1"在右起第三位时（位权是2^2=4）表示四，"1"在右起第四位时（位权是2^3=8）表示八，依此类推。

▼表1-2　二进制数各位的位权

右起位数	n	6	5	4	3	2	1
位权	2^{n-1}	2^5	2^4	2^3	2^2	2^1	2^0
位权的值		32	16	8	4	2	1

一个二进制数的十进制数值是各位系数与位权乘积的和。例如：$(1101)_2=1\times2^3+1\times2^2+0\times2^1+1\times2^0=(13)_{10}$，即二进制数"1101"等于十进制数"13"。

在数字电路中有时还使用八进制和十六进制，二进制是八进制和十六进制的基础。

（3）BCD码

数字电路采用的基本数制是二进制，而人们熟悉和习惯使用的数制是十进制，因此有必要在二进制与十进制之间建立一种桥梁、一种转换机制，以方便对数字电路的解读和分析。BCD码就是一种用二进制数表示十进制数的码制。

BCD码全称为二-十进制码，它使用4位二进制数表示一位十进制数。每4位二进制数可以组成"0000"～"1111"总共16个代码，而一位十进制数只有0～9十个数码，因此只需要从16个代码中选用10个按一定规则进行编码即可。BCD码可以有多种编码方式，例如：8421码、5421码、2421码、余3码、格雷码等。

8421码是一种常用的BCD码。8421码属于有权码，其4位二进制代码的每一位都有确定的位权，从高位到低位依次为"8""4""2""1"，如图1-18所示，所以称之为"8421码"。

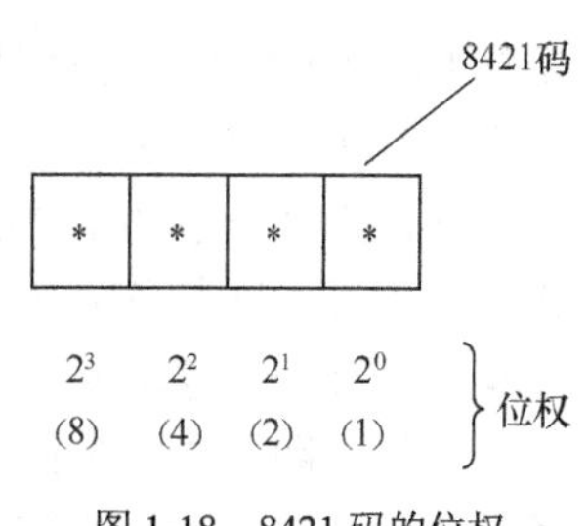

图1-18　8421码的位权

表 1-3 为 8421 码的编码表。

▼ 表 1-3　　8421 码编码表

8421 码	十进制数码
0000	0
0001	1
0010	2
0011	3
0100	4
0101	5
0110	6
0111	7
1000	8
1001	9

1.3.2　基本逻辑关系

逻辑关系是指事件发生的条件与结果之间的因果关系。基本的逻辑关系有三种：逻辑与、逻辑或和逻辑非。

（1）逻辑与关系

在决定某一事件结果的若干条件中，只有当所有条件都满足时，结果才出现，否则结果就不会出现，这样一种因果关系称为“逻辑与”关系。

例如，图 1-19 所示的两个开关串联控制电灯的电路中，只有当两个开关 S_1、S_2 都闭合时，电灯 EL 才会亮；只要有一个开关不闭合，电灯 EL 就不会亮。这就是逻辑与的关系。

（2）逻辑或关系

在决定某一事物结果的若干条件中，只要有一个条件能满足，结果就会出现；只有当所有条件都不满足时，结果才不出现。这样一种因果关系称为“逻辑或”关系。

例如，图 1-20 所示的两个开关并联控制电灯的电路中，两个开关 S_1、S_2 中只要有一个闭合，电灯 EL 就会亮；只有两个开关都不闭合，电灯 EL 才不亮。这就是逻辑或的关系。

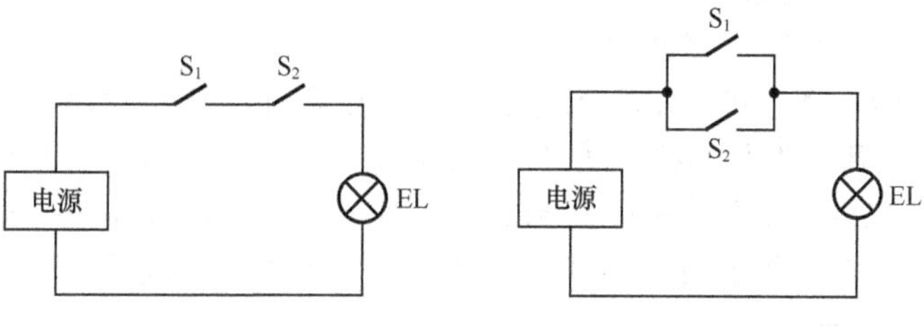

图 1-19 逻辑与控制电灯　　图 1-20 逻辑或控制电灯

（3）逻辑非关系

在具有因果关系的某一事物中，当条件满足时，结果就不出现；当条件不满足时，结果就出现。这样一种因果关系称之为“逻辑非”关系。

例如，图 1-21 所示的旁路开关控制电灯的电路中，当开关 S 闭合时，电灯 EL 不亮；当开关 S 不闭合时，电灯 EL 亮。开关 S 的闭合与电灯 EL 的亮灭之间就是逻辑非的关系。

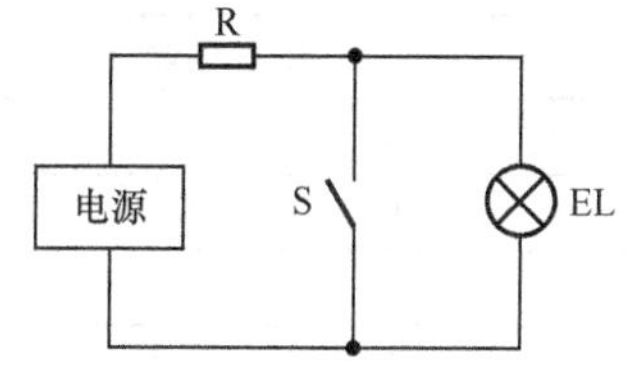

图 1-21 逻辑非控制电灯

1.3.3 逻辑代数

逻辑代数是按照一定的逻辑规则进行运算的代数，是分析数字电路的数学工具。对应于逻辑与、逻辑或、逻辑非三种基本逻辑关系，逻辑代数的基本的逻辑运算有三种：逻辑乘、逻辑加和逻辑非。

逻辑代数中的变量，包括自变量（前因）和因变量（后果），都只有两个取值：“1”和“0”。在逻辑代数中，“1”和“0”不表示具体的数量，而只是表示逻辑状态。例如：电位的高与低、信号的有与无、电路的通与断、开关的闭合与断开、晶体管的截止与导通等。

（1）逻辑乘

反映逻辑与关系的逻辑运算叫作逻辑乘，其逻辑函数表达式为：

$Y=A\cdot B$（可简写为：$Y=AB$）

式中，A 和 B 是输入变量，Y 是输出变量，“ • ”表示逻辑乘运算。

逻辑乘的意义是：A 和 B 都为“1”时，Y 才为“1”；A 和 B 中只要有一个为“0”，Y 必为“0”。

例如，图 1-19 所示两个开关串联控制电灯的电路中，设开关闭合为“1”、断开为“0”，电灯亮为“1”、不亮为“0”，则很明显可以看出：只有当 A（S_1）=1 并且 B（S_2）=1 时，才有 Y（EL）=1；A 和 B 中只要有一个为“0”，则 Y（EL）= 0。由此可见，逻辑乘的运算规则为：

$0 \cdot 0 = 0$，

$0 \cdot 1 = 0$，

$1 \cdot 0 = 0$，

$1 \cdot 1 = 1$。

将以上运算规则列表，即为逻辑乘的逻辑函数真值表，见表 1-4。

▼ 表 1-4　逻辑乘真值表

输入		输出
A	***B***	***Y***
0	0	0
0	1	0
1	0	0
1	1	1

实现逻辑乘的数字电路是与门。图 1-22（a）所示为有 A、B 两个输入端的与门，可实现 A、B 两个输入变量的逻辑乘运算。逻辑乘的输入变量可以有两个以上，分别用 A、B、C、D 等表示，相应的逻辑函数表达式为：$Y = ABCD\cdots$，图 1-22（b）所示为多输入端与门。

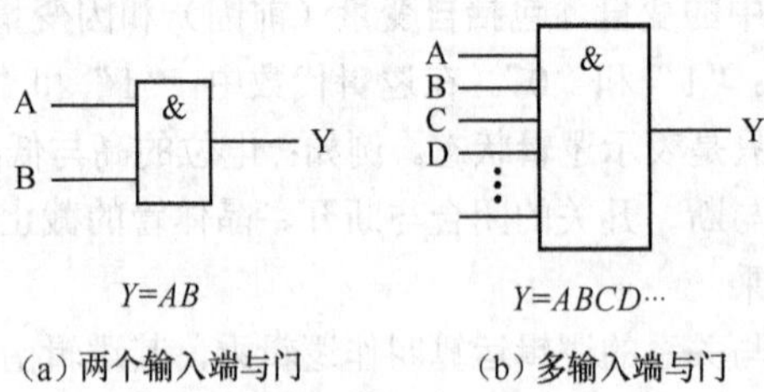

图 1-22　与门

（2）逻辑加

反映逻辑或关系的逻辑运算叫作逻辑加，其逻辑函数表达式为：

$$Y = A + B$$

式中，A 和 B 是输入变量，Y 是输出变量，“+”表示逻辑加运算。

逻辑加的意义是：A 和 B 中只要有一个或一个以上为“1”，Y 即为“1”；只有 A 和 B 都为“0”时，Y 才为“0”。

例如，图 1-20 所示两个开关并联控制电灯的电路中，设开关闭合为“1”、断开为“0”，电灯亮为“1”、不亮为“0”，则很明显可以看出：只要 A（S_1）=1，或者 B（S_2）=1，或者 A、B 都为 1，就有 Y（EL）=1；只有 A 和 B 都为“0”时，才有 Y（EL）= 0。由此可见，逻辑加的运算规则为：

$0 + 0 = 0$，

$0 + 1 = 1$，

$1 + 0 = 1$，

$1 + 1 = 1$。

将以上运算规则列表，即为逻辑加的逻辑函数真值表，见表 1-5。

▼ 表 1-5 **逻辑加真值表**

输入		输出
A	***B***	***Y***
0	0	0
0	1	1
1	0	1
1	1	1

实现逻辑加的数字电路是或门。图 1-23（a）所示为有 A、B 两个输入端的或门，可实现 A、B 两个输入变量的逻辑加运算。逻辑加的输入变量可以有两个以上，分别用 A、B、C、D 等表示，相应的逻辑函数表达式为：$Y = A + B + C + D + \cdots$，图 1-23（b）所示为多输

入端或门。

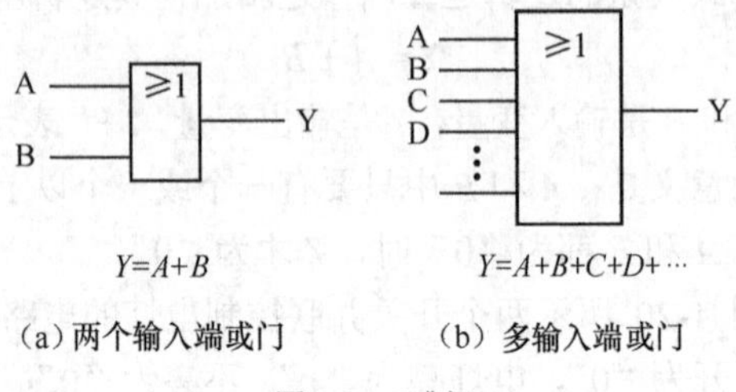

（a）两个输入端或门　　（b）多输入端或门

图 1-23　或门

（3）逻辑非

反映逻辑非关系的逻辑运算仍叫作逻辑非，其逻辑函数表达式为：

$$Y=\overline{A}$$

式中，A 是输入变量，Y 是输出变量，“A”上面加一杠（$\overline{A}$）表示对变量 A 进行逻辑非运算。

逻辑非的意义是：A 为“1”时，Y 即为“0”；A 为“0”时，Y 即为“1”；Y 总是与 A 相反。

例如，图 1-21 所示旁路开关控制电灯的电路中，设开关闭合为“1”、断开为“0”，电灯亮为“1”、不亮为“0”，则很明显可以看出：当 A（S）=1 时，Y（EL）= 0；当 A（S）= 0 时，Y（EL）=1。由此可见，逻辑非的运算规则为：

$\overline{0}=1$，

$\overline{1}=0$。

将以上运算规则列表，即为逻辑非的逻辑函数真值表，见表 1-6。

▼表 1-6　　逻辑非真值表

输入	输出
A	Y
0	1
1	0

实现逻辑非的数字电路是非门，也称为反相器。图 1-24 所示为

非门，A 为输入端，Y 为输出端。

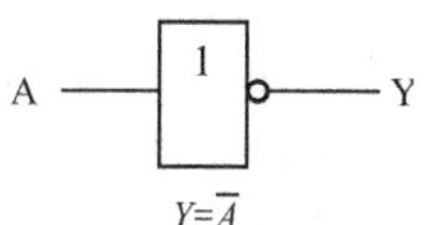

图 1-24 非门

1.3.4 基本公式和定律

在分析和解读数字电路时，需要用到一些逻辑代数的基本公式和基本定律。这些基本公式和定律，有的与普通代数相似，例如交换律、结合律、分配律等；有的则是逻辑代数所特有的，例如 0-1 律、重叠律、互补律、还原律、摩根定理等。下面着重介绍逻辑代数的特殊公式和定律。

（1）0-1 律

0-1 律是逻辑代数的基本定律之一，可用以下 4 个公式表述：

$$0 \cdot A = 0 \tag{1}$$

$$1 \cdot A = A \tag{2}$$

$$0 + A = A \tag{3}$$

$$1 + A = 1 \tag{4}$$

以上公式很好理解。前两式属于逻辑乘运算，只有 $1 \cdot 1 = 1$，否则结果都等于“0”，因此，公式（1）的结果恒等于“0”，公式（2）的结果由 A 决定。

后两式属于逻辑加运算，加数中只要有“1”，结果就为“1”，因此，公式（3）的结果由 A 决定，公式（4）的结果恒等于“1”。

（2）重叠律

重叠律可用以下 2 个公式表述：

$$A + A = A \tag{5}$$

$$A \cdot A = A \tag{6}$$

因为 A 是逻辑变量，取值只能是“0”或“1”。在逻辑加运算中，$0+0=0$，$1+1=1$，所以公式（5）成立。在逻辑乘运算中，$0 \cdot 0=0$，$1 \cdot 1=1$，所以公式（6）成立。

（3）互补律

互补律可用公式（7）和公式（8）表述：

$$A + \overline{A} = 1 \tag{7}$$

$$A \cdot \overline{A} = 0 \tag{8}$$

因为 A 和 $\overline{A}$ 中必定一个是“1”，另一个是“0”，（7）式是逻辑加运算，$1+0=1$；（8）式是逻辑乘运算，$1\cdot 0=0$。

（4）还原律

还原律可用公式（9）表述：

$$\overline{\overline{A}}=A \tag{9}$$

由于逻辑变量只有“1”和“0”两个状态，公式（9）说明一个逻辑变量两次反相后，必然等于该逻辑变量本身。

（5）摩根定理

摩根定理可用公式（10）和公式（11）表述：

$$\overline{A+B}=\overline{A}\cdot\overline{B} \tag{10}$$

$$\overline{AB}=\overline{A}+\overline{B} \tag{11}$$

摩根定理又叫反演律，它将逻辑加与逻辑乘有机联系在一起，实现了两者的互相转换，给我们研究、分析和设计数字逻辑电路提供了极大的方便。摩根定理是逻辑代数中最重要的定理之一。

当有两个以上的逻辑变量时，摩根定理仍然成立，即：

$$\overline{A+B+C+\cdots}=\overline{A}\cdot\overline{B}\cdot\overline{C}\cdot\cdots$$

$$\overline{ABC\cdots}=\overline{A}+\overline{B}+\overline{C}+\cdots$$

摩根定理可以用列逻辑函数真值表的方法予以证明。

表 1-7 为 $\overline{A+B}$ 与 $\overline{A}\cdot\overline{B}$ 的真值表，从表中可以看到 $\overline{A+B}$ 与 $\overline{A}\cdot\overline{B}$ 的状态完全相同，因此 $\overline{A+B}=\overline{A}\cdot\overline{B}$，公式（10）成立。

▼表 1-7　$\overline{A+B}$ 与 $\overline{A}\cdot\overline{B}$ 的真值表

A	B	$\overline{A+B}$	$\overline{A}\cdot\overline{B}$
0	0	1	1
0	1	0	0
1	0	0	0
1	1	0	0

表 1-8 为 $\overline{AB}$ 与 $\overline{A}+\overline{B}$ 的真值表，同样证明了 $\overline{AB}=\overline{A}+\overline{B}$，公式(11)成立。

▼ 表 1-8 $\overline{AB}$ 与 $\overline{A}+\overline{B}$ 的真值表

A	B	$\overline{AB}$	$\overline{A}+\overline{B}$
0	0	1	1
0	1	1	1
1	0	1	1
1	1	0	0

1.4 电路图的构成要素

就像藏宝图上面画着山川河流和各种奇怪的符号一样，一张完整的电路图也是由若干要素构成的，这些要素包括图形符号、文字符号、连线以及注释性字符等。下面我们通过图 1-1 调频无线话筒电路图的例子，作进一步的说明。

1.4.1 图形符号

图形符号是指用规定的抽象图形代表各种元器件、组件、电流、电压、波形、导线和连接状态等的绘图符号。这些图形符号的形状必须是固定的，意义必须是唯一的，而且必须是大家所公认的。设想一下如果不是这样，而是你自己确定一些符号画成图，别人怎么看得懂呢？因此，图形符号是由国家标准 GB/T 4728.1～4728.13 予以规定的。本书采用的绘图软件库中的图形符号与国家标准存在线条粗细、箭头形状等方面的细微差别，提请读者注意。

图形符号有什么作用呢？图形符号是构成电路图的主体。图 1-1 调频无线话筒电路图中，各种图形符号代表了组成调频无线话筒的各个元器件。例如，小长方形“ ”表示电阻器，两道短杠“ ”表示电容器，连续的半圆形“ ”表示电感器等。各个元器件图形符号之间用连线连接起来，就可以反映出调频无线话筒的电路结构，即构成了调频无线话筒的电路图。

1.4.2 文字符号

文字符号是指用规定的字符（通常为字母）表示各种元器件、组件、设备装置、物理量和工作状态等的绘图符号。文字符号由国家标准 GB-7159 予以规定，以保证它的意义的唯一性和明确性，使大家都能看得懂。

文字符号有什么作用呢？文字符号是构成电路图的重要组成部分。为了进一步强调图形符号的性质，同时也为了分析、理解和阐述电路图的方便，在各个元器件的图形符号旁，标注有该元器件的文字符号。例如在图 1-1 调频无线话筒电路图中，文字符号“R”表示电阻器，“C”表示电容器，“L”表示电感器，“VT”表示晶体管，等等。

在一张电路图中，相同的元器件往往会有许多个，这也需要用文字符号将它们加以区别，一般是在该元器件文字符号的后面加上序号。例如在图 1-1 中，电阻器有 2 个，则分别以“R_1”“R_2”表示；电容器有 3 个，分别标注为“C_1”“C_2”“C_3”；晶体管有 2 个，分别标注为“VT_1”“VT_2”。

1.4.3 注释性字符

注释性字符是指电路图中对图形符号和文字符号作进一步说明的字符。注释性字符也是电路图的重要组成部分，它拓展了电路图的信息量。

注释性字符往往用来说明元器件的参数或者具体型号，通常标注在图形符号和文字符号旁。例如图 1-1 调频无线话筒电路图中，通过注释性字符我们就可以知道：R_1 的电阻为 1kΩ，R_2 的电阻为 1.2kΩ；C_1 的电容值为 10μF，C_2 的电容值为 10pF，C_3 的电容值为 10pF；晶体管 VT_1、VT_2 的型号为 9018，等等。

注释性字符还用于电路图中其他需要说明的场合。由此可见，注释性字符是我们分析电路工作原理，特别是定量地分析研究电路的工作状态所不可缺少的。

1.5 元器件参数的表示方法

我们知道，电阻的阻值、电容的容量等都有大有小，那么在电路图中是如何表示它们的大小的呢？电路图中元器件的参数，一般用简略的形式直接标注在元器件符号旁边。元器件的参数包括数值和计量单位两部分，其中数值部分由阿拉伯数字和表示倍数的词头字母组成。

1.5.1 电阻值的标注

电阻器和电位器阻值的基本计量单位是欧姆，简称欧，用字母“Ω”表示。常用单位还有千欧（kΩ）和兆欧（MΩ），它们之间的换算关系是：1MΩ=1000kΩ，1kΩ=1000Ω。

（1）电阻器的标注方式

电路图中标注时一般可省略单位符号“Ω”。例如：5.1Ω的电阻器可标注为“5.1Ω”，也可标注为“5.1”或“5R1”；6.8kΩ的电阻器标注为“6.8k”或“6k8”；1MΩ的电阻器标注为“1M”。如图 1-25 所示。

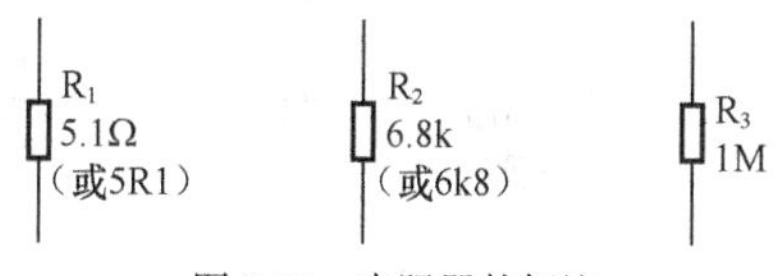

图 1-25 电阻器的标注

（2）可变电阻器的标注方式

对于可变电阻器，电路图中所标注的是其最大阻值。如图 1-26 所示，“10k”表示该可变电阻器的最大阻值为 10kΩ。

（3）电位器的标注方式

对于电位器，电路图中所标注的是其两固定端间的阻值。如图 1-27 所示，“4.7k”表示该电位器上下两固定端之间的阻值为 4.7kΩ。

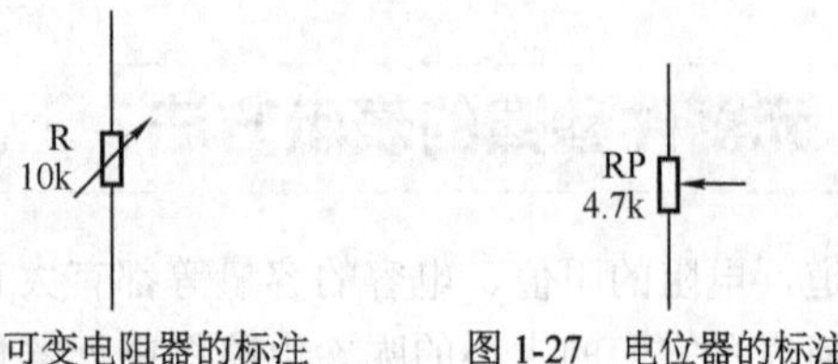

图 1-26　可变电阻器的标注　　图 1-27　电位器的标注

1.5.2　电容量的标注

电容器容量的基本计量单位是法拉，简称法，用字母“F”表示。由于法拉作单位在实际应用中往往显得太大，所以常用微法（μF）、纳法（nF，也称作毫微法）和皮法（pF，也称作微微法）作为单位。它们之间的换算关系是：1F =10^6μF，1μF =1000nF，1nF=1000pF。

（1）电容器的标注方式

电路图中标注时一般省略单位符号“F”。对于 pF 级的电容器，标注时往往还省略“p”；对于纯小数的μF 级的电容器，标注时也有省略“μ”的情况。例如：100pF 的电容器标注为“100p”或“100”；0.01μF 的电容器标注为“0.01μ”或“0.01”；2.2μF 的电容器标注为“2.2μ”或“2μ2”；47μF 的电容器标注为“47μ”；如图 1-28 所示。

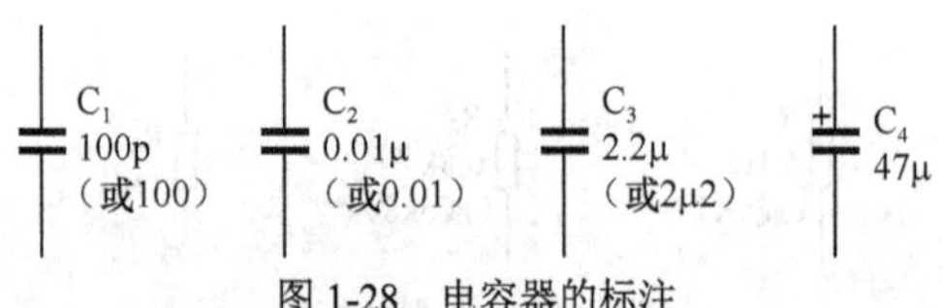

图 1-28　电容器的标注

（2）可变电容器的标注方式

对于可变电容器和微调电容器，通常标注出其最大容量，也有标注出其最小 / 最大容量的。例如，图 1-29（a）表示可变电容器 C_1 的最大容量为 270pF，图 1-29（b）表示可变电容器 C_2 的容量调节范围为 7～270pF。

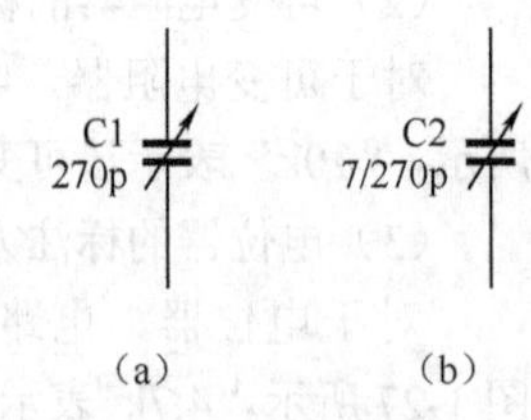

图 1-29　可变电容器的标注

1.5.3 电感量的标注

电感量的基本单位是亨利，简称亨，用字母“H”表示。在实际应用中，一般常用毫亨（mH）或微亨（μH）作为单位。它们之间的换算关系是：1H=1000mH，1mH =1000μH。

（1）电感器的标注方式

电路图中标注时通常直接写明。例如：1.5mH 的电感器标注为“1.5mH”；3μH 的电感器标注为“3μH”；如图 1-30 所示。

（2）可调电感器的标注方式

对于带磁芯的连续可调的电感器，电路图中所标注的一般是其中间电感量。如图 1-31 所示，“0.3mH”表示该可调电感器的中间电感量为 0.3mH，并可在一定范围内调节大小。

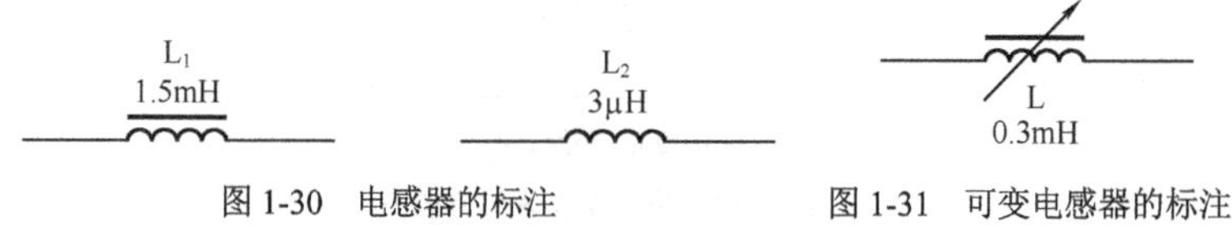

图 1-30 电感器的标注

图 1-31 可变电感器的标注

1.6 电路图的画法规则

为了准确、清晰地表达电子设备的电路结构，使看图者能够正确、方便地理解电路图的全部内容，电路图中除了必须使用统一规定的图形符号和文字符号，还应遵循一定的画法规则。

1.6.1 信号处理流程的方向

信号处理流程的方向是指电路中所处理的信号（包括信息信号和控制信号），从最初的输入端到最终的输出端的走向。虽然各种电路图的结构功能和复杂程度千差万别，有的电路图只有简单的一条信号通道，有的电路图具有多条互相牵涉的信号通道，但是仍存在一些基本的规则。

（1）一般电路的信号处理流程的方向

电路图中信号处理流程方向一般为从左到右，就是将先后对信号进行处理的各个单元电路按照从左到右的方向排列，这是最常见的排列形式。也有些电路图的信号处理流程按照从上到下的方向排列。

例如，图 1-32 超外差收音机方框图，其信号处理流程方向就是典型的从左到右。无线电信号从左边天线 W 处输入，依次经变频、中放、检波、低放、功放，最后从右边扬声器 BL 处输出声音。

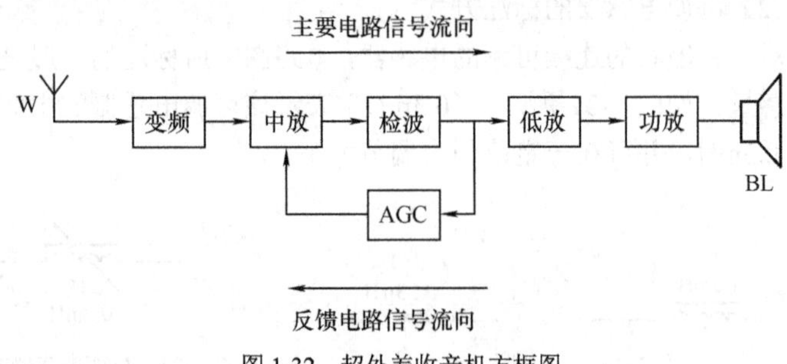

图 1-32　超外差收音机方框图

（2）反馈电路的信号处理流程方向

有些电路图中具有反馈电路，反馈信号的流程方向一般与主电路通道的流程方向相反。如果主电路的信号处理流程方向为从左到右，则反馈信号的方向为从右到左；如果主电路的信号处理流程方向为从上到下，则反馈信号的方向为从下到上。

图 1-32 超外差收音机方框图中，自动增益控制电路（AGC）是一反馈电路，反馈信号流程方向为从右到左，与主电路从左到右的信号处理流程方向相反。

（3）复杂电路的信号处理流程方向

某些较复杂的电路图，由于某种原因，在总体符合以上规则的情况下，对部分信号处理的流程做了逆向的安排，这也是常见的，但通常会用箭头指示出流程方向。

例如图 1-33 电子钟方框图，为了符合人们看图时的视觉习惯，就采用了从右到左、从下到上的非常规的信号流程方向。

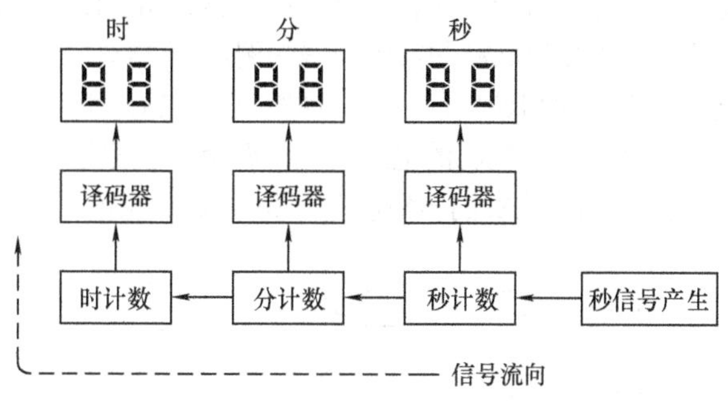

图 1-33　电子钟方框图

1.6.2　图形符号的位置与状态

电路图中有许多图形符号，它们分布在图纸各处，它们在图中的位置与状态有什么规矩吗？答案是可以灵活掌握。

（1）图形符号的方位

元器件图形符号在电路图中的方位可以根据绘图需要放置，既可以横放，也可以竖放；既可以朝上，也可以朝下；还可以旋转或镜像翻转。例如，NPN 晶体管符号在电路图中就可以有多种方位的画法，如图 1-34 所示。

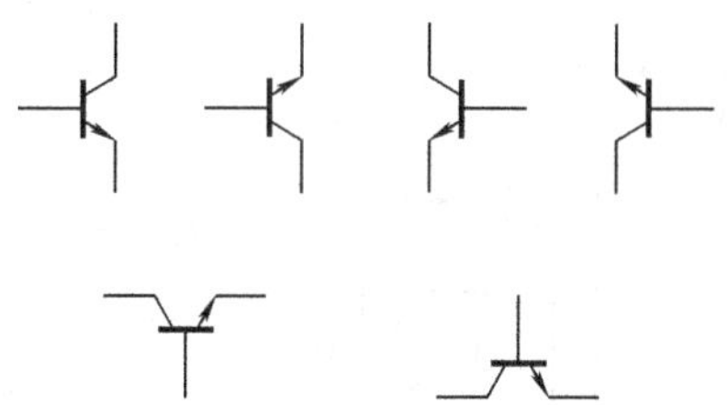

图 1-34　NPN 晶体管符号的多种方位

（2）集中画法与分散画法

有些元器件包括若干组成部分，在电路图中可以根据需要采用集

中画法或分散画法。包括以下两种情况。

一是某些元器件具有多个同时动作的部件，如波段开关、多组触点的继电器等。以多组联动的波段开关为例，既可以把各组开关集中画在一起，并用虚线相连表示联动，如图 1-35（a）所示；也可以把各组开关分别画在它们控制的电路附近，而用文字符号“S_{1-1}”“S_{1-2}”“S_{1-3}”表示它们是同属 S_1 的多组联动开关，如图 1-35（b）所示。

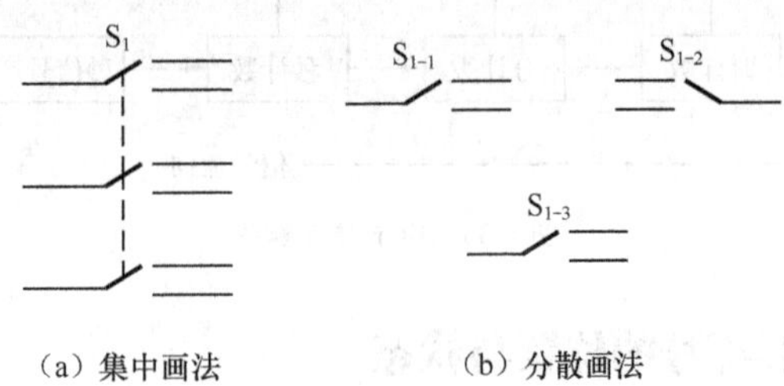

（a）集中画法　　（b）分散画法

图 1-35　集中画法与分散画法

二是某些元器件包含若干个独立单元，这种情况以集成电路居多，如双功放、四运放、六反相器等。以双功放集成电路为例，图 1-36（a）所示为集中画法，图 1-36（b）所示为分散画法。

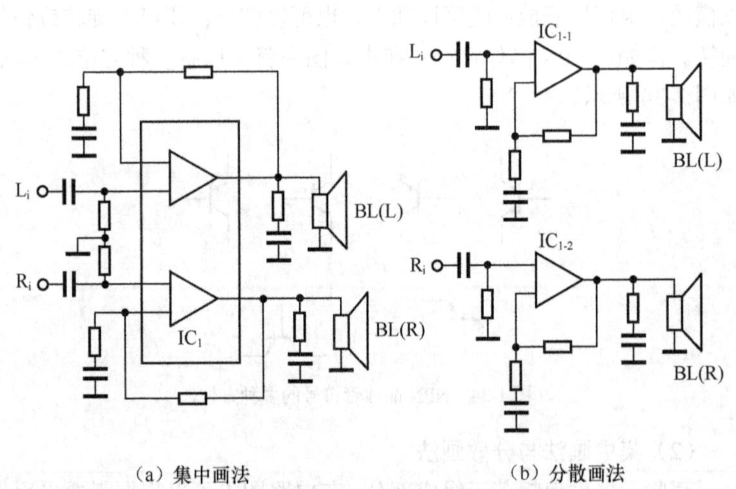

（a）集中画法　　（b）分散画法

图 1-36　双功放集成电路的两种画法

一般来讲，较简单的电路图多采用集中画法，较复杂的电路图通常采用分散画法。

（3）操作性器件的状态

开关、继电器等具有可动部分的操作性器件，在电路图中的图形符号所表示的均为不工作的状态，即开关处于断开状态，如图 1-37 所示；继电器处于未吸合的静止状态，其常开触点处于断开位置，其常闭触点处于闭合位置，如图 1-38 所示。

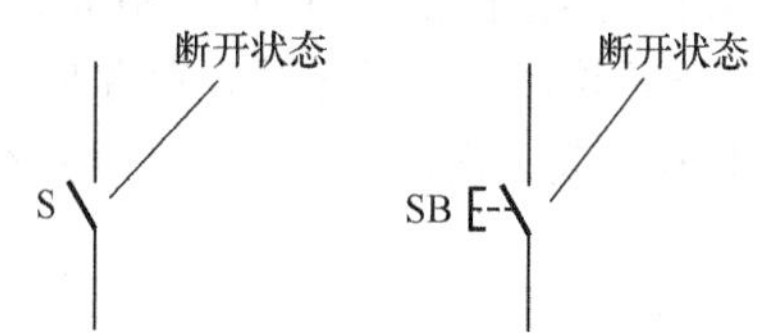

图 1-37　开关的状态

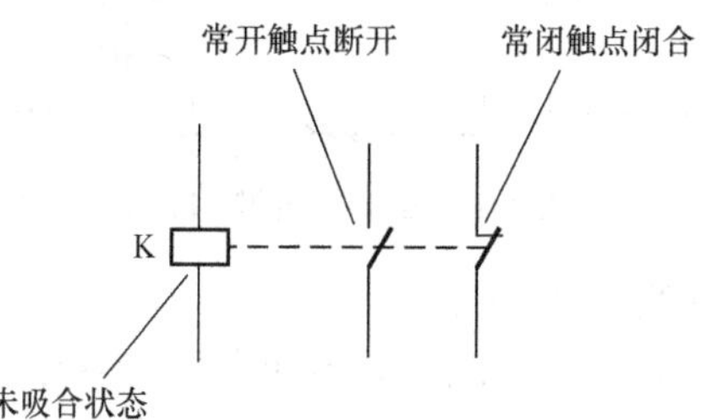

图 1-38　继电器的状态

1.6.3　连接线的表示方法

电路图中的连接线包括导线、非电连接的示意线，它们的画法都有一定的规则。掌握这些连接线的表示方法，也是看懂电路图所必需的。

（1）导线的连接与交叉

元器件之间的连接导线在电路图中用实线表示，导线的连接与交叉的画法如图 1-39 所示。图 1-39（a）所示横竖两导线交点处画有一圆点，表示两导线连接在一起。图 1-39（b）所示两导线交点处无圆点，表示两导线交叉而不连接。

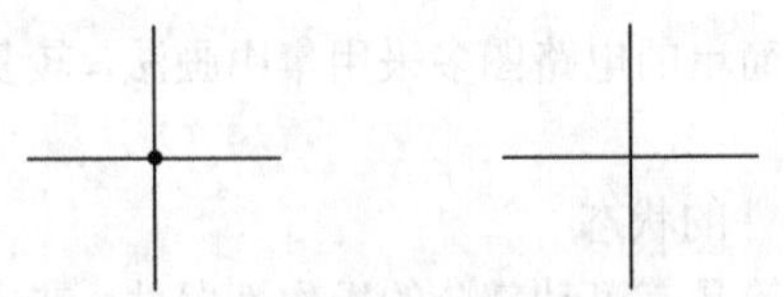

图 1-39　导线的连接与交叉

连接导线也可以用简化的画法。图 1-40 中 IC_1 与 IC_2 之间的连线上画有三道小斜杠，表示这里有三条导线分别将 IC_1 与 IC_2 的 A 与 A、B 与 B、C 与 C 连接在一起，而这三条导线之间并不连接。

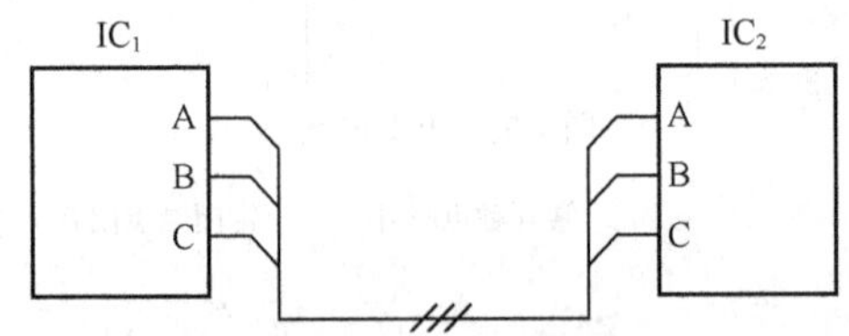

图 1-40　连接导线的简化画法

（2）连接导线的中断画法

当连接导线的两端相距较远、中间相隔较多的图形区域时，为了不致造成图面混乱，可以采用中断加标记的画法。例如图 1-41 中，IC_1 的 B 端与 IC_2 的 G 端之间的连接导线采用了中断画法，并在中断的两端标注有相同的标记“a”，分析电路图时应理解为两个“a”端之间有一条连接导线。

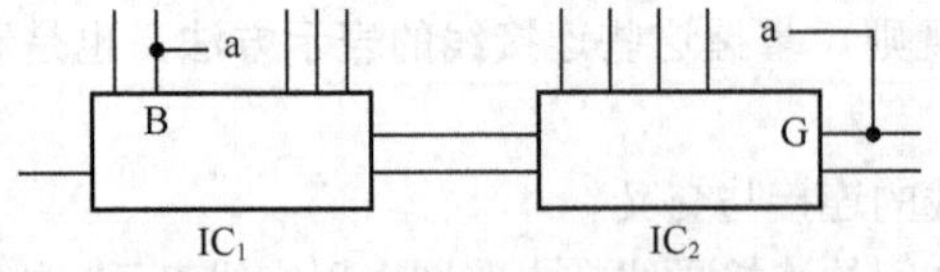

图 1-41　连接导线的中断画法

（3）非电连接的表示方法

某些元器件之间具有非电的（例如机械的）联系，则用虚线在电路图上表示出来。图 1-42 收音机电路图中，虚线将电位器 RP 与开关 S 联系起来，表示电源开关 S 受电位器 RP 的旋轴控制，它们是一个联动的带开关电位器。

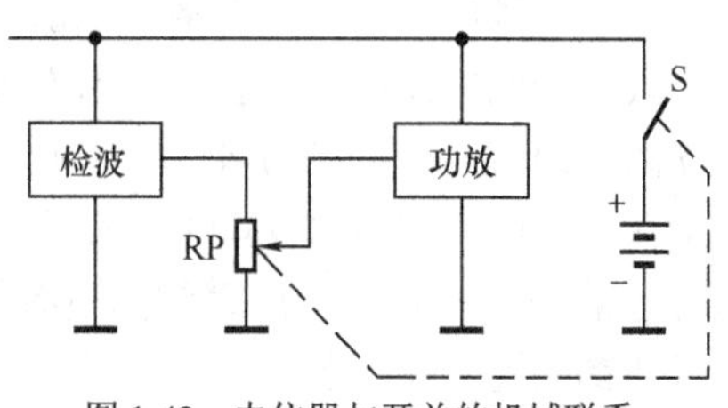

图 1-42　电位器与开关的机械联系

1.6.4　电源线与地线的表示方法

电源线与地线几乎是所有电路图中都不会缺少的，那么在电路图中是如何表示电源线与地线的呢？

（1）电源线与地线的安排

电路图中通常将电源线或双电源中的正电源引线安排在元器件的上方，将地线或双电源中的负电源引线安排在元器件的下方，如图 1-43 所示。

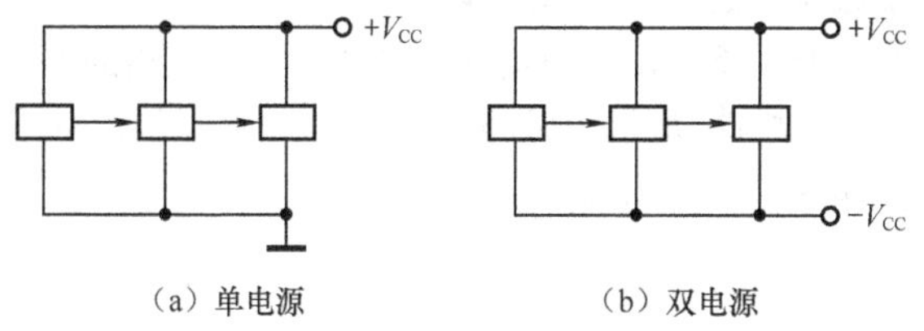

图 1-43　电源线的安排

一般情况下接地符号是向下引出的，但有时出于绘图布局上的需要，接地符号也可以向上、向左或向右引出，如图 1-44 所示。

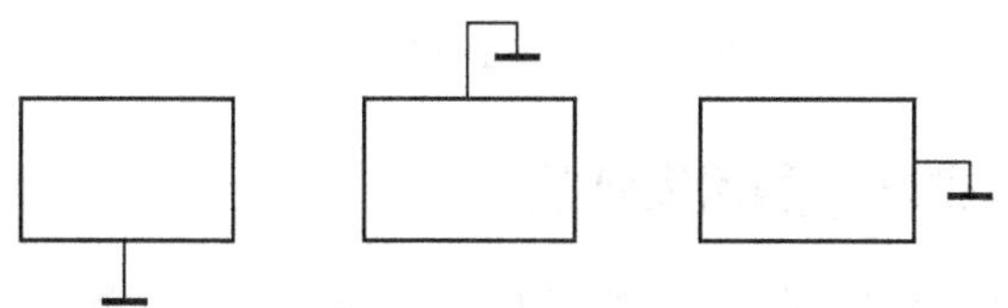
图 1-44　地线的安排

（2）电源线与地线的分散表示法

较复杂的电路图中往往不将所有地线连在一起，而代之以一个个孤立的接地符号，如图 1-45（a）所示。这应理解为所有地线符号是连接在一起的，如图 1-45（b）所示。有些电路图中的电源线也采用这种分散表示的画法，应理解为所有标示相同（例如都是 +9V）的电源线都是连接在一起的。

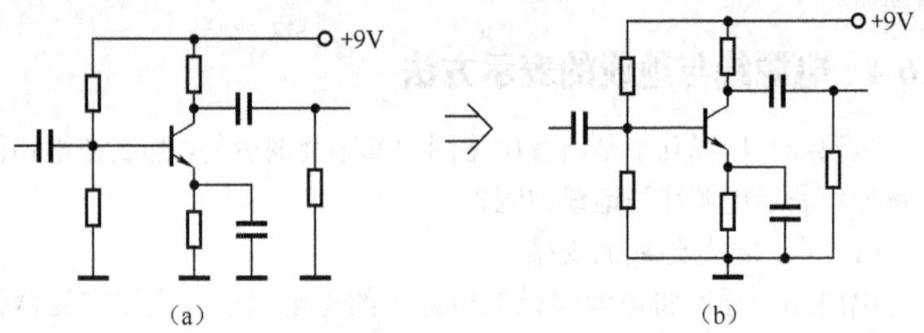

图 1-45　地线的分散画法

（3）集成电路的电源线与地线

电路图中通常不画出集成运放以及数字集成电路的电源引线，因为这不影响分析电路功能，但分析电源电路和实际制作时不能忘记其电源引线，如图 1-46 所示。

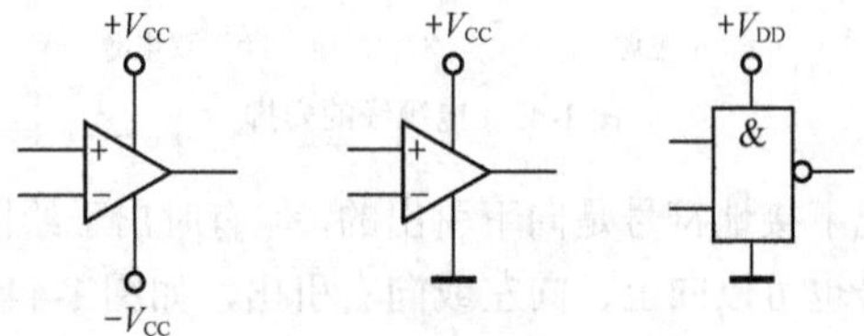

图 1-46　集成电路的电源引线

1.6.5　集成电路的习惯画法

集成电路的内部电路一般都很复杂，包含若干个单元电路和许多元器件，但在电路图中通常只将集成电路作为一个元器件来看待，因此，几乎所有电路图中都不画出集成电路的内部电路，而是用一个矩形或三角形的图框来表示。

（1）集成运算放大器和电压比较器

集成运算放大器、电压比较器等习惯上用三角形图框表示，如图 1-47 所示。其左侧直边有正、负两个输入端，其右侧三角形顶点处为输出端，三角形图框顶点的朝向即为信号处理流程的方向。

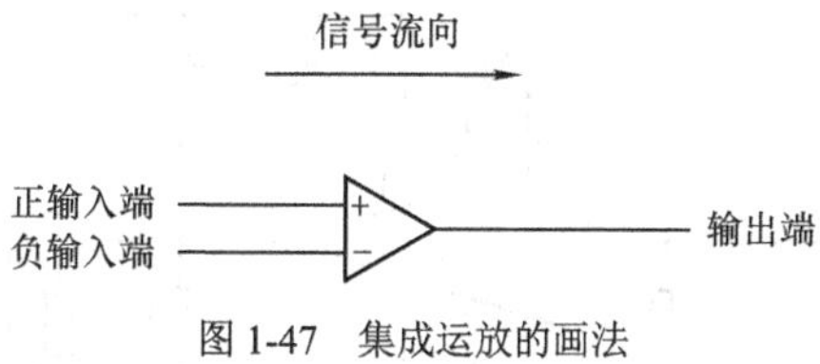

图 1-47　集成运放的画法

（2）集成稳压器和时基电路

集成稳压器、时基电路等习惯上用矩形图框表示，如图 1-48 所示。各引出端均标注有引脚编号，引出端的功能可查阅相关资料。

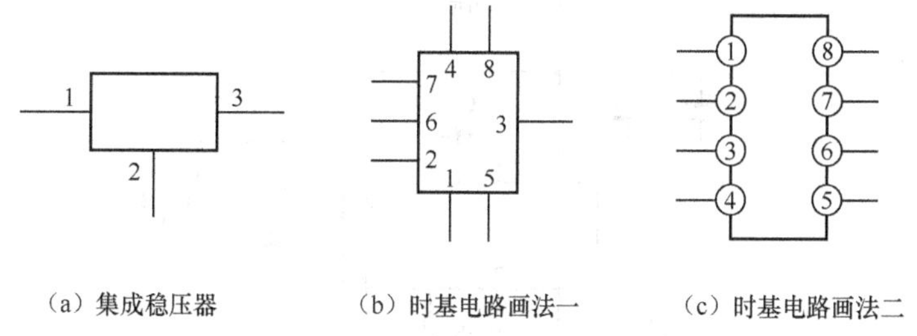

（a）集成稳压器　（b）时基电路画法一　（c）时基电路画法二

图 1-48　集成稳压器和时基电路的画法

引脚编号可以标注在矩形图框外，如图 1-48（a）所示；也可以标注在矩形图框内，如图 1-48（b）所示；还可以标注在矩形图框上，如图 1-48（c）所示。矩形图框上的各个引脚可以按顺序排列，也可以根据绘图需要不按顺序排列。其他各类集成电路，绝大多数都采用这种矩形图框表示法。

（3）集成电压放大器和集成功率放大器

集成电压放大器、集成功率放大器等既有用三角形图框表示的，也有用矩形图框表示的。图 1-49 所示为集成功率放大器的两种画法，图 1-49（a）中集成功放 IC_1 采用三角形图框，图 1-49（b）中 IC_1 采用矩形图框，两者形式不同，实质一样。从看图的角度来说，放大器采用三角形图框表示，信号处理流程的方向更加直观明了。

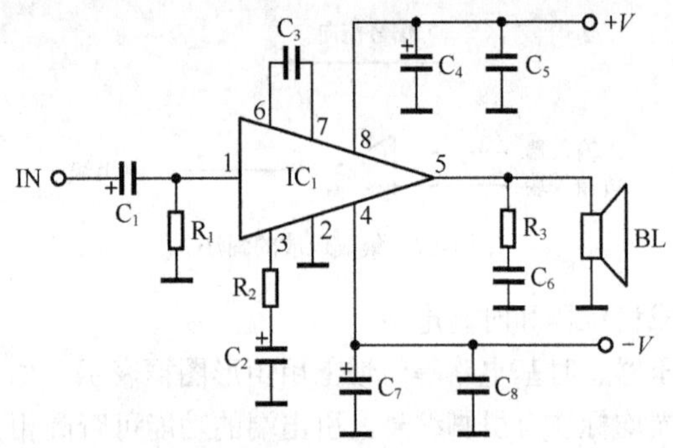

（a）三角形图框

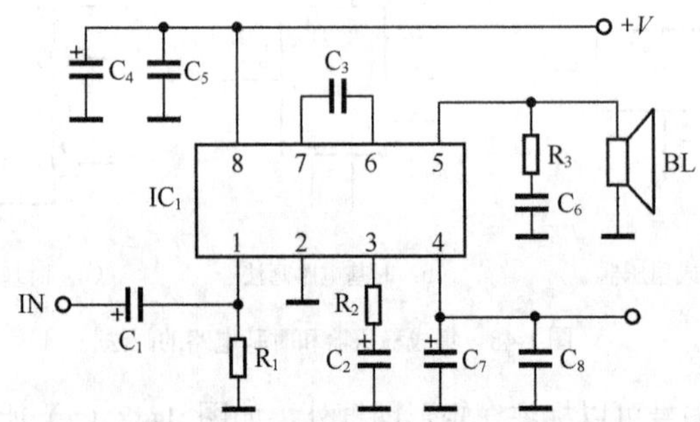

（b）矩形图框

图 1-49　集成功放的画法

第 2 章 电路图符号

怎样才能尽快学会看懂电路图呢？最基本的一点就是要熟悉并掌握组成电路图的各种符号。

组成电路图的符号可以分为两大部分：一部分是各种元器件和组件符号，包括图形符号和文字符号；另一部分是导线、波形、轮廓等绘图符号。这些符号是绘制和解读电路图的基础语言，必须有统一的规定，这个规定就是国家标准，我国现行的图形符号和文字符号的国家标准已与国际标准全面接轨。熟悉并牢记国家标准规定的电路图符号，是看懂电路图的基础。

2.1 元器件符号

为了方便大家阅读和记忆，下面我们将常用元器件的国家标准 GB-4728 规定的图形符号和 GB-7159 规定的文字符号对应起来，以表格的形式予以介绍。

2.1.1 无源元件的符号

常用的无源元件有电阻器、电容器、电感器、压电晶体等，其图形符号和文字符号见表 2-1 至表 2-4。

▼ 表 2-1　电阻器的图形符号和文字符号

名称	图形符号	文字符号	说明
电阻器		R	一般符号
电阻器		R	一般用于加热电阻
可变（可调）电阻器	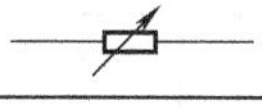	R	
0.125W 电阻器		R	

续表

名称	图形符号	文字符号	说明
0.25W 电阻器	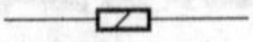	R	
0.5W 电阻器		R	
1W 电阻器		R	大于 1W 都用数字表示
两个固定抽头的电阻器	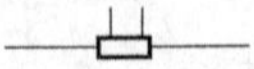	R	可增加或减少抽头数目
两个固定抽头的可变电阻器	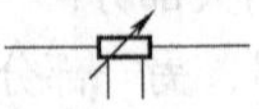	R	可增加或减少抽头数目
带分流和分压接线头的电阻器	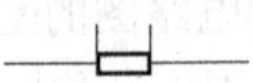	R	
滑线式变阻器	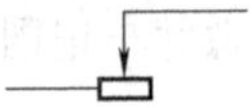	R	带箭头的为动接点
碳堆可变电阻器		R	
加热元件		R	
熔断电阻器	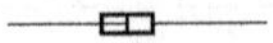	R	
滑动触点电位器	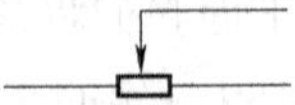	RP	带箭头的为动接点
带开关的滑动触点电位器	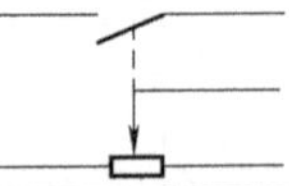	RP	带箭头的为动接点
预调电位器	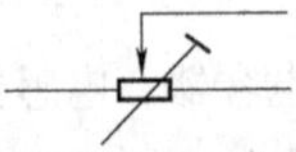	RP	带箭头的为动接点
压敏电阻器	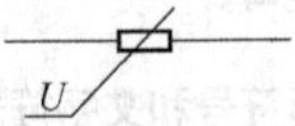 U	RV	图形符号中 U 可用 V 代替
热敏电阻器	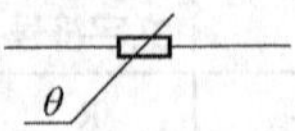 θ	RT	图形符号中 θ 可用 $t°$ 代替
磁敏电阻器	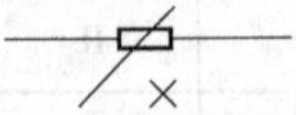	R	
光敏电阻器		R	

▼ 表 2-2 电容器的图形符号和文字符号

名称	图形符号	文字符号	说明
电容器		C	一般符号
穿心电容器		C	
极性电容器		C	示出正极
可变（可调）电容器		C	
双连同轴可变电容器	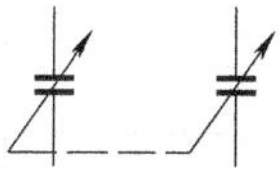	C	可增加同调连数
微调电容器	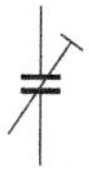	C	
差动可调电容器	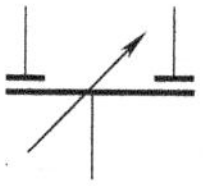	C	
分裂定片可变电容器	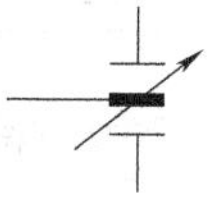	C	
热敏极性电容器	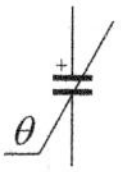 θ	C	图形符号中 θ 可用 t° 代替
压敏极性电容器	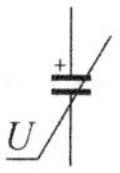 U	C	图形符号中 U 可用 V 代替

▼ 表 2-3　电感器的图形符号和文字符号

名称	图形符号	文字符号	说明
电感器、线圈、绕组、扼流圈		L	
带磁芯铁芯的电感器		L	
磁芯有间隙的电感器		L	
带磁芯连续可调的电感器		L	
有两个抽头的电感器		L	可增加或减少抽头数目
有两个抽头的电感器		L	可增加或减少抽头数目
可变电感器		L	
穿在导线上的磁珠		L	

▼ 表 2-4　压电晶体的图形符号和文字符号

名称	图形符号	文字符号	说明
具有两个电极的压电晶体		B	
具有三个电极的压电晶体		B	

续表

名称	图形符号	文字符号	说明
具有两对电极的压电晶体		B	

2.1.2 半导体管和电子管的符号

常用的半导体管和电子管类元器件包括半导体二极管、晶体闸流管、晶体管、场效应管、光电器件、电子管、显像管和显示器件等，其图形符号和文字符号见表2-5至表2-10。

▼ 表2-5 半导体二极管的图形符号和文字符号

名称	图形符号	文字符号	说明
半导体二极管		VD	一般符号，左为正极，右为负极
发光二极管		VD	左为正极，右为负极
温度效应二极管	θ	VD	图形符号中θ可用$t°$代替
变容二极管		VD	左为正极，右为负极
隧道二极管		VD	左为正极，右为负极
单向击穿二极管（稳压二极管）		VD	左为正极，右为负极
双向击穿二极管		VD	
反向二极管（单隧道二极管）		VD	左为正极，右为负极
双向二极管，交流开关二极管		VD	
阶跃恢复二极管		VD	左为正极，右为负极

续表

名称	图形符号	文字符号	说明
体效应二极管		VD	
磁敏二极管	×	VD	左为正极，右为负极

▼ 表 2-6　晶体闸流管的图形符号和文字符号

名称	图形符号	文字符号	说明
反向阻断二极晶闸管		VS	左为正极，右为负极
反向导通二极晶闸管		VS	左为正极，右为负极
双向二极晶闸管		VS	
三极晶体闸流管		VS	当不必规定控制极类型时，本符号用于表示反向阻断三极晶闸管
反向阻断三极晶闸管，N 型控制极（阳极侧受控）		VS	左为正极，右为负极，下为控制极
反向阻断三极晶闸管，P 型控制极（阴极侧受控）		VS	左为正极，右为负极，下为控制极
可关断三极晶闸管		VS	未规定控制极
可关断三极晶闸管，N 型控制极		VS	阳极侧受控
可关断三极晶闸管，P 型控制极		VS	阴极侧受控
反向阻断四极晶闸管		VS	
双向三极晶闸管，三端双向晶闸管		VS	下为控制极

续表

名称	图形符号	文字符号	说明
反向导通三极晶闸管		VS	未规定控制极
反向导通三极晶闸管，N 型控制极（阳极侧受控）	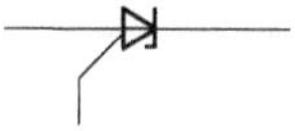	VS	左为正极，右为负极，下为控制极
反向导通三极晶闸管，P 型控制极（阴极侧受控）	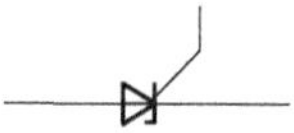	VS	左为正极，右为负极，上为控制极
光控晶体闸流管	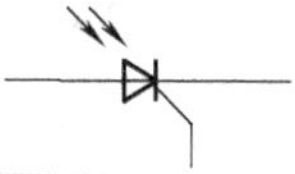	VS	左为正极，右为负极，下为控制极

▼ 表 2-7 半导体管的图形符号和文字符号

名称	图形符号	文字符号	说明
PNP 型半导体管（晶体三极管）	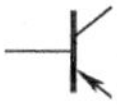	VT	左为基极 b，上为集电极 c，下为发射极 e
NPN 型半导体管（晶体三极管）		VT	左为基极 b，上为集电极 c，下为发射极 e
NPN 型半导体管，集电极接管壳		VT	左为基极 b，上为集电极 c，下为发射极 e
NPN 型雪崩半导体管		VT	左为基极 b，上为集电极 c，下为发射极 e
具有 P 型基极单结型半导体管（单结晶体管）	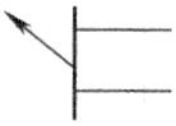	V	左为发射极 E，上为第二基极 B_2，下为第一基极 B_1
具有 N 型基极单结型半导体管（单结晶体管）	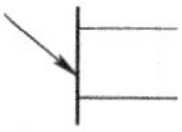	V	左为发射极 E，上为第二基极 B_2，下为第一基极 B_1
N 型沟道结型场效应管	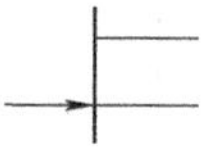	VT	左为栅极 G，与源极 S 在同一直线上，上为漏极 D

续表

名称	图形符号	文字符号	说明
P 型沟道结型场效应管	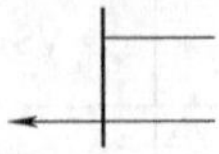	VT	左为栅极 G，与源极 S 在同一直线上，上为漏极 D
增强型、单栅、P 沟道和衬底无引出线的绝缘栅场效应管	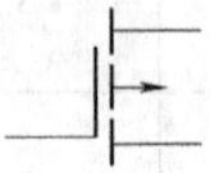	VT	左为栅极 G，上为漏极 D，下为源极 S
增强型、单栅、N 沟道和衬底无引出线的绝缘栅场效应管	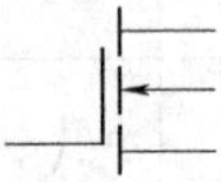	VT	左为栅极 G，上为漏极 D，下为源极 S
增强型、单栅、P 沟道和衬底有引出线的绝缘栅场效应管	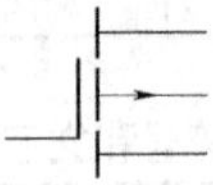	VT	左为栅极 G，上为漏极 D，下为源极 S
增强型、单栅、N 沟道和衬底与源极在内部连接的绝缘栅场效应管	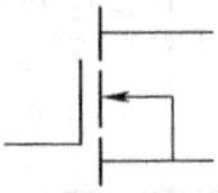	VT	左为栅极 G，上为漏极 D，下为源极 S
耗尽型、单栅、N 沟道和衬底无引出线的绝缘栅场效应管	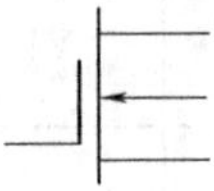	VT	左为栅极 G，上为漏极 D，下为源极 S
耗尽型、单栅、P 沟道和衬底无引出线的绝缘栅场效应管	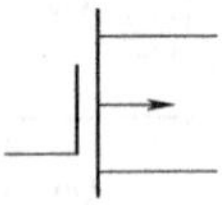	VT	左为栅极 G，上为漏极 D，下为源极 S
耗尽型、双栅、N 沟道和衬底有引出线的绝缘栅场效应管	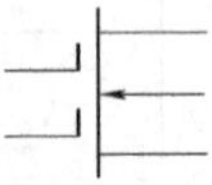	VT	左上为第二栅极 G_2，左下为第一栅极 G_1，右上为漏极 D，右下为源极 S
N 沟道结型场效应对管	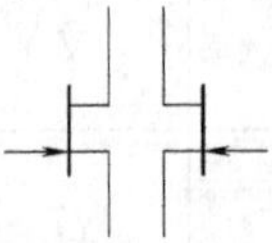	VT	
NPN 型磁敏半导体管		VT	左为基极 b，上为集电极 c，下为发射极 e

▼ 表 2-8 光电器件的图形符号和文字符号

名称	图形符号	文字符号	说明
光电二极管		VD	左为正极，右为负极
光电池		BP	长线为正极，短线为负极
PNP 型光电三极管		VT	上为发射极 e，下为集电极 c
NPN 型光电三极管		VT	上为集电极 c，下为发射极 e
半导体激光器			左为正极，右为负极
发光数码管			
光电二极管型光耦合器			
达林顿型光耦合器			
光电三极管型光耦合器			
光电二极管和 NPN 型三极管光耦合器			
集成电路光耦合器			
光耦合器，光隔离器			示出发光二极管和光电三极管

▼ 表 2-9　　电子管的图形符号和文字符号

名称	图形符号	文字符号	说明
直热式阴极二极管		VE	上为阳极，下为灯丝兼阴极
间热式阴极二极管		VE	上为阳极，下左为阴极，下右为灯丝
间热式阴极双二极管		VE	
直热式阴极三极管		VE	上为阳极，左为栅极，下为灯丝兼阴极
间热式阴极三极管		VE	上为阳极，左为栅极，下左为阴极，下右为灯丝
间热式阴极双三极管		VE	
间热式阴极四极管		VE	
束射四极管		VE	

续表

名称	图形符号	文字符号	说明
间热式阴极五极管	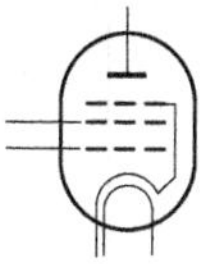	VE	
间热式阴极七极管		VE	
三极-五极管	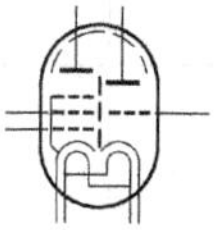	VE	
三极-七极管	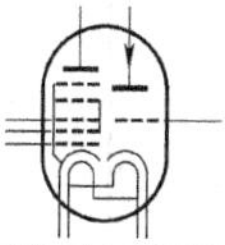	VE	
光电管	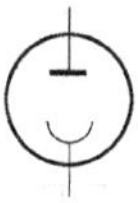	VE	
充气二极管	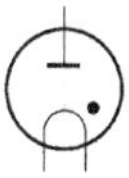	VE	
冷阴极充气二极管	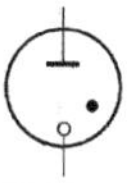	VE	

▼ 表 2-10　　显示器件的图形符号和文字符号

名称	图形符号	文字符号	说明
调谐指示管（电眼管）	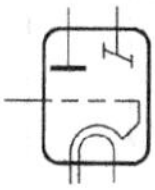	VE	

续表

名称	图形符号	文字符号	说明
示波管	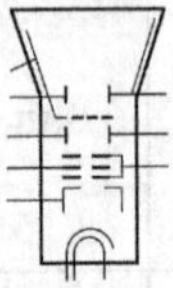		
显像管	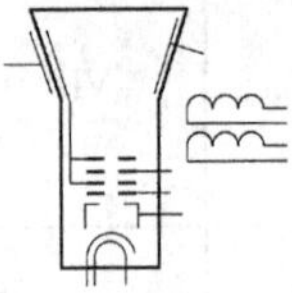		
单枪三束彩色显像管	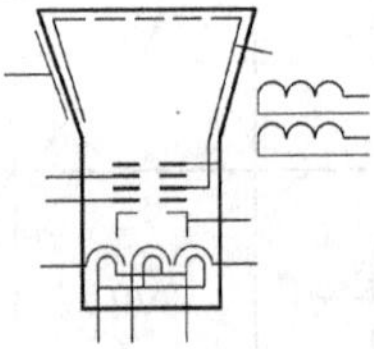		
单位荧光数字符号显示管	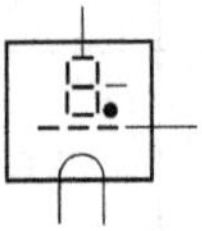		
单位等离子体数字显示板	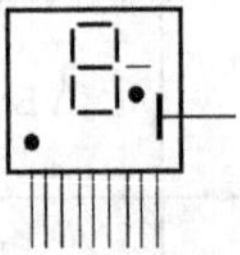		
多位荧光数字符号显示管	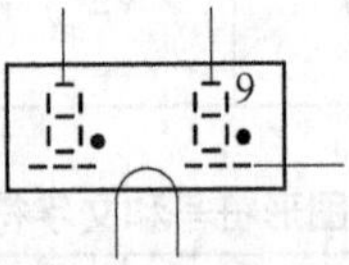		
多位等离子体数字显示板	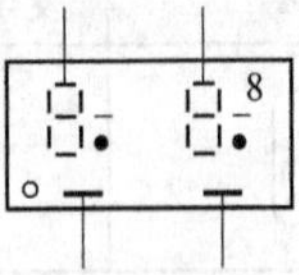		

续表

名称	图形符号	文字符号	说明
多位液晶数字符号显示管	12		
荧光电平显示管			

2.1.3 换能器件的符号

常用的换能器件包括电机、变压器、变流器、电池、电声器件、磁头、天线等，其图形符号和文字符号见表 2-11 至表 2-14。

▼ 表 2-11　　电机的图形符号和文字符号

名称	图形符号	文字符号	说明
直流发电机	G	G	
交流发电机	G ～	G	
直流电动机	M	M	
直流伺服电动机	SM	M	
交流电动机	M ～	M	
交流伺服电动机	SM ～	M	
直线电动机	M	M	

续表

名称	图形符号	文字符号	说明
步进电动机	M	M	
串励直流电动机	M	M	
并励直流电动机	M	M	
他励直流电动机	M	M	
永磁直流电动机	M	M	
单相交流串励电动机	M 1~	M	
三相交流串励电动机	M 3~	M	
永磁步进电动机	M	M	

▼ 表 2-12 电源转换器件的图形符号和文字符号

名称	图形符号	文字符号	说明
双绕组变压器	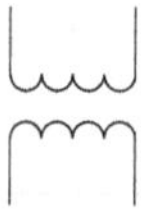	T	
带铁芯双绕组变压器	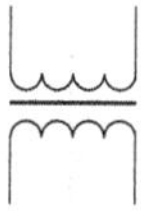	T	
示出瞬时电压极性的带铁芯双绕组变压器	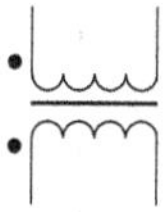	T	
带铁芯三绕组变压器	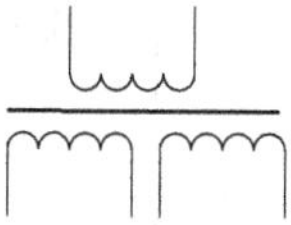	T	绕组数可增加
电流互感器，脉冲变压器	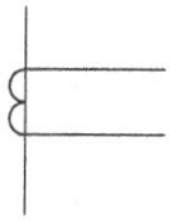	TA	
绕组间有屏蔽的双绕组变压器	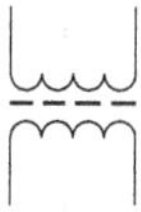	T	
绕组间有屏蔽的双绕组铁芯变压器	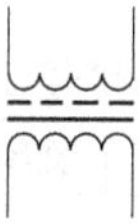	T	
有中心抽头的变压器	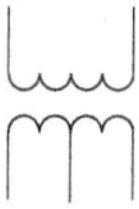	T	抽头数可增加
耦合可变的变压器	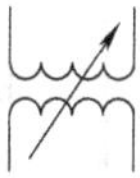	T	

续表

名称	图形符号	文字符号	说明
自耦变压器	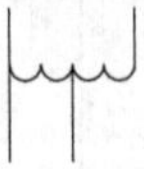	T	
可调压的自耦变压器	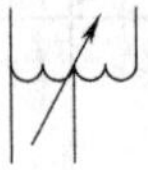	T	
整流器	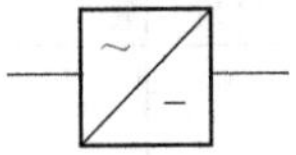	UR	
桥式全波整流器	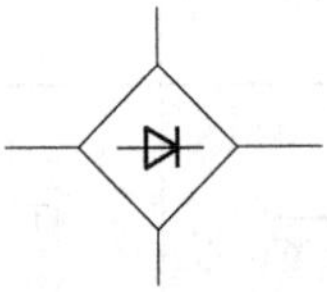	UR	右为直流正输出端，左为直流负输出端，上下为交流输入端
逆变器	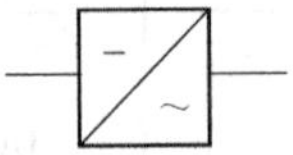	UN	
电池或蓄电池	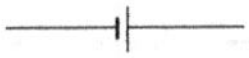	GB	长线代表正极，短线代表负极
电池或蓄电池组	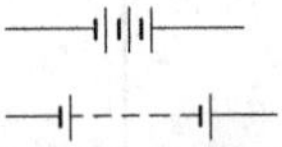	GB	长线代表正极，短线代表负极

▼ 表 2-13　电声换能器件的图形符号和文字符号

名称	图形符号	文字符号	说明
传声器（话筒）		BM	一般符号
受话器（耳机）		BE	一般符号
扬声器		BL	一般符号

续表

名称	图形符号	文字符号	说明
扬声-传声器	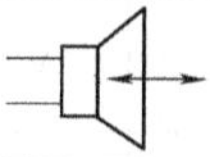	B	
唱针式立体声头	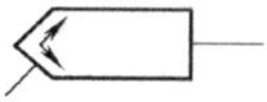	B	
单音光敏播放头	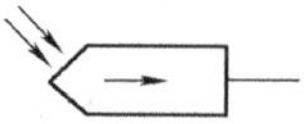	B	
单声道录音磁头	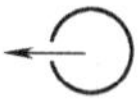	B	
单声道放音磁头	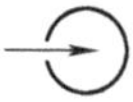	B	
单声道录放磁头	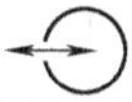	B	
消磁磁头		B	
双声道录放磁头	 2	B	
电话机	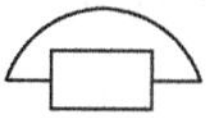		一般符号

▼ 表 2-14　　天线的图形符号和文字符号

名称	图形符号	文字符号	说明
天线		W	一般符号
环形（框形）天线		W	
磁性天线	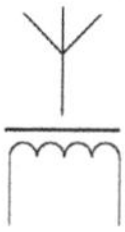	W	如不致引起混淆，可省去天线一般符号

续表

名称	图形符号	文字符号	说明
偶极子天线		WD	
折叠偶极子天线		WD	
带有 2 个引向器和 1 个反射器的折叠偶极子天线		WD	
无线电台			一般符号

2.1.4 控制、保护与指示器件的符号

常用的控制、保护与指示器件包括开关与触点、继电器、熔断器、避雷器、接插件、测量仪表、信号器件等，其图形符号和文字符号见表 2-15 至表 2-19。

▼ 表 2-15　　开关与触点的图形符号和文字符号

名称	图形符号	文字符号	说明
动合（常开）触点，开关		S	开关的一般符号
动断（常闭）触点			
先断后合的转换触点			

续表

名称	图形符号	文字符号	说明
中间断开的双向触点			
先合后断的转换触点			
双动合触点			
双动断触点			
延时闭合的动合触点			
延时断开的动合触点			
延时闭合的动断触点			
延时断开的动断触点			
手动开关		S	一般符号
按钮开关		SB	不闭锁

续表

名称	图形符号	文字符号	说明
拉拔开关		S	不闭锁
旋钮开关，旋转开关		S	闭锁
单极 4 位开关		S	位数可增减
有 4 个独立电路的 4 位手动开关		S	
三极联动开关		S	极数可增减
接触器（在非动作位置触点断开）			
自动释放接触器			
接触器（在非动作位置触点闭合）			
断路器			

▼ 表 2-16 控制与保护器件的图形符号和文字符号

名称	图形符号	文字符号	说明
继电器的线圈	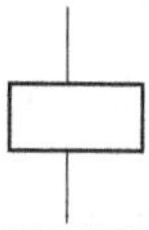	K	一般符号，触点另加
缓慢释放继电器的线圈	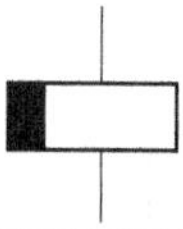	K	触点另加
缓慢吸合继电器的线圈	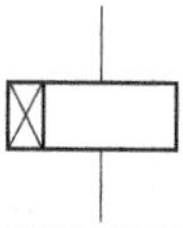	K	触点另加
快速继电器的线圈	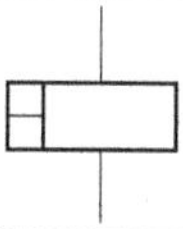	K	触点另加
交流继电器的线圈	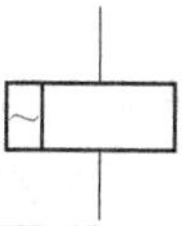	KA	触点另加
机械保持继电器的线圈	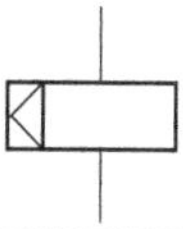	KL	触点另加
极化继电器的线圈	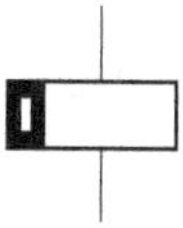	KP	触点另加
剩磁继电器的线圈	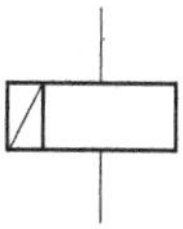	K	触点另加
热继电器的驱动器件	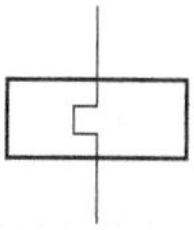	K	触点另加

续表

名称	图形符号	文字符号	说明
熔断器		FU	一般符号
火花间隙		F	
避雷器		F	
保护用充气放电管		F	

▼ 表 2-17　接插件的图形符号和文字符号

名称	图形符号	文字符号	说明
插座或插座的一个极		XS	
插头或插头的一个极		XP	
插头和插座		X	
插头和插座		X	
多极插头插座		X	示出 6 个极

续表

名称	图形符号	文字符号	说明
两极插塞和插孔		X	左边插塞中：长极为插塞尖，短极为插塞体
三极插塞和插孔		X	示出断开的插孔
同轴的插头和插座		X	
同轴插接器		X	
端子		X	
可拆卸的端子		X	
端子板	1 2 3 4 5	XT	示出线端标记

▼ 表 2-18 测量仪表的图形符号和文字符号

名称	图形符号	文字符号	说明
电压表	V	PV	
电流表	A	PA	
功率表	W	P	
相位表	φ	P	
频率表	Hz	P	

续表

名称	图形符号	文字符号	说明
波长表	λ	P	
示波器		P	
检流计		P	
温度计	θ	P	
转速表	n	P	
电度表（瓦特小时计）	Wh	PJ	
热电偶	+	B	示出正极
带有隔离加热元件的热电偶		B	

▼ 表 2-19　　信号器件的图形符号和文字符号

名称	图形符号	文字符号	说明
钟		PT	一般符号
母钟		PT	

续表

名称	图形符号	文字符号	说明
带有开关的钟		PT	
灯，信号灯		HL	一般符号
闪光型信号灯	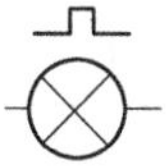	HL	
电喇叭	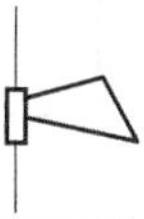	HA	
电铃		HA	
电警笛，报警器	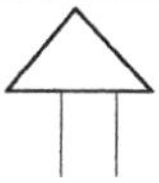	HA	
蜂鸣器		HA	

2.1.5 集成电路的符号

模拟单元集成电路的图形符号和文字符号见表 2-20。

▼ 表 2-20　模拟单元集成电路的图形符号和文字符号

名称	图形符号	文字符号	说明
运算放大器	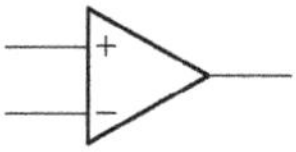 + –	N	一般符号，左为输入端，右为输出端
数-模转换器	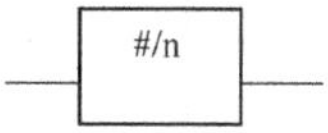 #/n	N	一般符号，左为输入端，右为输出端
模-数转换器	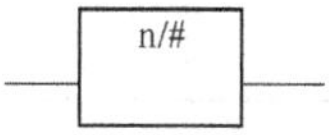 n/#	N	一般符号，左为输入端，右为输出端

续表

名称	图形符号	文字符号	说明
双向模拟开关（常开）	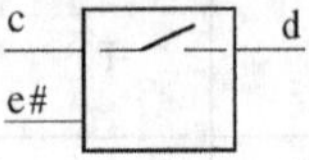 c d e#	N	c、d 为信号输入、输出端，e 为控制端
双向模拟开关（常闭）	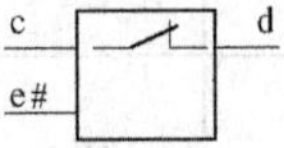 c d e#	N	c、d 为信号输入、输出端，e 为控制端
振荡器	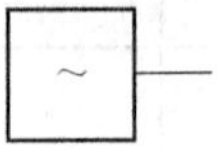 ~	G	一般符号
音频振荡器	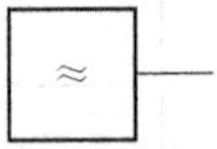 ≈	G	
超音频、载频、射频振荡器	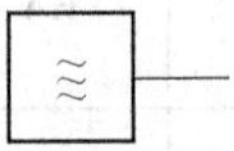 ≋	G	
多谐振荡器	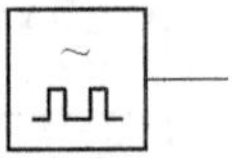 ~	G	
放大器	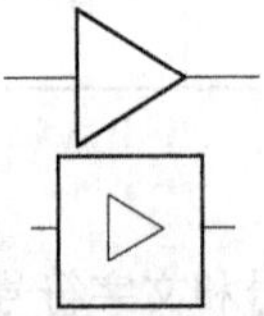	A	一般符号，左为输入端，右为输出端，三角形指向传输方向
可调放大器	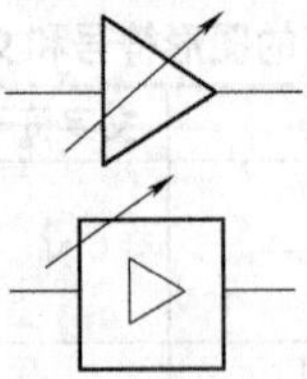	A	
固定衰减器	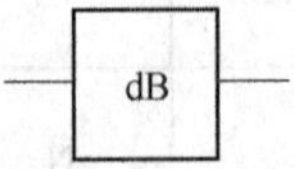 dB		

续表

名称	图形符号	文字符号	说明
可变衰减器	dB		
滤波器	~	Z	一般符号
高通滤波器		Z	
低通滤波器		Z	
带通滤波器		Z	
带阻滤波器		Z	
检波器			

2.2 数字电路符号

数字电路符号主要包括门电路、触发器、信号发生器、编译码器等代码转换器、计数器和分配器、移位寄存器、信号转换器、模拟开关、算术单元和存储器等的图形符号和文字符号。

2.2.1 门电路的符号

门电路包括与门、或门、非门、与非门、或非门、异或门、异或非门等，门电路的图形符号和文字符号见表 2-21。

▼ 表 2-21　门电路的图形符号和文字符号

名称	图形符号	文字符号	说明
与门	&	D	左为输入端（输入端数量可增加），右为输出端
或门	≥1	D	左为输入端（输入端数量可增加），右为输出端
非门，反相器	1	D	左为输入端，右为输出端
与非门	&	D	左为输入端（输入端数量可增加），右为输出端
或非门	≥1	D	左为输入端（输入端数量可增加），右为输出端
异或门	=1	D	左为输入端，右为输出端
异或非门	=1	D	左为输入端，右为输出端
施密特触发器非门	⎍	D	左为输入端，右为输出端
施密特触发器与非门	&⎍	D	左为输入端（输入端数量可增加），右为输出端

2.2.2　触发器的符号

触发器包括 RS 触发器、D 触发器、JK 触发器、单稳态触发器等，触发器的图形符号和文字符号见表 2-22。

▼ 表 2-22　　触发器的图形符号和文字符号

名称	图形符号	文字符号	说明
RS 触发器，RS 锁存器	S R	D	左为输入端，右为输出端
边沿上升沿 D 触发器	S 1D R	D	左为输入端，右为输出端
双 D 锁存器	1D C1 C2 2D	D	左为输入端，右为输出端
边沿下降沿 JK 触发器	1J C1 1K R	D	左为输入端，右为输出端
脉冲触发 JK 触发器	1J C1 1K R	D	左为输入端，右为输出端
数据锁定出 JK 触发器	S 1J C1 1K R	D	左为输入端，右为输出端
可重复触发单稳态触发器，通用符号		DM	左为输入端，右为输出端
非重复触发单稳态触发器，通用符号	1	DM	左为输入端，右为输出端

2.2.3 计数器、选择器和分配器的符号

计数器、选择器和分配器的图形符号和文字符号见表 2-23。

▼ 表 2-23　计数器、选择器和分配器的图形符号和文字符号

名称	图形符号	文字符号	说明
计数器，通用符号（循环长度为 2*m*）	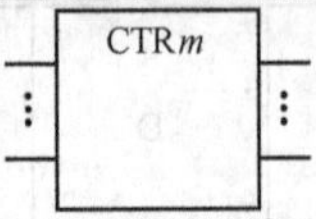 CTR*m*	D	“*m*”应以位数代替
计数器，通用符号（循环长度为 *m*）	 CTRDIV*m*	D	“*m*”应以位数代替
多路选择器，通用符号	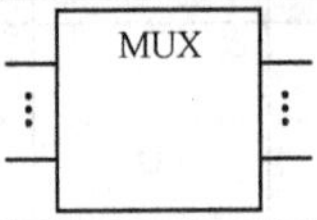 MUX	D	左为输入端，右为输出端
多路分配器，通用符号	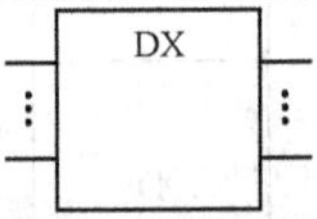 DX	D	左为输入端，右为输出端

2.2.4　存储器和移位寄存器的符号

存储器和移位寄存器的图形符号和文字符号见表 2-24 和表 2-25。

▼ 表 2-24　存储器的图形符号和文字符号

名称	图形符号	文字符号	说明
只读存储器，通用符号	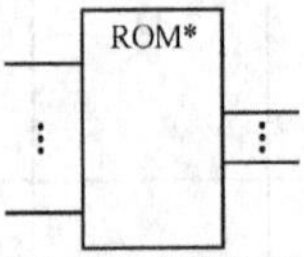 ROM*	D	“*”须用地址和位数的符号代替
可编程的只读存储器，通用符号	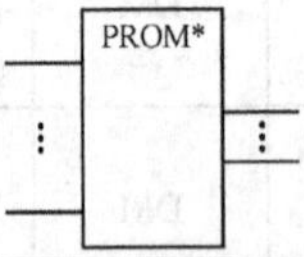 PROM*	D	“*”须用地址和位数的符号代替
随机存取存储器，通用符号	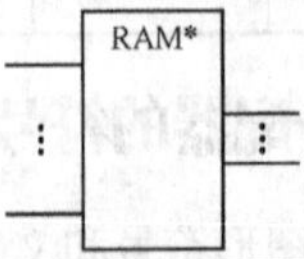 RAM*	D	“*”须用地址和位数的符号代替

续表

名称	图形符号	文字符号	说明
内容可寻址存储器，通用符号	CAM*	D	"*"须用地址和位数的符号代替

▼ 表 2-25　　移位寄存器的图形符号和文字符号

名称	图形符号	文字符号	说明
移位寄存器，通用符号	SRG*m*	DR	"*m*" 应以位数代替
4 位双向移位寄存器	SRG4 0 1 M$\frac{0}{3}$ C4 1→/2← R 1, 4D 3, 4D 3, 4D 3, 4D 3, 4D 2, 4D	DR	左为输入端，右为输出端
8 位移位寄存器（串入，并出）	SRG8 C1/→ R 1 2 2 1D	DR	左为输入端，右为输出端

2.2.5 信号发生与转换器件的符号

信号发生器、信号转换器和代码转换器的图形符号和文字符号见表 2-26～表 2-28。

▼ 表 2-26　信号发生器的图形符号和文字符号

名称	图形符号	文字符号	说明
数字信号发生器	G	D	右为输出端
受控的信号发生器	G	D	左为控制端，右为输出端
同步启动信号发生器	!G	D	左为控制端，右为输出端
完成最后一个脉冲之后停止的信号发生器	G!	D	左为控制端，右为输出端
同步启动、完成最后一个脉冲之后停止的信号发生器	!G!	D	左为控制端，右为输出端

▼ 表 2-27　信号转换器的图形符号和文字符号

名称	图形符号	文字符号	说明
模-数转换器	∩/#	D	左为输入端，右为输出端
数-模转换器	#/∩	D	左为输入端，右为输出端
模-数转换器（4～20mA-4 位二进制码）	∩/# 4~20mA 1 2 4 8	D	左为输入端，右为输出端

续表

名称	图形符号	文字符号	说明
数-模转换器（n 位二进制码-±2V）	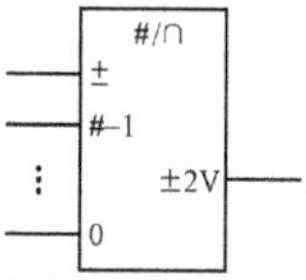 #/∩ ± #-1 ±2V 0	D	左为输入端，右为输出端

▼ 表 2-28　　代码转换器的图形符号和文字符号

名称	图形符号	文字符号	说明
代码转换器，通用符号	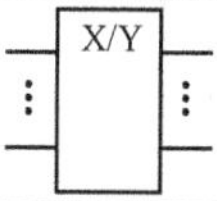 X/Y	D	X、Y 可用输入、输出代码的符号代替
4 线-10 线译码器（BCD 输入）	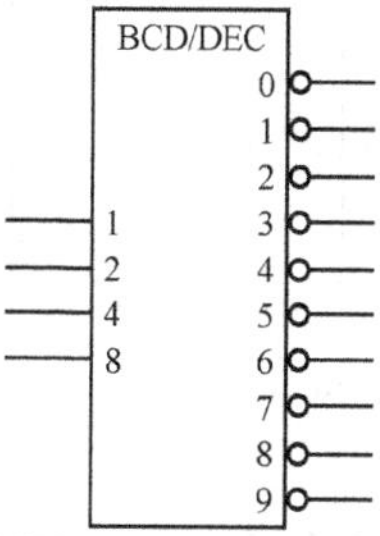 BCD/DEC 1 2 4 8 0 1 2 3 4 5 6 7 8 9	D	左为输入端，右为输出端
3 线-8 线译码器	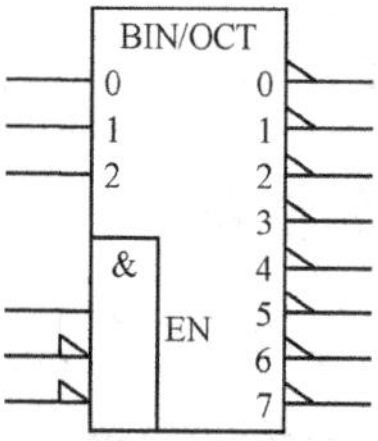 BIN/OCT 0 1 2 & EN 0 1 2 3 4 5 6 7	D	左为输入端，右为输出端
9 线-4 线优先编码器（BCD 输出）	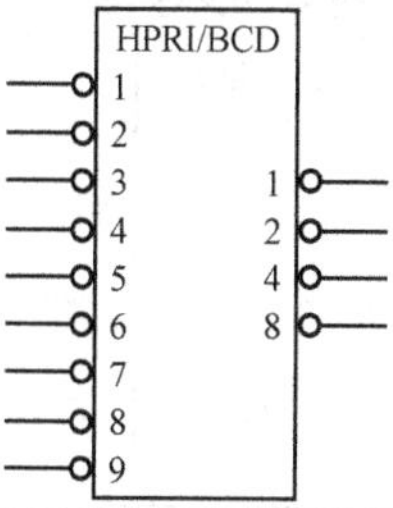 HPRI/BCD 1 2 3 4 5 6 7 8 9 1 2 4 8	D	左为输入端，右为输出端

续表

名称	图形符号	文字符号	说明
8 线-3 线优先编码器	HPRI/BIN Z10 10 ≥1 1/Z11 11 2/Z12 12 $\overline{18}$ 3/Z13 13 4/Z14 14 5/Z15 15 *a* 6/Z16 16 7/Z17 17 0*a* EN*a*/V18 1*a* 2*a*	D	左为输入端，右为输出端
4 线-7 段译码器 / 驱动器（BCD 输入）	BIN/7SGE ▷ [T1] ≥1 & G21 CT=0 V20 a 20, 21 1 b 20, 21 2 c 20, 21 4 d 20, 21 8 e 20, 21 f 20, 21 g 20, 21	D	左为输入端，右为输出端

2.2.6 模拟开关与算术单元的符号

模拟开关和算术单元的图形符号和文字符号见表 2-29 和表 2-30。

▼ 表 2-29 模拟开关的图形符号和文字符号

名称	图形符号	文字符号	说明
双向模拟开关（常开）	#	IC	“#”为数字控制端
单向模拟开关（常开）	#	IC	“#”为数字控制端

续表

名称	图形符号	文字符号	说明
双向模拟开关（常闭）	#	IC	“#”为数字控制端
单向模拟开关（常闭）	#	IC	“#”为数字控制端
两路数字信号“与”控制的双向转换开关	# # &	IC	“#”为数字控制端
同一数字信号控制的两路双向模拟开关	#	IC	“#”为数字控制端

▼ 表 2-30　算术单元的图形符号和文字符号

名称	图形符号	文字符号	说明
算术逻辑单元，通用符号	ALU	D	左为输入端，右为输出端
加法器，通用符号	Σ	D	左为输入端，右为输出端
减法器，通用符号	P–Q	D	左为输入端，右为输出端

续表

名称	图形符号	文字符号	说明
先行进位产生器，通用符号	CPG	D	左为输入端，右为输出端
乘法器，通用符号	Π	D	左为输入端，右为输出端
半加器	Σ CO	D	左为输入端，右为输出端
全加器	Σ CI CO	D	左为输入端，右为输出端
数据比较器，通用符号	COMP	D	左为输入端，右为输出端

2.3 绘图符号

电路图中除了元器件符号，还必须有连接线、轮廓线、接地线等，以及表示电压电流、信号波形的各种符号，才能形成完整的电路图。我们把这些符号统称为绘图符号。

2.3.1 轮廓与连接符号

这些符号包括轮廓线、边界线、屏蔽、非电的连接等，见表2-31。

▼ 表 2-31 轮廓与连接符号

图形符号	说明
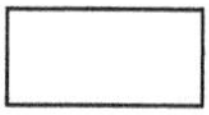	元件、装置、功能单元的轮廓
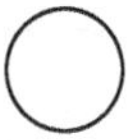	外壳（容器）、管壳
	边界线
	屏蔽（护罩），可画成任何方便的形状
	机械、气动、液压的连接
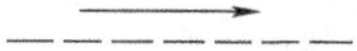	具有指示方向的机械连接
	具有指示旋转方向的机械连接

2.3.2 限定符号

常用的限定符号有电压和电流的种类的符号、运动和流动方向的符号、信号波形的符号等，分别见表 2-32～表 2-34。

▼ 表 2-32 电压和电流种类的符号

图形符号	说明
	直流（文字符号为 DC）
	直流 注：在上一符号可能引起混乱时用本符号
	交流（文字符号为 AC）
	低频（工频或亚音频）
	中频（音频）
	高频（超高频、载频或射频）

续表

图形符号	说明
	交直流
	具有交流分量的整流电流
N	中性（中性线）
M	中间线
+	正极
−	负极

▼ 表 2-33　运动和流动方向的符号

图形符号	说明
	按箭头方向的直线运动或力
	双向的直线运动或力
	按箭头的方向单向旋转（示出顺时针方向）
	双向旋转
	两个方向都有限制的双向旋转
	往复运动
	能量、信号的单向传播（单向传输）
	同时双向传播（同时双向传输），同时发送和接收
	不同时双向传播，交替地发送和接收

▼ 表 2-34　信号波形的符号

图形符号	说明
	正脉冲
	负脉冲

续表

图形符号	说明
	交流脉冲
	正阶跃
	负阶跃
	锯齿波
	非电离的电磁辐射（无线电波、可见光等）
	非电离的相干辐射
	电离辐射

2.3.3 导线与接地符号

导线及其连接的常用符号见表 2-35，接地等符号见表 2-36。

▼ 表 2-35 导线及其连接的符号

图形符号	说明
	导线
	导线组（示例为 3 根导线）
3	导线组（示例为 3 根导线）
	柔软导线
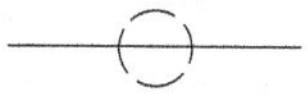	屏蔽导线
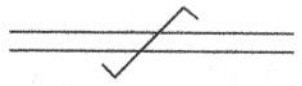	绞合导线（示出 2 股）
	同轴对、同轴电缆

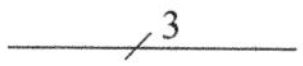

续表

图形符号	说明
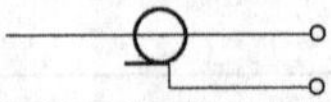	同轴对连接到端子
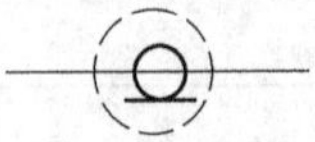	屏蔽同轴对、屏蔽同轴电缆
	导线的连接点
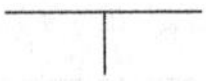	导线的连接
	导线的连接
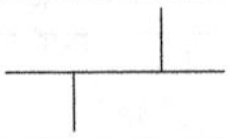	导线的多线连接
	导线的交叉连接
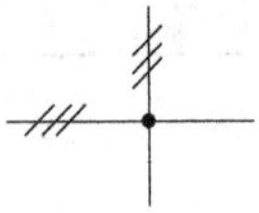	导线的交叉连接单线表示法（示出 3×3 线）
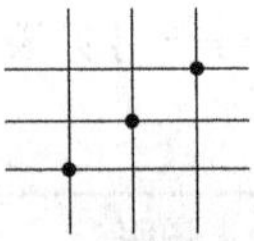	导线的交叉连接多线表示法（示出 3×3 线）
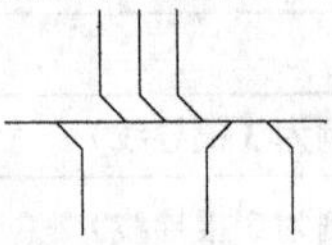	导线或电缆的分支和合并
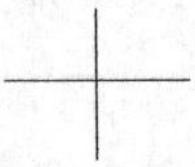	导线的不连接（跨越）
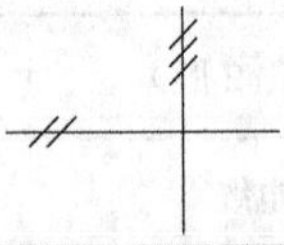	导线的不连接单线表示法（示出 2×3 线）

续表

图形符号	说明
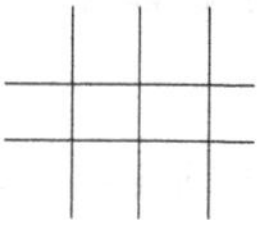	导线的不连接多线表示法（示出 2×3 线）

▼ 表 2-36 接地等符号

图形符号	说明
	接地，一般符号
	无噪声接地（抗干扰接地）
	保护接地
	接机壳或接底板
	接机壳或接底板
	等电位
	故障（用以表示假定故障位置）
	击穿
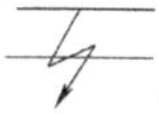	导线间绝缘击穿
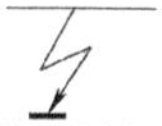	导线对机壳绝缘击穿
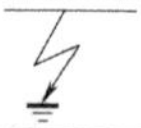	导线对地绝缘击穿
	永久磁铁
	测试点指示

第 3 章　元器件的性能特点与作用

电路图是由各种元器件符号组成的，它反映的是电子设备中各元器件的电气连接情况。这些元器件按照一定的规律联系起来，构成了电子设备中电路的有机整体。了解并掌握各种元器件的性能特点和基本作用，是看懂电路图、正确分析电路工作原理的前提。

3.1 无源元件

无源元件是指其工作时无需工作电源的元件。电阻器、电容器、电感器等，都是常用的两端线性无源元件（也有三个或更多引出端的，实际上是若干个元件的组合）。无源元件是电子电路中最基本的元件。

3.1.1 电阻器

电阻器是限制电流的元件，通常简称为电阻，是一种最基本、最常用的电子元件。电阻器的文字符号是“R”，图形符号如图 3-1 所示，外形如图 3-2 所示。电阻器包括固定电阻器、可变电阻器、敏感电阻器等。

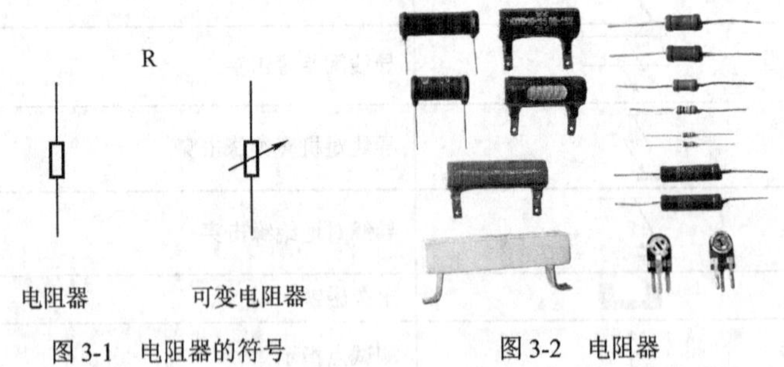

图 3-1　电阻器的符号

图 3-2　电阻器

电阻器的特点是对直流和交流一视同仁，任何电流通过电阻器都

要受到一定的阻碍和限制，并且该电流必然在电阻器上产生电压降，如图 3-3 所示。

电阻器的主要作用是限流、降压与分压。

（1）限流

电阻器在电路中限制电流的通过，电阻值越大，电流越小。图 3-4 所示发光二极管电路中，R 为限流电阻。从欧姆定律 $I = U/R$ 可知，当电压 U 一定时，流过电阻器的电流 I 与其阻值 R 成反比。由于限流电阻 R 的存在，发光二极管 VD 的电流被限制在 10 mA，保证 VD 正常工作。

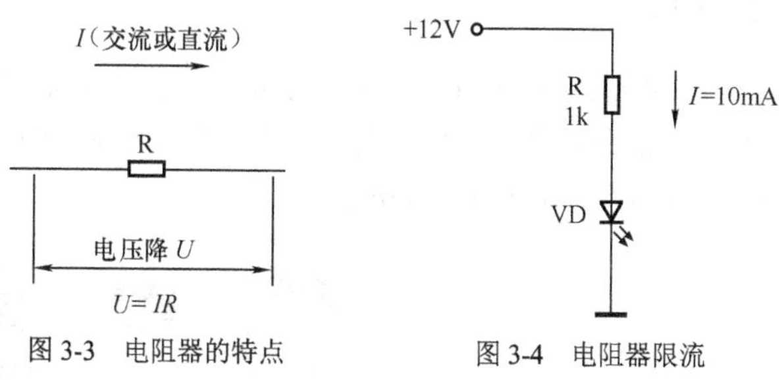

图 3-3　电阻器的特点　　图 3-4　电阻器限流

（2）降压

电流通过电阻器时必然会产生电压降，电阻值越大，电压降越大。图 3-5 所示继电器电路中，R 为降压电阻。电压降 U 的大小与电阻值 R 与电流 I 的乘积成正比，即 $U = IR$。利用电阻器 R 的降压作用，可以使较高的电源电压适应元器件工作电压的要求。例如图 3-5 中，继电器工作电压为 6V、工作电流为 60mA，而电源电压为 12V，必须串接一个 100Ω的降压电阻 R 后，方可正常工作。

（3）分压

基于电阻的降压作用，电阻器还可以用作分压器。如图 3-6 所示，电阻器 R_1 和 R_2 构成一个分压器。由于两个电阻串联，通过这两个电阻的电流 I 相等，而电阻上的电压降 $U = IR$，R_1 上的电压降为 $1/3U$，R_2 上的电压降为 $2/3U$，实现了分压（负载电阻必须远大于 R_1、R_2），分压比为 R_1/R_2。

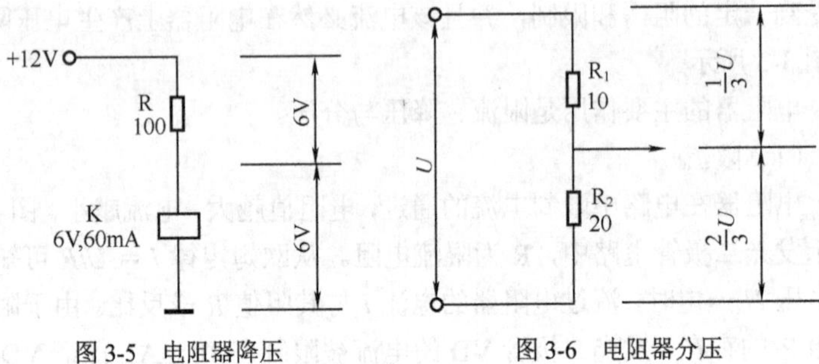

图 3-5　电阻器降压　　图 3-6　电阻器分压

3.1.2　电位器

电位器是调节分压比的元件，它是从可变电阻器发展派生出来的，是一种常用的可调电子元件。电位器的文字符号是“RP”，图形符号如图 3-7 所示，外形如图 3-8 所示。

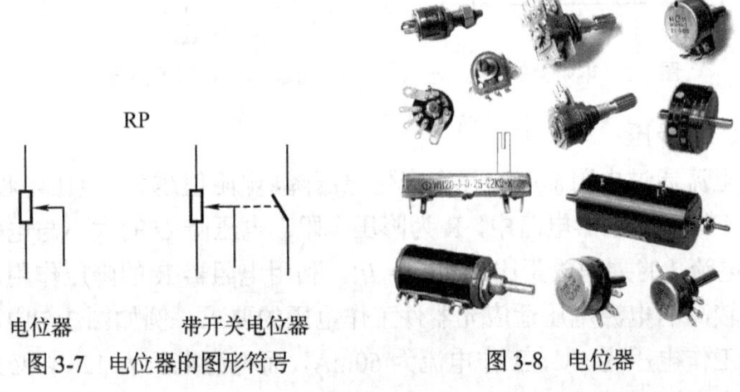

图 3-7　电位器的图形符号　　图 3-8　电位器

电位器的特点是可以连续改变电阻比。电位器的结构如图 3-9 所示，电阻体的两端各有一个定臂引出端，中间是动臂引出端。动臂在电阻体上移动，即可使动臂与上下定臂引出端间的电阻比值连续变化。

电位器的工作原理如图 3-10 所示，电位器 RP 可等效为电阻 R_a 和 R_b 构成的分压器。

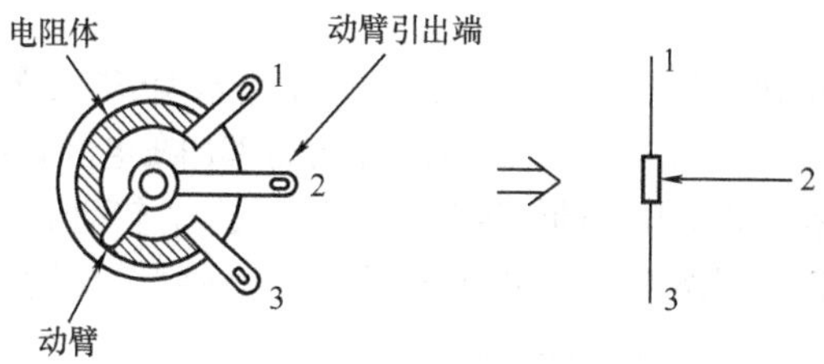

图 3-9　电位器的结构

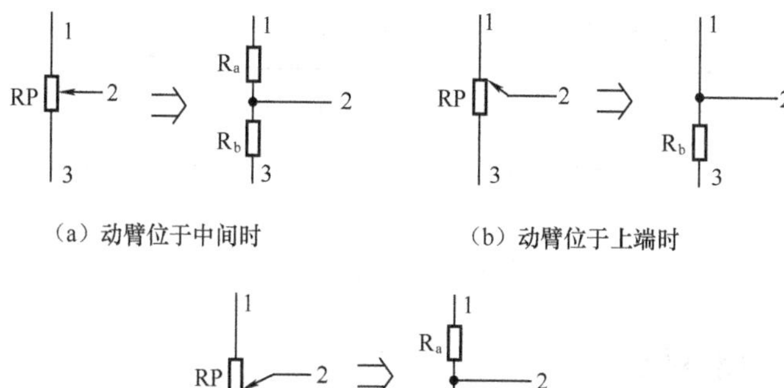

（a）动臂位于中间时　（b）动臂位于上端时

（c）动臂位于下端时

图 3-10　电位器工作原理

（1）$R_a = R_b$ 的情况

当动臂 2 端处于电阻体中间时，$R_a = R_b$，如图 3-10（a）所示，动臂 2 处输出电压为输入电压的一半。

（2）$R_a < R_b$ 的情况

当动臂 2 端向上移动时，R_a 减小而 R_b 增大。当动臂 2 端移至最上端时，$R_a = 0$，$R_b = RP$，如图 3-10（b）所示，动臂 2 端输出电压为输入电压的全部。

（3）$R_a > R_b$ 的情况

当动臂 2 端向下移动时，R_a 增大而 R_b 减小。当动臂 2 端移至最下端时，$R_a = RP$，$R_b = 0$，如图 3-10（c）所示，动臂 2 端输出电压

为 0。

电位器的作用是可变分压。收音机中的音量调节电位器就是可变分压的一个例子，如图 3-11 所示。前级信号全部加在电位器 RP 两端，从动臂 2 端获得一定分压比的信号并将送往功放级。转动电位器动臂改变分压比，即改变了送往功放级的信号的大小，达到调节音量的目的。

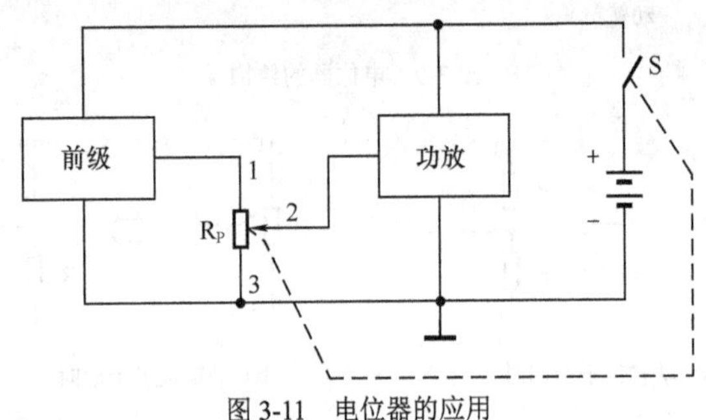

图 3-11　电位器的应用

3.1.3　电容器

电容器是储存电荷的元件，通常简称为电容，是一种最基本、最常用的电子元件。电容器的文字符号是“C”，图形符号如图 3-12 所示，外形如图 3-13 所示。电容器包括固定电容器和可变电容器两大类，固定电容器又分为无极性电容器和有极性电容器。

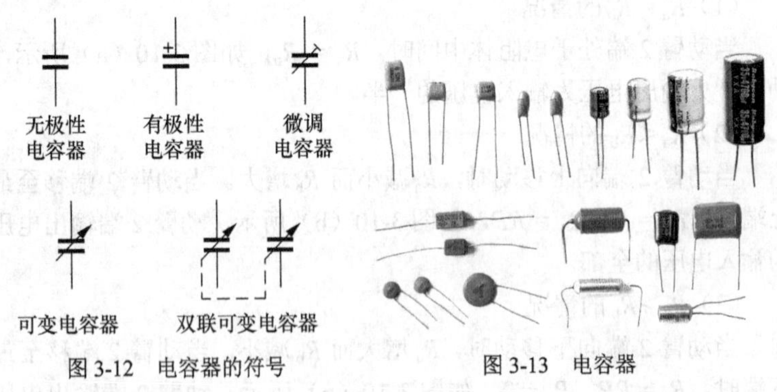

图 3-12　电容器的符号

图 3-13　电容器

电容器的特点是隔直流通交流。因为电容器两电极间是绝缘的，直流电流不能通过电容器，而交流电流则可以充放电方式通过电容器。电容器对交流电流具有一定的阻力，称之为容抗 X_C，交流电流的频率越高，则容抗越小。容抗 X_C 分别与交流电流的频率 f 和电容器的容量 C 成反比，即 $X_C=\dfrac{1}{2\pi fC}$，如图 3-14 所示。

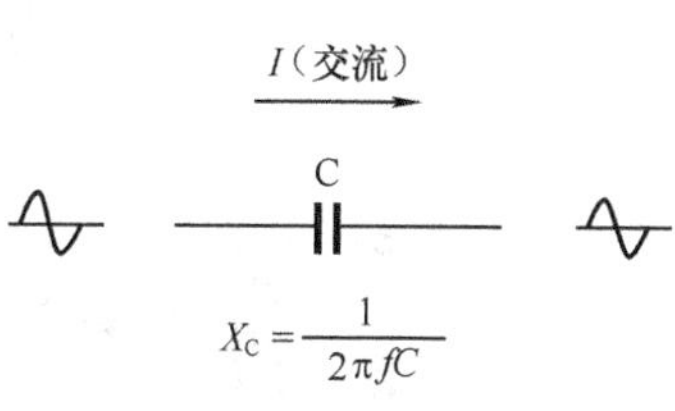

图 3-14 电容器的特点

电容器的主要作用是信号耦合、旁路滤波、移相和谐振。

（1）信号耦合

电容器可以将前级电路的交流信号耦合至后级电路。图 3-15 所示为两级音频放大电路，晶体管 VT_1 集电极输出的交流信号通过电容 C 传输到 VT_2 基极，而 VT_1 集电极的直流电位则不会影响到 VT_2 基极，VT_1 与 VT_2 可以有各自适当的直流工作点，这就是电容器的耦合作用。

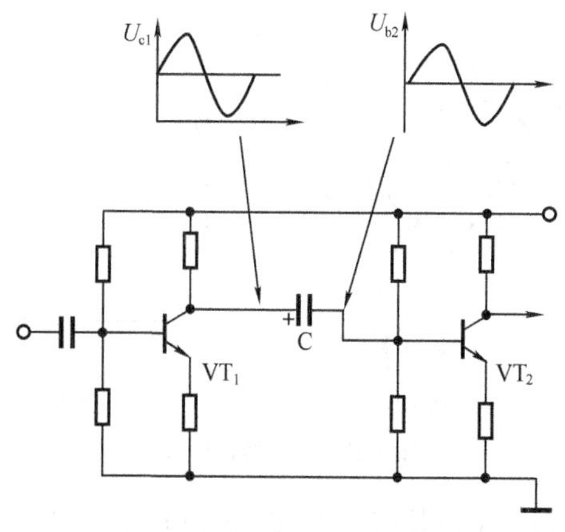

图 3-15 电容器耦合

（2）旁路滤波

电容器可以将电压中的交流成分滤除。图 3-16 所示为整流电源

电路，二极管整流出来的电压 U_i 是脉动直流电压，其中既有直流成分也有交流成分，由于输出端接有滤波电容器 C，交流成分被 C 旁路到地，输出电压 U_o 就是较纯净的直流电压了。

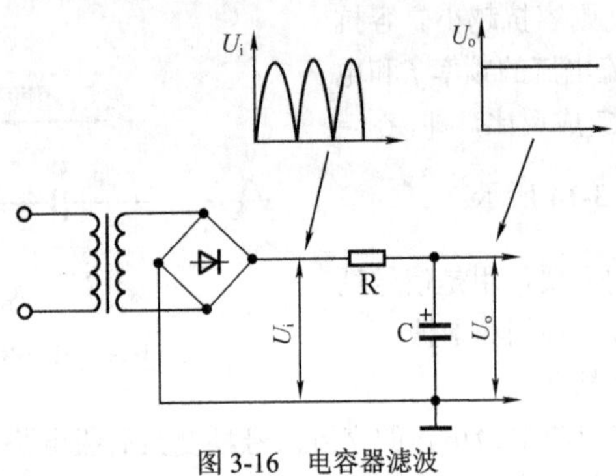

图 3-16　电容器滤波

（3）移相

由于通过电容器的电流大小取决于交流电压的变化率，因此电容器上电流超前电压 90°，具有移相作用，如图 3-17 所示。

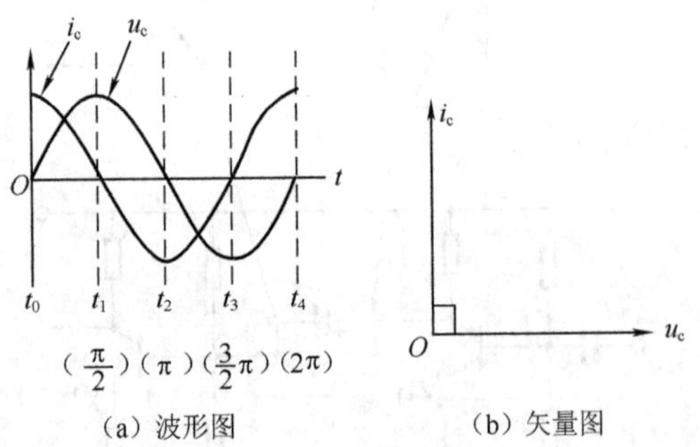

（a）波形图　　（b）矢量图

图 3-17　电容器移相原理

利用电容器上电流超前电压的特性构成的 RC 移相网络如图 3-18 所示。图 3-18（a）中，输出电压 U_o 取自电阻 R，由于电容器 C 上电流 i 超前输入电压 U_i，因此 U_o 超前 U_i 一个相移角 φ，φ 在 0°~90° 之间，由 R、C 的比值决定。当需要的相移角超过 90° 时，可用多节移相网络来实现。图 3-18（b）所示为三节 RC 移相网络，每节移相 60°，三节共移相 180°。

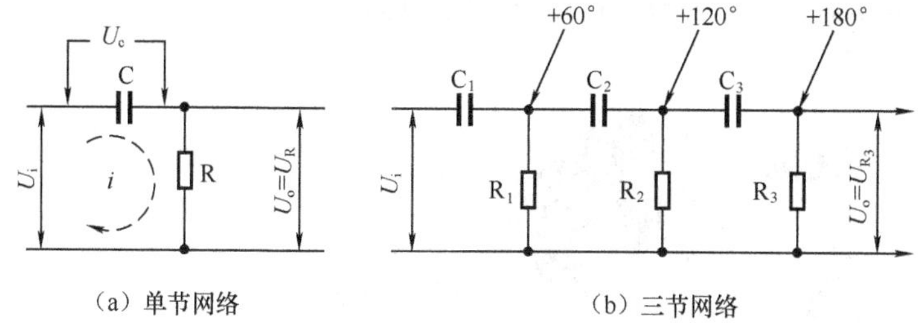

（a）单节网络　　（b）三节网络

图 3-18　阻容移相网络

（4）谐振

电容器可以与电感器组成谐振回路。图 3-19 所示为超外差收音机中放电路，电容器 C 与中频变压器 T 的初级线圈 L_1 组成并联谐振回路，谐振于 465 kHz 中频频率上，使中频信号得到放大。

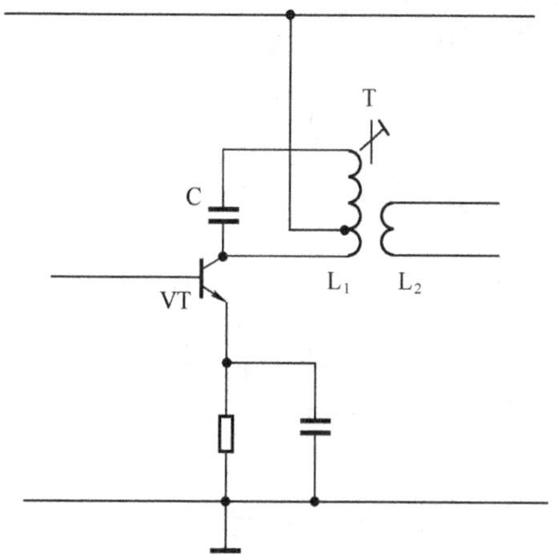

图 3-19　电容电感谐振回路

可变电容器的特点是电容量在一定范围内可以连续调节，是一种常用的可调电子元件，如图 3-20 所示。

可变电容器的作用是改变和调节回路的谐振频率。在图 3-21 所示 LC 谐振回路中，改变可变电容器 C，即可改变谐振频率 f，$f=\frac{1}{2\pi\sqrt{LC}}$，$f$ 与电容量 C 的平方根成反比。

图 3-20　可变电容器　　　　图 3-21　可变电容器的作用

可变电容器常用于收音机的调谐回路，起到选择电台的作用。图 3-22 所示为超外差收音机变频级电路，双联可变电容器 C_1 中的一联 C_{1a} 接入天线输入回路，另一联 C_{1b} 接入本机振荡回路。同时调节 C_1 两联的容量，即可改变接收频率。

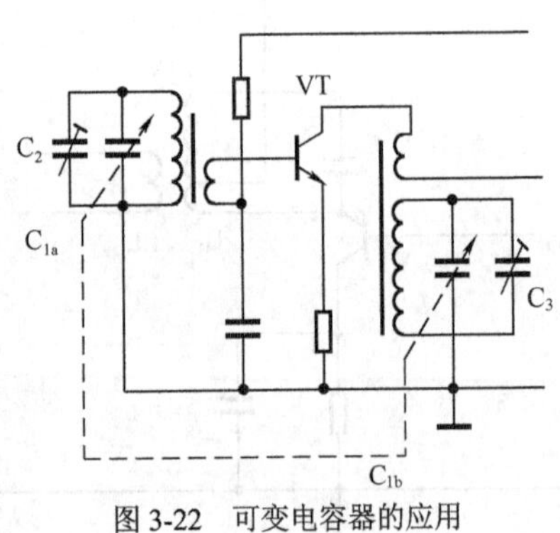

图 3-22　可变电容器的应用

3.1.4　电感器

电感器是储存电能的元件，通常简称为电感，是常用的基本电子元件。电感器的文字符号是“L”，图形符号如图 3-23 所示。电感器按电感量是否可变可分为固定电感器和可变电感器，按外形特征可分为空心电感器、磁芯电感器和铁芯电感器等，阻流圈、偏转线圈、振荡线圈等也是一种电感器，如图 3-24 所示。

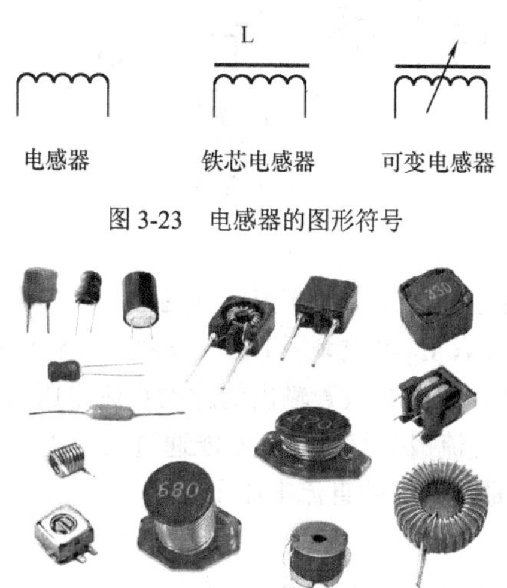

图 3-23　电感器的图形符号

图 3-24　电感器

电感器的特点是通直流阻交流。直流电流可以无阻碍地通过电感器，而交流电流通过时则会受到很大的阻力。电感器对交流电流所呈现的阻力称为感抗 X_L，交流电流的频率越高，感抗越大。感抗 X_L 分别与交流电的频率 f 和电感器的电感量 L 成正比，即 $X_L=2\pi fL$，如图 3-25 所示。

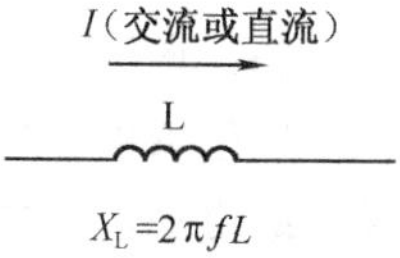

电感器的主要作用是分频、滤波、谐振和磁偏转。

I（交流或直流）

L

$X_L=2\pi fL$

图 3-25　电感器的特点

（1）分频

电感器可以用于区分高、低频信号。图 3-26 所示为来复式收音机中高频阻流圈的应用示例，由于高频阻流圈 L 对高频电流的感抗很大而对音频电流的感抗很小，晶体管 VT 集电极输出的高频信号只能通过 C 进入检波电路。检

波后的音频信号再经 VT 放大后则可以通过 L 到达耳机。

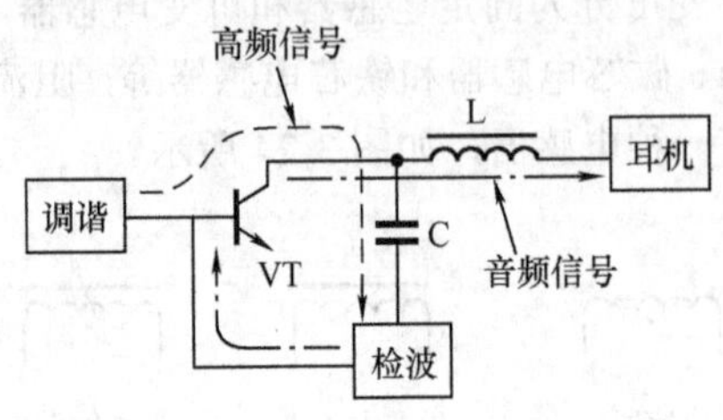

图 3-26　电感器分频

（2）滤波

电感器能够阻止电压中的交流成分通过。图 3-27 所示为电感器滤波电路，L 与 C_1、C_2 组成 π 型 LC 滤波器。由于 L 具有通直流阻交流的功能，因此，整流二极管输出的脉动直流电压 U_i 中的直流成分可以通过 L，而交流成分绝大部分不能通过 L，被 C_1、C_2 旁路到地，输出电压 U_o 便是较纯净的直流电压了。

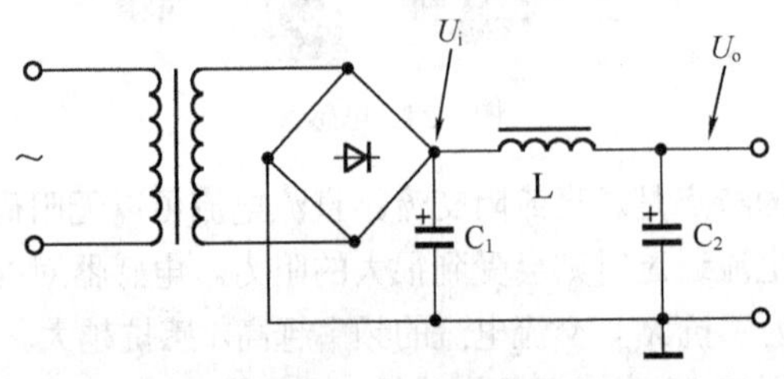

图 3-27　电感器滤波

（3）谐振

电感器可以与电容器组成谐振选频回路。图 3-28 所示为收音机高放级电路，可变电感器 L 与电容器 C_1 组成调谐回路，调节 L 即可改变谐振频率，起到选台的作用。

（4）磁偏转

电感线圈还可以用于磁偏转电路。图 3-29 为显像管偏转线圈工作示意图，偏转电流通过偏转线圈产生偏转磁场，使电子束随之偏转完成扫描运动。

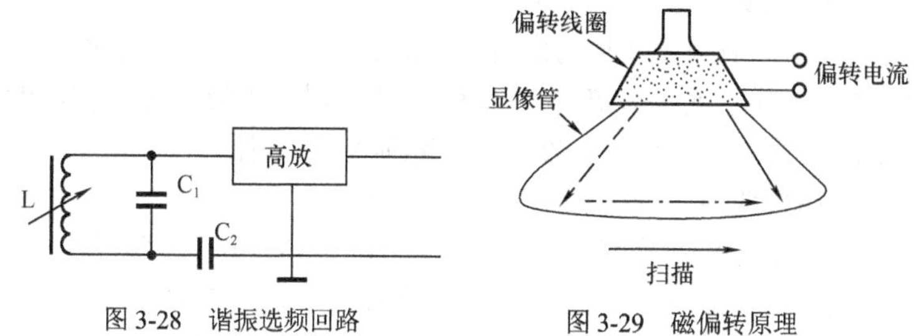

图 3-28　谐振选频回路　　图 3-29　磁偏转原理

3.1.5　变压器

变压器是变换电压的元器件，包括电源变压器、音频变压器、中频变压器、高频变压器等，是一种常用元器件。变压器的文字符号是“T”，图形符号如图 3-30 所示，外形如图 3-31 所示。

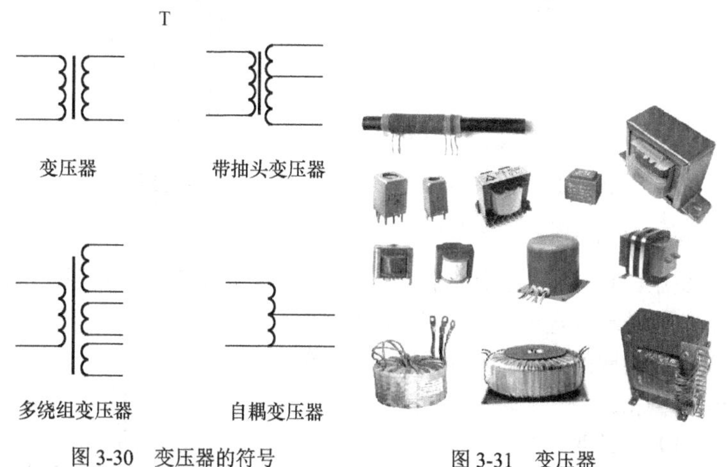

图 3-30　变压器的符号　　图 3-31　变压器

变压器的特点是传输交流隔离直流，并可同时实现电压变换、阻抗变换和相位变换。变压器各绕组线圈间互不相通，但交流电压可以通过磁场耦合进行传输。

变压器的主要作用是电压变换、阻抗变换和相位变换。

① 电压变换

变压器具有电压变换的作用。如图 3-32 所示，变压器次级电压的大小，取决于次级与初级的匝数比。空载时，次级电压 U_2 与初级电压 U_1 之比，等于次级匝数 N_2 与初级匝数 N_1 之比。

② 阻抗变换

变压器具有阻抗变换的作用。如图 3-33 所示，变压器初级与次级的匝数比不同，耦合过来的阻抗也不同。在数值上，次级阻抗 R_2 与初级阻抗 R_1 之比等于次级匝数 N_2 与初级匝数 N_1 之比的平方。

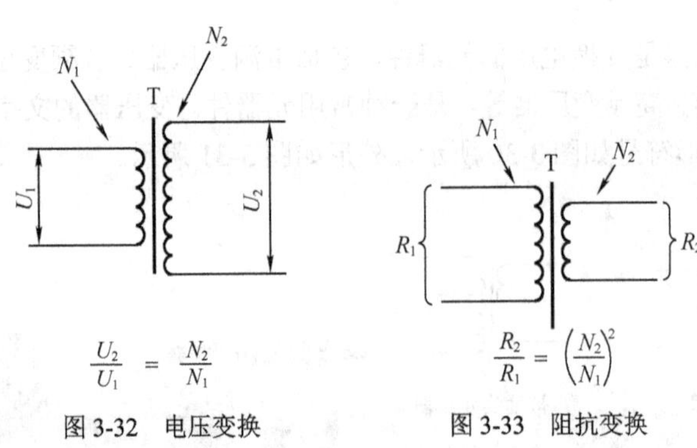

图 3-32　电压变换　　　　图 3-33　阻抗变换

③ 相位变换

变压器具有相位变换的作用。图 3-34 所示变压器电路图，标出了各绕组的瞬时电压极性。可见，通过改变变压器线圈的接法，可以很方便地将信号电压倒相。

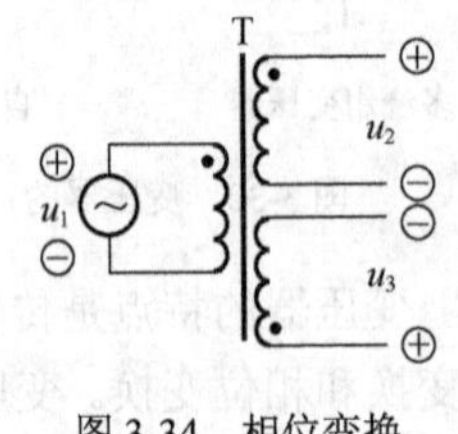

图 3-34　相位变换

（1）电源变压器

电源变压器是最常用的一类变压器。电源变压器可分为降压变压器（$U_2 < U_1$）、升压变压器（$U_2 > U_1$）、隔离变压器（$U_2 = U_1$）、多绕组变压器等，如图 3-35 所示。

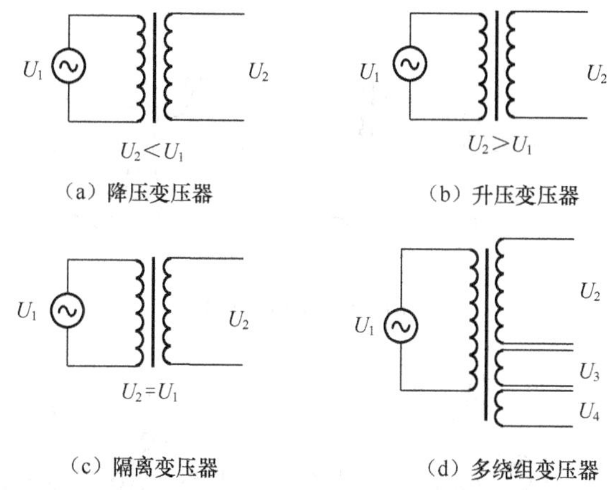

（a）降压变压器 （b）升压变压器

（c）隔离变压器 （d）多绕组变压器

图 3-35　电源变压器的种类

电源变压器的用途是电源电压变换，并可同时提供多种电源电压，以适应电路的需要，如图 3-36 所示。

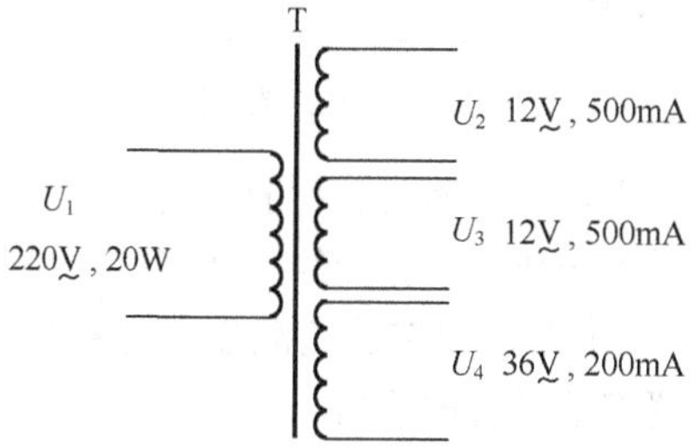

图 3-36　多电压输出变压器

电源变压器的另一用途是电源隔离。如图 3-37 所示，由于变压器的隔离作用，人体即使接触到电压 U_2，也不会与交流 220V 市电构成回路，保证了人身安全。这就是维修热底板家电时必须要用电源隔离变压器的道理。

（2）音频变压器

音频变压器是工作于音频范围的变压器，推挽功率放大器中的输入变压器和输出变压器都属于音频变压器，如图 3-38 所示。

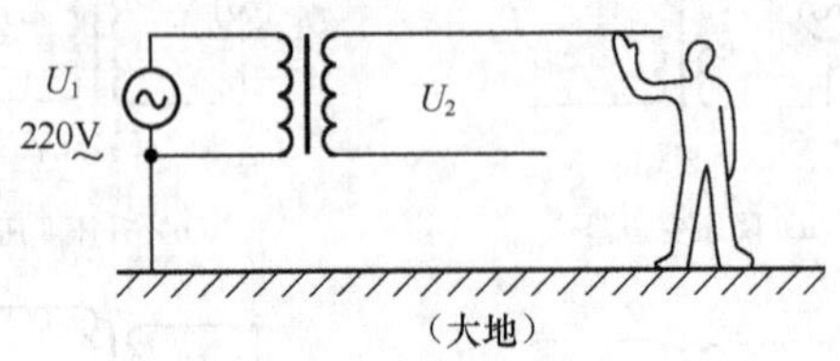

图 3-37　隔离变压器

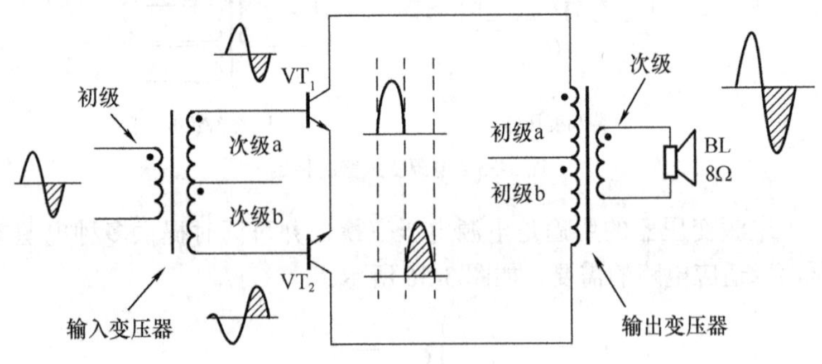

图 3-38　音频变压器

音频变压器具有信号传输与分配的作用。图 3-38 所示电路中，输入变压器将信号电压传输、分配给晶体管 VT_1 和 VT_2（送给 VT_2 的信号还倒了相），使 VT_1 和 VT_2 轮流分别放大正、负半周信号，然后再由输出变压器将信号合成输出。

音频变压器具有阻抗匹配的作用。图 3-38 所示电路中，输出变压器将扬声器的 8Ω低阻变换为数百欧姆的高阻，与放大器的输出阻抗相匹配，使得放大器输出的音频功率最大而失真最小。

（3）中频变压器

中频变压器习惯上简称为中周，应用于超外差收音机和电视机的中频放大电路中。中频变压器分为单调谐式和双调谐式两种，如图 3-39 所示。单调谐式初、次级绕在一个磁芯上。双调谐式初、次级分为两个独立的线圈，依靠电容或电感进行耦合。

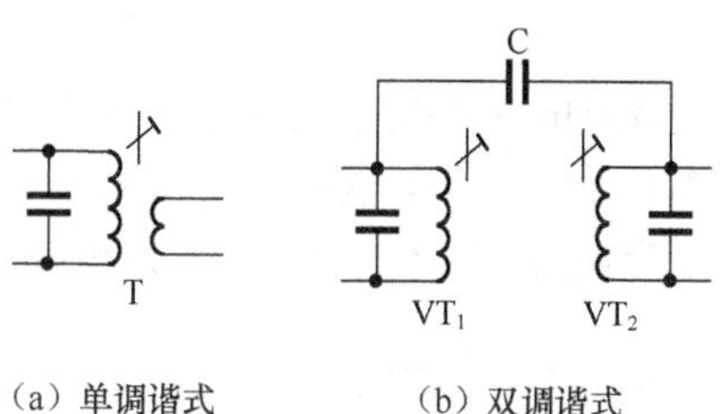

（a）单调谐式　　（b）双调谐式

图 3-39　中频变压器的种类

中频变压器具有选频作用。图 3-40 所示为超外差收音机中放部分电路，中频变压器 T_1、T_2 的初级线圈分别与 C_1、C_2 谐振于 465 kHz，作为 VT_1、VT_2 的负载，因此，只有 465 kHz 中频信号得到放大，该电路起到了选频的作用。

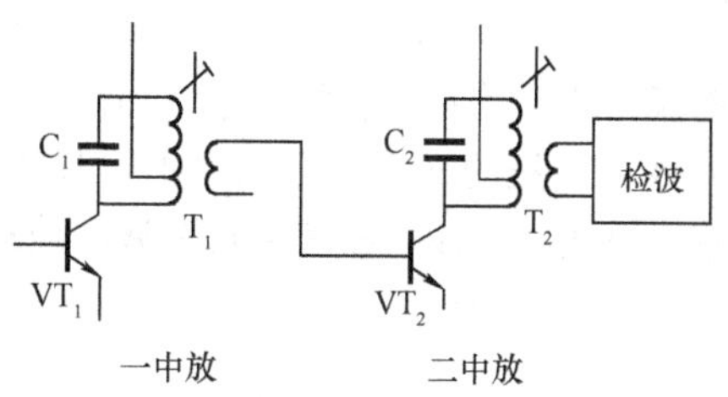

图 3-40　中频变压器应用

中频变压器具有耦合作用。图 3-40 所示电路中，一中放输出信号通过 T_1 耦合到二中放，二中放输出信号通过 T_2 耦合到检波级。

（4）高频变压器

高频变压器通常是指工作于射频范围的变压器。收音机的磁性天线就是一个高频变压器，如图 3-41 所示。

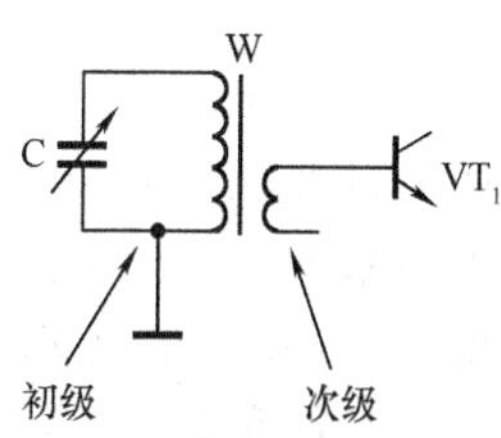

图 3-41　磁性天线

高频变压器具有耦合作用。图 3-41 所示电路中，磁性天线 W 的初级绕组与可变电容器 C 组成选频回路，选出的电台信号通过初、次级之间的耦合传输到高放或变

频级 VT_1。

高频变压器具有阻抗变换作用。电视机天线阻抗变换器是一种高频变压器，如图3-42所示，折叠偶极子天线输出的300Ω平衡信号，通过高频变压器T变换为75Ω不平衡信号送入电视机。

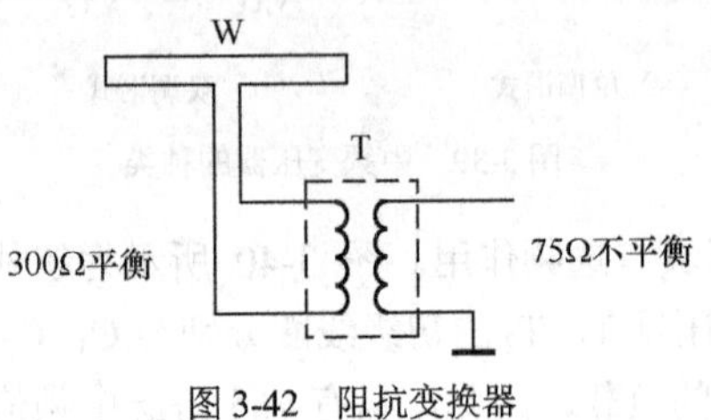

图3-42　阻抗变换器

3.1.6　晶振

石英晶体谐振器通常简称为晶振，是一种常用的选择频率和稳定频率的电子元件。晶振的文字符号是“B”，图形符号如图3-43所示。晶振由晶体组成，晶体一般密封在金属、玻璃或塑料等外壳中，晶振外形如图3-44所示。

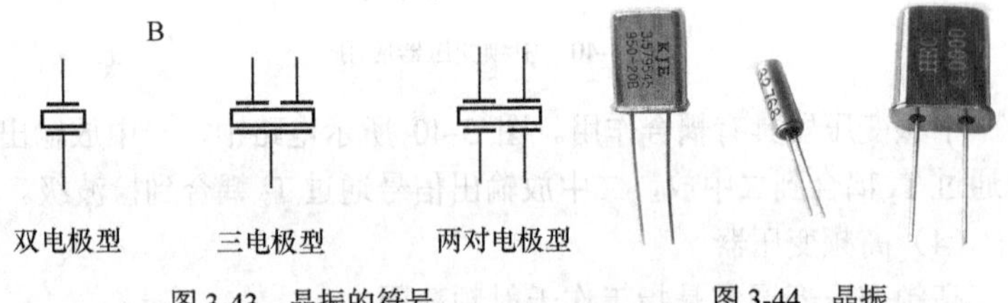

图3-43　晶振的符号　　图3-44　晶振

晶体的特点是具有压电效应。当有机械压力作用于晶体时，在晶体两面即会产生电压；反之，当有电压作用于晶体两面时，晶振即会产生机械变形。如果在晶振两面加上交流电压，如图3-45所示，晶振将会随之产生周期性的机械振动，当交流电压的频率与晶体的固有谐振频率相等

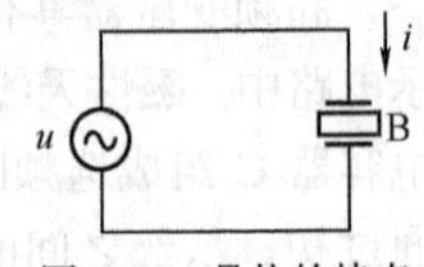

图3-45　晶体的特点

时，晶体的机械振动最强，电路中的电流最大，产生了谐振。

晶体的用途是构成频率稳定度很高的振荡器。

（1）并联晶体振荡器

并联晶体振荡器电路如图 3-46 所示，这是一个电容三点式晶体振荡器，晶体 B 等效为一个电感，与电容 C_2、C_3 组成并联谐振回路，振荡频率由这个谐振回路决定。

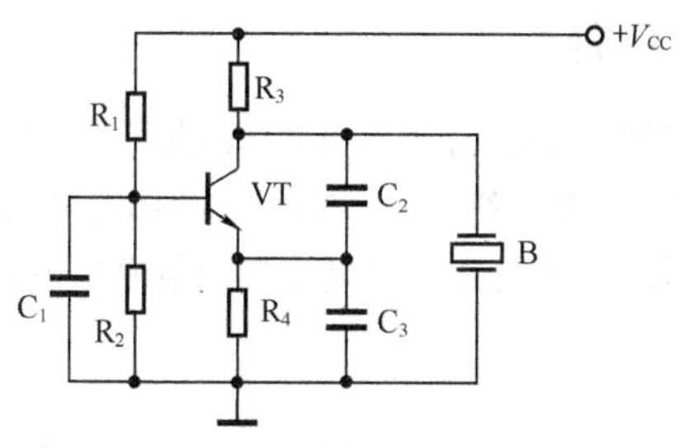

图 3-46　并联应用

（2）串联晶体振荡器

串联晶体振荡器电路如图 3-47 所示，晶体管 VT_1、VT_2 组成两级阻容耦合放大器，晶体 B 与负载电容 C_2 构成正反馈电路。晶体 B 在这里起着带通滤波器的作用，只有当电路振荡频率等于晶体的串联谐振频率时，晶体才呈纯电阻性，满足振荡必需的相位和振幅条件。

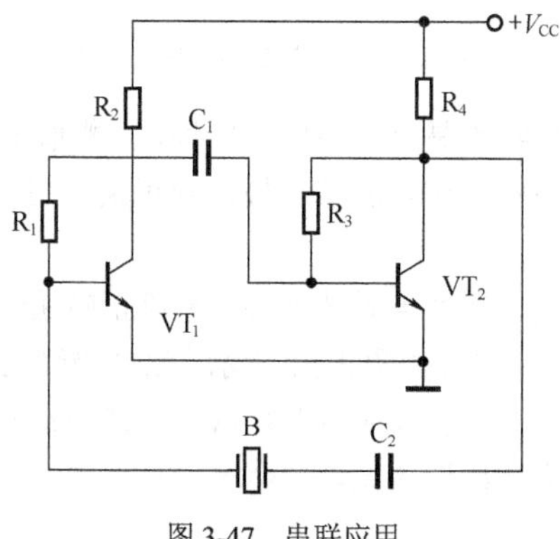

图 3-47　串联应用

3.2 半导体管和电子管

半导体管和电子管是无线电和电子电路中最重要的元器件。半导体管包括二极管、三极管、场效应管、单结晶体管、晶闸管等，电子管也有二极管、三极管、多极管等种类，它们在放大、振荡等单元电路中起着核心作用。

3.2.1 晶体二极管

晶体二极管简称二极管，是一种常用的具有一个 PN 结的半导体器件。晶体二极管的文字符号是“VD”，图形符号如图 3-48 所示，外形如图 3-49 所示。普通晶体二极管包括整流二极管、检波二极管、开关二极管等。

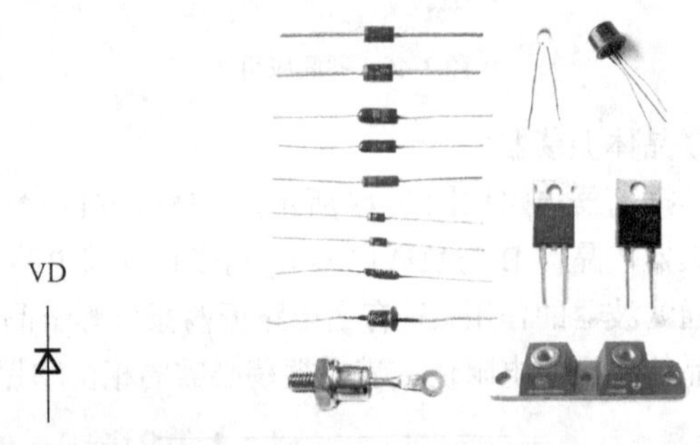

图 3-48　晶体二极管的符号　　图 3-49　晶体二极管

晶体二极管的特点是具有单向导电性，一般情况下只允许电流从正极流向负极，而不允许电流从负极流向正极，图 3-50 形象地说明了这一点。

晶体二极管是非线性半导体器件。电流正向通过二极管时，要在 PN 结上产生管压降 U_{VD} 如图 3-51 所示。锗二极管的正向管压降约为 0.3V，硅二极管的正向管压降约为 0.7V。从伏安特性曲线可见，二极管的电压与电流为非线性关系。

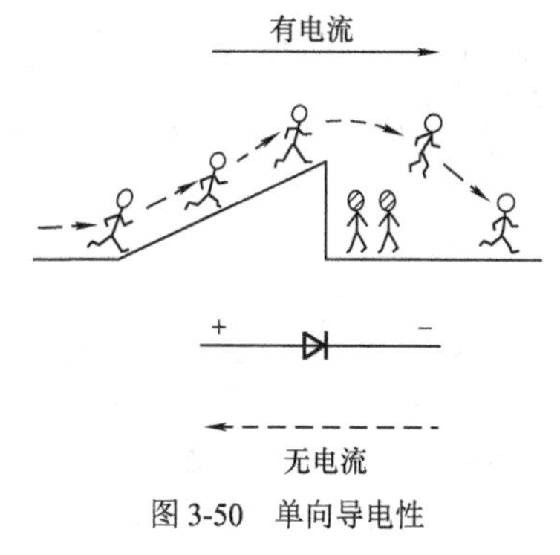

图 3-50 单向导电性

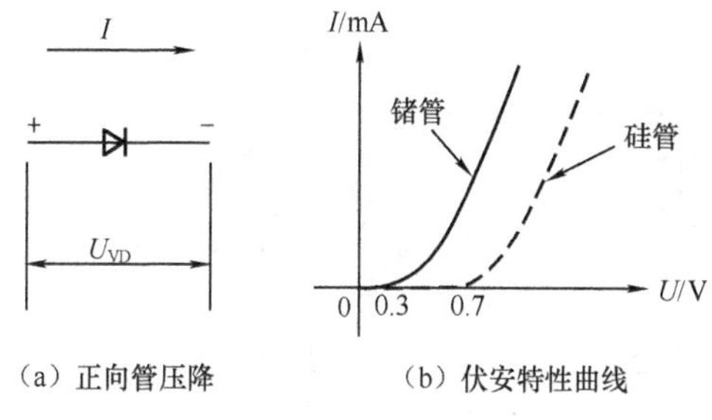

（a）正向管压降　　（b）伏安特性曲线

图 3-51 非线性关系

晶体二极管的主要作用是整流、检波和开关。

（1）整流

图 3-52 所示为半波整流电路，由于二极管的单向导电特性，在交流电压正半周时二极管 VD 导通，有输出。在交流电压负半周时二极管 VD 截止，无输出。经二极管 VD 整流出来的脉动电压再经 RC 滤波器滤波后即为直流电压。

图 3-53 所示为桥式全波整流电路。当交流电正半周时，电流 I_1 经 VD_2、负载 R、VD_4 形成回路，负载上电压 U_R 为上正下负。当交流电负半周时，电流 I_2 经 VD_3、负载 R、VD_1 形成回路，负载上电压 U_R 仍为上正下负，实现了全波整流。

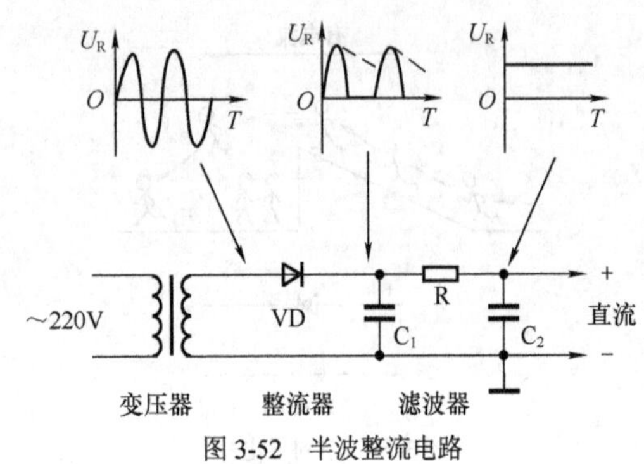

图 3-52 半波整流电路

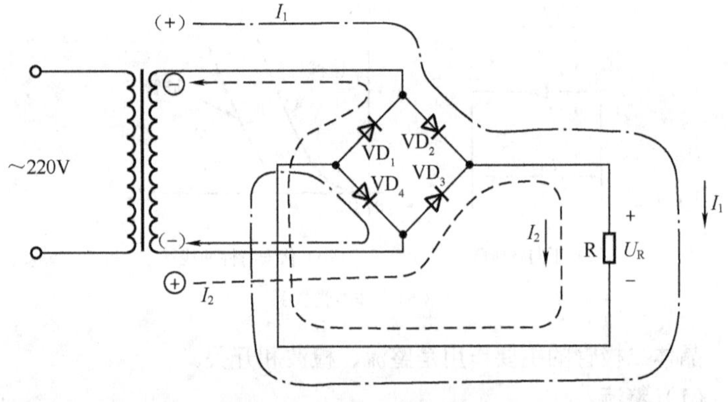

图 3-53 桥式全波整流电路

（2）检波

图 3-54 所示为超外差收音机检波电路，二中放输出的调幅波加到二极管 VD 负极，其负半周通过了二极管（正半周被截止），再由 RC 滤波器滤除其中的高频成分，输出的就是调制在载波上的音频信号，这个过程称为检波。

（3）开关

二极管具有开关作用，在图 3-55 所示开关电路中，当二极管 VD 正极接+9V 时，VD 导通，输入端（IN）信号可以通过二极管 VD 到达输出端（OUT）。当二极管 VD 正极接-9V 时，VD 截止，输入端（IN）与输出端（OUT）之间通路被切断。

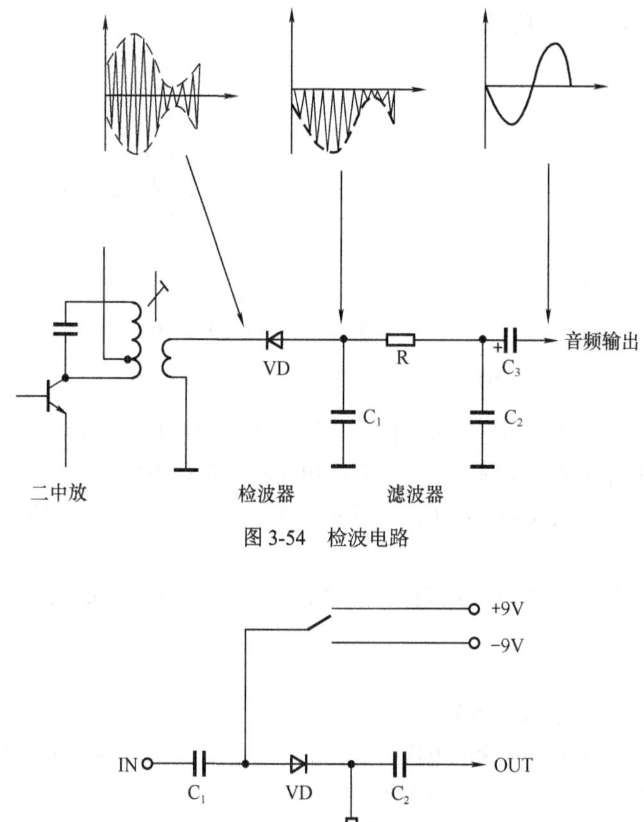

图 3-54　检波电路

图 3-55　二极管开关电路

3.2.2　稳压二极管

稳压二极管是一种特殊的具有稳压功能的二极管。稳压二极管的文字符号是“VD”，图形符号如图 3-56 所示。

稳压二极管的特点是工作于反向击穿状态，具有稳定的端电压。与普通二极管不同的是，稳压二极管的工作电流是从负极流向正极，如图 3-57（a）所示。

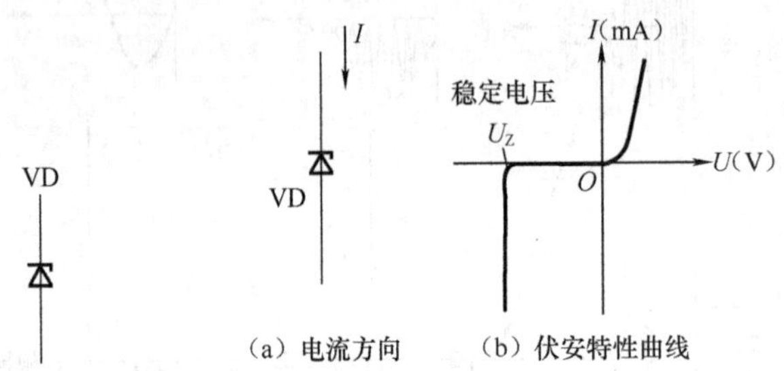

图 3-56　稳压二极管的符号　　图 3-57　稳压二极管的特性

从图 3-57（b）所示稳压二极管的伏安特性曲线可见，稳压二极管是利用 PN 结反向击穿后，其端电压在一定范围内保持不变的原理工作的。只要反向电流不超过其最大工作电流，稳压二极管是不会损坏的。

稳压二极管的作用是稳压，包括并联稳压和串联稳压两种电路形式。

（1）并联稳压

并联稳压电路如图 3-58 所示，稳压二极管 VD 并联在输出端，VD 上的电压即为输出电压。这种简单并联稳压电路主要应用在输入电压变化不大、负载电流较小的场合。

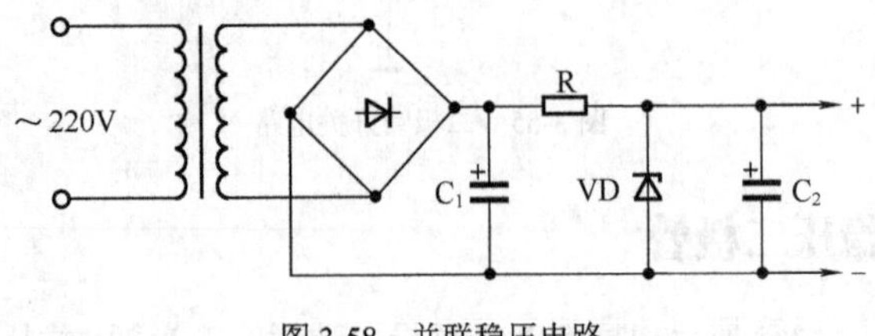

图 3-58　并联稳压电路

（2）串联稳压

串联稳压电路如图 3-59 所示，由于串联在输出电路中的调整管 VT 的基极电压被稳压二极管 VD 所稳定，所以当输出电压发生变化时，调整管 VT 的基-射极间电压相应变化，使得 VT 的管压降向相反方向变化，从而输出电压基本保持稳定。

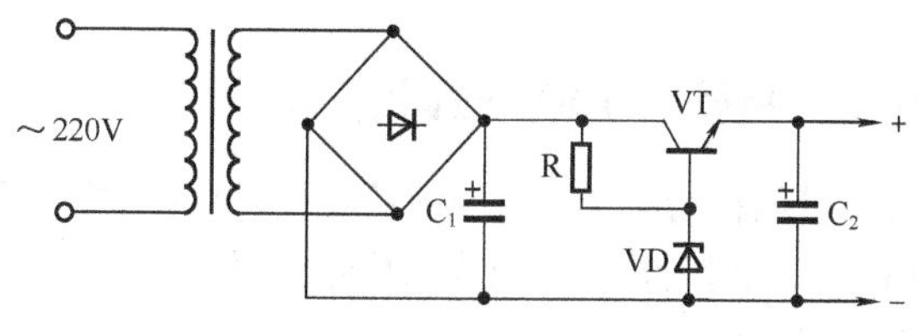

图 3-59　串联稳压电路

瞬态电压抑制二极管是基于稳压管而生产制造的，其特点是能够吸收浪涌高压。瞬态电压抑制二极管是一种特殊的稳压二极管，它在遇到高能量瞬态浪涌电压时，能够迅速反向击穿，将浪涌电流分流，并将其电压钳位于规定值。

瞬态电压抑制二极管的作用是过压保护。单极型瞬态电压抑制二极管一般用于直流电路负载保护，如图 3-60 所示，VD 为单极型瞬态电压抑制二极管，R 是限流电阻。

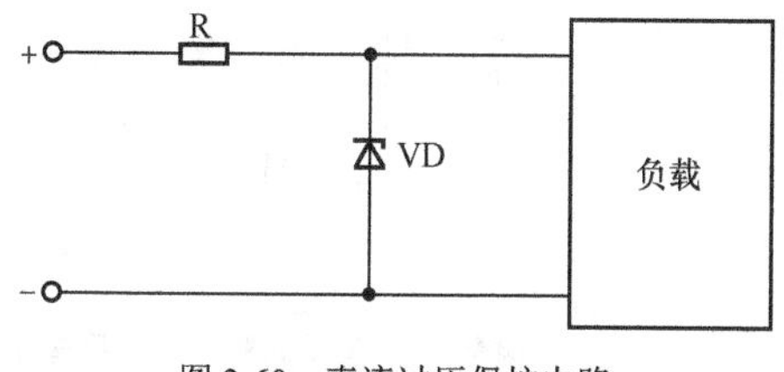

图 3-60　直流过压保护电路

双极型瞬态电压抑制二极管具有双向过压保护功能，可用于包括交流电路在内的各电路不同部位的保护，如图 3-61 所示，VD_1、VD_2 为双极型瞬态电压抑制二极管。

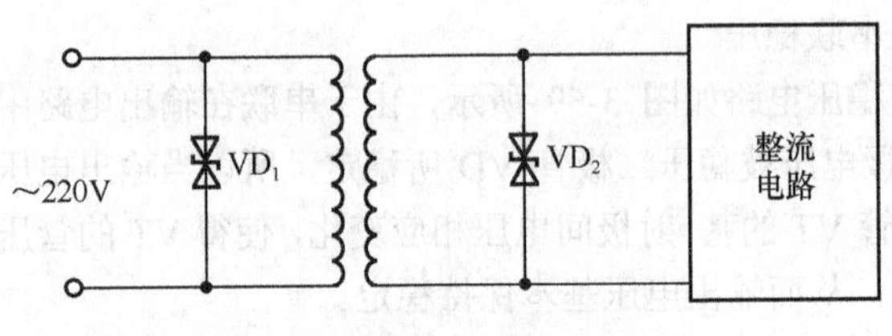

图 3-61　交流过压保护电路

3.2.3　发光二极管与 LED 数码管

发光二极管简称为 LED，是一种具有一个 PN 结的半导体电致发光器件。LED 数码管是若干个发光二极管的组合器件。

（1）发光二极管

发光二极管的文字符号是“VD”，图形符号如图 3-62 所示。发光二极管种类很多，可分为可见光 LED、红外光 LED、固定颜色 LED、双色和变色 LED 等，并有圆形、方形、异形等多种形状，如图 3-63 所示。

发光二极管的特点是会发光。发光二极管与普通二极管一样具有单向导电性，当有足够的正向电流通过 PN 结时，发光二极管便会发出不同颜色的可见光或红外光。

发光二极管的主要作用是作为指示灯、稳压管和光发射管。发光二极管广泛应用在显示、指示、遥控和通信领域。

VD

图 3-62　发光二极管的符号　　　　图 3-63　发光二极管

① 指示灯

发光二极管最常用作指示灯，典型应用电路如图 3-64 所示，R

为限流电阻，I 为通过发光二极管的正向电流。发光二极管的管压降一般比普通二极管大，约为 2V，电源电压必须大于管压降，发光二极管才能正常工作。

发光二极管用于交流电源指示灯的电路如图 3-65 所示，VD_1 为整流二极管，VD_2 为发光二极管，R 为限流电阻，T 为电源变压器。

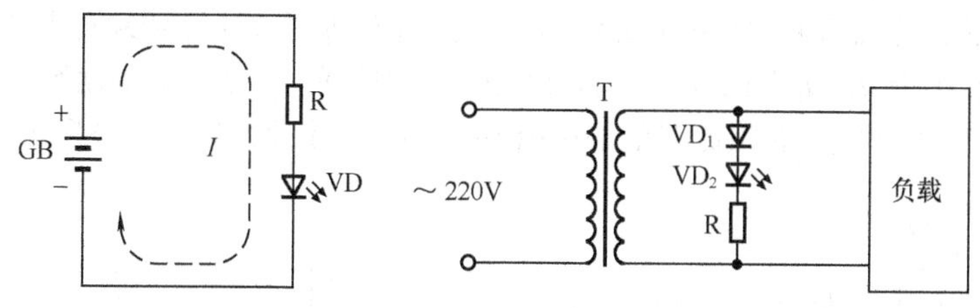

图 3-64　发光二极管的应用　　图 3-65　发光二极管电源指示

② 稳压管

发光二极管可作为低电压稳压二极管使用。图 3-66 所示为简单并联稳压电路，利用发光二极管 VD 的管压降，可提供+2V 的直流稳压输出。VD 同时具有电源指示功能。

③ 光发射管

发光二极管用作光发射管。在红外遥控器、红外无线耳机、红外报警器等电路中，红外发光二极管担任光发射管，电路如图 3-67 所示，VT 为开关调制晶体管，VD 为红外发光二极管。信号源通过 VT 驱动和调制 VD，使 VD 向外发射调制红外光。

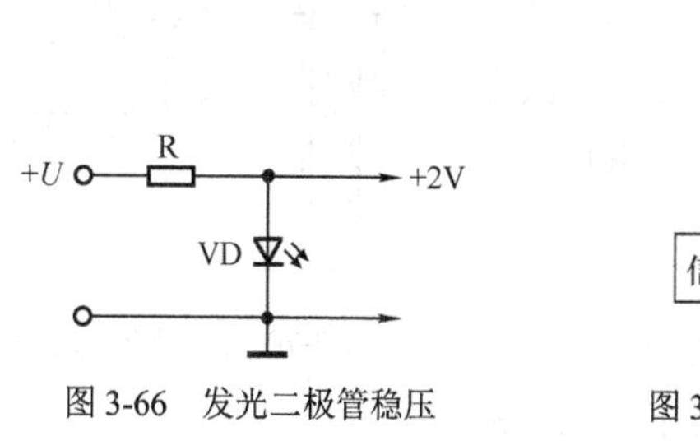

图 3-66　发光二极管稳压

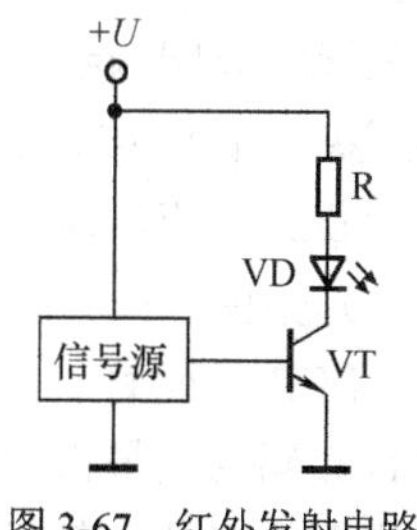

图 3-67　红外发射电路

变色发光二极管的特点是发光颜色可以变化。双色发光二极管是将两种发光颜色（常见的为红色和绿色）的管芯反向并联后封装在一起，如图 3-68 所示。当工作电压为左正右负时，电流 I_a 通过管芯 VD_1 使其发红光。当工作电压为左负右正时，电流 I_b 通过管芯 VD_2 使其发绿光。

三管脚变色发光二极管是将两种发光颜色（通常为红色和绿色）的管芯负极连接在一起作为公共负极，另两管脚分别为红色和绿色管芯的正极。电流 I_a 通过管芯 VD_1 使其发红光，电流 I_b 通过管芯 VD_2 使其发绿光，电流 $I_a=I_b$ 并同时通过管芯时 LED 发橙色光，当 I_a 与 I_b 的比例不同时 LED 发光颜色按比例在红……橙……绿之间变化，如图 3-69 所示。

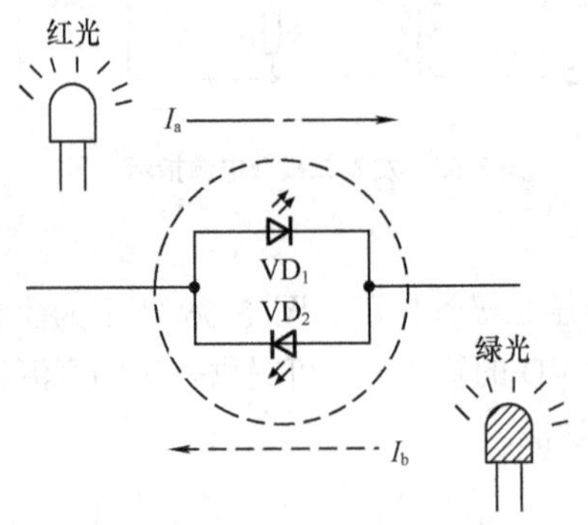

图 3-68　双色发光二极管

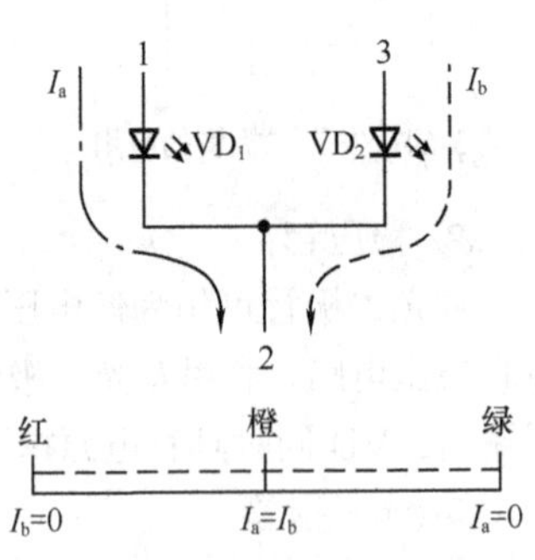

图 3-69　变色发光二极管

四管脚变色发光二极管是将三种发光颜色（例如红、绿、蓝色）的管芯负极连接在一起作为公共负极，另三管脚分别为红、绿、蓝色管芯的正极，如图 3-70 所示。改变通过各管芯的电流，即可根据需要变换其发光颜色。

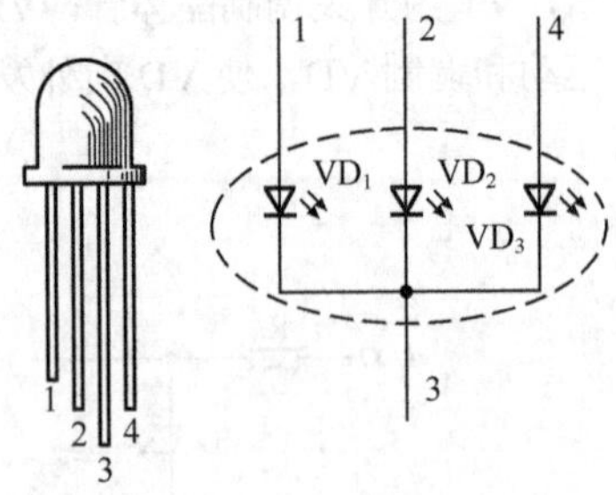

图 3-70　四管脚变色发光二极管

（2）LED 数码管

LED 数码管是最常用的一种字符显示器件，它是将若干发光二极管按一定图形组织在一起构成的。LED 数码管图形符号如图 3-71 所示，外形如图 3-72 所示，包括数字管、符号管，一位、双位和多位数码管等种类。7 段数码管是应用较多的一种数码管，分为共阴极数码管和共阳极数码管两种。

图 3-71 LED 数码管的符号　　图 3-72 LED 数码管

LED 数码管的作用是显示字符。例如，在时钟电路中显示时间，在计数电路中显示数字，在测量电路中显示结果等。

① 共阴极 LED 数码管

共阴极数码管内电路如图 3-73 所示，8 个 LED（7 段笔画和 1 个小数点）的负极连接在一起接地，译码电路按需给不同笔画的 LED 正极加上正电压，使其显示出相应数字。

② 共阳极 LED 数码管

共阳极数码管内电路如图 3-74 所示，8 个 LED 的正极连接在一起接正电压，译码电路按需使不同笔画的 LED 负极接地，使其显示出相应数字。

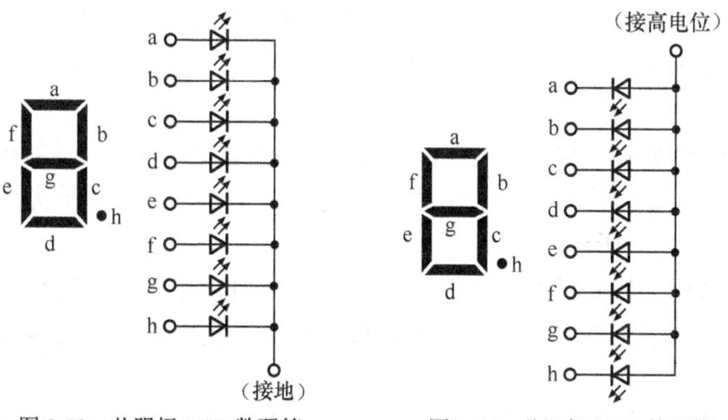

图 3-73 共阴极 LED 数码管　　图 3-74 共阳极 LED 数码管

3.2.4 晶体三极管

晶体三极管通常简称为晶体管或三极管，是一种具有两个 PN 结的半导体器件。晶体三极管的文字符号是“VT”，图形符号如图 3-75 所示，外形如图 3-76 所示。晶体三极管是电子电路中的核心器件之一，在各种电子电路中的应用十分广泛。

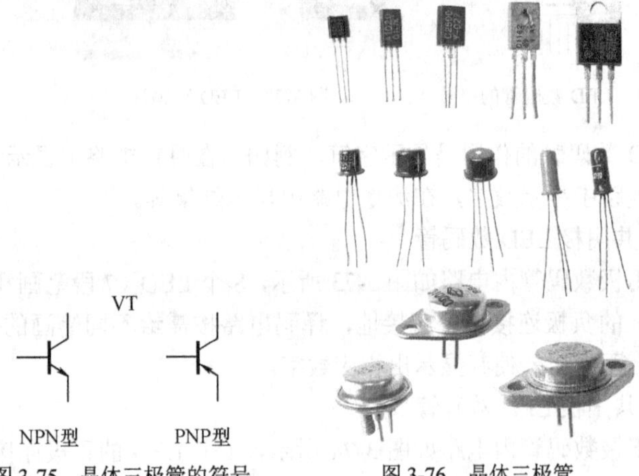

图 3-75　晶体三极管的符号

图 3-76　晶体三极管

晶体三极管分为 NPN 型和 PNP 型两大类，它们的导电极性完全不同。NPN 型管工作时，集电极 c 和基极 b 接正电，电流由集电极 c 和基极 b 流向发射极 e，其图形符号中箭头向外即表示了电流方向，如图 3-77（a）所示。

PNP 型管工作时，集电极 c 和基极 b 接负电，电流由发射极 e 流向集电极 c 和基极 b，其图形符号中箭头向里即表示了电流方向，如图 3-77（b）所示。

晶体三极管的特点是具有电流放大作用，即可以用较小的基极电流控制较大的集电极（或发射极）电流，集电极电流是基极电流的 β 倍。

晶体三极管的基本工作原理如图 3-78 所示（以 NPN 型管为例），

当给基极（输入端）输入一个较小的基极电流 I_b 时，其集电极（输出端）将按比例产生一个较大的集电极电流 I_c，这个比例就是三极管的电流放大系数β，即 $I_c=\beta I_b$。发射极是公共端，发射极电流 $I_e=I_b+I_c=(1+\beta)I_b$。可见，集电极电流和发射极电流受基极电流的控制，所以晶体三极管是电流控制型器件。

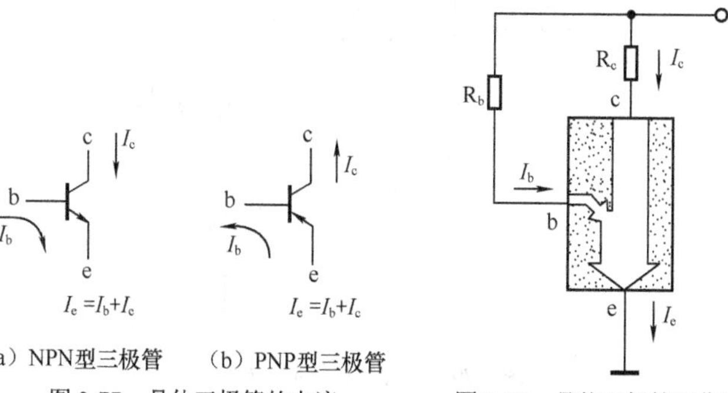

（a）NPN型三极管　（b）PNP型三极管

图 3-77　晶体三极管的电流

图 3-78　晶体三极管工作原理

晶体三极管的主要作用是放大、振荡、开关、作为可变电阻和阻抗变换。

（1）放大

晶体三极管最基本的作用是放大。图 3-79 所示为晶体三极管放大电路，输入信号 U_i 经耦合电容 C_1 加至三极管 VT 基极使基极电流 I_b 随之变化，进而使集电极电流 I_c 相应发生变化，变化量为基极电流的β倍，并在集电极负载电阻 R_c 上产生较大的压降，经耦合电容 C_2 隔离直流后输出，在输出端便得到放大了的信号电压 U_o。由于输出电压等于电源电压$+V_{cc}$与 R_c 上压降的差值，因此输出电压 U_o 与输入电压 U_i 相位相反。

（2）振荡

晶体三极管可以构成振荡电路。图 3-80 所示为电子门铃电路，三极管 VT 与变压器 T 等组成变压器反馈音频振荡器，由于变压器 T 初、次级之间的倒相作用，VT 集电极的音频信号经 T 耦合后正反馈至其基极，形成振荡。

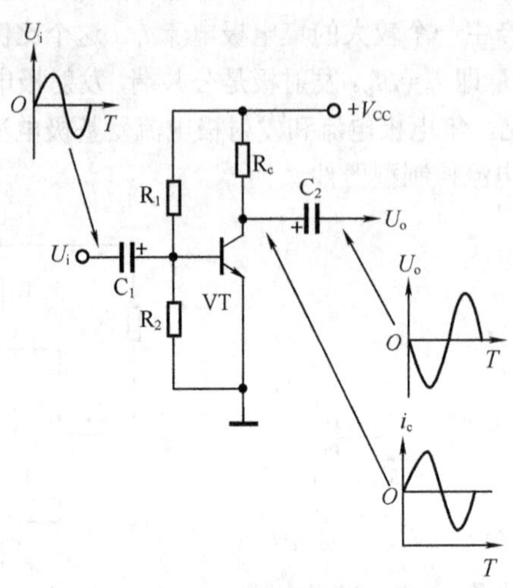

图 3-79　晶体三极管放大电路

（3）开关

晶体三极管可以用作电子开关。图 3-81 所示为驱动发光二极管的电子开关电路，三极管 VT 即为电子开关。VT 的基极由脉冲信号 CP 控制，当 CP =“1”时，VT 导通，发光二极管 VD 发光。当 CP =“0”时，VT 截止，发光二极管 VD 熄灭。

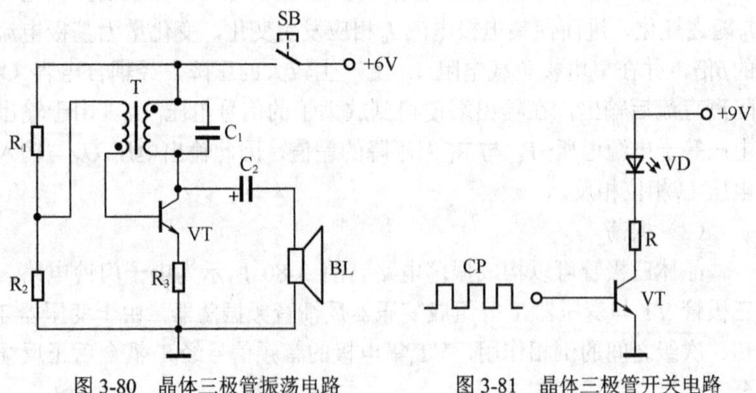

图 3-80　晶体三极管振荡电路　　　　图 3-81　晶体三极管开关电路

（4）用作可变电阻

晶体三极管可以用作可变电阻。图 3-82 所示为录音机录音电平自动控制电路（ALC 电路），三极管 VT 在这里作可变电阻用。话筒输出的信号经 R_2 与 VT 集-射极间等效电阻分压后，送往放大器进行放大。由于三极管集-射极间等效电阻随其基极电流变化而变化，而基极电流由放大器输出信号经整流获得的控制电平控制，分压比随输出信号作反向改变，从而实现录音电平的自动控制。

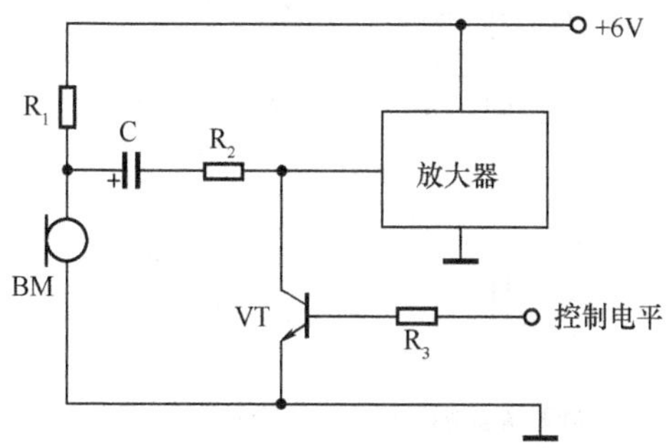

图 3-82　晶体三极管用作可变电阻

（5）用作阻抗变换

晶体三极管还具有阻抗变换的作用。图 3-83 所示为射极跟随器电路，由于电路输出信号自三极管 VT 的发射极取出，输出电压全部负反馈到输入端，所以射极跟随器具有很高的输入阻抗 Z_i 和很低的输出阻抗 Z_o，常用作阻抗变换和缓冲电路。

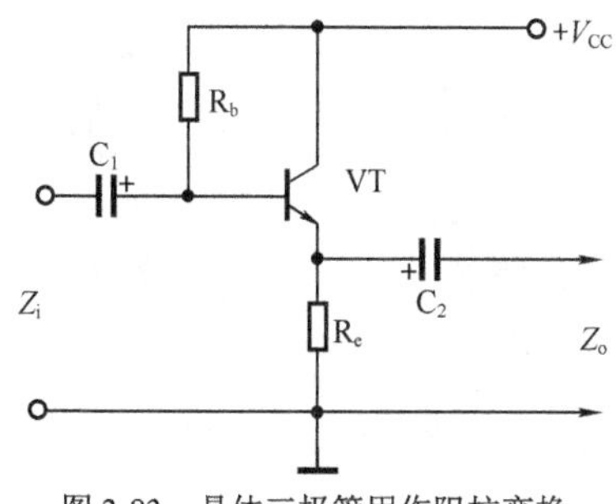

图 3-83　晶体三极管用作阻抗变换

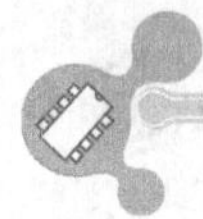

3.2.5 场效应管

场效应晶体管通常简称为场效应管，是一种利用场效应原理工作的半导体器件。场效应管的文字符号是“VT”，图形符号如图 3-84 所示，外形如图 3-85 所示。

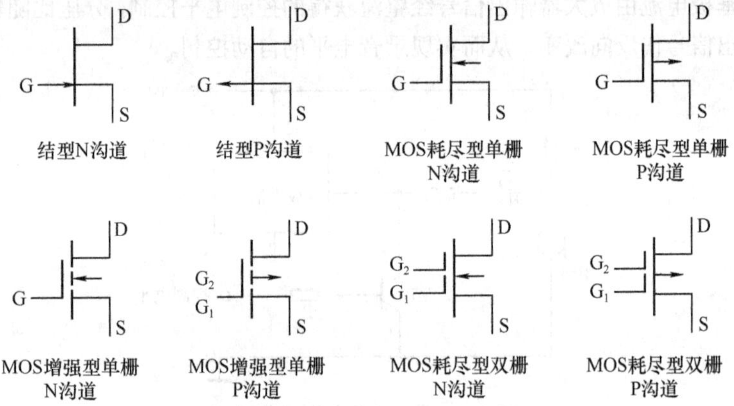
D
G
S
结型N沟道
结型P沟道
MOS耗尽型单栅
N沟道
MOS耗尽型单栅
P沟道
MOS增强型单栅
N沟道
G_2
G_1
MOS增强型单栅
P沟道
MOS耗尽型双栅
N沟道
MOS耗尽型双栅
P沟道

图 3-84　场效应管的符号

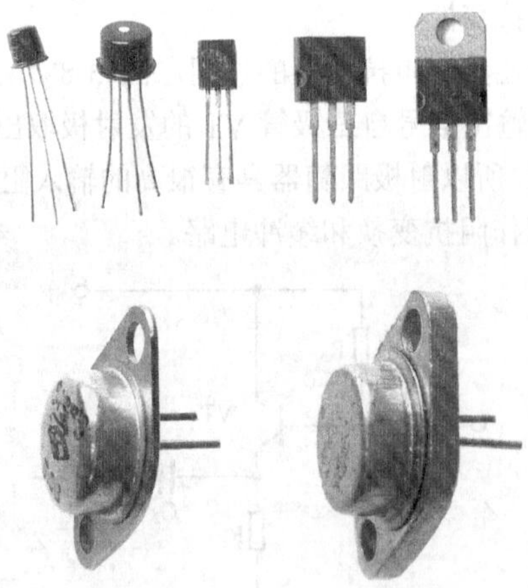

图 3-85　场效应管

场效应管分为结型场效应管和绝缘栅场效应管（MOS 管）两大类，又都有 N 沟道和 P 沟道之分。结型和耗尽型 MOS 管正常工作时，N 沟道管应加负栅压，P 沟道管应加正栅压，如图 3-86 所示。

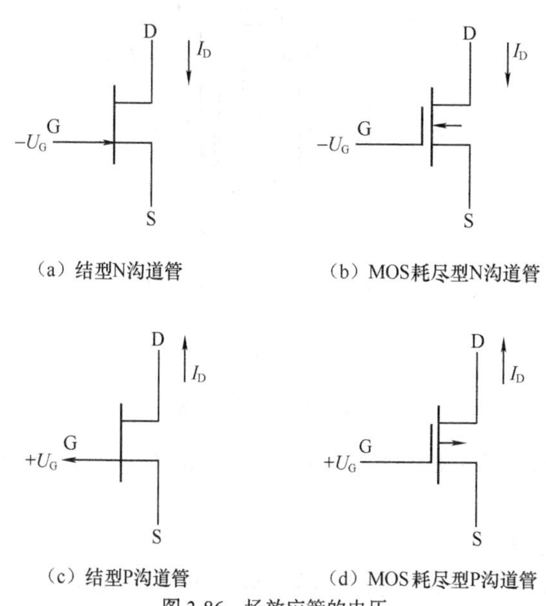

（a）结型N沟道管　（b）MOS耗尽型N沟道管

（c）结型P沟道管　（d）MOS耗尽型P沟道管

图 3-86　场效应管的电压

场效应管的特点是由栅极电压 U_G 控制其漏极电流 I_D，与普通双极型晶体管相比较，场效应管具有输入阻抗高、噪声低、动态范围大、功耗小、易于集成等特点。

场效应管工作原理如图 3-87 所示（以结型 N 沟道管为例）。由于栅极 G 接有负偏压（$-U_G$），在 G 附近形成耗尽层。当负偏压（$-U_G$）的绝对值增大时，耗尽层增大，沟道减小，漏极电流 I_D 减小。当负偏压（$-U_G$）的绝对值减小时，耗尽层减小，沟道增大，漏极电流 I_D 增大。可见，漏极电流 I_D 受栅极电压的控制，所以场效应管是电压控制型器件，即通过输入电压的变化来控制输出电流的变化，从而达到放大等目的。

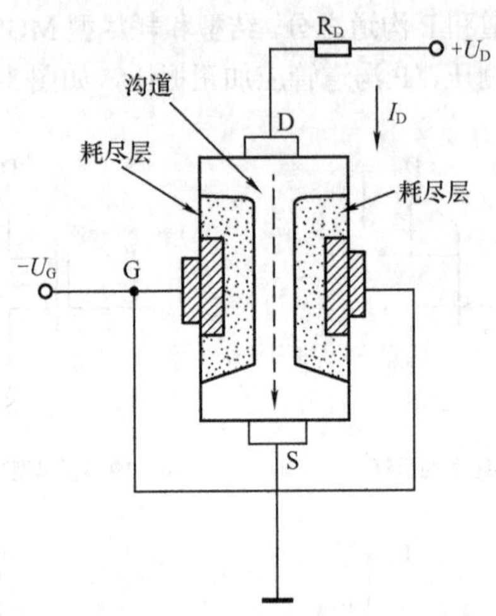

图 3-87　场效应管工作原理

场效应管的主要作用是放大、恒流、阻抗变换、作为可变电阻和电子开关。

（1）放大

场效应管具有放大作用。图 3-88 所示为场效应管放大器，输入信号 U_i 经 C_1 耦合至场效应管 VT 的栅极，与原来的栅极负偏压相叠加，使其漏极电流 I_D 相应发生变化，并在负载电阻 R_D 上产生压降，经 C_2 隔离直流后输出，在输出端即得到放大了的信号电压 U_o。I_D 与 U_i 同相，U_o 与 U_i 反相。由于场效应管放大器的输入阻抗很高，因此耦合电容容量可以较小，不必使用电解电容器。

（2）恒流

场效应管可以方便地用作恒流源。电路如图 3-89 所示，恒流原理是：如果通过场效应管的漏极电流 I_D 因故增大，源极电阻 R_S 上形成的负栅压也随之增大，迫使 I_D 回落，反之亦然，使 I_D 保持恒定。

恒定电流 $I_D = \dfrac{|U_p|}{R_S}$，式中，U_p 为场效应管夹断电压。

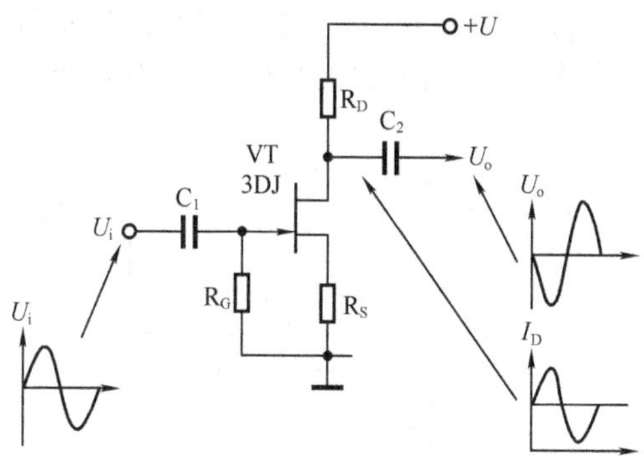

图 3-88 场效应管放大器

（3）阻抗变换

场效应管的输入阻抗很高，非常适合用作阻抗变换。图 3-90 所示为场效应管源极输出器，电路结构与晶体三极管射极跟随器类似，但由于场效应管是电压控制型器件，输入阻抗极高，因此场效应管源极输出器具有更高的输入阻抗 Z_i 和较低的输出阻抗 Z_o，常用于多级放大器的高阻抗输入级作为阻抗变换。

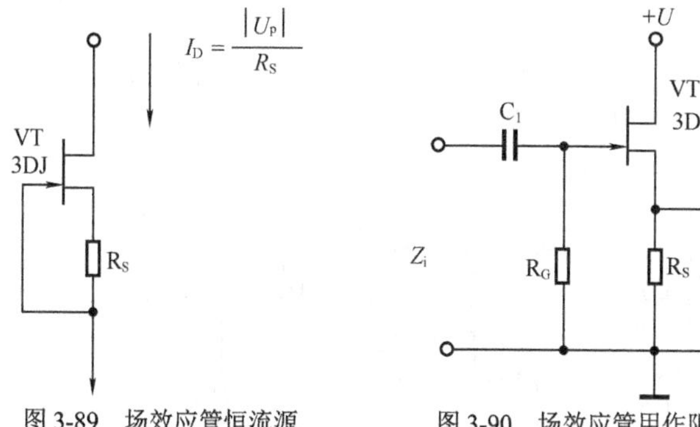

图 3-89 场效应管恒流源　　图 3-90 场效应管用作阻抗变换

（4）用作可变电阻

场效应管可以用作可变电阻。图 3-91 所示为自动电平控制电路，当输入信号 U_i 增大导致 U_o 增大时，由 U_o 经二极管 VD 负向整流后形成的栅极偏压$-U_G$的绝对值也增大，使场效应管 VT 的等效电阻增大，R_1与其的分压比减小，使进入放大器的信号电压减小，最终使U_o基本保持不变。

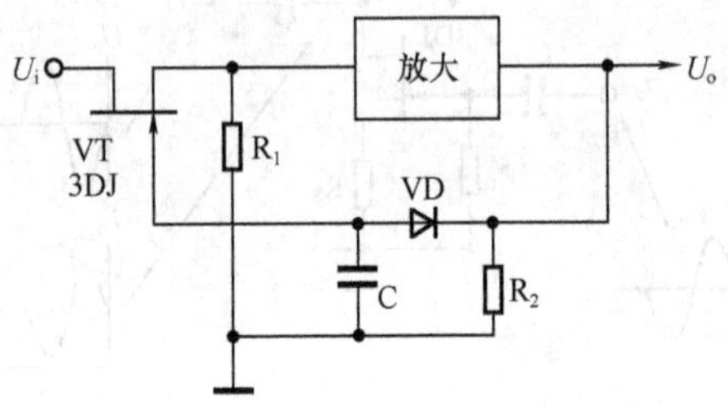

图 3-91　场效应管用作可变电阻

（5）用作电子开关

场效应管可以用作电子开关。图 3-92 所示为直流信号调制电路，场效应管 VT_1、VT_2 工作于开关状态，其栅极分别接入频率相同、相位相反的方波电压。当 VT_1 导通 VT_2 截止时，U_i 向 C 充电；当 VT_1 截止、VT_2 导通时，C 放电；其输出 U_o 便是与输入直流电压 U_i 相关的交变电压。

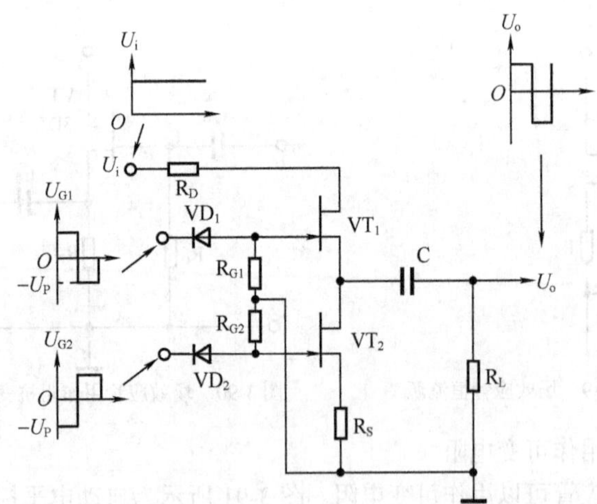

图 3-92　场效应管用作电子开关

3.2.6 单结晶体管

单结晶体管又称为双基极二极管，是一种具有一个PN结和两个欧姆电极的负阻半导体器件。单结晶体管的文字符号是“V”，图形符号如图3-93所示，外形如图3-94所示。

图3-93 单结晶体管的符号　　图3-94 单结晶体管

单结晶体管可分为N型基极单结晶体管和P型基极单结晶体管两大类，其管脚及电流方向如图3-95所示。

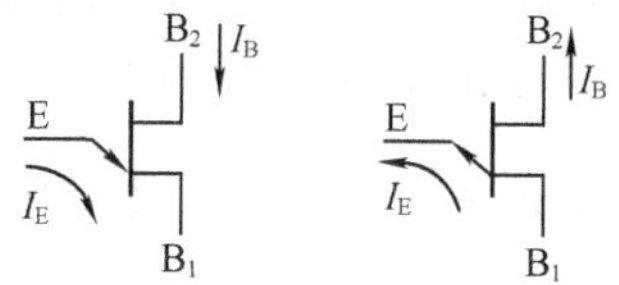

（a）N型基极管　　（b）P型基极管

图3-95 单结晶体管的管脚及电流方向

单结晶体管的特点是具有负阻特性，即在一定范围内，随着电流的增加电压反而减小。

单结晶体管的基本工作原理如图3-96所示（以N基极单结晶体管为例）。当发射极电压U_E大于峰点电压U_P时，PN结处于正向偏置，单结晶体管导通。随着发射极电流I_E增加，大量空穴从发射极注入硅晶体，导致发射极与第一基极间的电阻急剧减小，其间的电压也就减小，呈现出负阻特性。图3-97所示为单结晶体管的电压-电流特性曲线。

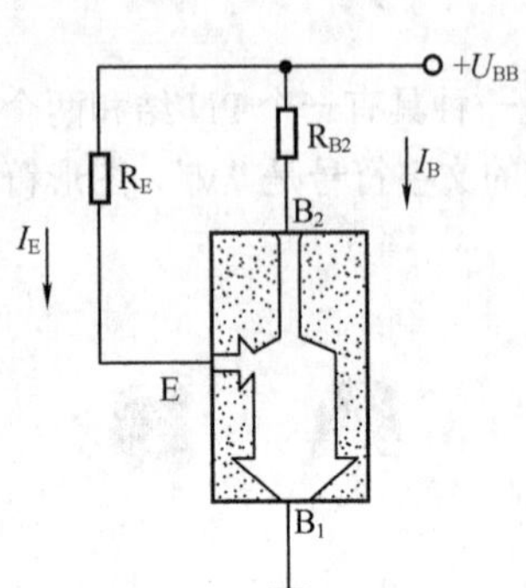

图 3-96　单结晶体管工作原理

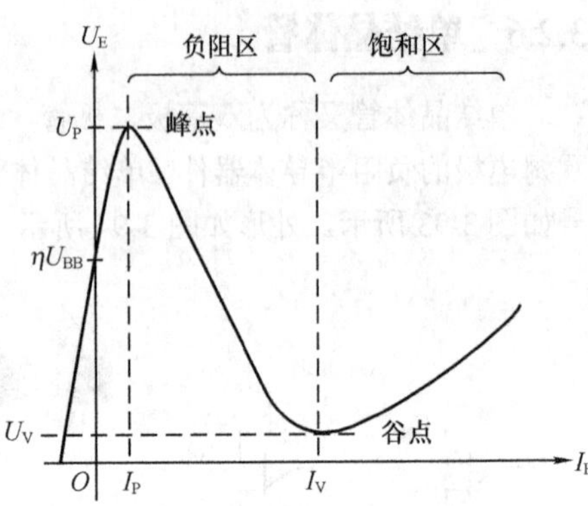

图 3-97　单结晶体管电压-电流特性曲线

单结晶体管的主要作用是构成振荡、延时和触发电路，并可使电路结构大为简化。

（1）弛张振荡器

单结晶体管可以用作弛张振荡器。电路如图 3-98 所示，单结晶体管 V 的发射极输出锯齿波，第一基极输出窄脉冲，第二基极输出方波。R_E 与 C 组成充放电回路，改变 R_E 或 C 即可改变振荡周期。该电路振荡周期 $T \approx R_E C \ln\left(\frac{1}{1-\eta}\right)$，式中，ln 为自然对数，即以 e 为底的对数。

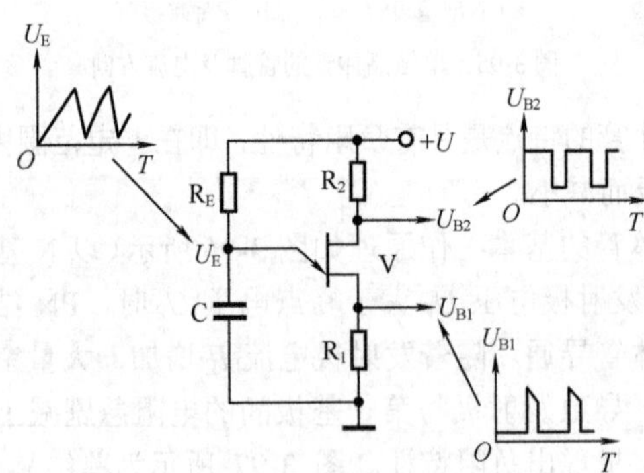

图 3-98　弛张振荡器

（2）延时电路

单结晶体管可以用作延时电路。图 3-99 所示为延时接通开关电路，电源开关 SA 接通后，继电器 K 并不立即吸合，这时电源经 RP 和 R_1 向 C 充电，直到 C 上所充电压达到峰点电压 U_P 时，单结晶体管 V 导通，K 才吸合。接点 K-1 和 K-2 使 K 保持吸合状态。调节 RP 可改变延时时间。

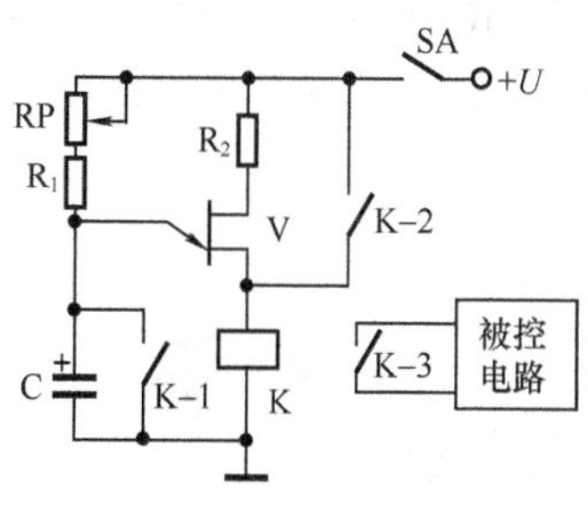

图 3-99　延时电路

（3）触发电路

单结晶体管可以用作晶闸管触发电路。图 3-100 所示为调光台灯电路，在交流电的每半周内，晶闸管 VS 由单结晶体管 V 输出的窄脉冲触发导通，调节 RP 便改变了 V 输出窄脉冲的时间，即改变了 VS 的导通角，从而改变了流过灯泡 EL 的电流，实现了调光的目的。

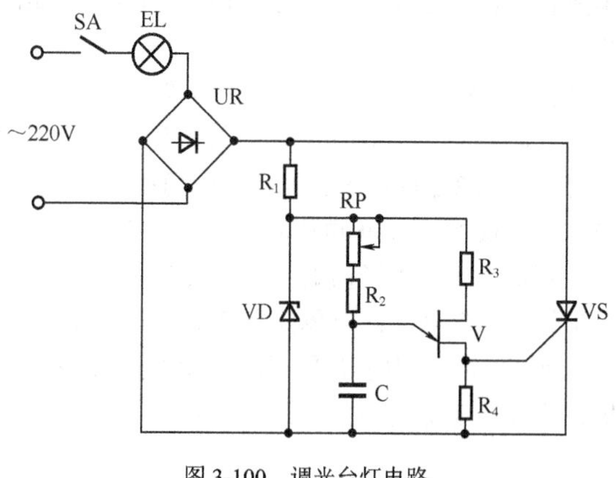

图 3-100　调光台灯电路

3.2.7 晶体闸流管

晶体闸流管（或闸流晶体管）简称为晶闸管，也叫作可控硅，是一种具有3个PN结的功率型半导体器件。晶体闸流管的文字符号是“VS”，图形符号如图3-101所示，外形如图3-102所示。晶体闸流管有单向晶闸管、双向晶闸管、可关断晶闸管等种类。

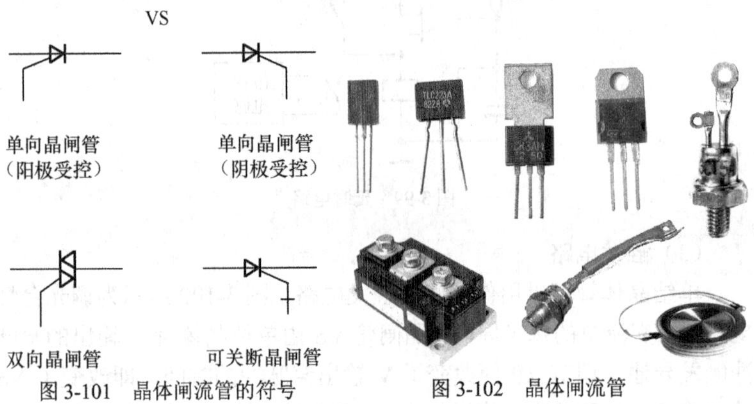

图3-101 晶体闸流管的符号　　图3-102 晶体闸流管

晶体闸流管的特点是具有可控的导电性，并且一经触发即可自行维持导通状态。

单向晶闸管是PNPN四层结构，形成3个PN结，具有3个外电极——阳极A、阴极K和控制极G，可等效为PNP、NPN两晶体管组成的复合管，如图3-103所示。在A、K间加上正电压后，管子并不导通。当在控制极G加上正电压时，VT_1、VT_2相继迅速导通，此时即使去掉控制极电压，管子仍维持导通状态。

双向晶闸管可以等效为两个单向晶闸管反向并联，如图3-104所示。双向晶闸管可以控制双向导通，因此除控制极G外的另两个电极不再分阳极、阴极，而称之为主电极T_1、T_2。

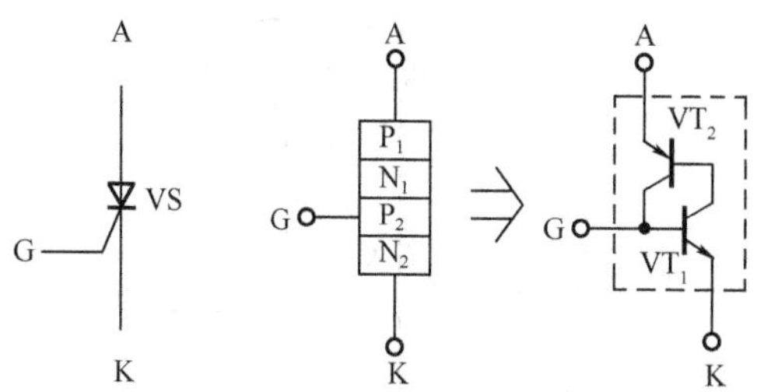

图 3-103　单向晶闸管等效电路

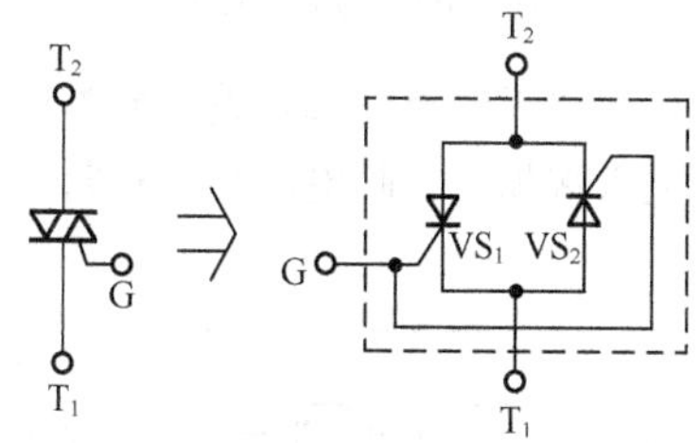

图 3-104　双向晶闸管等效电路

普通晶闸管导通后控制极就不起作用了，要关断必须切断电源，使流过晶闸管的正向电流小于维持电流。可关断晶闸管克服了上述缺陷，如图 3-105 所示，当控制极 G 加上正脉冲电压时晶闸管导通，当控制极 G 加上负脉冲电压时晶闸管关断。

晶体闸流管的主要作用是构成无触点开关、可控整流、交流调压和直流逆变电路等。

（1）无触点开关

晶闸管可以用作无触点开关。图 3-106 所示报警器电路中，当探头检测到异常情况时，输出一正脉冲 U_G 至晶闸管 VS 的控制极，使晶闸管 VS 导通，报警器报警，直至有关人员到场并切断开关 S 才停止报警。

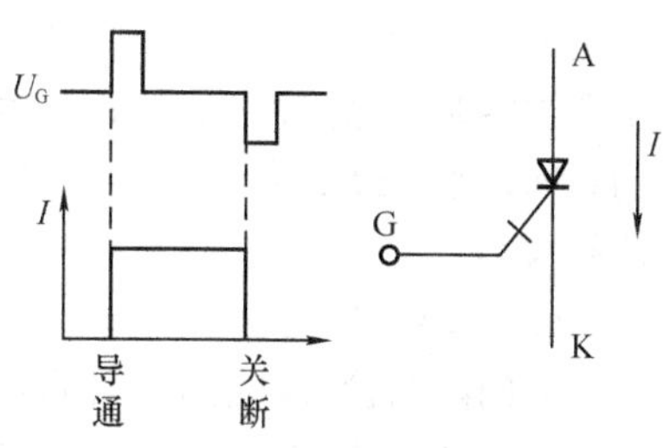

图 3-105　可关断晶闸管特性

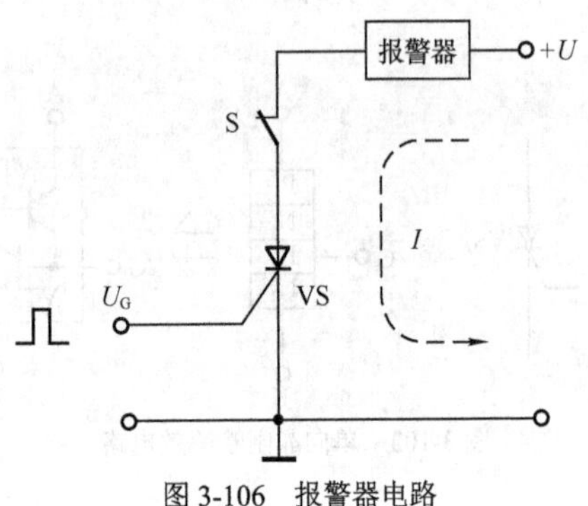

图 3-106　报警器电路

双向晶闸管可以用作无触点交流开关。图 3-107 所示为交流固态继电器电路，当其输入端加上控制电压时，双向晶闸管 VS 导通，接通输出端交流电路。

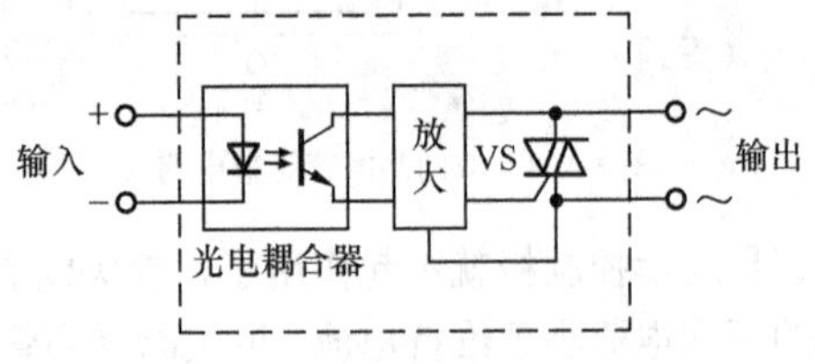

图 3-107　交流固态继电器电路

（2）可控整流

晶闸管可以组成可控整流电路。如图 3-108 所示，只有当控制极有正触发脉冲 U_G 时，晶闸管 VS_1、VS_2 才导通进行整流，而每当交流电压过零时，晶闸管关断。改变触发脉冲 U_G 在交流电每半周内出现的时间，即可改变晶闸管的导通角，从而改变了输出到负载的直流电压的大小。

（3）交流调压

双向晶闸管可以用作交流调压器。图 3-109 所示电路中，RP、R 和 C 组成充放电回路，C 上电压作为双向晶闸管 VS 的触发电压。调节 RP 可改变 C 的充电时间，也就改变了 VS 的导通角，达到交流调压的目的。

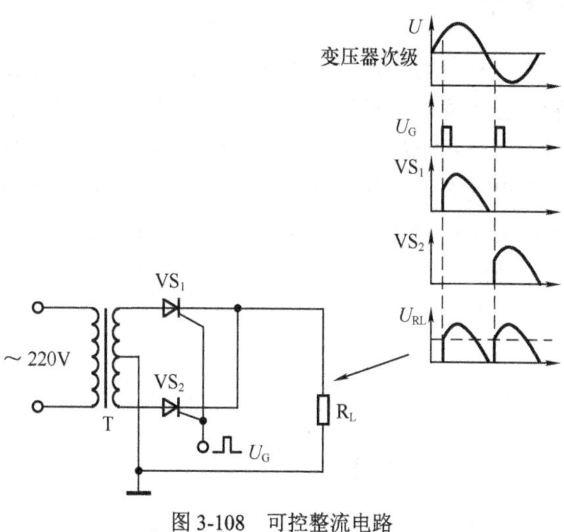

图 3-108 可控整流电路

（4）直流逆变

可关断晶闸管可以很方便地构成直流逆变电路。如图 3-110 所示，两个可关断晶闸管 VS_1、VS_2 的控制极触发电压 U_{G1} 和 U_{G2} 为频率相同、极性相反的正、负脉冲，使得 VS_1 与 VS_2 轮流导通，在变压器次级即可得到频率与 U_G 相同的交流电压。

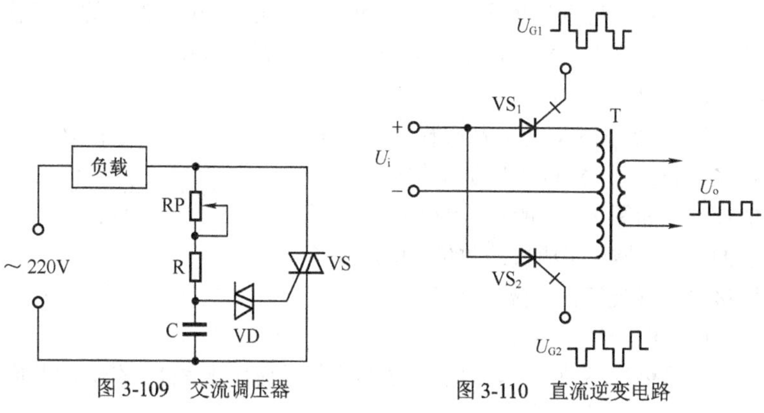

图 3-109 交流调压器

图 3-110 直流逆变电路

3.2.8 电子管

电子管是一种具有金属电极的电真空器件，包括二极管、三极管、束射四极管、五极管、七极管以及复合管等种类。电子管的文字符号是“VE”，图形符号如图 3-111 所示，图 3-112 所示为部分电子管外形。在晶体管出现之前，电子管作为核心器件广泛应用在各种电子设备中。即使在晶体管和集成电路应用相当普遍的今天，在一些特殊场合仍使用电子管。

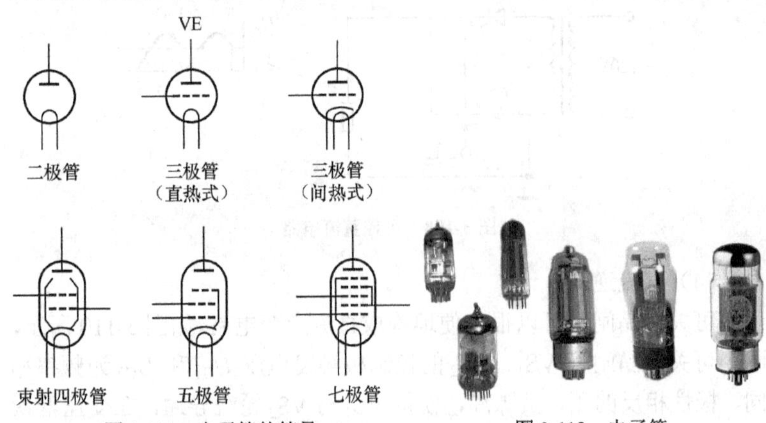

图 3-111 电子管的符号　　图 3-112 电子管

电子管的特点是必须给其阴极加热才能工作。电子管中的三极管和多极管具有电压放大作用，是一种电压控制型器件。

（1）电子管中的电流

以 MOS 为例，电流从阳极 A 流向阴极 K，并受到栅极 G 上所加负偏压（$-U_G$）的控制，如图 3-113 所示。为了改善电子管的性能，增加了栅极的数量，便形成了四极管、五极管、七极管等多极管。

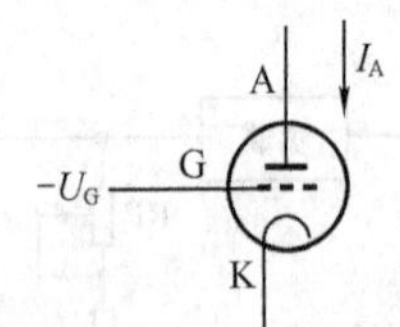

图 3-113 电子管的电流

（2）阴极加热方式

与晶体管不同的是，电子管必须给其阴极加热才能工作，因此电子管中都有用于加热的灯丝。加热的方式有直热式和间热式两种，直热式电子管中灯丝就是阴极，间热式电子管中灯丝和阴极互不相连，由灯丝将热量传递给阴极，如图 3-114 所示。

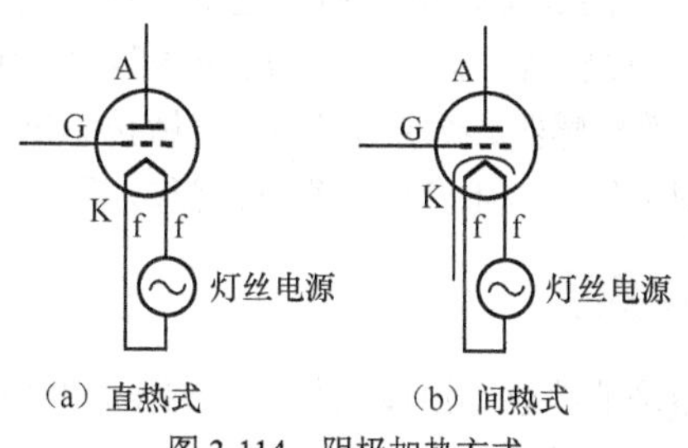

图 3-114 阴极加热方式

（3）电子管的作用

电子管的主要作用是整流和放大。图 3-115 所示为电子管放大电路，输入信号电压 U_i 经 C_1 耦合至 MOS 管栅极，使其阳极电流 I_a 随 U_i 变化，在阳极负载电阻 R_2 上产生压降，再由耦合电容 C_2 隔离直流后输出，输出电压 U_o 与输入信号电压 U_i 相位相反。R_3 为阴极电阻，用于产生自给栅偏压，C_3 为交流旁路电容，R_1 为栅极电阻。

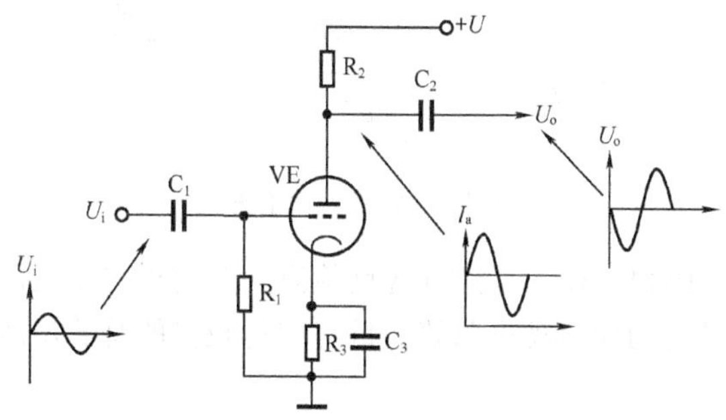

图 3-115 电子管放大电路

3.3 传感器

传感器是一类能够感知某种物理量变化并将其转换为相应的电信号的电子器件。传感器种类繁多，常用传感器主要包括温度传感器、光敏传感器、压敏传感器、磁敏传感器、气敏传感器、红外传感器等，它们在自动控制和信息技术等领域得到广泛应用。

3.3.1 温度传感器

温度传感器是能够感知温度变化的传感器，例如热敏电阻器、集成温度传感器等，使用较多的是热敏电阻器，半导体二极管也常用作温度传感器。

（1）热敏电阻器

热敏电阻器大多由单晶或多晶半导体材料制成，其符号和外形如图 3-116 所示。热敏电阻器的特点是其阻值会随温度的变化而变化。热敏电阻器分为正温度系数和负温度系数两种：正温度系数热敏电阻器的阻值与温度成正比，负温度系数热敏电阻器的阻值与温度成反比。

图 3-116　热敏电阻器

热敏电阻器的作用是进行温度检测，常用于自动控制、自动测温、电器设备的软启动电路等，目前用得较多的是负温度系数热敏电阻器。

图 3-117 所示为高温报警电路，采用负温度系数热敏电阻器 RT 作为温度传感器。当被测温度高于设定值时，电路发出报警信号。

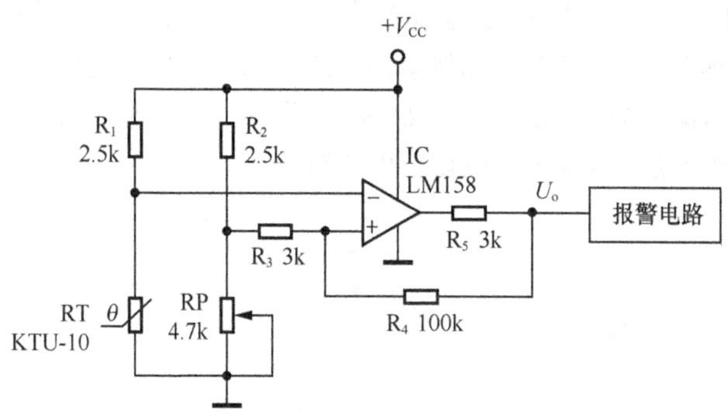

图 3-117　高温报警电路

集成运放 IC 构成电压比较器，其正输入端接基准电压，基准电压由 R_2、RP 分压取得。IC 的负输入端接热敏电阻器 RT，RT 阻值与温度成反比，温度越高，阻值越小，RT 上压降也越低。随着温度的上升，RT 上压降（IC 负输入端电位）不断下降，当降至基准电压值以下时，比较器输出端 U_0 由“0”变为高电平，触发报警电路报警。调节 RP 可改变基准电压值，亦即改变了温度设定值。R_3、R_4 的作用是使电压比较器具有一定的滞后性，工作更为稳定。

如将热敏电阻器 RT 与 R_1 互换位置，如图 3-118 所示，则构成低温报警电路，当被测温度低于设定值时电路报警。

（2）半导体二极管用作温度传感器

半导体二极管 PN 结的正向压降具有负的温度系数，并且在一定范围内基本呈线性变化，因此半导体二极管可以作为温度传感器使用。硅二极管 1N4148 的正向压降温度系数约为–2.2mV/℃，即温度每升高 1℃，正向压降约减小 2.2mV，这种变化在–50～+150℃范围内非常稳定，并具有良好的线性度。如果用恒流源为测温二极管提供恒定的正向工作电流，可进一步改善温度系数的线性度，使测温非线性误差小于 0.5℃。

图 3-119 所示为恒温箱控制电路，温度传感器 VD 采用硅二极管 1N4148，并由结型场效应管 VT 构成恒流源为 VD 提供工作电流。VT、

VD 与 R_2、RP_1 共同组成测温电桥，IC 为电压比较器，其正输入端接温度传感器 VD，负输入端接基准电压。当恒温箱内温度低于设定值时，电压比较器 IC 输出信号 U_o 由"0"变为高电平，启动加热电路为恒温箱加热。RP_1 为温度设定电位器。

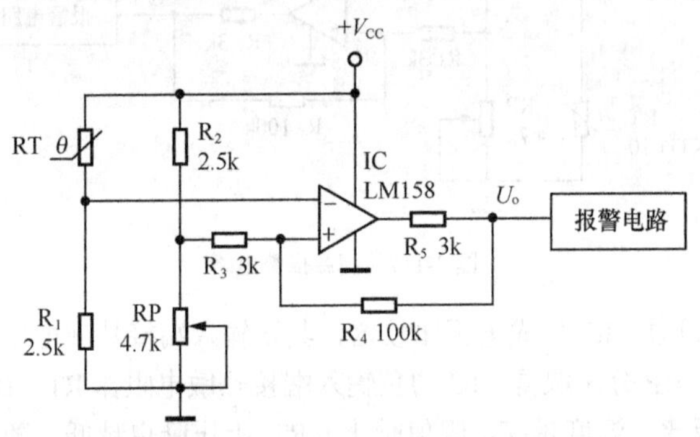

图 3-118 低温报警电路

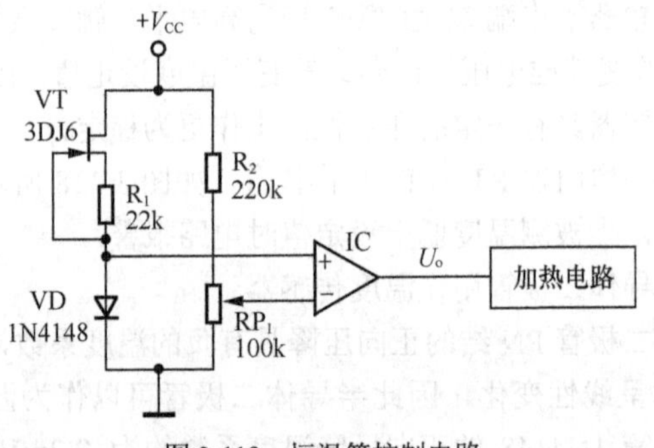

图 3-119 恒温箱控制电路

（3）集成温度传感器

集成温度传感器是将测温元件与相关电路集成在同一芯片上的温度传感器，具有外围电路简单、精度高、性能稳定、可靠性好的特点。

LM35 是一种常用的电压输出型集成温度传感器，输出电压与温度成正比，外形如同塑封三极管，仅有电源、输出、接地 3 个引脚，

如图 3-120 所示，使用十分简便。

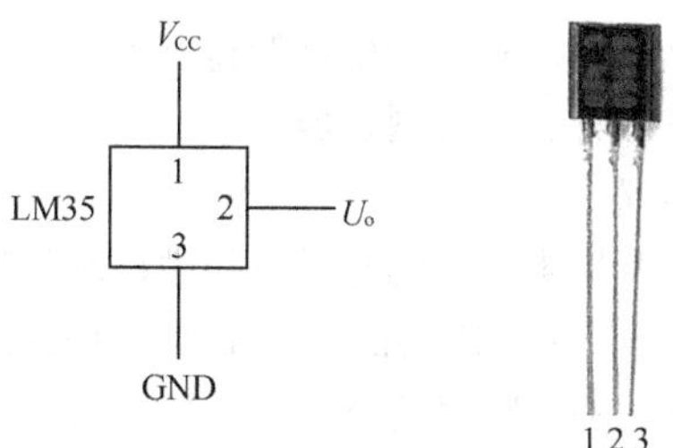

图 3-120 集成温度传感器 LM35

图 3-121 所示为采用 LM35 构成的自动温度控制电路，IC_2 为电压比较器，VD 为加热指示灯。LM35 输出端（第 2 脚）接电压比较器 IC_2 的“+”输入端，R_2、RP_1、R_3 提供的基准电压接 IC_2 的“-”输入端。

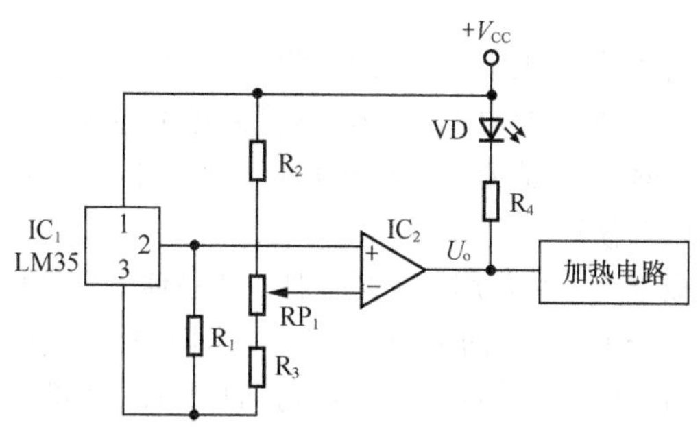

图 3-121 自动温度控制电路

LM35 输出电压随环境温度而变化，恒定的基准电压则代表了设定温度，二者在电压比较器 IC_2 中进行比较。当环境温度低于设定温度时，IC_2 输出端 U_o 为“0”，使加热电路工作，同时加热指示灯 VD 点亮。当环境温度达到或高于设定温度时，IC_2 输出端 U_o 变为高电平，加热电路停止工作，加热指示灯 VD 熄灭。调节 RP_1 可改变设定温度。

3.3.2 光敏传感器

光敏传感器是能够感知光的变化的传感器，包括光敏电阻器、光敏二极管、光敏三极管、光电耦合器等。

（1）光敏电阻器

光敏电阻器是利用半导体的光导电特性原理工作的，其符号和外形如图 3-122 所示。光敏电阻器的特点是其阻值会随入射光线的强弱而变化，入射光线越强其阻值越小，入射光线越弱其阻值越大。根据光敏电阻器的光谱特性，光敏电阻器可分为可见光光敏电阻器、红外光光敏电阻器、紫外光光敏电阻器等。

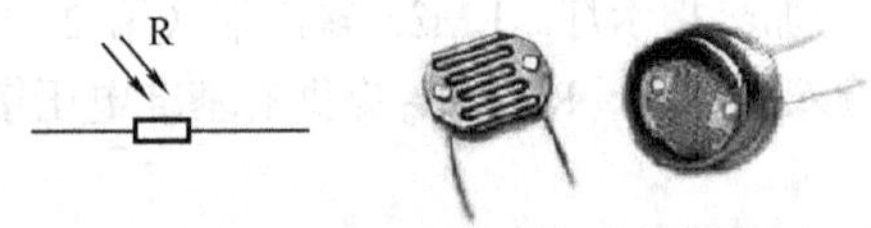

图 3-122　光敏电阻器

光敏电阻器的作用是进行光的检测，广泛应用于自动检测、光电控制、通信、报警等电路中。图 3-123 所示的光控电路中，当有光照时，光敏电阻器 R_2 阻值变小，A 点电位下降，使控制电路进行工作。

（2）光敏二极管

光敏二极管是一种常用的光敏器件。和晶体二极管相似，光敏二极管也是具有一个 PN 结的半导体器件，所不同的是光敏二极管有一个透明的窗口，以便使光线能够照射到 PN 结上。光敏二极管的文字符号是“VD”，图形符号如图 3-124 所示，外形如图 3-125 所示。

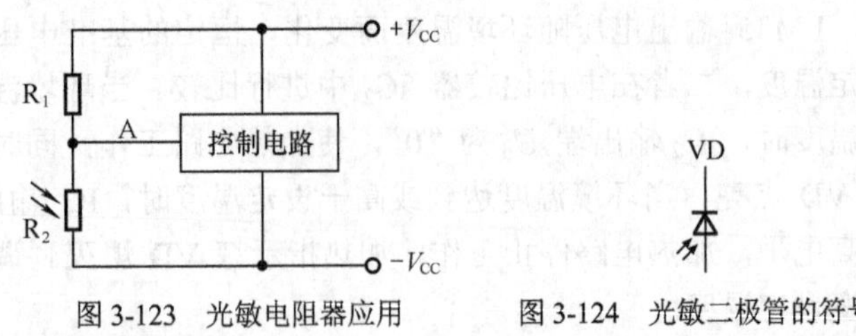

图 3-123　光敏电阻器应用　　图 3-124　光敏二极管的符号

图 3-125　光敏二极管

光敏二极管的特点是具有将光信号转换为电信号的功能。光敏二极管工作在反向电压状态，其光电流（反向电流）的大小与光照强度成正比，光照越强反向电流越大，如图 3-126 所示。

光敏二极管的作用是进行光电转换，在光控、红外遥控、光探测、光纤通信、光电耦合等方面有广泛的应用。

光敏二极管可以用作光控开关。电路如图 3-127 所示，无光照时，光敏二极管 VD_1 因接反向电压而截止，晶体管 VT_1、VT_2 因无基极电流也截止，继电器处于释放状态。当有光线照射到光敏二极管 VD_1 时，VD_1 从截止转变为导通，使 VT_1、VT_2 相继导通，继电器 K 吸合接通被控电路。

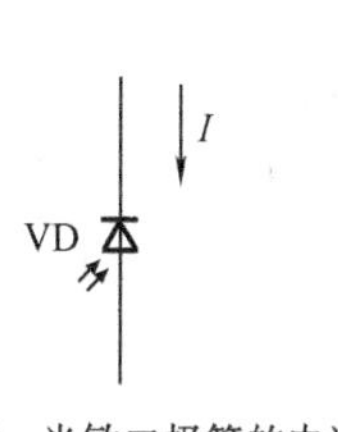

图 3-126　光敏二极管的电流

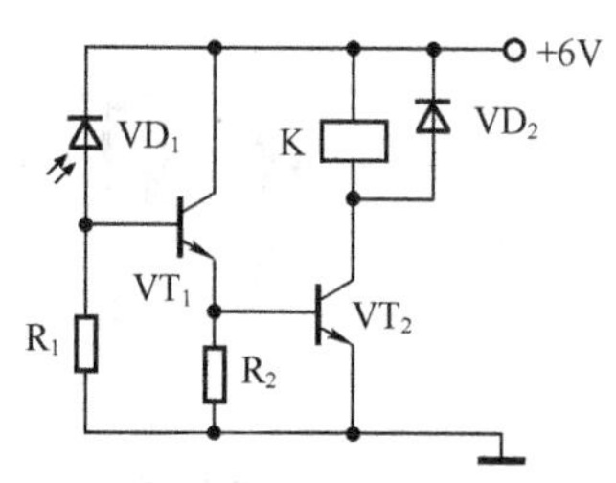

图 3-127　光控开关电路

光敏二极管可以用作光信号接收。图 3-128 所示为光信号放大电路，光信号由光敏二极管 VD 接收并转换为电信号，经 VT 放大后通过耦合电容 C 输出。

（3）光敏三极管

光敏三极管（光电晶体管）是在光敏二极管基础上发展起来的半导体光敏器件。光敏三极管的文字符号是“VT”，图形符号如图 3-129 所示。与晶体三极管相似，光敏三极管也是具有两个 PN 结的半导体器件，所不同的是其基极受光信号的控制。由于光敏三极管的基极即为光窗口，因此大多数光敏三极管只有发射极 e 和集电极 c 两个管脚，基极无引出线，如图 3-130 所示。

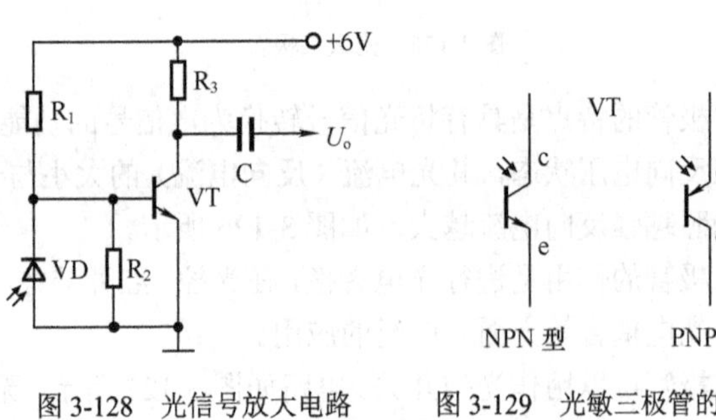

图 3-128　光信号放大电路　　　图 3-129　光敏三极管的符号

图 3-130　光敏三极管

光敏三极管分为 NPN 型和 PNP 型两大类。在有光照时，NPN 型光敏三极管电流从集电极 c 流向发射极 e，PNP 型光敏三极管电流从发射极 e 流向集电极 c，如图 3-131 所示。

光敏三极管的特点是不仅能实现光电转换，而且同时还具有放大功能。光敏三极管可以等效为光敏二极管与普通三极管的组合器件，如图 3-132 所示。光敏三极管基极与集电极间的 PN 结相当于一个光敏二极管，在光照下产生的光电流又从基极进入三极管放大，因此光敏三极管输出的光电流可达光敏二极管输出电流的 β 倍。

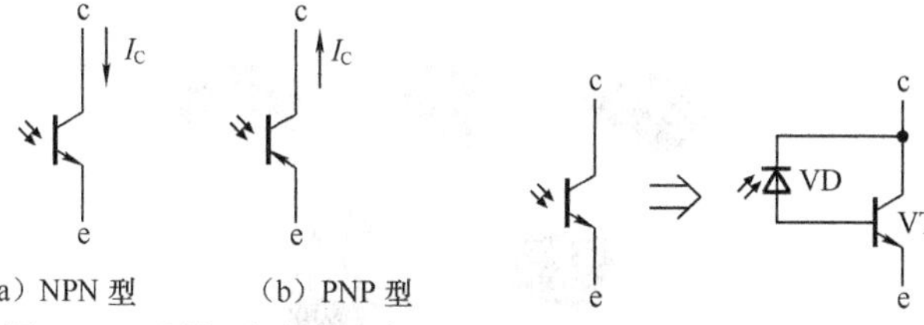

图 3-131 光敏三极管的电流　　图 3-132 光敏三极管等效电路

光敏三极管的主要作用是光控。由于光敏三极管本身具有放大作用，给使用带来了很大方便。图 3-133 所示为光控开关电路，由于光控器件采用了光敏三极管，因此该电路比使用光敏二极管的同类电路简化许多。

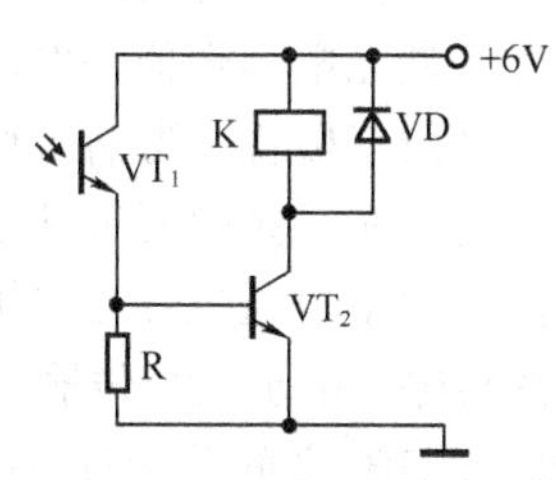

图 3-133 光敏三极管光控开关电路

(4) 光电耦合器

光电耦合器是以光为媒介传输电信号的器件。光电耦合器的图形符号如图 3-134 所示，外形如图 3-135 所示，有金属壳封装式、塑封式、双列直插式等。

光电耦合器的特点是可实现电信号的隔离传输，即输入端与输出端之间既能传输电信号，又具有电的隔离性。光电耦合器既可以传输交流信号，又可以传输直流信号。光电耦合器具有传输效率高、隔离度好、抗干扰能力强、寿命长、体积小和重量轻的优点。

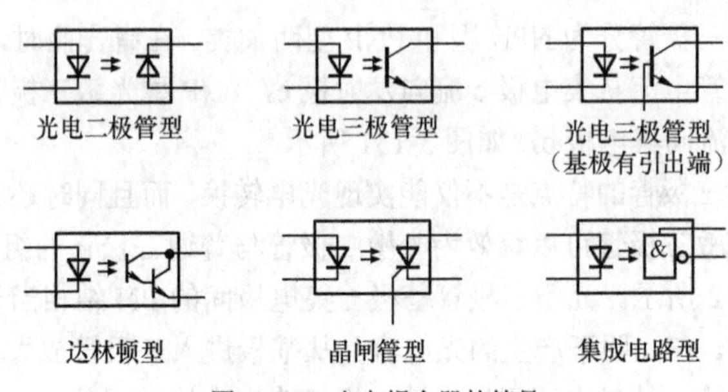

图 3-134　光电耦合器的符号

图 3-135　光电耦合器

光电耦合器的主要作用是隔离传输和隔离控制。

光电耦合器可以用作隔离传输。电路如图 3-136 所示，以光敏三极管型光电耦合器为例，其输入端是一个发光二极管，输出端是一个光敏三极管。当输入端加上电源 GB_1 时，电流 I_1 流过发光二极管使其发光，光敏三极管接受光照后就在输出端形成光电流 I_2，光电流的大小与通过发光二极管的电流大小成正比，从而实现了电信号的传输。由于这个传输过程是通过“电→光→电”的转换完成的，GB_1 与 GB_2 之间并没有电的联系，所以传输电信号的同时还实现了输入端与输出端之间的电的隔离。

光电耦合器还可以用作隔离控制。图 3-137 所示为交流电钻控制电路，当按下按钮开关 SB 时，3V 电源经限流电阻加至光电耦合器输入端的发光二极管使其发光，光电耦合器输出端的光敏三极管导通，产生输出电流，使双向晶闸管 VS 导通，电钻电机 M 转动。由于光电耦合器的隔离作用，只需控制 3V 低压直流电即可间接控制交流 220V 电源。

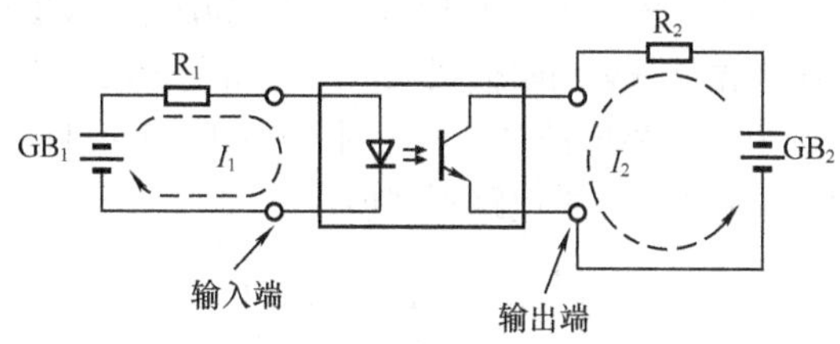

图 3-136　隔离传输

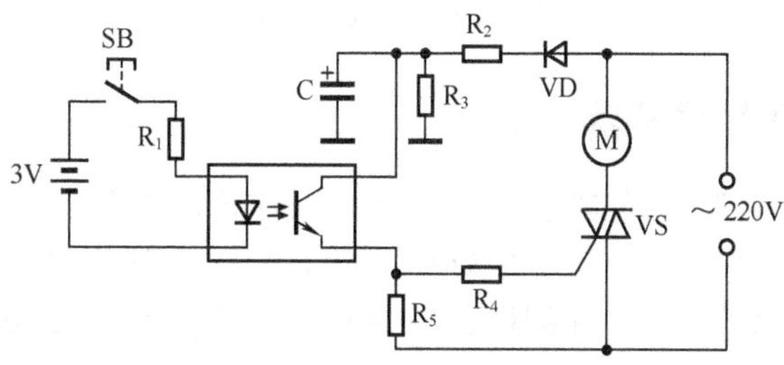

图 3-137　隔离控制

3.3.3　压敏传感器

压敏传感器是能够感知电压变化的传感器，压敏电阻器就是一种常用的压敏传感器。

压敏电阻器是利用半导体材料的非线性特性原理制成的，其符号和外形如图 3-138 所示。压敏电阻器的特点是当外加电压达到其临界值时，其阻值会急剧变小。

图 3-138　压敏电阻器

压敏电阻器的作用是实现过压保护和抑制浪涌电流。图 3-139 所示电源输入电路中，压敏电阻器 RV 跨接于电源变压器 T 的初级的两端，正常情况下由于 RV 的阻值很大，对电路无影响。当电源输入端一旦出现超过 RV 临界值的过高电压时，RV 阻值急剧减小，电流剧增使保险丝 FU 熔断，保护电路不被损坏。

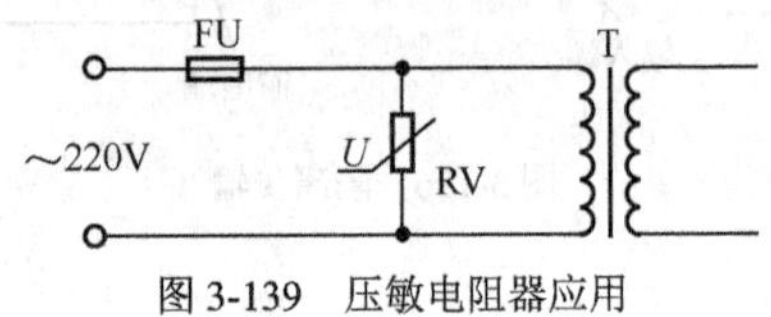

图 3-139　压敏电阻器应用

3.3.4　磁敏传感器

磁敏传感器是能够感知磁场变化的传感器，包括磁敏电阻器、磁敏二极管、磁敏三极管、霍尔传感器等。其中，霍尔传感器具有测量范围广、灵敏度高、响应速度快、体积小、使用寿命长的特点，得到广泛应用。

（1）霍尔效应

霍尔传感器的核心是霍尔元件，它是基于半导体材料的霍尔效应原理进行工作的。如图 3-140 所示，半导体薄片通以从上到下的电流 I，此时如在半导体薄片垂直方向施加磁场（磁力线垂直于半导体薄片表面），那么在半导体薄片左右两侧则会产生相应的感应电压 U_H，U_H 称之为霍尔电压。

（2）霍尔传感器

霍尔传感器是将霍尔元件与运算放大器等电路集成在一个封装内，外形如同塑封三极管，也有贴片式封装的，具有电源、接地、输出 3 个引出端，使用十分简便。霍尔传感器符号和外形如图 3-141 所示。

霍尔传感器广泛应用在磁场检测、位移检测、转速测量以及接近开关、无刷直流电机等领域。图 3-142 所示为采用霍尔传感器的转速测量电路，磁铁安装在转轴上随转轴旋转，使作用于霍尔传感器的磁场周期性改变，霍尔传感器 B 输出相应的脉冲信号，经晶体管 VT 缓冲放大后，由计数器计数并显示测量结果。

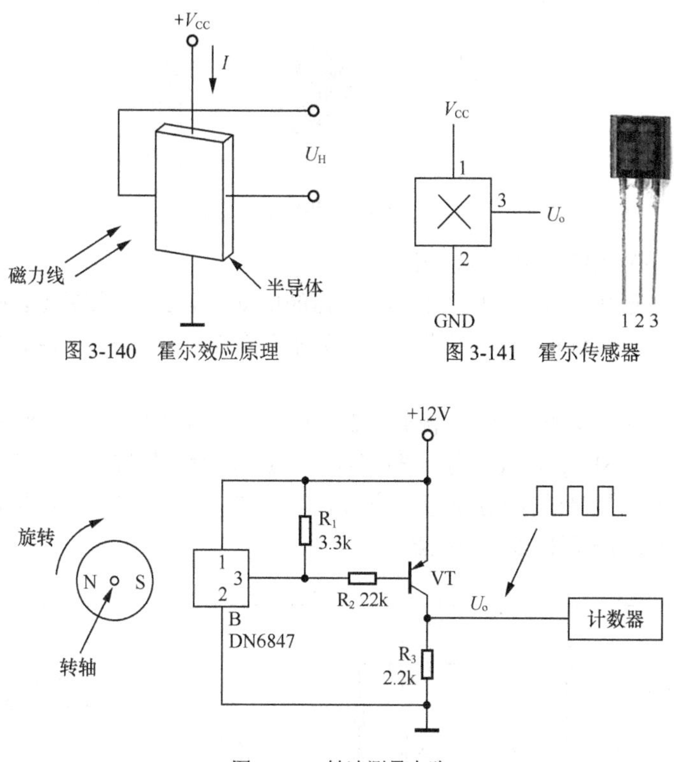

图 3-140 霍尔效应原理

图 3-141 霍尔传感器

图 3-142 转速测量电路

3.3.5 气敏传感器

气敏传感器是能够感知某种气体变化的传感器，包括对天然气、瓦斯、甲烷、乙醇、一氧化碳、二氧化碳、氟利昂等可燃气体或特殊气体敏感的传感器。

（1）气敏传感器工作原理

气敏传感器是利用特殊制备的半导体材料与某些特定气体接触后，在半导体表面的氧化还原反应使得半导体阻值等特性发生变化而完成检测的。图 3-143 所示为气敏传感器的符号和外形，1、2 端为加热丝引出端，A、B 端为检测信号输出端。

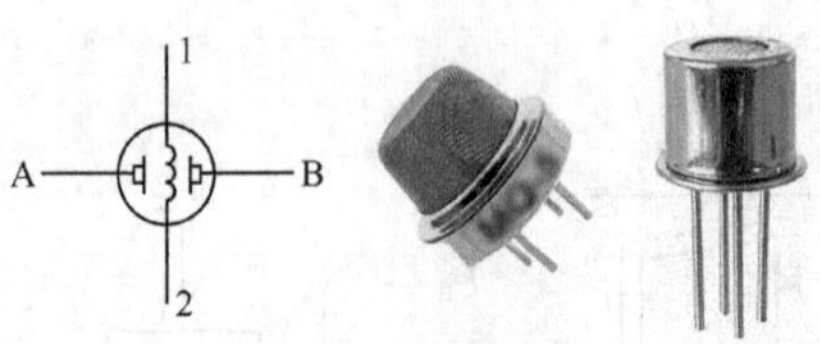

图 3-143　气敏传感器

（2）气敏传感器的应用

气敏传感器广泛应用在相关气体的检测、监控和报警领域，例如家用燃气泄漏报警、火灾报警、煤矿瓦斯监测报警、酒驾检测、大气环境监测等。

图 3-144 所示为燃气泄漏报警器电路，传感器 B 采用 MQ2 气敏传感器。MQ2 是氧化锡半导体气敏传感器，对天然气、煤气等可燃气体具有较高的检测灵敏度。与非门 D_1、D_2 构成控制电路，与非门 D_3、D_4 构成门控多谐振荡器。

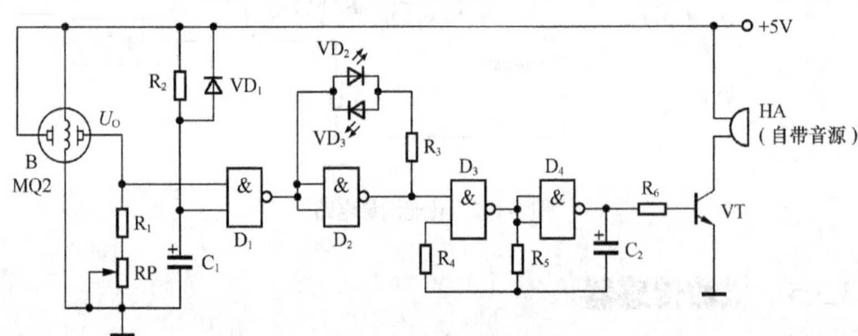

图 3-144　燃气泄漏报警器电路

无燃气泄漏的正常情况下，气敏传感器 B 呈高阻状态，其输出端 U_o 为低电平，使得与非门 D_1 输出端为高电平、D_2 输出端为低电平，D_3、D_4 构成的门控多谐振荡器停振，无报警声，同时接在 D_1 输出端与 D_2 输出端之间的发光二极管 VD_2（绿色）点亮，显示正常。

当有燃气泄漏时，气敏传感器 B 阻值急剧降低，其输出端 U_o 为高电平，使得与非门 D_1 输出端为低电平、D_2 输出端为高电平，D_3、

D_4构成的门控多谐振荡器起振，通过晶体管 VT 驱动自带音源报警器 HA 发出“嘀、嘀、嘀……”的声音，同时接在 D_1 输出端与 D_2 输出端之间的发光二极管 VD_3（红色）点亮，显示报警。RP 是报警灵敏度调节电位器。

R_2、C_1 组成开机延时电路，防止刚开机时气敏传感器不稳定造成的误动作。VD_1 为 C_1 提供泄放通道。

3.3.6 红外传感器

红外传感器是能够感知红外光变化的传感器，包括红外光敏二极管、红外光敏三极管、热释电传感器等。

（1）红外光敏二极管和红外光敏三极管

红外光敏二极管和红外光敏三极管是常用的红外传感器，与普通光敏二极管和光敏三极管不同的是，红外光敏二极管和红外光敏三极管的光谱范围集中于红外光。我们日常使用的彩电、空调等家用电器遥控器，基本上都是红外遥控器，在接收电路中都有红外光敏二极管或红外光敏三极管。由于红外光是人们肉眼不可见的，因此用作遥控器光源不会带来光干扰。

图 3-145 所示为红外光到可见光的转换电路，VD_1 是红外光敏二极管，峰值波长约 940nm，VD_2 是可见光发光二极管。红外光信号由红外光敏二极管 VD_1 接收，经晶体管 VT_1、VT_2 放大后，驱动 VD_2 发出可见光，这样我们就间接看见了红外光。

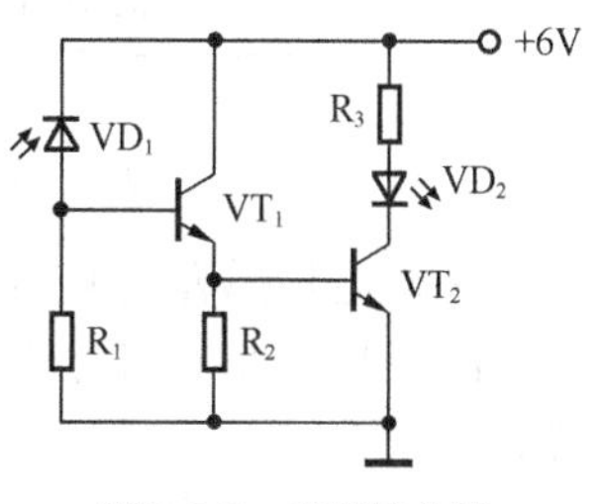

图 3-145 光转换电路

（2）热释电传感器

热释电传感器是一种被动式红外传感器，能以非接触方式检测到物体发出的红外辐射变化，并将其转化为电信号输出。

热释电传感器 BH9402 的内部结构如图 3-146 所示。包括热释电元件 B、放大器、双向鉴幅器、状态控制器、延时定时器、封锁定时器和参考电源电路等。除热释电元件 B 外，其余主要电路均包含在一块BISS0001数模混合集成电路内，缩小了体积，提高了工作的可靠性。

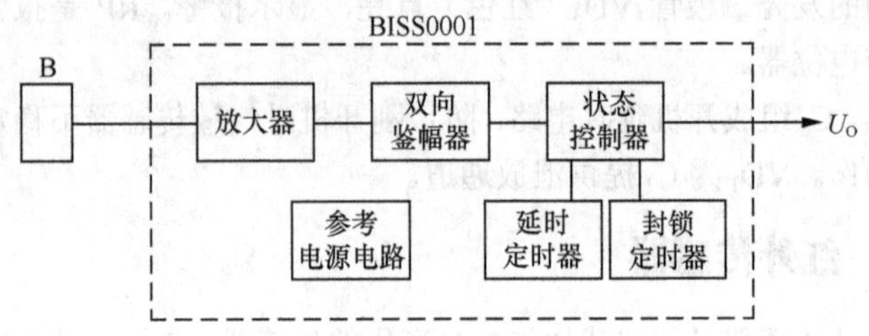

图 3-146　BH9402 结构原理

图 3-147 所示为红外感应自动门铃电路，由热释电传感器 BH9402 构成的检测电路、“叮咚”门铃声集成电路 KD-253B 等构成的音频信号源电路、晶体管 VT_1 和 VT_2 等构成的功放电路组成。

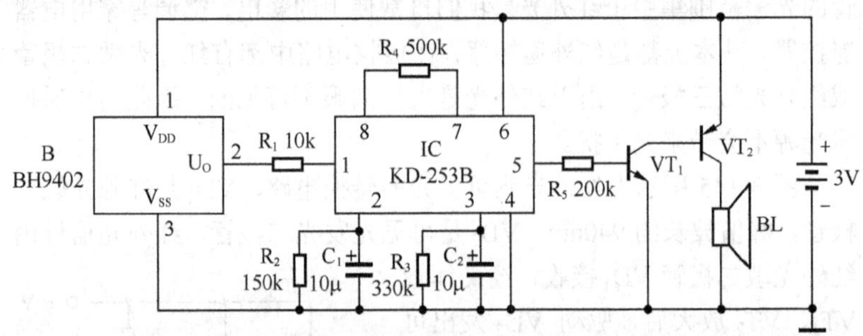

图 3-147　红外感应自动门铃电路

热释电传感器能够有效抑制人体辐射波长以外的红外光和可见光的干扰，具有可靠性高、使用简单方便、体积小、重量轻的特点。

“叮咚”门铃声集成电路 KD-253B 是专为门铃设计的 CMOS 集成电路，内储“叮”与“咚”的模拟声音。每触发一次，KD-253B 可发出两声带余音的“叮咚”声，且余音长短和节奏快慢均可调节，有类似于金属碰击声之听感。它还能有效地防止因日光灯、电钻等干扰造成的误触发。

晶体管 VT_1、VT_2 等组成互补式放大器，将门铃声集成电路 KD-253B 发出的“叮咚”声音信号放大后，驱动扬声器 BL 发声。其中，VT_1 为 NPN 型晶体管，VT_2 为 PNP 型晶体管。

当有客人来到门前时，热释电传感器 B 检测到人体红外辐射并转变为电信号，其第 2 脚输出信号 U_o 变为高电平，触发音源集成电路 KD-253B 工作，经晶体管 VT_1、VT_2 功率放大后驱动扬声器 BL 发出“叮咚、叮咚”的门铃声。

3.4 电声换能器件

电声换能器件包括能够将电信号转换为声音信号的扬声器、耳机、报警器和蜂鸣器，能够将声音信号转换为电信号的话筒，能够进行磁信号与电信号相互转换的磁头和磁鼓，超声波换能器等。

3.4.1 扬声器与耳机

扬声器俗称喇叭，是一种常用的电声转换器件。扬声器的文字符号是“BL”，图形符号如图 3-148 所示。扬声器可分为电动式扬声器、球顶式扬声器、号筒式扬声器等，如图 3-149 所示。

图 3-148　扬声器的符号　　图 3-149　扬声器

耳机也是常用的电声转换器件，其文字符号是“BE”，图形符号如图 3-150 所示。耳机一般分为头戴式耳机和耳塞机两大类，同时又分为单声道耳机和立体声耳机两种，如图 3-151 所示。

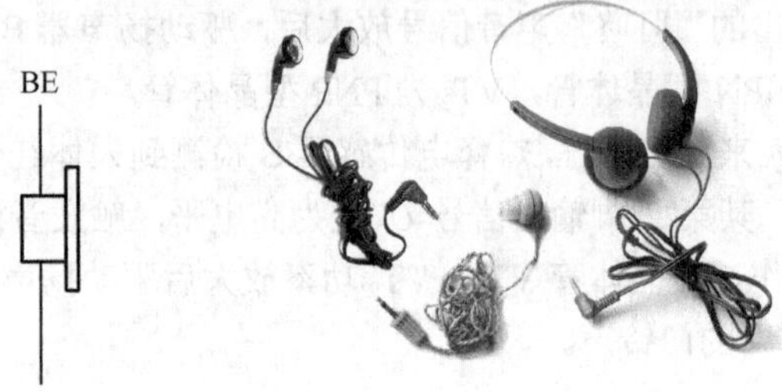

图 3-150　耳机的符号　　图 3-151　耳机

扬声器和耳机的特点是能将电信号转换为声音信号。以电动式扬声器为例，其工作原理如图 3-152 所示，音圈位于环形磁钢与芯柱之间的磁隙中，当音频电流通过音圈时，所产生的交变磁场与磁隙中的固定磁场相互作用，使音圈在磁隙中往复运动，并带动与其粘在一起的纸盒运动而发声。

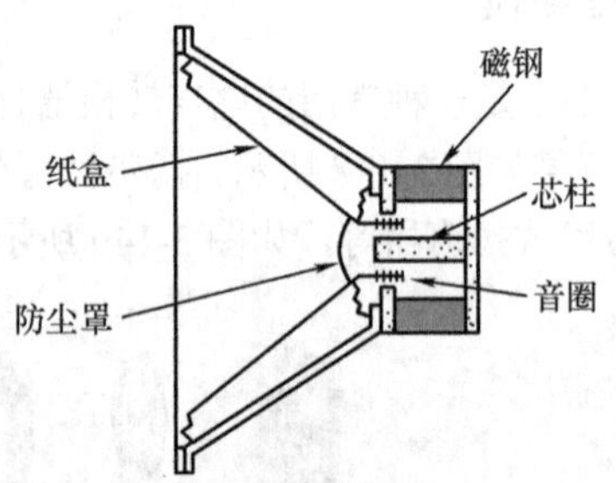

图 3-152　扬声器工作原理

扬声器和耳机的主要作用是播放声音。

（1）电动式扬声器

电动式扬声器是最常用的扬声器，既有全频扬声器，又有专门的高音、中音、低音扬声器，广泛应用于收音机、录音机、电视机、音响、家庭影院、多媒体计算机等设备，以及公共场所广播等各种场合。图 3-153 所示为三分频音箱电路图。

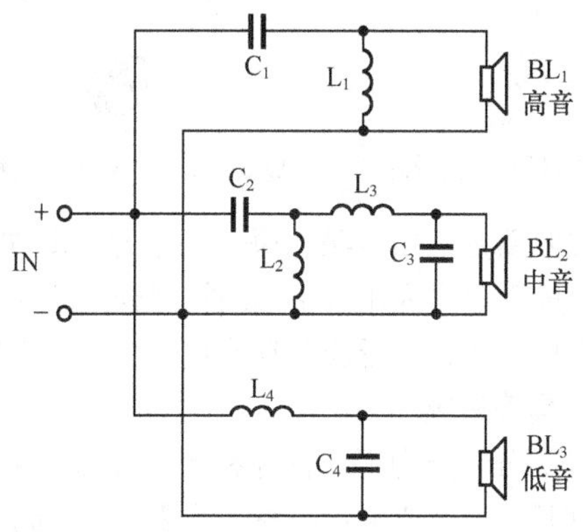

图 3-153　三分频音箱电路

（2）球顶式扬声器

球顶式扬声器采用球顶式振膜，具有瞬态响应好、声音清晰明亮的特点，有高音扬声器和中音扬声器两种，主要应用在高档分频式组合音箱中。

（3）号筒式扬声器

号筒式扬声器由发音头和号筒两部分组成，号筒起到聚集声音的作用，可以使声音更有效地传播。号筒式扬声器多是高音扬声器，主要应用在要求较高的音响还音系统中。室外广播用的高音喇叭也是一种号筒式扬声器。

（4）耳机

耳机主要用于个人聆听。对于立体声耳机或耳塞机，一般均标有左、右声道标志“L”或“R”，使用时应注意，“L”应戴在左耳，“R”应戴在右耳，这样才能聆听到正常的立体声。

3.4.2　报警器与蜂鸣器

报警器和蜂鸣器是另一种电声转换器件，其文字符号是“HA”，图形符号如图 3-154 所示。图 3-155 所示为微型直流报警器。

HA

图 3-154　报警器和蜂鸣器的符号　　图 3-155　微型直流报警器

讯响器与蜂鸣器是运用电磁式原理工作的，其频响范围较窄、低频响应较差，一般不宜作为还音系统的扬声器。但其具有体积小、重量轻、灵敏度高的特点，广泛应用在家用电器、仪器仪表、报警器、寻呼机、电子玩具等领域。

微型直流报警器可分为不带音源和自带音源两大类，其中自带音源的又分为连续长音、断续声音两种。不带音源直流报警器工作时需要接入音频信号。自带音源直流报警器则不需要音频信号，接上规定的直流电压即可发声。

报警器和蜂鸣器的作用是发出对保真度要求不高的声音。

（1）电话振铃

电话振铃电路如图 3-156 所示，当检测到来电时，信号源产生的铃音信号，经控制电路驱动不带音源报警器 HA 发出振铃声。可通过控制电路选择多种振铃声。

（2）声音提示

声音提示电路如图 3-157 所示，HA 为自带音源报警器，VT 为驱动开关管。当控制脉冲为“1”时 VT 导通，HA 发声。当控制脉冲为“0”时 VT 截止，HA 不发声。

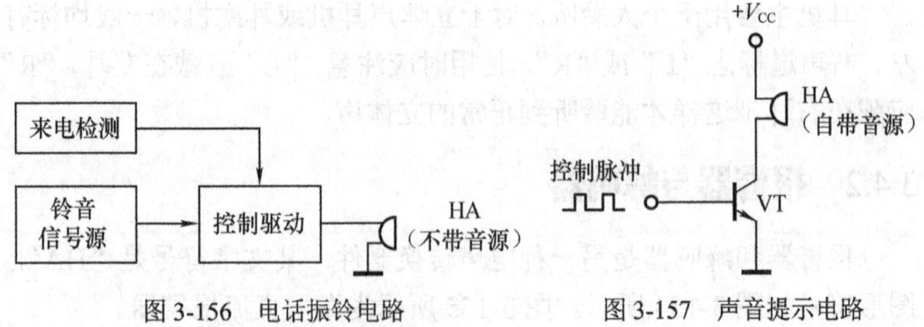

图 3-156　电话振铃电路　　图 3-157　声音提示电路

3.4.3 话筒

话筒又称为传声器，是一种常用的声电转换器件。话筒的文字符号是“BM”，图形符号如图 3-158 所示，外形如图 3-159 所示。话筒有许多种类，使用较多的是动圈式话筒和驻极体话筒。

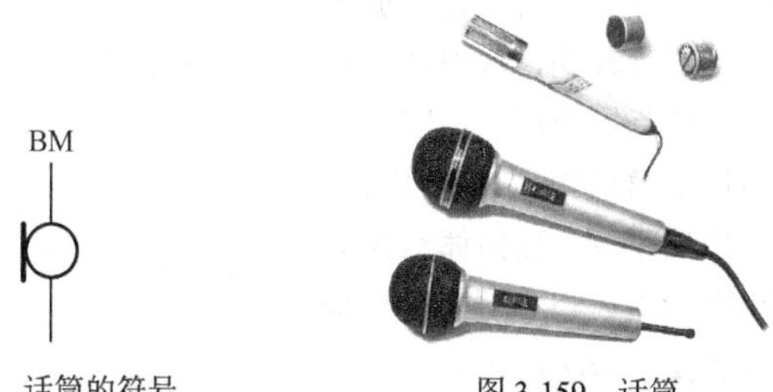

图 3-158 话筒的符号

图 3-159 话筒

话筒的特点是能将声音转换为电信号，话筒的作用是拾音。

（1）动圈式话筒

动圈式话筒是较常用的话筒，其工作原理如图 3-160 所示，音圈位于永磁体的磁隙中，并与音膜粘接在一起，当声波使音膜振动时，带动音圈作切割磁力线运动而产生音频感应电压，这个音频感应电压代表了声波的信息，从而实现了声电转换。由于话筒音圈的圈数很少，其输出电压和输出阻抗都很低，为了提高输出电压和便于阻抗匹配，音圈产生的信号经过输出变压器输出。

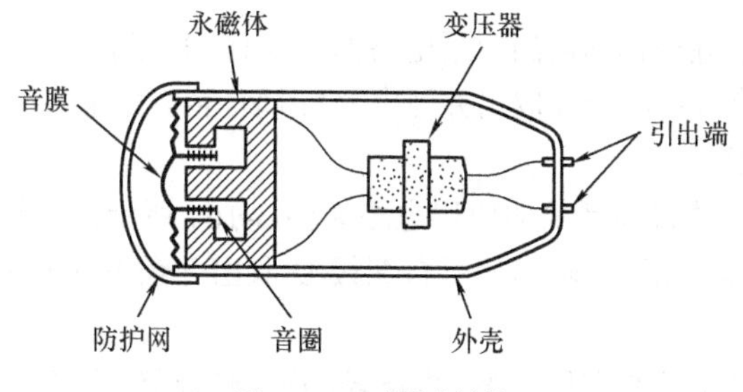

图 3-160 动圈式话筒

动圈式话筒应用电路如图 3-161 所示。动圈式话筒具有坚固耐用、价格较低、单向指向性的特点，广泛应用在广播、扩音、录音、文艺演出、卡拉 OK 等领域。

（2）驻极体话筒

驻极体话筒属于电容式话筒的一种，其内部包含有一个场效应管作放大用，因此拾音灵敏度较高，输出音频信号较大。由于内部有场效应管，因此驻极体话筒必须加上直流电压才能工作。根据内电路的接法不同，驻极体话筒分为三端式（源极输出）和二端式（漏极输出）两种，如图 3-162 所示。

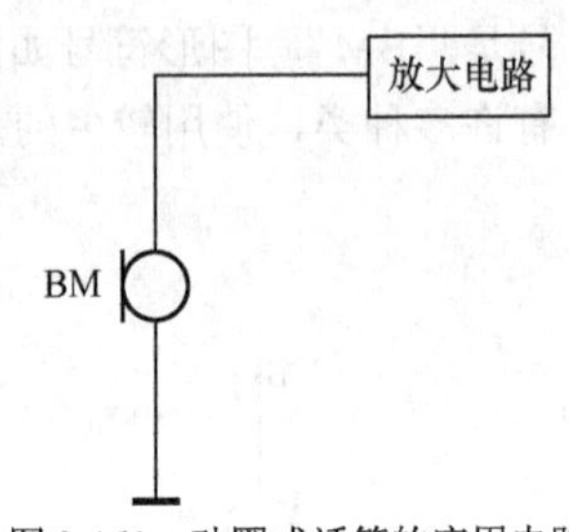

图 3-161　动圈式话筒的应用电路

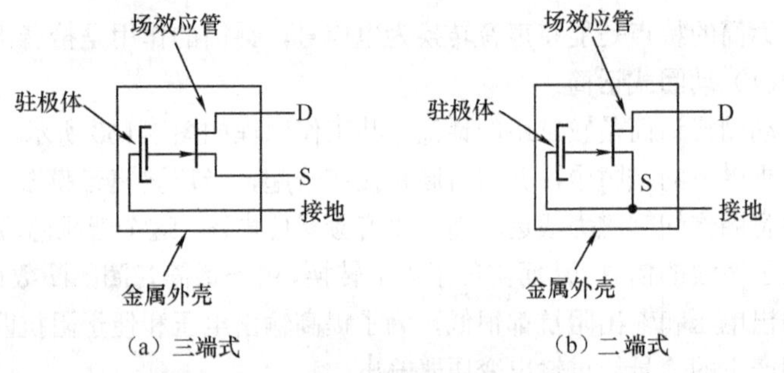

图 3-162　驻极体话筒

三端式驻极体话筒的应用电路如图 3-163 所示，漏极 D 接电源正极，输出信号自源极 S 取出并经电容 C 耦合至放大电路，R 是源极 S 的负载电阻。

二端式驻极体话筒的应用电路如图 3-164 所示，漏极 D 经负载电阻 R 接电源正极，输出信号自漏极 D 取出并经电容 C 耦合至放大电路。

驻极体话筒具有体积小、重量轻、电声性能好、价格低廉的特点，在无线电与电子制作中得到非常广泛的应用。

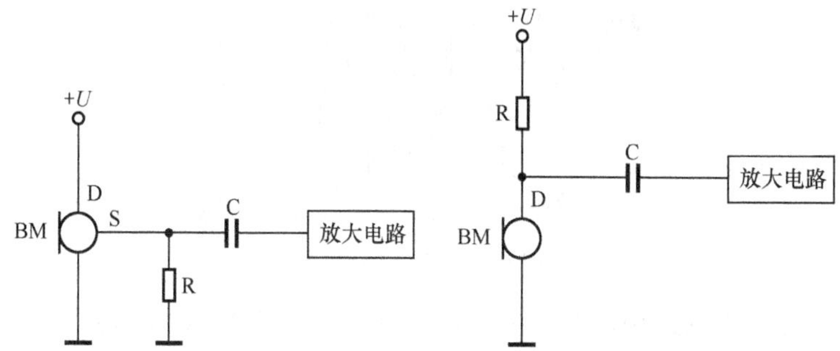

图 3-163　三端式驻极体话筒的应用电路　　图 3-164　二端式驻极体话筒的应用电路

3.4.4　磁头与磁鼓

磁头是一种电磁转换器件。磁头的文字符号是“B”，图形符号如图 3-165 所示。磁头按功能不同可分为音频磁头、视频磁头、控制磁头等，视频磁头通常安装在磁鼓上，如图 3-166 所示。

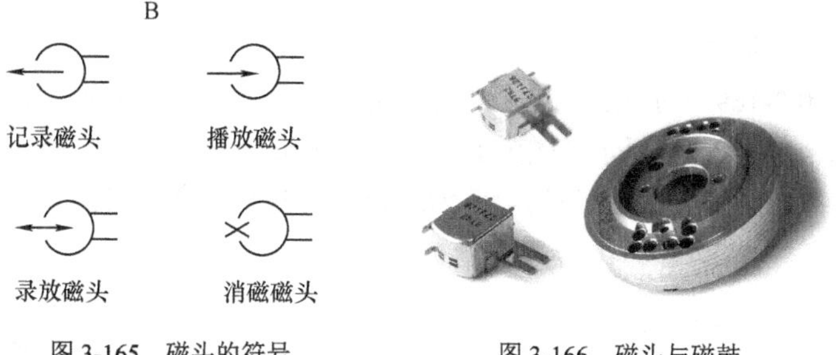

图 3-165　磁头的符号　　图 3-166　磁头与磁鼓

磁头具有将磁信号转换为电信号，或将电信号转换为磁信号的特点。磁头结构如图 3-167 所示，由磁芯和绕在磁芯上的线圈组成，在磁芯前端有一极窄的工作隙缝。当有信号电压加在磁头线圈上时，在工作隙缝处便产生相应的磁场，由沿工作隙缝移动的磁带记录下来。反之，当磁带上的磁场作用于磁头的工作隙缝时，在线圈上则感应出相应的信号电压。

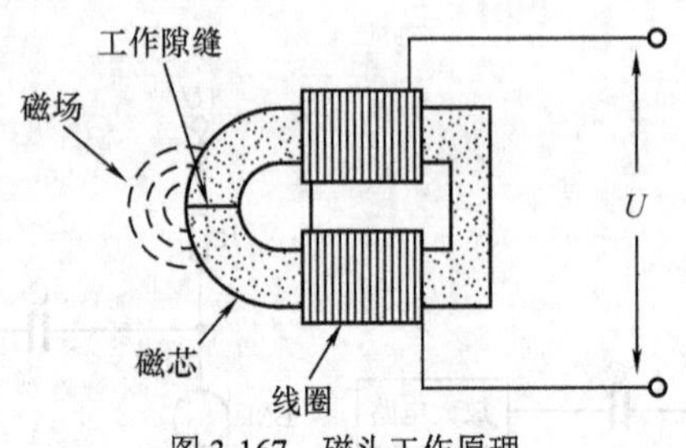

图 3-167　磁头工作原理

在工作过程中，磁头与磁带处于相对移动状态。在录音机等音频设备中，磁头静止而磁带移动。在录像机等视频设备中，磁头安装在高速旋转的磁鼓上，以提高磁头与磁带的相对移动速度，满足高频信号记录的要求。

磁头的主要作用是放音、录音、消磁和录放像。

（1）放音

图 3-168 所示为录音机的放音电路，放音磁头 B 将磁带上记录的磁信号转换为电信号，经电容器 C_1 耦合至放音放大器进行放大。C_2 为磁头频率补偿电容。

（2）录音

图 3-169 所示为录音机的录音电路，录音放大器输出的音频电压经耦合电容 C_1 加至录音磁头 B，由录音磁头 B 将音频电压转换为磁信号并记录到磁带上。偏磁电路为录音磁头 B 提供交流或直流偏磁电流，以减小录音失真。

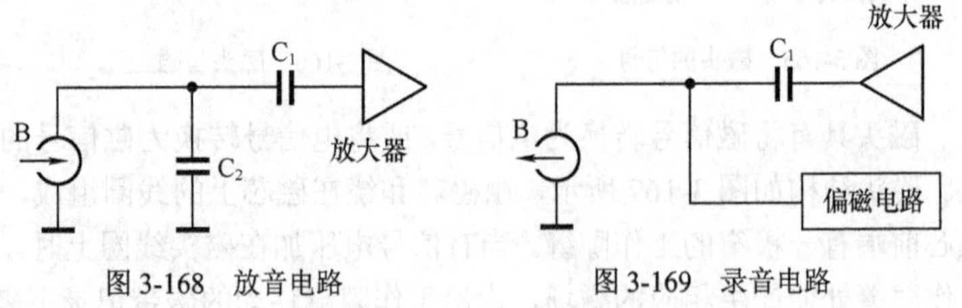

图 3-168　放音电路　　　　图 3-169　录音电路

（3）消磁

图 3-170 所示为录音机的消磁电路。其中，图 3-170（a）为直流

消磁电路，直流电压经限流电阻 R 加至消磁磁头 B，产生直流磁场将记录在磁带上的磁信号消去（实际上是覆盖掉）。图 3-170（b）为交流消磁电路，超音频振荡器输出超音频交流电压使消磁磁头 B 产生高频交流磁场，将记录在磁带上的磁信号消去（覆盖掉）。

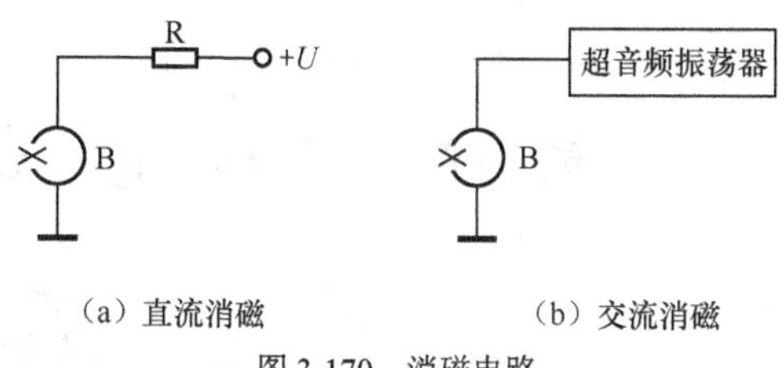

（a）直流消磁　　（b）交流消磁

图 3-170　消磁电路

（4）录放像

图 3-171 所示为录像机的录放像原理方框图，录放磁头 B 安装在高速旋转的磁鼓上，放像时，磁带上的磁信号经磁头 B 转换为电信号，然后送入放像放大器。录像时，录像放大器输出的电信号经磁头 B 转换为磁信号记录到磁带上。

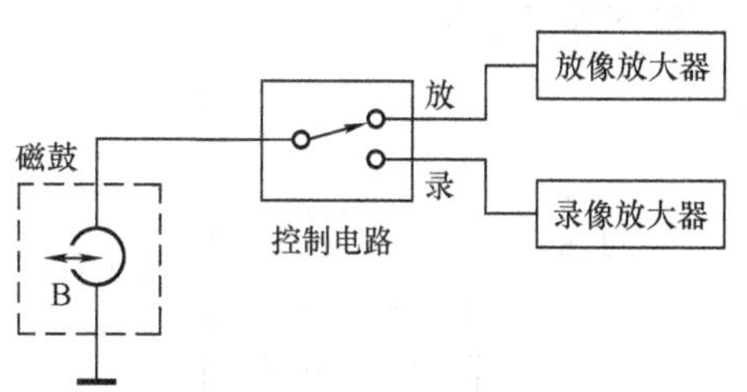

图 3-171　录放像原理

3.4.5　超声波换能器

超声波换能器是工作于超声波范围的电声器件，其特点是能够将超声波转换为电信号，或者将电信号转换为超声波。超声波换能器的文字符号为“B”，图形符号如图 3-172 所示。

超声波换能器具有多种类型，包括压电式、磁致伸缩式、电磁式等，如图 3-173 所示，最常用的是压电式超声波换能器。超声波换能器包括超声波发射器和超声波接收器两大类，超声波发射器的功能是将电信号转换为超声波信号发射出去，超声波接收器的功能是将接收到的超声波信号转换为电信号，也有些超声波换能器兼具发射和接收功能。

图 3-172　超声波换能器的符号　　　　图 3-173　超声波换能器

超声波换能器的特点是能够完成超声波与电信号之间的相互转换。超声波换能器的核心是压电晶片，它是利用压电效应原理工作的。超声波换能器内部结构如图 3-174 所示，由压电晶片、锥形共振盘、引脚、外壳和防护网等部分组成。

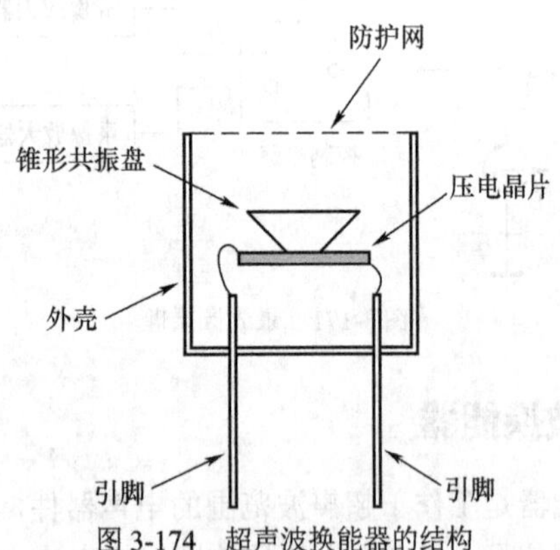

图 3-174　超声波换能器的结构

超声波发射器的工作原理是，当通过引脚给压电晶片施加超声频率的交流电压时，压电晶片产生机械振动向外辐射超声波。超声波接收器的工作原理是，当超声波作用于压电晶片使其振动时，压电晶片产生相应的交流电压通过引脚输出。锥形共振盘的作用是使发射或接收的超声波能量集中，并保持一定的指向角。

超声波换能器在遥控、遥测、无损探伤、医学检查等领域被广泛应用。超声波换能器的主要作用是超声波发射、超声波接收、超声波探测等。

（1）超声波发射

超声波发射电路如图 3-175 所示，超音频振荡器输出的超音频电压，经驱动电路驱动超声波换能器 B 向外发射超声波。

（2）超声波接收

超声波接收电路如图 3-176 所示，超声波换能器 B 接收到超声波信号后，将其转换为电信号送入接收放大器放大。

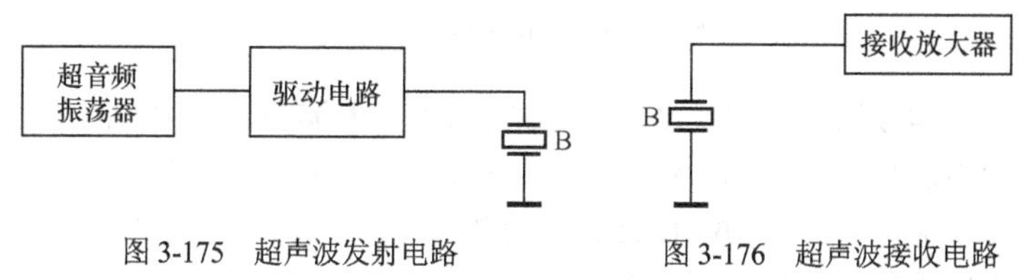

图 3-175　超声波发射电路　　图 3-176　超声波接收电路

（3）超声波探测

超声波换能器广泛应用于探测领域，特别是水下和固体中的探测，例如潜艇中的声呐、金属的无损探伤、医院的 B 超以及超声波接近开关、超声波测距等。

图 3-177 所示为超声波探测器电路，由发射电路和接收电路两部分组成。电路图上半部分为发射电路，包括 555 时基电路 IC_1 等构成的音频多谐振荡器，555 时基电路 IC_2 等构成的超音频门控多谐振荡器。

电路图下半部分为接收电路，包括非门 D_1、D_2、D_3 等构成的超音频电压放大器，C_3、VD_1、VD_2 等构成的倍压检波器，非门 D_4、D_5、D_6 等构成的音频电压放大器，晶体管 VT 构成的射极跟随器。

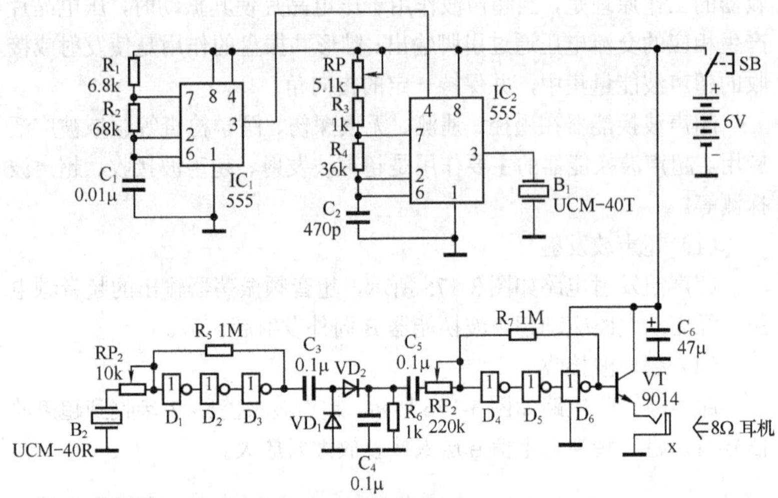

图 3-177　超声波探测器电路图

超声波探测器的工作原理类似于蝙蝠，能够在黑暗中探测出一定范围内的物体。图 3-178 所示为超声波探测器方框图，发射电路中的超音频振荡器产生 40kHz 超音频振荡信号，被音频信号调制后，通过超声波换能器向外发射超声波束。

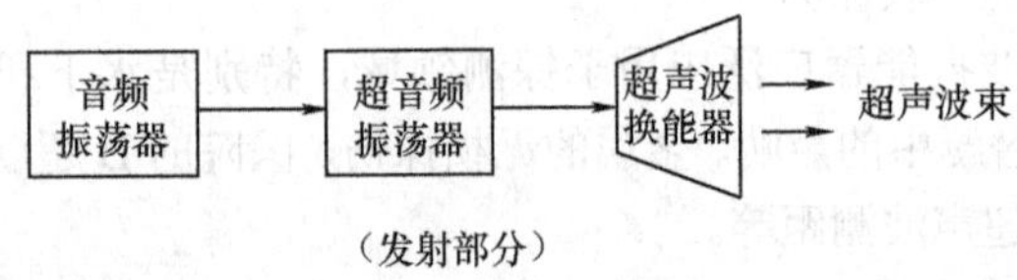

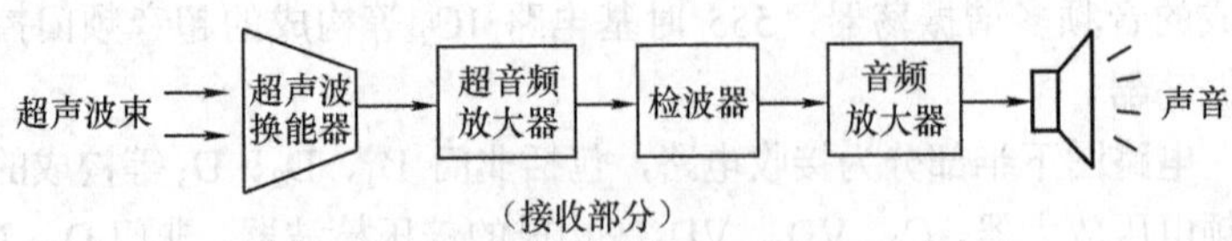

图 3-178　超声波探测器方框图

接收电路中的超声波换能器接收到障碍物反射回来的超声波回

波后，将其转换为电信号，经超音频放大、检波、音频放大后，使耳机发声。声音大小与接收到的超声波回波的强弱，即与障碍物的距离有关。这样通过听觉便“看见”了一定距离内的障碍物，根据音响信号的大小，还可以判断出障碍物的远近。

3.5 控制保护器件

控制器件是指能够对电路或电子设备进行操作控制的元器件，包括继电器、开关等，其中，开关属于直接控制器件，继电器属于间接控制器件。保护器件是指能够对电路过载或短路起保护作用的元器件，包括保险丝、熔断电阻等。

3.5.1 继电器

继电器是一种常用的控制器件，在自动控制、遥控、保护电路等方面得到广泛的应用。继电器的文字符号是“K”，图形符号如图 3-179 所示，外形如图 3-180 所示。

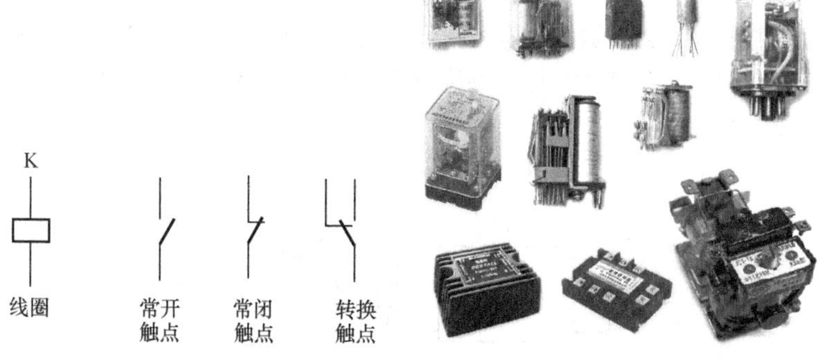

图 3-179　继电器的符号

图 3-180　继电器

继电器的特点是可以用较小的电流来控制较大的电流，用低电压来控制高电压，用直流电来控制交流电等，并且可实现控制电路与被控电路之间的完全隔离。

继电器的接点多种多样，可分为单组接点继电器和多组接点继电器两大类。

单组接点继电器又分为常开接点（动合接点，简称H接点）、常闭接点（动断接点，简称D接点）、转换接点（简称Z接点）3种，如图3-181所示。

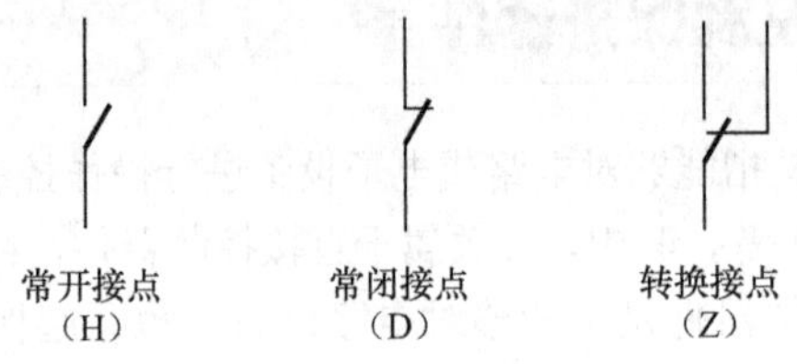

图3-181　继电器的接点

多组接点继电器既可以包括多组相同形式的接点，又可以包括多种不同形式的接点。

在电路图中，继电器的接点可以画在该继电器线圈的旁边，也可以为了便于图面布局将接点画在远离该继电器线圈的地方，而用编号表示它们是一个继电器。

继电器的主要作用是间接控制和隔离控制。图3-182所示为继电器间接控制电路，这是弱电控制强电的典型例子。当话筒BM接收到声音信号时，经放大后驱动继电器K吸合，其接点K-1接通，照明灯EL点亮。

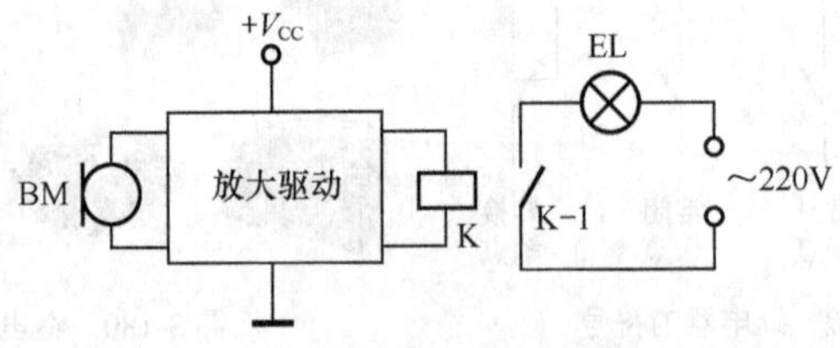

图3-182　继电器间接控制

图3-183所示为继电器隔离控制电路。功放输出端（L或R端）如果出现直流电压，被扬声器保护电路检测放大后，使继电器K吸合，

其接点 K-1 和 K-2（均为常闭接点）断开，切断了功放输出端与扬声器的连接，保护了扬声器免于被烧毁。采用继电器控制扬声器的通断，使保护电路与音频电路完全隔离，确保了高保真的音质。

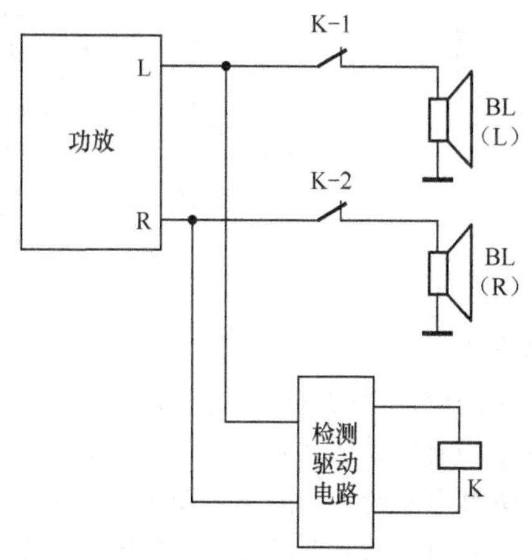

图 3-183　继电器隔离控制

由于继电器线圈实质上是一个大电感，为避免驱动继电器的晶体管被损坏，实际使用中应在继电器线圈两端并接保护二极管，如图 3-184 所示。当开关管 VT 关断的瞬间，继电器线圈 K 产生的反向高压可以通过保护二极管 VD 泄放，保护了开关管 VT 不会被反向高压所击穿。

常用的继电器有电磁继电器、干簧继电器、固态继电器、时间继电器、热继电器等。

（1）电磁继电器

电磁式继电器是最常用的继电器之一，它是利用电磁吸引力推动接点动作的，由铁芯、线圈、衔铁、动接点、静接点等部分组成，如图 3-185 所示。平时，衔铁在弹簧的作用下向上翘起。当工作电流通过线圈时，铁芯被磁化，将衔铁吸合。衔铁向下运动时，推动动接点与静接点接通，实现了对被控电路的控制。根据线圈要求的工作电压的不同，电磁式继电器分为直流继电器、交流继电器、脉冲继电器等类型。

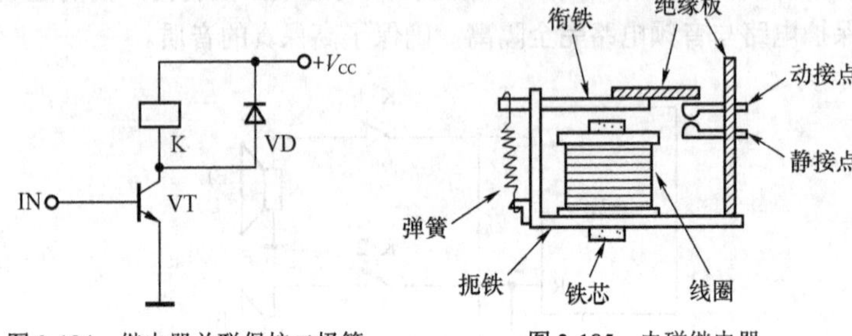

图 3-184　继电器并联保护二极管　　图 3-185　电磁继电器

（2）干簧继电器

干簧继电器也是最常用的继电器之一，由干簧管和线圈组成。干簧管是将两根互不相通的铁磁性金属条密封在玻璃管内而成，干簧管置于线圈中。干簧继电器的工作原理如图 3-186 所示，当工作电流通过线圈时，线圈产生的磁场使干簧管中的金属条被磁化，两金属条因极性相反而吸合，接通被控电路。在线圈中可以放入若干个干簧管，它们在线圈磁场的作用下同时动作。

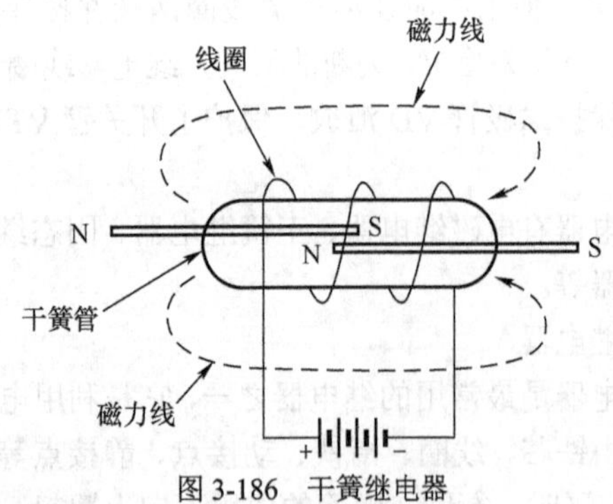

图 3-186　干簧继电器

（3）固态继电器

固态继电器（简称为 SSR）是一种新型的继电器，是采用电子电路实现继电器的功能，依靠光电耦合器实现控制电路与被控电路之间的隔离。固态继电器可分为直流式和交流式两大类。

直流式固态继电器电路原理如图 3-187 所示，控制电压由 IN 端输入，通过光电耦合器将控制信号耦合至被控端，经放大后驱动开关管 VT 导通。固态继电器输出端 OUT 接入被控电路回路中，输出端 OUT 有正、负极之分。

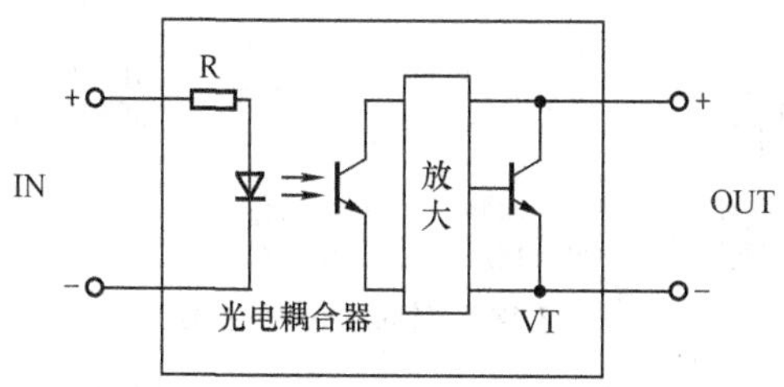

图 3-187　直流固态继电器

交流式固态继电器电路原理如图 3-188 所示。与直流式不同的是，开关元件采用双向晶闸管 VS，因此交流式固态继电器输出端 OUT 无正、负极之分，可以控制交流回路的通断。

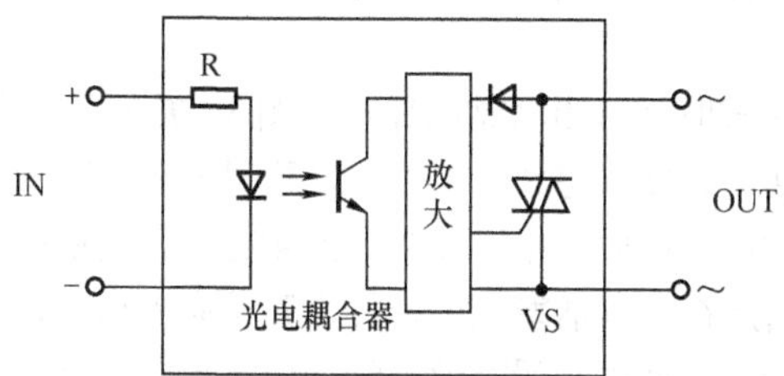

图 3-188　交流固态继电器

（4）时间继电器

时间继电器是一种延时动作的继电器，主要用作延时控制。时间继电器的特点是接通或断开工作电源后，需经过一定的延时其接点才动作。时间继电器的图形符号如图 3-189 所示。

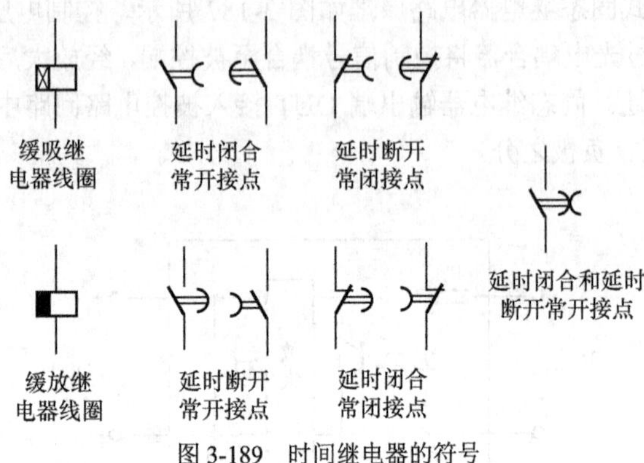

图 3-189　时间继电器的符号

根据动作特点的不同，时间继电器可分为缓吸式和缓放式两种。缓吸式时间继电器的特点是，继电器线圈接通电源后需经一定延时各接点才动作，线圈断电时各接点瞬时复位。缓放式时间继电器的特点是，线圈通电时各接点瞬时动作，线圈断电后各接点需经一定延时才复位。

根据延时结构的不同，时间继电器可分为机械延时式和电子延时式两大类。

机械延时式时间继电器结构原理如图 3-190 所示，由铁芯、线圈、衔铁、空气活塞、接点等部分组成，它是利用空气活塞的阻尼作用达到延时的目的的。线圈通电时使铁芯产生磁力，衔铁被吸合。衔铁向上运动后，固定在空气活塞上的推杆也开始向上运动，但由于空气活塞的阻尼作用，推杆不是瞬时而是缓慢向上运动，经过一定延时后常开接点 a-a 接通、常闭接点 b-b 断开。

电子延时式时间继电器工作原理如图 3-191 所示，实际上是在普通电磁继电器前面增加了一个延时电路，当在其输入端加上工作电源后，经一定延时才使继电器 K 动作。电子延时式时间继电器具有较宽的延时时间调节范围，可通过改变 R 进行延时时间调节。

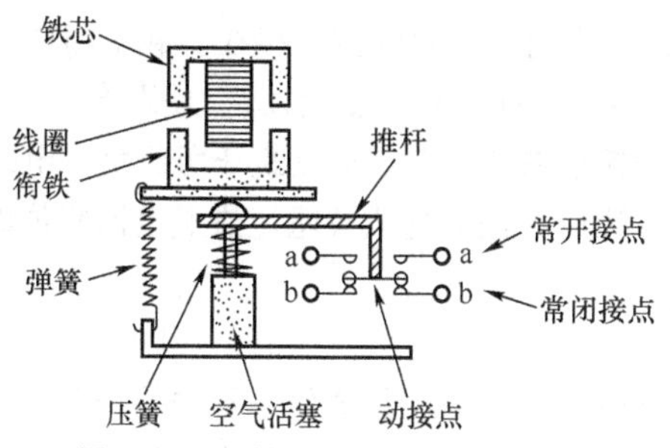

图 3-190 机械延时式时间继电器结构

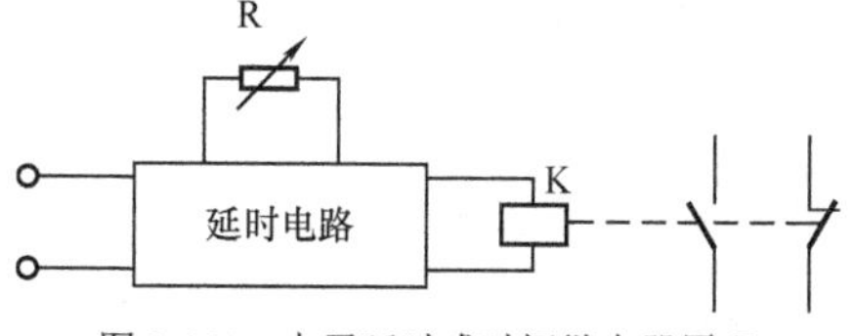

图 3-191 电子延时式时间继电器原理

（5）热继电器

热继电器是一种由热量控制动作的继电器，主要应用于过载保护等场合。热继电器的图形符号如图 3-192 所示。

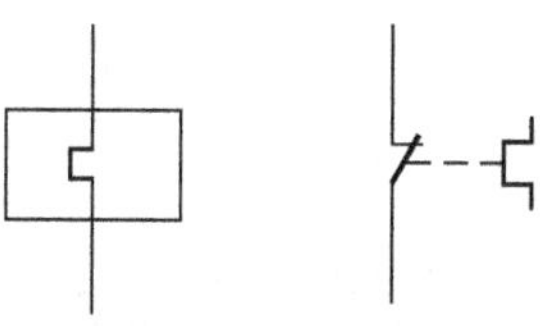

图 3-192 热继电器的符号

图 3-193 所示为热继电器的结构原理，主要由加热线圈、双金属片、导板、常闭接点等部分组成。

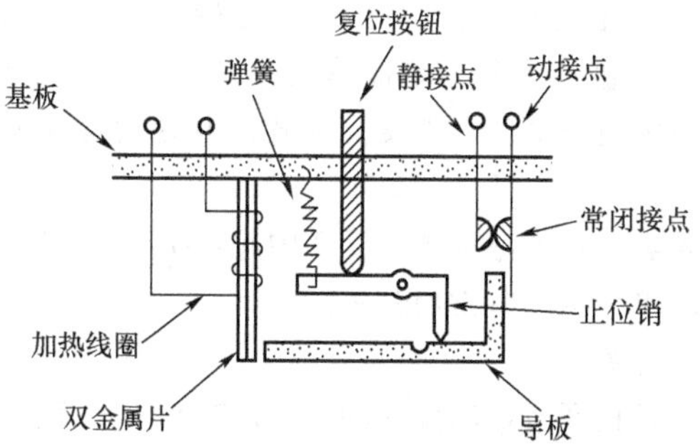

图 3-193 热继电器结构原理

使用时，热继电器的加热线圈串接在负载电路中。当负载出现过载时，加热线圈因电流过大而发热量大增，使双金属片受热向右弯曲，通过导板推动动接点右移，常闭接点断开切断负载电路，保护了电路的安全。故障排除后，按下复位按钮使热继电器复位即可。

3.5.2 开关

开关是一种应用广泛的控制器件。开关的一般文字符号为“S”，按钮开关的文字符号为“SB”，开关的图形符号如图 3-194 所示，部分常见开关的外形如图 3-195 所示。

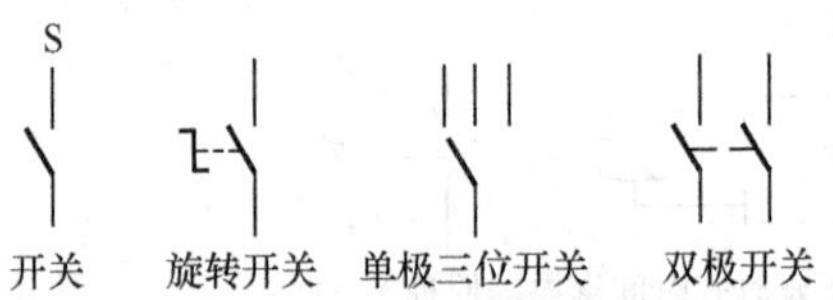

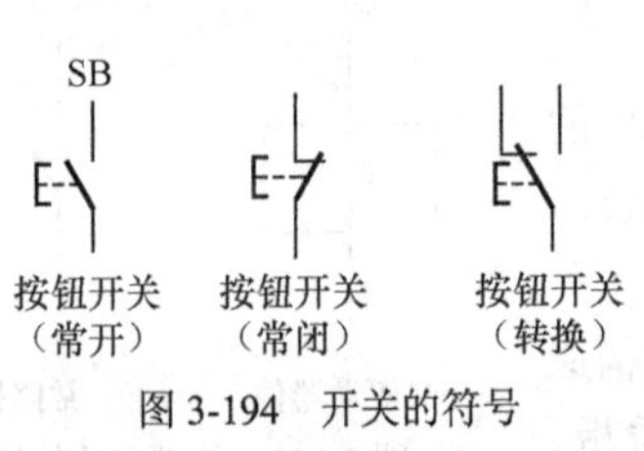

图 3-194 开关的符号

图 3-195 开关

开关的种类繁多，大小各异。按结构可分为拨动开关、跷板开关、船形开关、推拉开关、旋转开关、按钮开关、微动开关、薄膜开关等。按控制极位可分为单极单位开关、单极多位开关、多极单位开关、多极多位开关等。按接点形式可分为动合开关、动断开关、转换开关等。

开关在各类电子电路和电子设备中起着接通、切断、转换等控制作用。下面简单介绍一些常用开关。

（1）拨动开关

拨动开关是指通过拨动操作的开关，例如钮子开关、直拨开关和直推开关等。图 3-196 所示为钮子开关结构示意图，图中位置为 b 端

与 a 端接通。当将钮子状拨柄拨向左边时，b 端与 a 端断开而与 c 端接通。钮子开关常用作电源开关，如图 3-197 所示收音机电路中的开关 S。

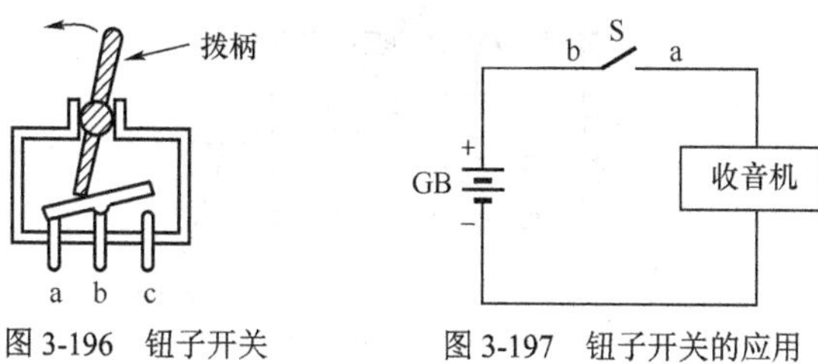

图 3-196　钮子开关　　图 3-197　钮子开关的应用

（2）旋转开关

旋转开关是指通过旋转操作的开关。图 3-198 所示为单层三组旋转开关结构示意图，三组开关的接触片固定在一圆形绝缘物上同步转动，构成三极三位开关，图 3-199 为其电路符号。旋转开关常用作电路工作状态的切换，例如收音机的波段开关、万用表的量程选择开关等。

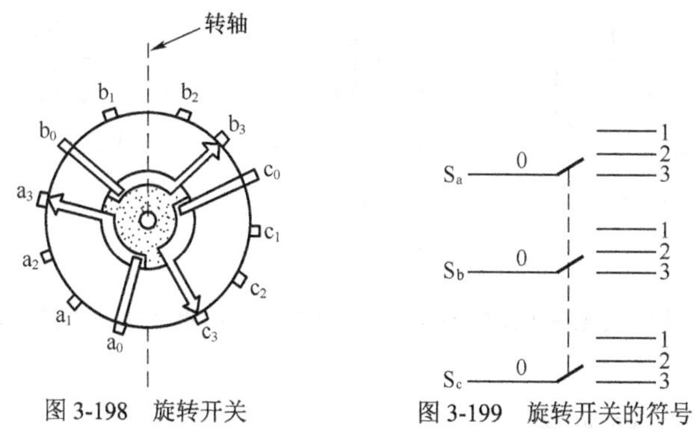

图 3-198　旋转开关　　图 3-199　旋转开关的符号

（3）按钮开关

按钮开关是一种不闭锁开关，按下按钮时开关从原始状态切换到动作状态，松开按钮后开关自动恢复为原始状态。图 3-200 所示为按钮开关结构，由于动接点具有弹性，平时向上弹起，只有按钮被按下时才使接点闭合。

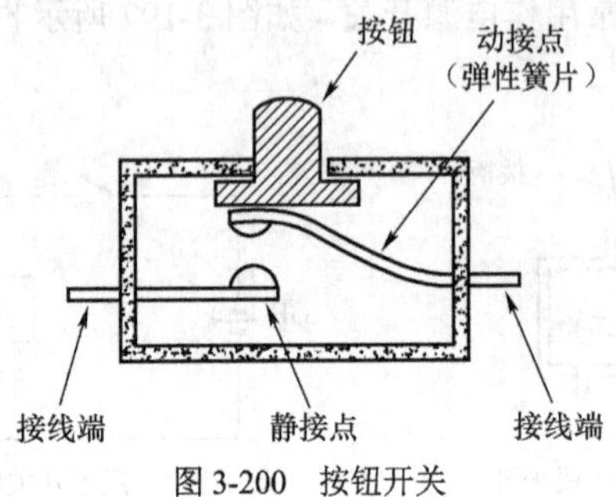

图3-200　按钮开关

按照接点形式不同，按钮开关可分为三类，如图 3-201 所示。①常开按钮，平时 A、B 接点间不通，按下按钮时 A、B 接点间接通。②常闭按钮，平时 A、B 接点间接通，按下按钮时 A、B 接点间切断。③转换按钮，平时 B 与 A 接点接通而与 C 接点断开，按下按钮时 B 与 A 接点断开而与 C 接点接通。

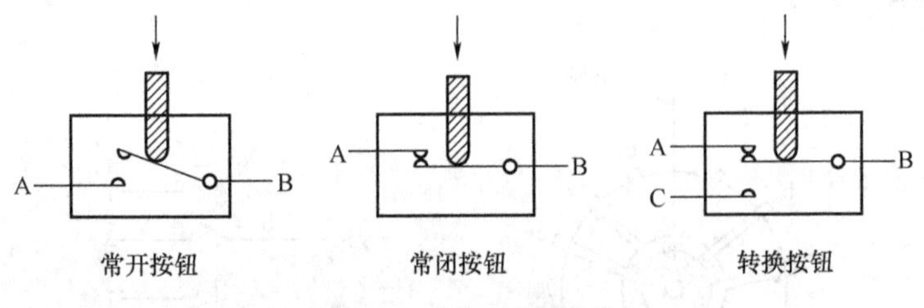

图3-201　按钮开关的种类

按钮开关主要应用在门铃、家用电器和电气设备的触发控制等方面。

3.5.3　保险器件

保险器件主要包括各种保险丝、熔断器和熔断电阻。保险丝和熔断器的文字符号为“FU”，图形符号如图 3-202 所示。保险器件的种类较多，外形各异，可分为普通保险丝、玻璃管保险丝、快速熔断保险丝、延迟熔断保险丝、热保险丝和可恢复保险丝等。图 3-203 所示为部分常见保险器件。

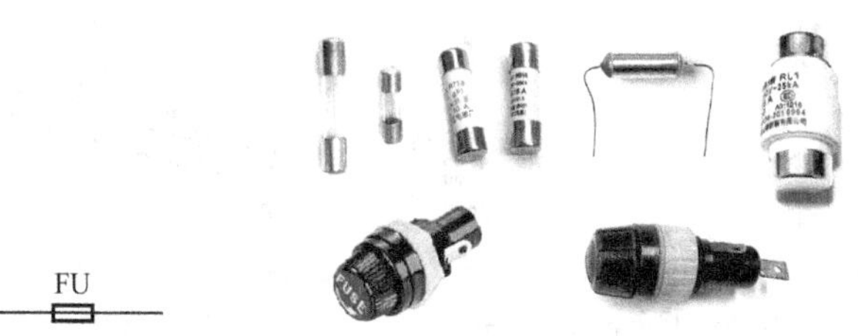

图 3-202　保险丝和熔断器的符号　　　　图 3-203　保险器件

保险丝等保险器件的作用是对电子设备或电路的短路和过载进行保护。使用时保险丝应串接在被保护的电路中，并应接在电源相线输入端，如图 3-204 所示。

保险丝由金属或合金材料制成，在电路或电子设备工作正常时，保险丝相当于一截导线，对电路无影响。当电路或电子设备发生短路或过载时，流过保险丝的电流剧增，超过保险丝的额定电流，致使保险丝急剧发热而熔断，切断了电源，从而达到保护电路和电子设备、防止故障扩大的目的。

保险丝的保护作用通常是一次性的，一旦熔断即失去作用，应在故障排除后更换新的相同规格的保险丝。下面介绍一些常用的保险器件。

（1）玻璃管保险丝

玻璃管保险丝的结构如图 3-205 所示，由熔丝、玻璃管和金属帽构成，熔丝置于玻璃管中并与两端的金属帽相连接。玻璃管保险丝的额定电流从 0.1A 到 10A 具有很多规格，尺寸也有 18mm、20mm、22mm 等不同长度。

玻璃管保险丝通常需要与相应的金属固定架配套使用，如图 3-206 所示。金属固定架固定在电路板上并接入电路，同时也是玻璃管保险丝两端的电气连接点，使用与更换时熔丝管可以很快地卡上或取下，透过玻璃管可以用肉眼直接观察到保险丝熔断与否，因此使用很方

便。玻璃管保险丝在各种电子设备中得到普遍应用。

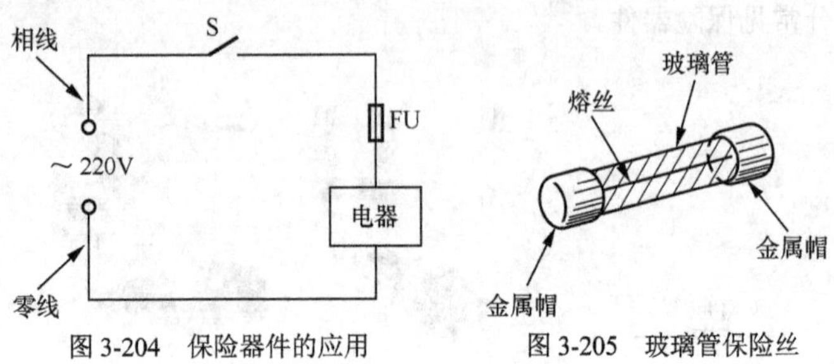

图 3-204　保险器件的应用　　图 3-205　玻璃管保险丝

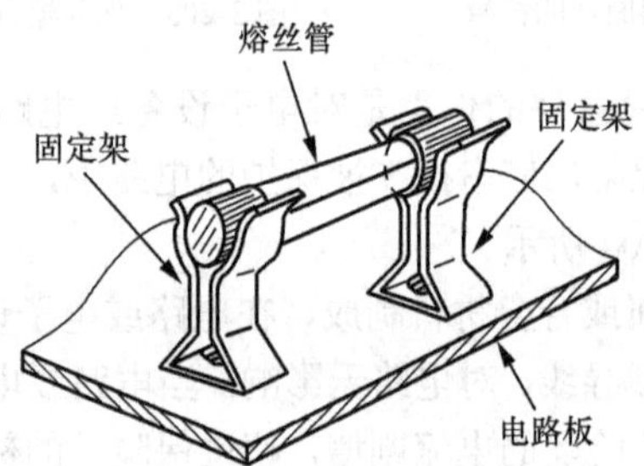

图 3-206　保险丝固定架

（2）热保险丝

热保险丝受环境温度控制，是一种一次性的过热保护器件，其典型结构如图 3-207 所示，外壳内连接两端引线的感温导电体由具有固定熔点的低熔点合金制成，正常情况下（未熔断时）热保险丝的电阻值为零。

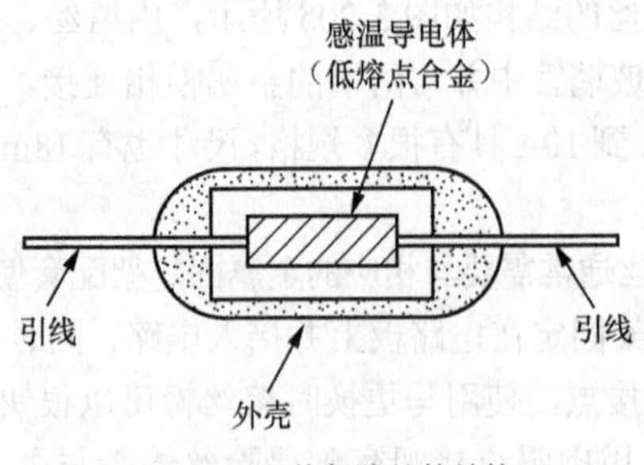

图 3-207　热保险丝的结构

当热保险丝所处环境温度达到其额定动作温度时，感温导电体快速熔断，切断电路。热保险丝具有多种不同的额定动作温度，广泛应用在电子设备的热保护方面，例如易发热的功率管、变压器，以及电饭煲、电磁灶、微波炉等电热类电器产品中。

（3）可恢复保险丝

一般的保险丝熔断后即失去使用价值，必须更换新的。可恢复保险丝可以重复使用，它实际上是一种限流型保护器件，外形如图 3-208 所示。可恢复保险丝由正温度系数的 PTC 高分子材料制成，使用时串联在被保护电路中，如图 3-209 所示。

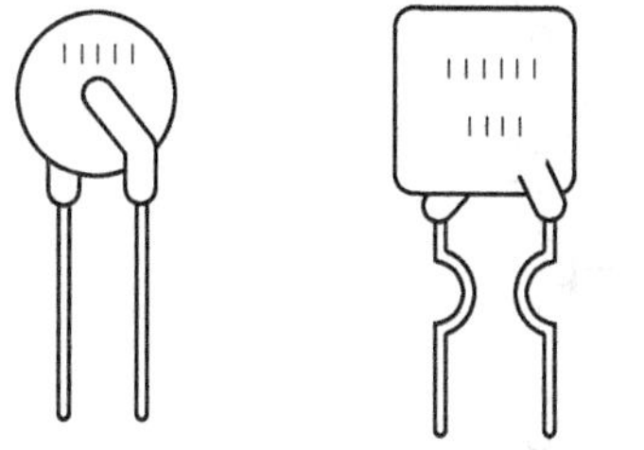

图 3-208　可恢复保险丝

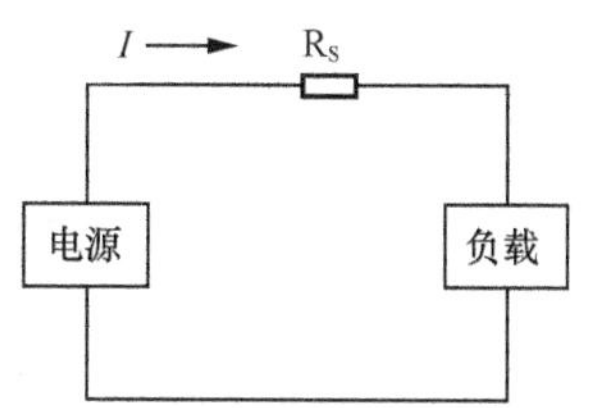

图 3-209　可恢复保险丝的应用

可恢复保险丝在常温下阻值极小，对电路无影响。当负载电路出现过流或短路故障时，通过可恢复保险丝 R_S 的电流剧增，导致其温度急剧上升，迅速进入高阻状态，切断电路中的电流，保护负载不致损坏。直至故障消失电流正常，可恢复保险丝 R_S 冷却后又自动恢复为微阻导通状态，电路恢复正常工作。图 3-210 所示为可恢复保险丝的阻值-温度特性曲线。

（4）熔断电阻

熔断电阻又称为保险电阻，是一种兼有电阻和保险丝双重功能的特殊元件。熔断电阻的文字符号为“RF”，图形符号如图 3-211 所示。熔断电阻也分为一次性熔断电阻和可恢复熔断电阻两大类。

熔断电阻的阻值一般较小，其主要功能还是保险。使用熔断电阻可以只用一个元件就能同时起到限流和保险作用。图 3-212 所示为大功率驱动管应用熔断电阻的例子，正常时熔断电阻 RF 起着限流电阻

的作用，一旦负载电路过载或短路，RF 即熔断，起到保护作用。

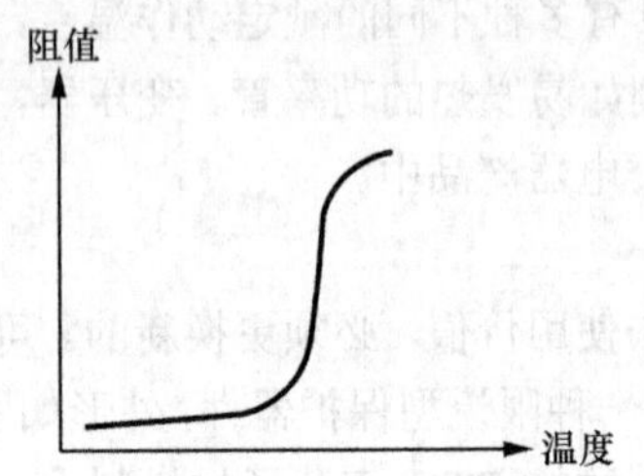

图 3-210 可恢复保险丝阻值-温度特性曲线

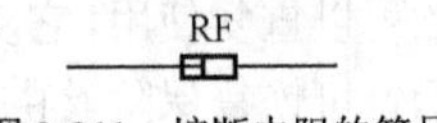

图 3-211 熔断电阻的符号

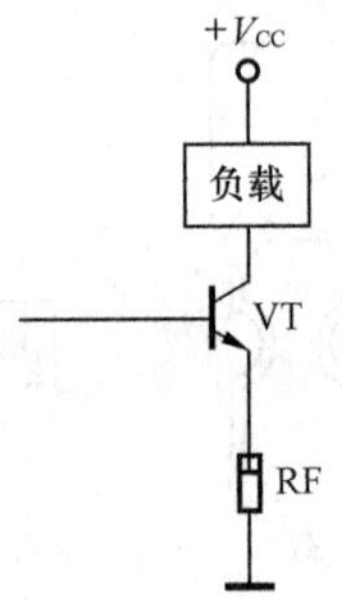

图 3-212 熔断电阻的应用

第 4 章　集成电路的性能特点与作用

集成电路是高度集成化的电子器件。集成电路将成千上万个晶体管、电阻、电容等元器件集成在一块半导体芯片中，组成某一功能电路、某一单元电路甚至某一整机电路，极大地简化了电子设备的电路结构，缩小了电子设备的体积，提高了电子设备的可靠性。随着微电子技术的飞速发展，集成电路的应用越来越普遍，已成为现代电子技术中不可或缺的核心器件。集成电路可分为模拟集成电路和数字集成电路两大类。

4.1 模拟集成电路

模拟集成电路是指传输和处理模拟信号的集成电路，包括通用集成电路和专用集成电路两大类，品种繁多。通用集成电路主要有集成运算放大器、时基集成电路、集成稳压器等。专用集成电路包括收音机电路、音响电路、电视机电路、手机电路等。

4.1.1 集成运算放大器

集成运算放大器简称集成运放，是一种集成化的高增益的多级直接耦合放大器。集成运算放大器作为一种通用电子器件，在放大、振荡、电压比较、模拟运算、有源滤波等各种电子电路中得到了越来越广泛的应用。

集成运算放大器的文字符号是“IC”，图形符号如图 4-1 所示。集成运算放大器有多种封装外形，其中双列直插式应用较多，如图 4-2 所示。根据一个集成电路封装内包含运放单元的数量，集成运放可分为：单运放、双运放和四运放。

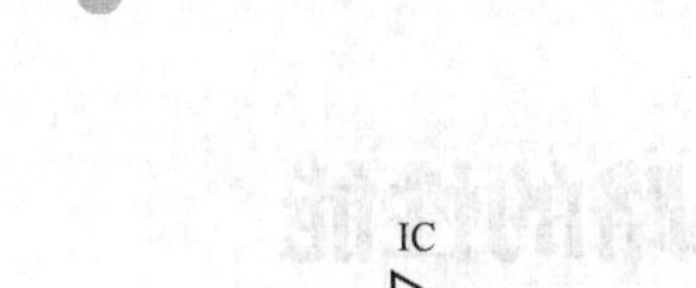

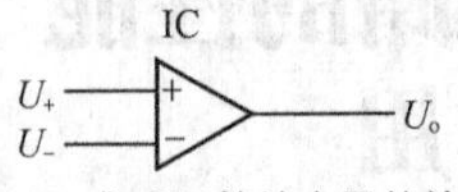

图 4-1　集成运算放大器的符号

图 4-2　集成运算放大器

集成运算放大器的特点是具有极大的开环电压增益。集成运放具有两个输入端（同相输入端 U_+、反相输入端 U_-）和一个输出端 U_o，其内部电路结构如图 4-3 所示，由高阻抗输入级、中间放大级、低阻抗输出级和偏置电路等组成。输入信号由同相输入端 U_+ 或反相输入端 U_-输入，经中间放大级放大后，通过低阻抗输出级输出。中间放大级由若干级直接耦合放大器组成，提供极大的开环电压增益（100 dB 以上）。偏置电路为各级提供合适的工作点。

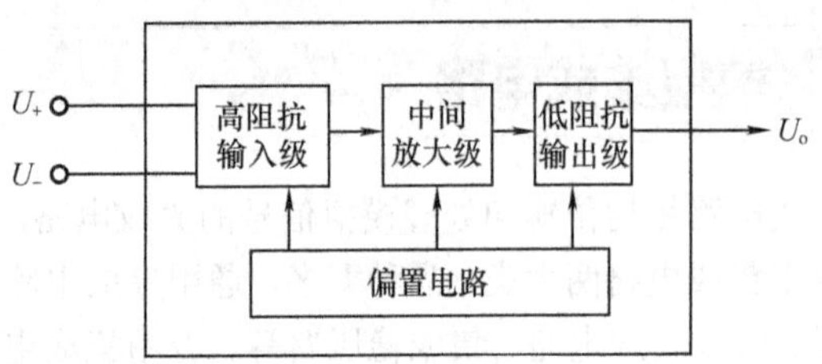

图 4-3　集成运放电路结构

集成运放一般使用正、负对称双电源，有些集成运放如 LM158、LM324 等，也可使用单电源，如图 4-4 所示。

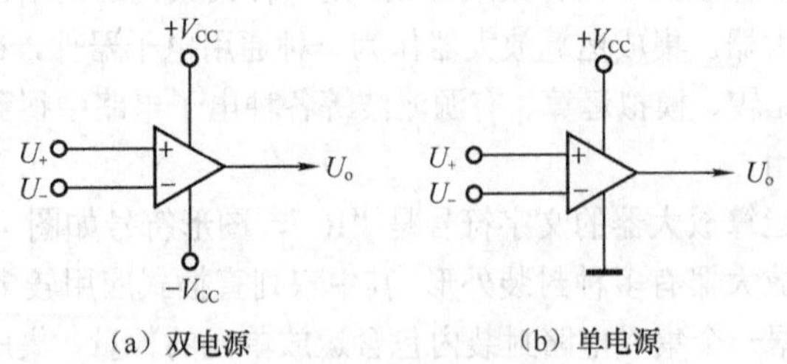

图 4-4　集成运放的电源

（1）集成运放的三种基本电路

集成运放的各种运用均基于以下三种基本放大电路。

① 反相放大器。电路如图 4-5 所示，R_f为反馈电阻，R_1为输入电阻。由于集成运放开环电压放大倍数极大，因此其闭环放大倍数 $A=\dfrac{R_f}{R_1}$。输入电压 U_i 由反相输入端输入，其输出电压 U_o 与输入电压 U_i 相位相反。

② 同相放大器。电路如图 4-6 所示，R_f为反馈电阻，R_1为输入电阻，其闭环放大倍数 $A=1+\dfrac{R_f}{R_1}$。输入电压 U_i 由同相输入端输入，其输出电压 U_o 与输入电压 U_i 相位相同。

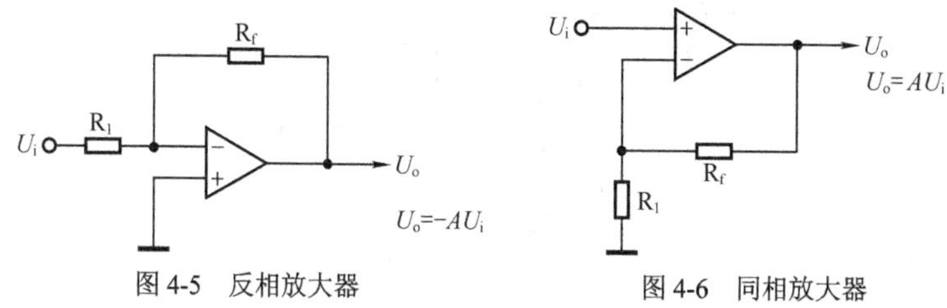

图 4-5　反相放大器　　图 4-6　同相放大器

③ 差动放大器。电路如图 4-7 所示，用来放大两个输入电压 U_1 与 U_2 的差值，其闭环放大倍数 $A=\dfrac{R_f}{R_1}$。这实际上是一个减法器电路，U_1 为减数电压，U_2 为被减数电压，U_o 为差电压。当取 $R_1=R_2=R_f$ 时，$A=1$，输出电压 $U_o=U_2-U_1$，实现了减法运算。R_p 为平衡电阻。

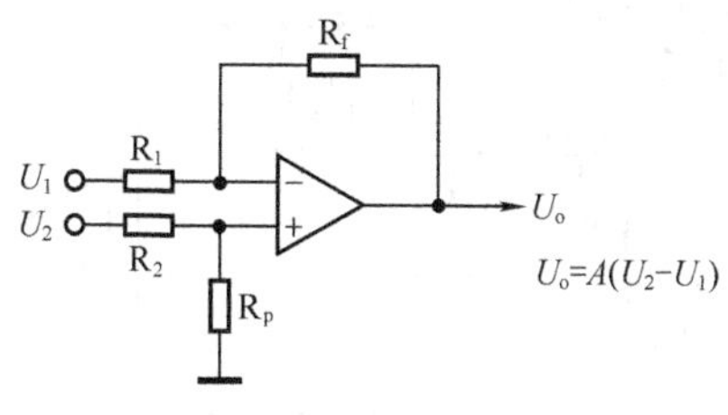

图 4-7　差动放大器

（2）集成运放的作用

集成运放的主要作用是放大、阻抗变换、振荡、有源滤波、精密整流等。

① 放大。集成运放电压放大器电路如图 4-8 所示，这是一个话筒放大器，驻极体话筒 BM 输出的微弱电压信号经耦合电容 C_1 输入集成运放 IC，放大后的电压信号经 C_3 耦合输出。电压放大倍数由集成运放外接电阻 R_4、R_3 决定，该电路放大倍数 A =100（40dB）。

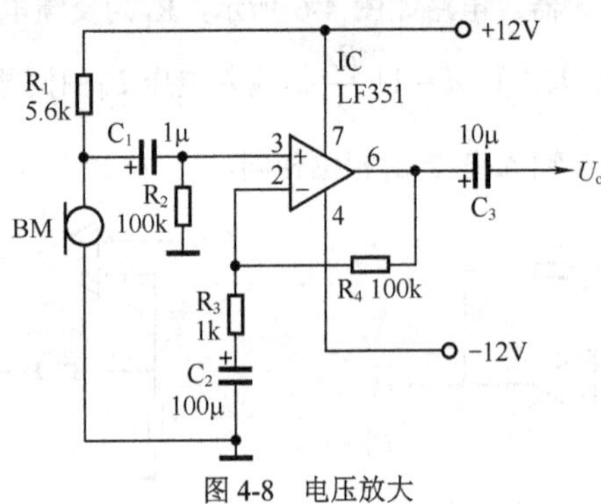

图 4-8　电压放大

图 4-9 所示为集成运放应用于磁头放大器。由于磁头输出电压随信号频率升高而增大，因此磁头放大器必须具有频率补偿功能。R_2、R_3、R_4、C_4 组成频率补偿电路，作为集成运放 IC 的负反馈回路，使其放大倍数在中频段（f_1 与 f_2 之间）具有 6dB/倍频程的衰减。

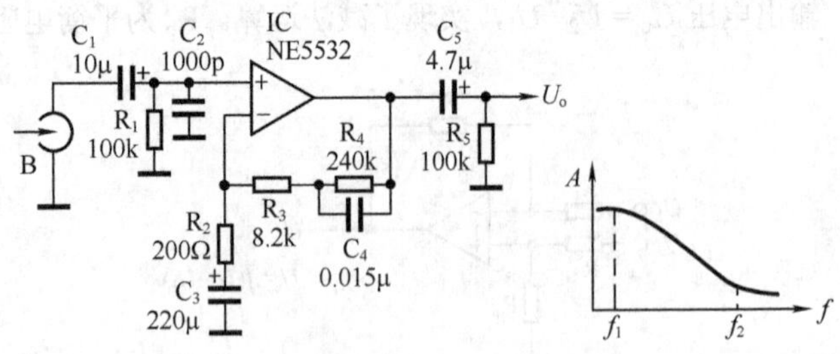

图 4-9　磁头放大器

② 阻抗变换。集成运放电压跟随器电路如图 4-10 所示，这是同相放大器的一个特例，其电压放大倍数 A =1，输出电压 U_o 与输入电压 U_i 大小相等、相位相同。集成运放电压跟随器具有极高的输入阻抗和很小的输出阻抗，常用作阻抗变换器。

③ 振荡。图 4-11 所示为采用集成运放的 800 Hz 文氏桥式正弦波振荡器，R_1、C_1 和 R_2、C_2 构成正反馈回路，并具有选频作用，使电路产生单一频率的振荡。R_3、R_4、R_5 等构成负反馈回路，以控制集成运放 IC 的闭环增益，并利用并联在 R_5 上的二极管 VD_1、VD_2 的钳位作用进一步稳定振幅。

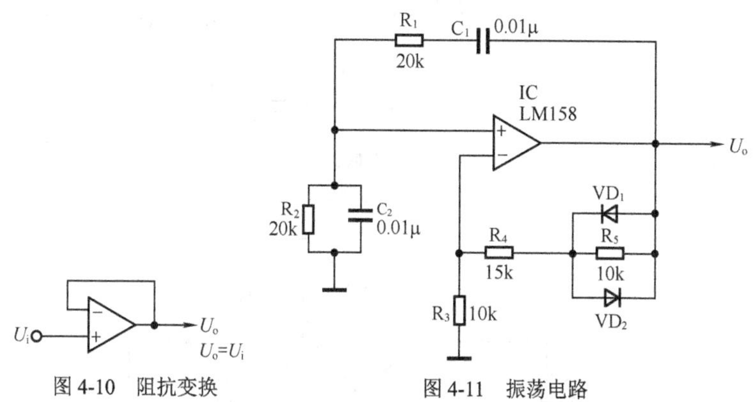

图 4-10 阻抗变换

图 4-11 振荡电路

④ 有源滤波。集成运放可以方便地构成有源滤波器，包括低通滤波器、高通滤波器、带通滤波器等。图 4-12 所示为前级二分频电路，分频点为 800Hz。集成运放 IC_1 等构成二阶高通滤波器，IC_2 等构成二阶低通滤波器，将来自前置放大器的全音频信号分频后分别送入两个功率放大器，然后分别推动高音扬声器和低音扬声器。

⑤ 精密整流。图 4-13 所示为 10 mV 有源交流电压表电路，这是一个精密全波整流电路，微安表头 PA 接在整流桥的对角线上。由于集成运放 IC 的高增益和高输入阻抗，消除了整流二极管的非线性影响，提高了测量精度。

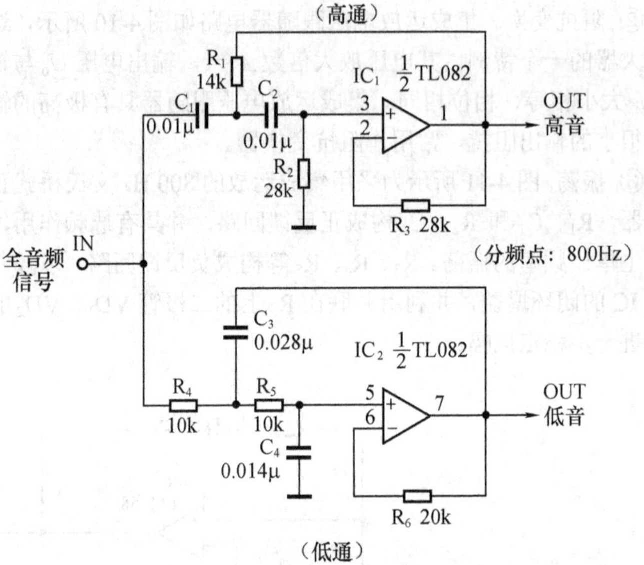

图 4-12　有源滤波

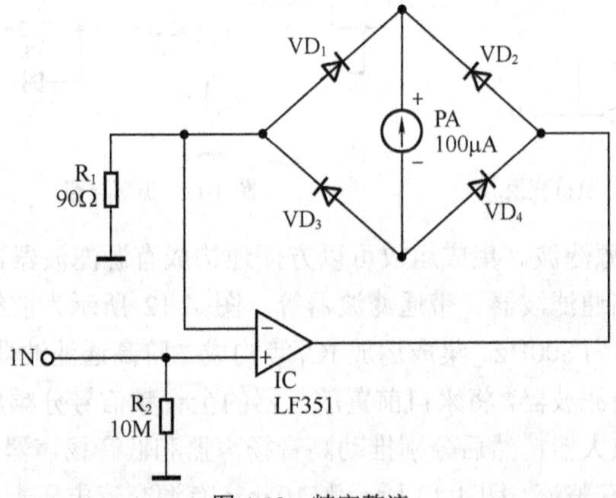

图 4-13　精密整流

4.1.2　时基集成电路

时基集成电路简称时基电路，是一种能产生时间基准和完成各种定时或延时功能的非线性模拟集成电路，广泛应用在信号发生、波形处理、定时延时、仪器仪表、控制系统、电子玩具等领域。时基集成电路的文字符号是“IC”，图形符号如图 4-14 所示，外形如图 4-15 所示。

图 4-14　时基电路的符号　　　　图 4-15　时基电路

时基电路有双极型和 CMOS 型两类。双极型时基电路输出电流大、驱动能力强，可直接驱动 200mA 以内的负载；CMOS 型时基电路功耗低、输入阻抗高，更适合用作长延时电路。

时基电路的特点是将模拟电路与数字电路巧妙地结合在一起，从而可实现多种用途。图 4-16 为时基电路内部电路方框图，其第 2 脚为置“1”输入端 $\overline{\mathrm{S}}$，当 $\overline{S} \leqslant \frac{1}{3}V_{CC}$ 时，电路输出端 U_o 为“1”；第 6 脚为置“0”输入端 R，当 $R \geqslant \frac{2}{3}V_{CC}$ 时，电路输出端 U_o 为“0”；第 3 脚为输出端 U_o，输出端与输入端为反相关系；第 7 脚为放电端，当 $U_o = 0$ 时 7 脚导通；第 4 脚为复位端 $\overline{\mathrm{MR}}$，当 $\overline{MR} = 0$ 时，$U_o = 0$。由于分压网络的三个电阻 R_1～R_3 均为 5kΩ，所以该集成电路又称为 555 时基电路。

（1）时基电路的典型工作模式

时基电路的典型工作模式有 4 种：单稳态模式、无稳态模式、双稳态模式和施密特模式。

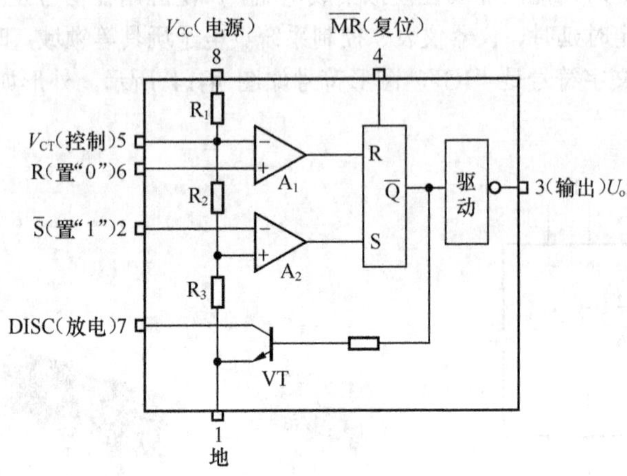

图 4-16　时基电路结构原理

① 单稳态模式。时基电路构成的单稳态触发器如图 4-17 所示，电阻 R 和电容 C 组成定时电路。当在输入端（2 脚）输入一负触发信号 U_i（$\leqslant \frac{1}{3} V_{CC}$）时，输出端（3 脚）便输出一正脉冲 U_o，脉宽 $T_W \approx 1.1RC$。

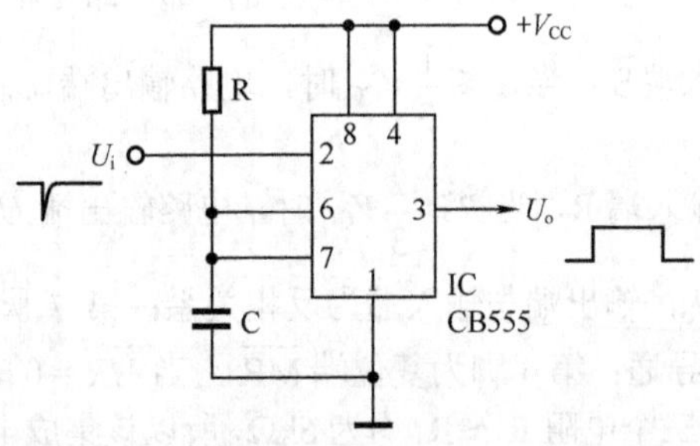

图 4-17　单稳态触发器

② 无稳态模式。时基电路构成的多谐振荡器（无稳态电路）如图 4-18 所示，R_1、R_2 和 C 组成充放电回路，使电路形成自激振荡，输出连续方波信号 U_o，振荡周期 $T \approx 0.7(R_1+2R_2)C$。

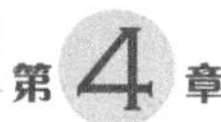

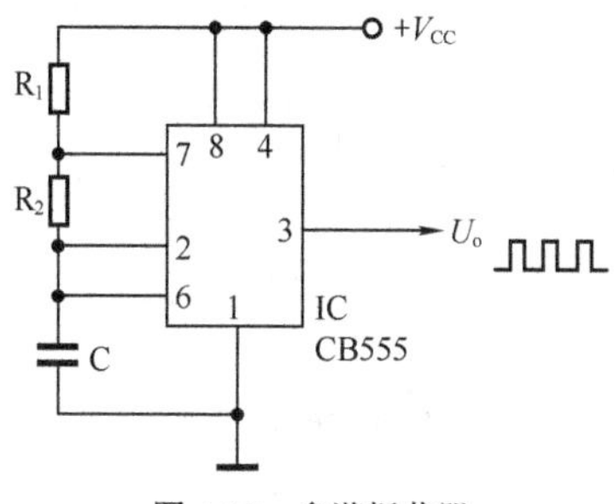

图 4-18 多谐振荡器

③ 双稳态模式。时基电路构成的双稳态触发器如图 4-19 所示，C_1 和 R_1、C_2 和 R_2 分别组成置“1”和置“0”的触发微分电路。当有负触发脉冲 U_2 加至置“1”输入端（2 脚）时，输出信号 $U_o = 1$。当有正触发脉冲 U_6 加至置“0”输入端（6 脚）时，$U_o = 0$。

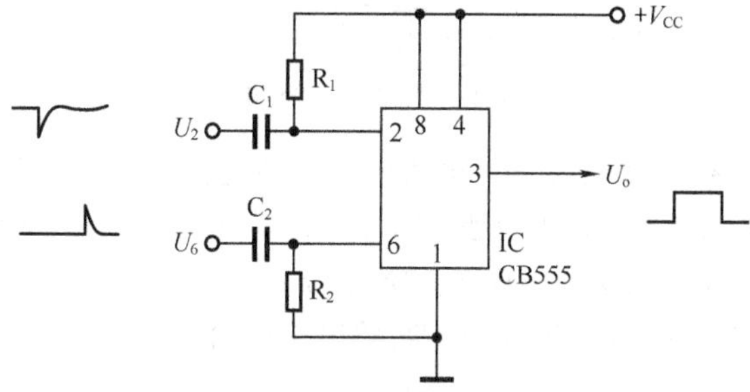

图 4-19 双稳态触发器

④ 施密特模式。时基电路构成的施密特触发器如图 4-20 所示，输入信号 U_i 为缓慢变化的模拟信号，输出信号 U_o 为边沿陡峭的脉冲信号，输出信号 U_o 与输入信号 U_i 相位相反。

（2）时基电路的作用

时基电路的主要作用是延时、振荡和整形。

① 延时。图 4-21 所示为自动延时关灯电路，555 时基电路工作于单稳态触发器模式，C_1、R_1 为定时元件。按一下 SB，照明灯 EL 亮，延时约 25s 后自动关灯。

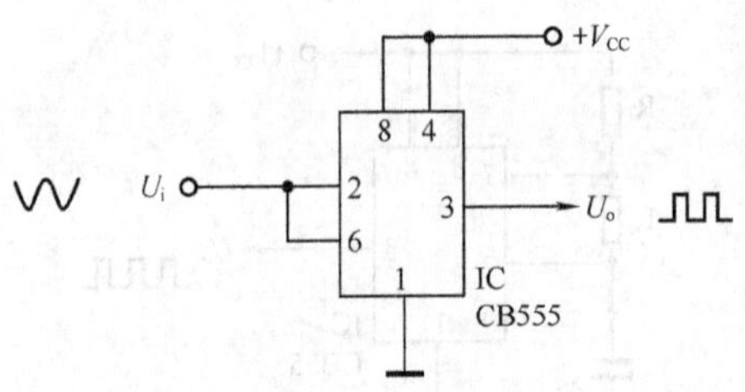

图 4-20　施密特触发器

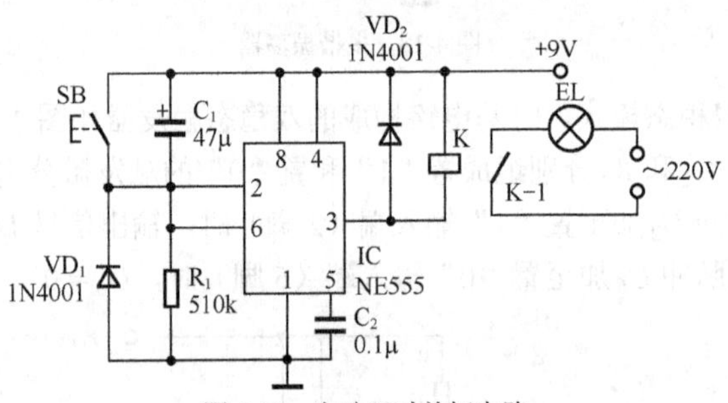

图 4-21　自动延时关灯电路

② 振荡。图 4-22 所示为可调脉冲信号发生器电路，555 时基电路工作于多谐振荡器模式，RP_2 为频率调节电位器，RP_1 为占空比调节电位器。该电路可输出 100Hz～10kHz 的方波信号，其占空比可在 5%～95%之间调节。电路具有两个输出端，OUT_1 输出脉冲方波，OUT_2 输出交流方波。

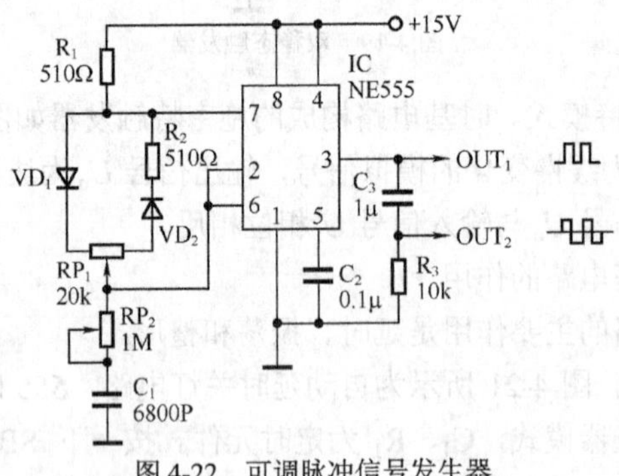

图 4-22　可调脉冲信号发生器

③ 整形。图 4-23 所示为光控电路，555 时基电路工作于施密特触发器模式，光电三极管 VT 检测到的缓慢变化的光信号，被整形为边沿陡峭的脉冲信号输出，使触发器翻转完成控制动作。

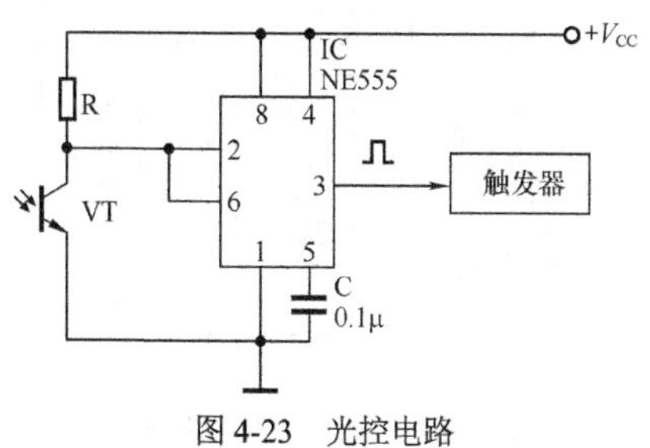

图 4-23 光控电路

4.1.3 集成稳压器

集成稳压器是指将不稳定的直流电压变为稳定的直流电压的集成电路。集成稳压器具有稳压精度高、工作稳定可靠、外围电路简单、体积小、重量轻等显著优点，在各种电源电路中得到了越来越普遍的应用。集成稳压器的文字符号是“IC”，图形符号如图 4-24 所示，常见的集成稳压器如图 4-25 所示。

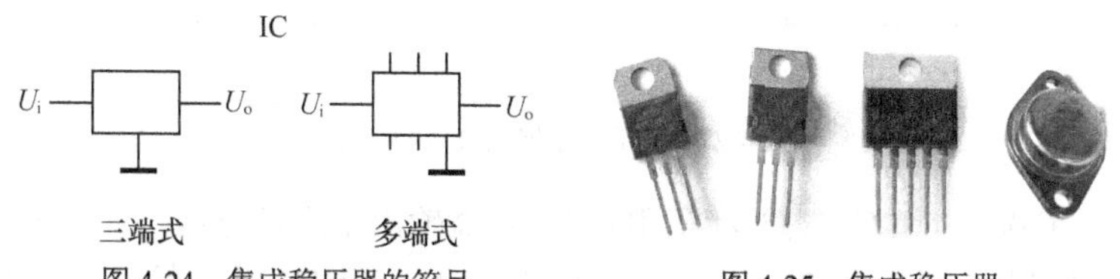

图 4-24 集成稳压器的符号　　图 4-25 集成稳压器

集成稳压器种类较多，有正输出、负输出以及正负对称输出稳压器，固定输出稳压器和可调输出稳压器，三端稳压器和多端稳压器等。应用较多的是三端固定输出稳压器。

集成稳压器分为串联式、并联式和开关式三大类。图 4-26 为应用最广泛的串联式集成稳压器内部电路结构方框图，其工作原理是：

取样电路将输出电压 U_o 按比例取出，送入比较放大器与基准电压进行比较，差值被放大后去控制调整管，以使输出电压 U_o 保持稳定。

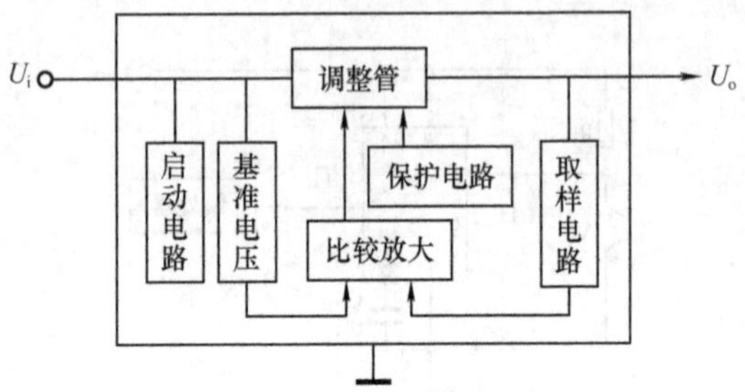

图 4-26　集成稳压器电路结构

7800 系列和 7900 系列集成稳压器是常用的三端固定输出集成稳压器，具有 1.5A 的输出能力，内部含有限流保护、过热保护和过压保护电路。78**是正输出电压稳压器，其第 1 脚为非稳压电压 U_i 输入端，第 2 脚为接地端，第 3 脚为稳压电压 U_o 输出端。79**是负输出电压稳压器，其第 2 脚为非稳压电压 U_i 输入端，第 1 脚为接地端，第 3 脚为稳压电压 U_o 输出端，如图 4-27 所示。

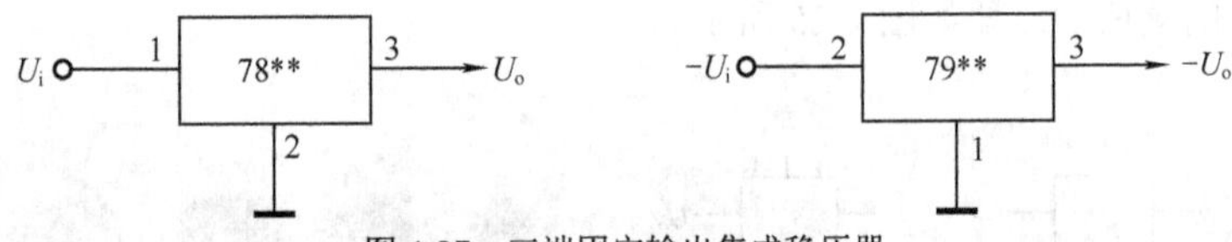

图 4-27　三端固定输出集成稳压器

CW117 和 CW137 为常用的三端可调输出集成稳压器，输出电压可调范围为 1.2～37V，输出电流可达 1.5A。CW117 为正输出电压可调稳压器，其第 3 脚为非稳压电压 U_i 输入端，第 1 脚为调整端，第 2 脚为稳压电压 U_o 输出端。CW137 为负输出电压可调稳压器，其第 2 脚为非稳压电压 U_i 输入端，第 1 脚为调整端，第 3 脚为稳压电压 U_o 输出端，如图 4-28 所示。

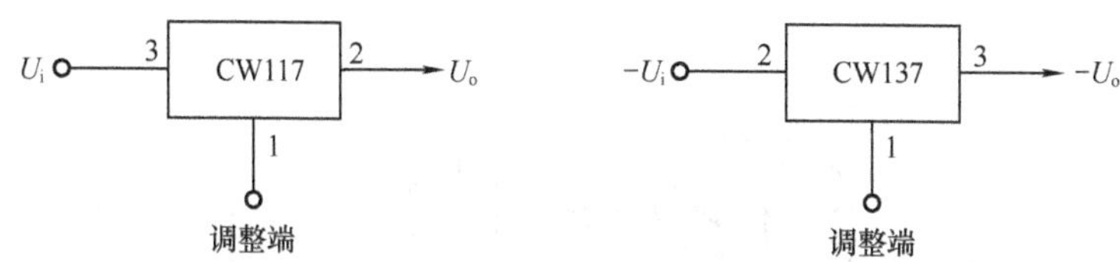

图 4-28　三端可调输出集成稳压器

集成稳压器的主要作用是稳压，还可以作为恒流源。

（1）固定正稳压

图 4-29 所示为输出+9V 直流电压的稳压电源电路，IC 采用集成稳压器 7809，C_1、C_2 分别为输入端和输出端滤波电容，R_L 为负载电阻。

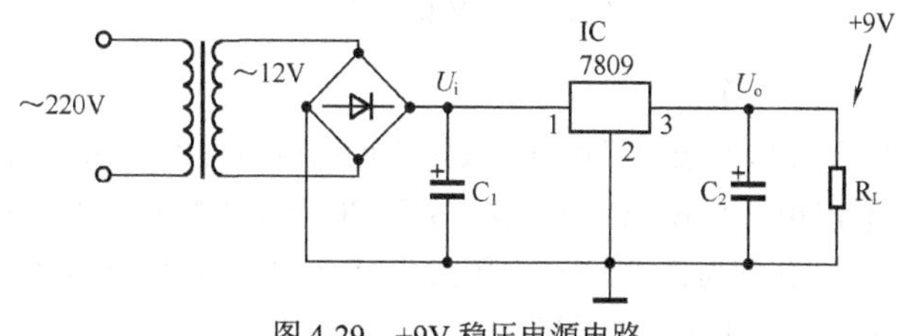

图 4-29　+9V 稳压电源电路

（2）固定负稳压

图 4-30 所示为输出-9V 直流电压的稳压电源电路，IC 采用集成稳压器 7909。

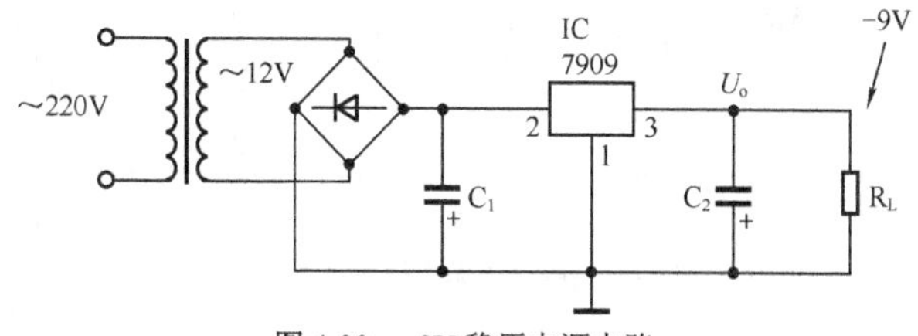

图 4-30　-9V 稳压电源电路

（3）正负对称固定稳压

图 4-31 所示为±15V 稳压电源电路，IC_1 采用固定正输出集成稳压器 7815，IC_2 采用固定负输出集成稳压器 7915。VD_1、VD_2 为保护二极管，用以防止正或负输入电压有一路未接入时损坏集成稳压器。

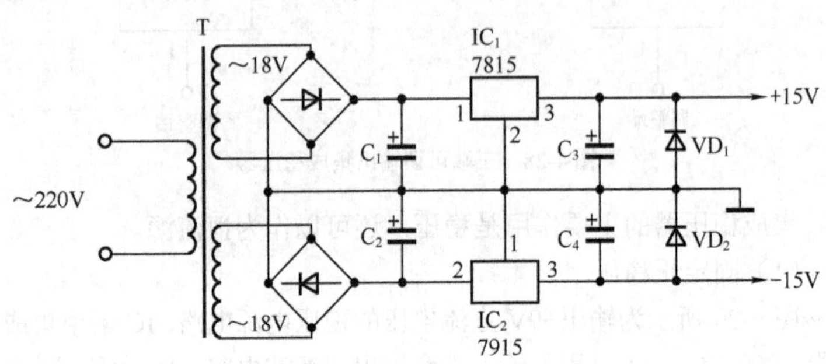

图 4-31　±15V 稳压电源电路

（4）可调正稳压

图 4-32 所示为采用 CW117 组成的输出电压可连续调节的稳压电源电路，输出电压可调范围为 1.2～37V。R_1 与 RP 组成调压电阻网络，调节电位器 RP 即可改变输出电压大小。RP 动臂向上移动时输出电压增大，向下移动时输出电压减小。

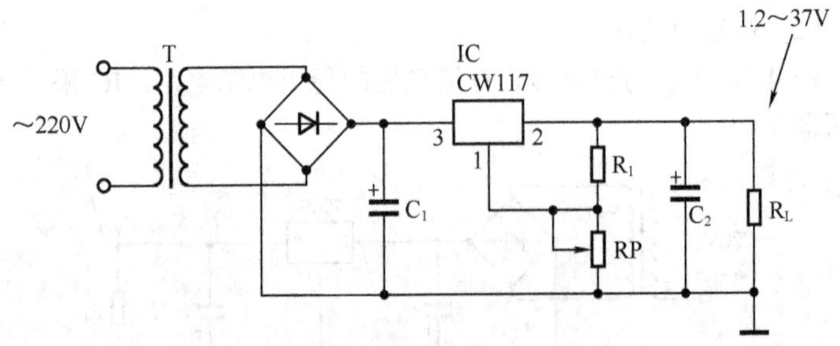

图 4-32　可调正输出稳压电源电路

（5）可调负稳压

图 4-33 所示为采用 CW137 组成的输出电压可连续调节的稳压电源电路，输出电压可调范围为-1.2～-37V。RP 为输出电压调节电位器，RP 动臂向上移动时输出负电压的绝对值增大，向下移动时输出负电压的绝对值减小。

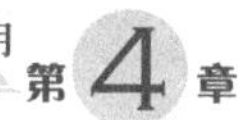

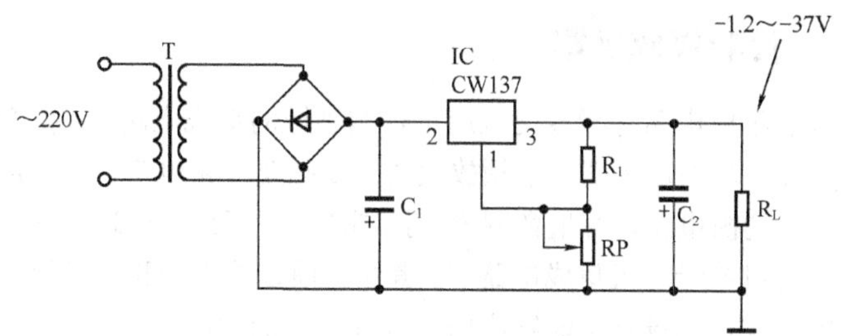

图 4-33　可调负输出稳压电源电路

（6）软启动稳压电源

图 4-34 所示为应用 CW117 组成的软启动稳压电源电路，刚接通输入电源时，C_2 上无电压，VT 导通将 RP 短路，稳压电源输出电压 U_o = 1.2V。随着 C_2 的充电，VT 逐步退出导通状态，U_o 逐步上升，直至 C_2 充电结束，VT 截止，U_o 达最大值。启动时间的长短由 R_1、R_2 和 C_2 决定。VD 为 C_2 提供放电通路。

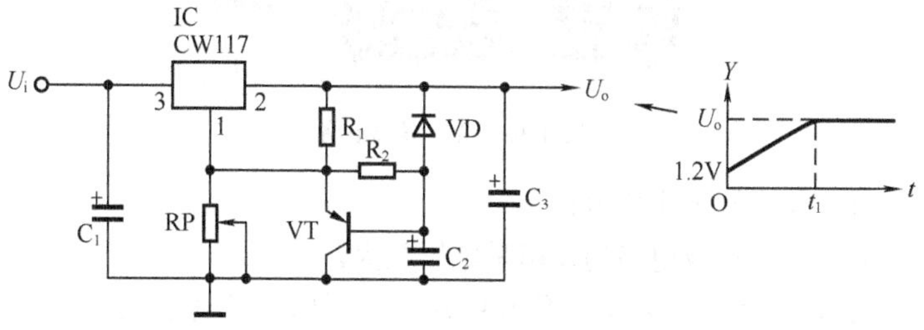

图 4-34　软启动稳压电源电路

（7）恒流源

集成稳压器还可以用作恒流源。图 4-35 所示为 7800 系列稳压器构成的恒流源电路，其恒定电流 I_o 等于 78**稳压器输出电压 U_o 与 R_1 的比值。

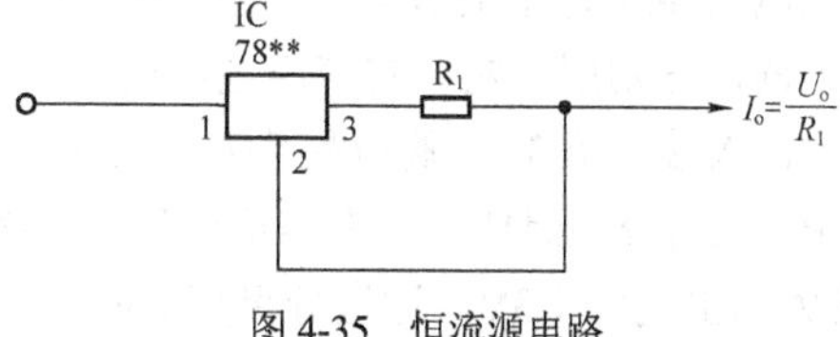

图 4-35　恒流源电路

4.1.4 音响集成电路

音响集成电路是指专门应用于音响领域的集成电路，包括音频前置放大器、功率放大器、中频放大器、高频及变频电路、立体声解码器、频率均衡电路、音量音调平衡控制电路、环绕声处理电路，以及单片收音机或录音机集成电路等。其中，前置放大器和功率放大器在音响电路以外的场合也能够应用，具有一定的通用性。

音响集成电路的主要作用是在音响设备中完成放大、解码等信号处理任务。音响集成电路主要封装形式如图 4-36 所示。

图 4-36　音响集成电路

（1）前置放大集成电路

前置放大集成电路的作用是电压放大。

① 单声道电压放大。图 4-37 所示为采用集成电路 HA1406 构成的低噪声音频前置放大电路，输入信号通过耦合电容 C_1 从第 3 脚输入集成电路 IC_1，进行电压放大后从第 7 脚输出。R_2、R_3、C_4 组成反馈网络。该电路电压增益 53.5dB，最大输出电压 0.7V。

② 双声道电压放大。图 4-38 所示为双声道（立体声）音频前置放大电路，集成电路 IC_1 为 LA3161，其内含两个完全一样的、互相独立的音频放大器，分别用于左、右声道电压放大。第 1、8 脚分别为左、右声道的输入端，第 3、6 脚分别为左、右声道的输出端。R_2、R_3、C_6 和 R_6、R_7、C_{10} 分别组成左、右声道的反馈网络。每声道电压增益 35dB，最大输出电压 1.3V，通道分离度 65dB。

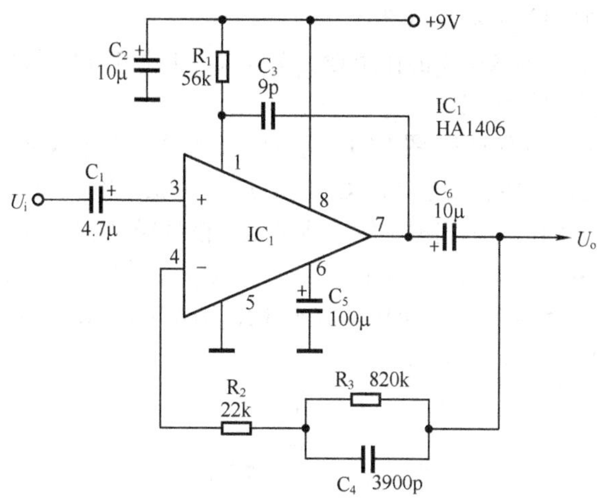

图 4-37　前置放大电路

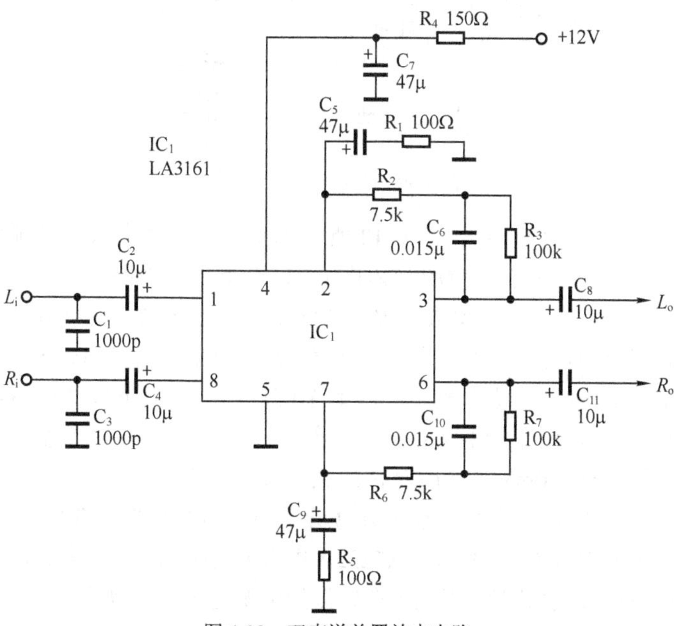

图 4-38　双声道前置放大电路

（2）功率放大集成电路

功率放大集成电路的作用是功率放大，其外电路特征是输出端直接连接扬声器等负载。

① OTL 功率放大。图4-39所示为采用音频功放集成电路LA4265组成的OTL功率放大电路，IC_1的第10脚为信号输入端，第2脚为功率放大后的信号输出端，输入音频电压信号经IC_1功率放大后，驱动扬声器BL发声。C_5为输出耦合电容，C_6、R_2组成消振网络。该电路额定输出功率3.5W，电压增益50dB，满功率输出时输入信号U_i=17mV，采用单电源供电。

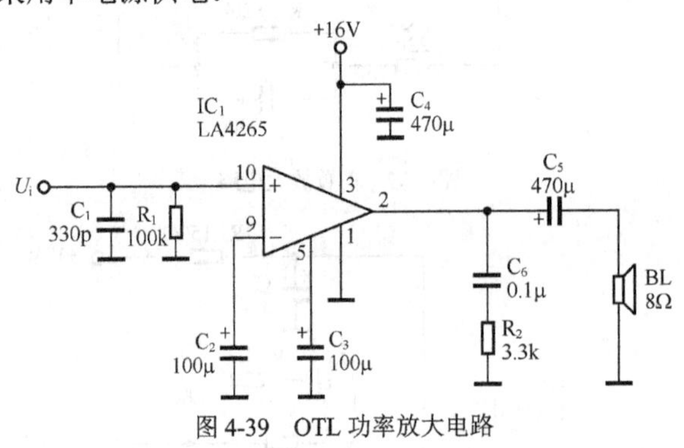

图4-39　OTL功率放大电路

② OCL 功率放大。图4-40所示为采用双声道高保真音频功放集成电路LM1876构成的立体声OCL功率放大电路，LM1876内含两个完全一样的功率放大器，分别用于左右声道。左声道信号从IC_1的第8脚输入，功率放大后从第3脚输出。右声道信号从IC_1的第13脚输入，功率放大后从第1脚输出。最大不失真输出功率为2×20W，电压增益26dB，通道分离度80dB，满功率输出时输入信号U_i=630mV，采用对称的正、负双电源供电。

③ BTL 功率放大。图4-41所示为双功放集成电路TA7232P构成的BTL功率放大电路，TA7232P内含的两个功率放大器采用桥式推挽方式驱动扬声器，因此可在较低的电源电压下获得较大的输出功率。信号电压从IC_1第5脚输入，第2脚和第11脚输出互为反相的功

率信号加在扬声器两端。该电路额定输出功率 5.5W，电压增益 45dB，满功率输出时输入信号 $U_i = 26mV$，采用单电源供电。

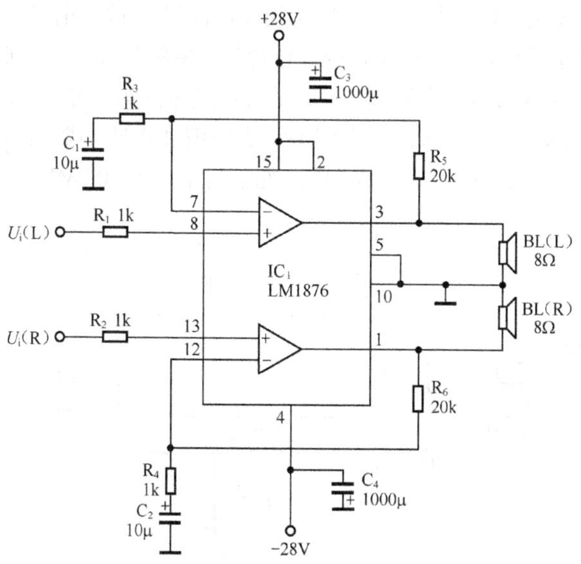

图 4-40　OCL 功率放大电路

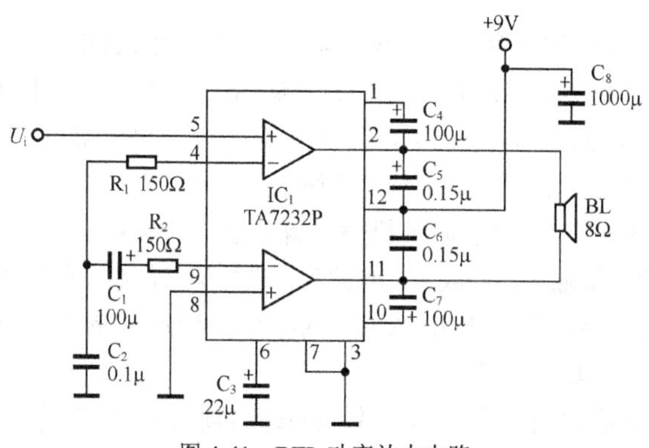

图 4-41　BTL 功率放大电路

（3）中频放大集成电路

中频放大集成电路的作用是对中频信号进行放大。中频放大电路属于选频放大器，其外电路特征是集成电路外围电路中有谐振回路或晶体滤波器等选频元件，它们谐振于中频频率。

① 调频中频放大。图 4-42 所示为调频中频放大电路，TA7130P（IC_1）是调频中放集成电路，内部包含三级中频放大器和峰值检波器，适用于调频收音机和电视机。中频信号通过晶体滤波器 B_1 进入 IC_1 的输入端（第1脚），经放大、检波后，音频信号从第7脚输出。B_1 为输入端滤波器，L_1、C_2 组成谐振回路，它们均谐振于 10.7MHz 中频频率。

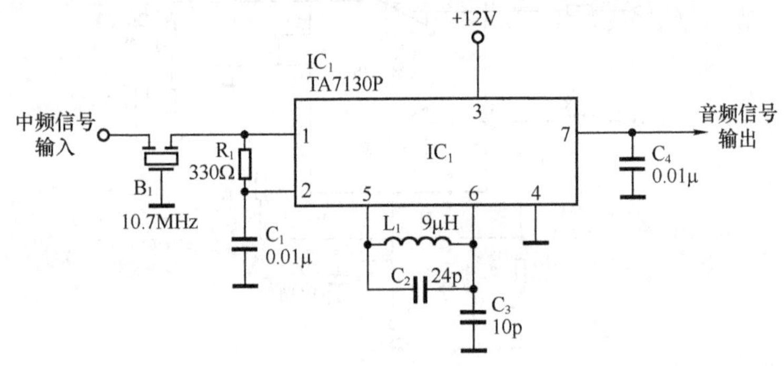

图 4-42 调频中频放大

② 调幅/调频中频放大。图 4-43 所示为采用 BA4220 构成的调幅/调频中频放大电路，BA4220（IC_1）是调幅/调频中放集成电路，内部包括调幅和调频的两套中频放大器和检波器，适用于FM/AM收音机等音响设备。调幅中频信号从 IC_1 的第16脚输入，经放大、检波后，音频信号从第12脚输出。T_2 为调幅中频谐振回路，谐振于465kHz。调频中频信号从 IC_1 的第1脚输入，经放大、检波后，音频信号从第9脚输出。T_1 为调频中频谐振回路，谐振于10.7MHz。S_1、S_2 为调幅/调频选择开关。

（4）高频集成电路

高频集成电路的作用是接收和处理高频信号。高频集成电路一般包括高放、本振、混频或变频等电路，其外电路特征是：输入端直接连接到接收天线；外围电路中具有调谐回路和调谐元件（可变电容器或电调谐电位器）。

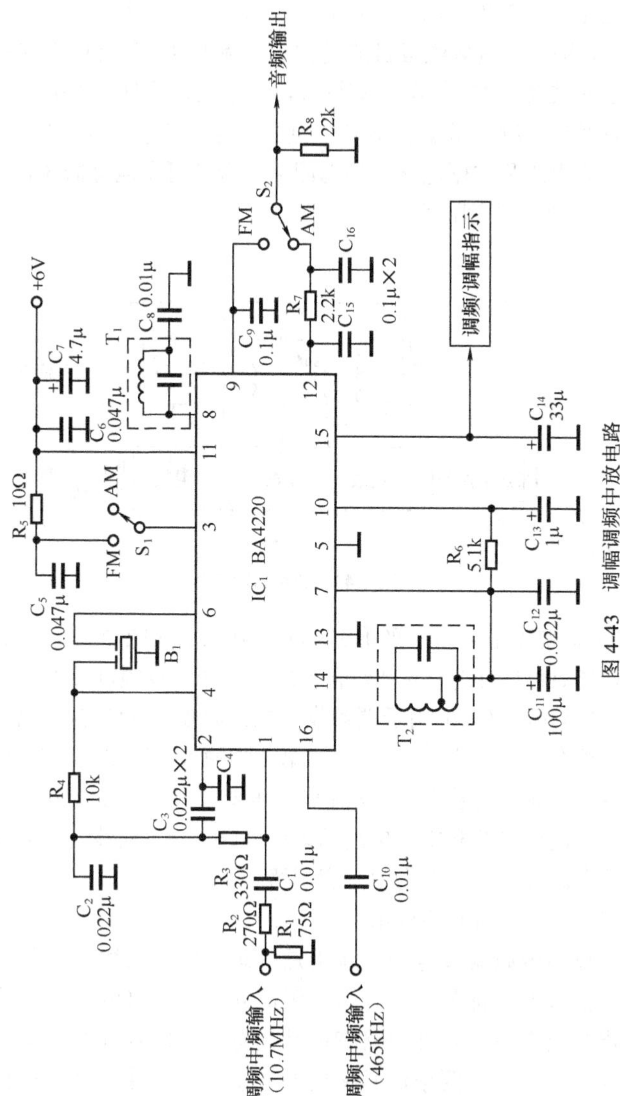

图 4-43 调幅调频中放电路

① 调频高频电路。图 4-44 所示为采用 TA7371F 构成的调频高放混频电路，TA7371F（IC_1）内部包含高频放大、本机振荡、混频等单元电路，适用于调频收音机的高频头。调频电台信号由天线接收，通过带通滤波器从 IC_1 的第 1 脚输入，经放大、混频得到中频信号，从第 6 脚经过中频变压器 T_1 输出。可变电容器 C_{1a} 与 L_1、C_{1b} 与 L_2 分别构成高放电路和本振电路的调谐回路，调节可变电容器 C_1 即可进行选台。T_1 为中频变压器。

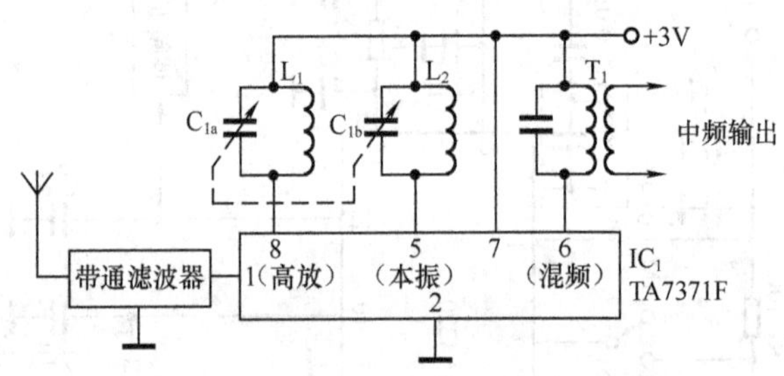

图 4-44　调频高频电路

② 调幅调谐电路。采用 HA1151 构成的调幅调谐电路如图 4-45 所示，HA1151（IC_1）内部包含高放、本振、混频以及中放、检波和 AGC 等单元电路，适用于调幅收音机。调幅电台信号由磁性天线 L_1 接收，耦合至 L_2 通过 C_2 从 IC_1 的第 1 脚输入，经放大、混频、中放、检波后，音频信号从第 11 脚输出。可变电容器 C_{1a} 与 L_1、C_{1b} 与 L_3 分别构成高放电路和本振电路的调谐回路，调节可变电容器 C_1 即可进行选台。T_1、T_2、T_3 为中频变压器。

（5）立体声解码集成电路

立体声解码集成电路的作用是解码还原出立体声信号。由于立体声广播基本上都是调频广播，因此立体声解码电路主要是指调频立体声解码电路，其外电路特征是具有一个信号输入端（立体声复合信号输入端）和两个信号输出端（左声道信号输出端和右声道信号输出端）。

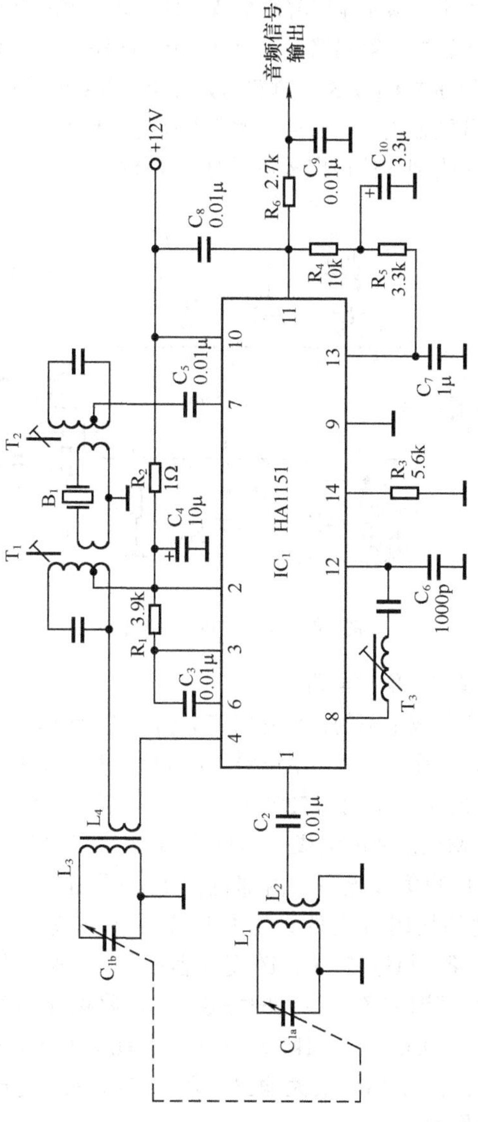

图 4-45　调幅调谐电路

图 4-46 所示为 LA3361 构成的调频立体声解码电路，LA3361（IC_1）是锁相环调频立体声解码集成电路，内部包括压控振荡器、分频器、相位比较器、解码器，以及静噪电路和指示灯驱动电路等。立体声复合信号通过 C_1 从第 2 脚输入，经 IC_1 内部电路解码后，从第 4 脚和第 5 脚分别输出左、右声道的音频信号。VD_1 为立体声指示发光二极管，当接收到立体声广播信号时 VD_1 亮。

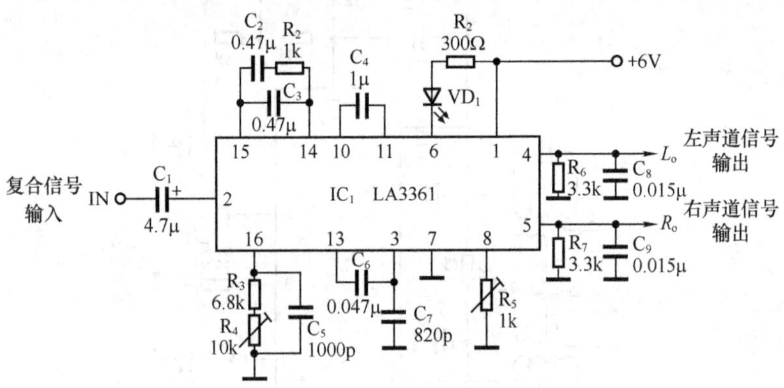

图 4-46 调频立体声解码电路

（6）频率均衡集成电路

频率均衡集成电路的作用是对音频信号进行均衡控制。该电路的外电路特征是往往具有多个电位器，分别用于多个频率点的控制调节。

图 4-47 所示为采用 M5227P 构成的五段图示式频率均衡电路，如使用两块 M5227P 可组成立体声均衡器。M5227P（IC_1）是五段图示式频率均衡集成电路，内部包括 5 个通道的均衡放大器，可以分别通过外接阻容元件设定其谐振频率并改变放大量。电容 C_2～C_{11} 决定各频率点频率，改变其容量，可改变均衡频率。电位器 RP_1～RP_5 可调节各频率点的增益。本电路设计均衡频率为：f_1 = 100Hz，f_2 = 330Hz，f_3 = 1kHz，f_4 = 3.3kHz，f_5 = 10kHz，各频率点控制范围为±12dB，最大输出电压 9.5V。IC_2 为电压跟随器，起隔离缓冲作用。

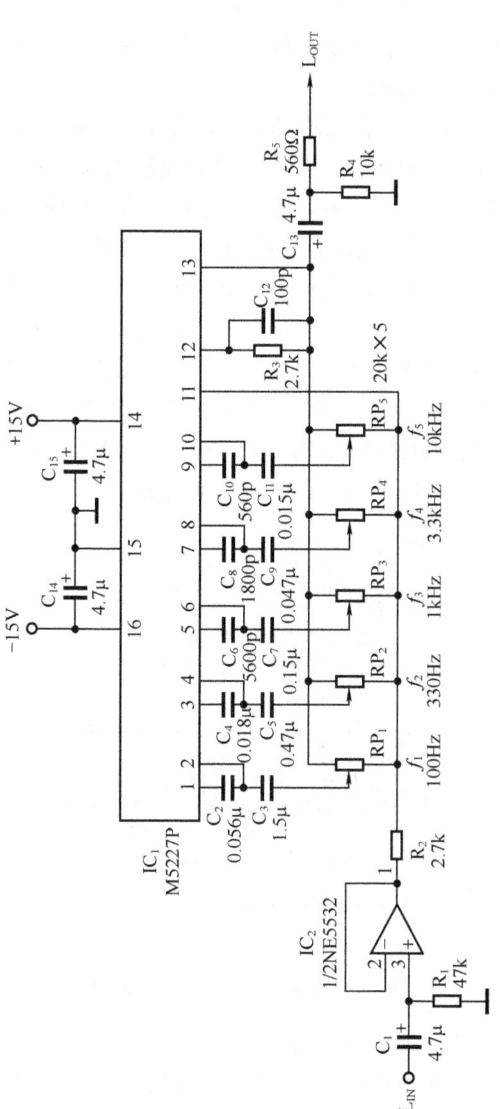

L_{OUT}
R_5
560Ω
R_4
10k
C_{13}
4.7μ
C_{12}
100p
R_3
2.7k
20k×5
+15V
−15V
C_{15}
4.7μ
C_{14}
4.7μ
14
15
16
13
12
11
10
9
8
7
6
5
4
3
2
1
C_{10}
560p
C_{11}
0.015μ
C_8
1800p
C_9
0.047μ
C_6
5600p
C_7
0.15μ
C_4
0.018μ
C_5
0.47μ
C_2
0.056μ
C_3
1.5μ
RP_5
f_5
10kHz
RP_4
f_4
3.3kHz
RP_3
f_3
1kHz
RP_2
f_2
330Hz
RP_1
f_1
100Hz
IC_1
M5227P
R_2
2.7k
IC_2
1/2NE5532
R_1
47k
C_1
4.7μ
L_{IN}

图 4-47 频率均衡电路

（7）音量、音调、平衡集成电路

音量、音调、平衡集成电路的作用是对音频信号进行音量、音调和左、右声道的平衡控制。

图 4-48 所示为采用 LM1035 组成的直流控制音量、音调、平衡电路，通过改变 LM1035（IC_1）四个控制输入端（第 4、14、9、12 脚）的直流电压来控制高音、低音、平衡、音量功能，只需使用单连电位器就可实现两个声道的同步控制。由于电位器仅控制直流电位，即使引线较长，不用屏蔽线也不会引入噪声。C_4、C_6、C_7、C_9为音调电容，决定音调频率特性。S 为响度补偿开关，当 S 指向“ON”时，电路具有等响度补偿功能。该电路高音控制范围（16kHz）±15dB；低音控制范围（40Hz）±15dB；平衡控制范围+1、–26dB；音量控制范围 80dB；通道分离度 75dB。IC_1 的第 2、19 脚分别为左、右声道输入端，第 8、13 脚分别为左、右声道输出端。

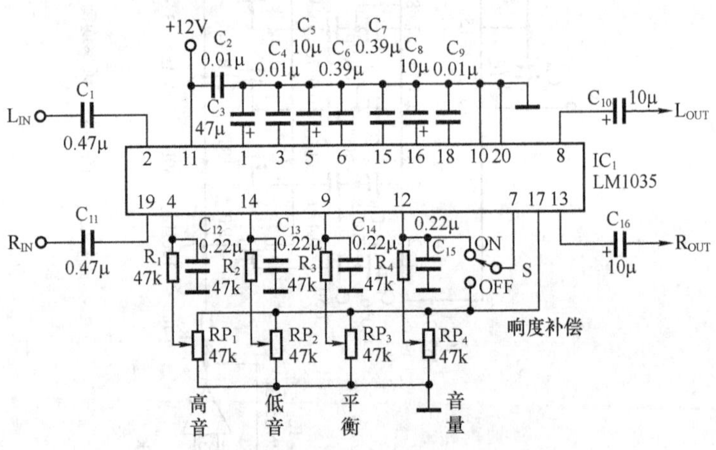

图 4-48 音量、音调、平衡控制电路

（8）环绕声处理集成电路

环绕声处理集成电路的作用是对音频信号进行声音效果处理。

图4-49所示为采用专用声效处理集成电路C1891A构成的环绕声处理电路，它可将普通的立体声信号处理成新的左声道、右声道和环

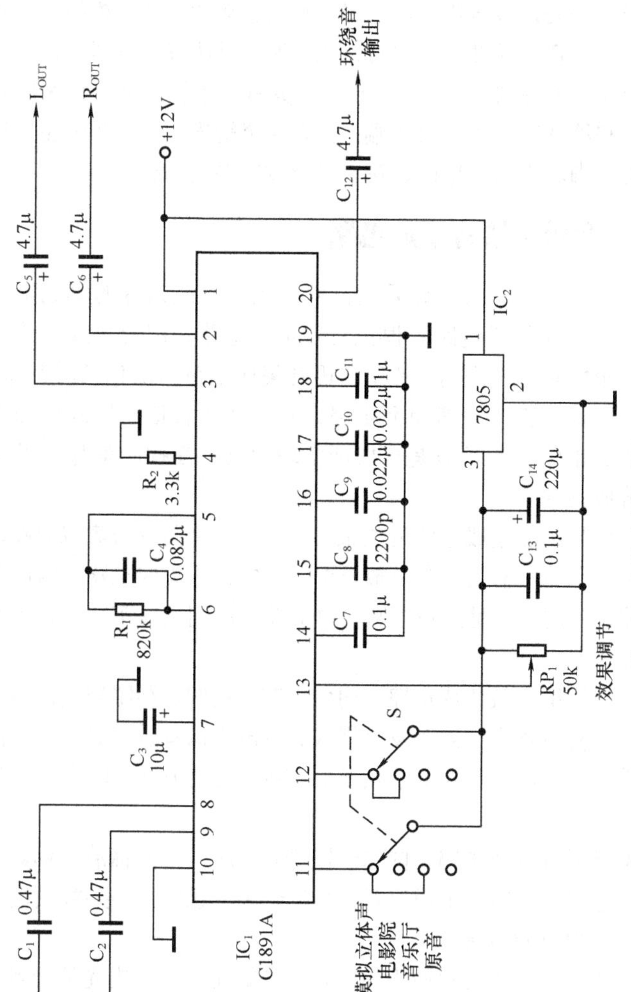

图 4-49 环绕声处理电路

绕音 3 路输出信号。对于单声道信号，可产生模拟立体声效果。S 为效果选择开关，该电路可以选择 4 种音色效果，即：模拟立体声、电影院效果、音乐厅效果、原音。RP_1 为效果调节电位器，调节 RP_1，可以改变模拟效果。C1891A（IC_1）具有 2 个输入端：第 8 脚左声道输入端和第 9 脚右声道输入端；具有 3 个输出端：第 3 脚左声道输出端、第 2 脚右声道输出端、第 20 脚环绕音输出端。

4.1.5 音乐与语音集成电路

音乐与语音集成电路是指能够发出音乐或语音的集成电路，例如，音乐乐曲集成电路、模拟音效集成电路、门铃集成电路、语音提示或报警集成电路等。音乐与语音集成电路内部包括时钟振荡器、只读存储器、控制器等单元电路，音乐或语音信息以固化的方式储存在集成电路里，可以是一段或多段存储，在控制信号的触发下一次或分段播放。

音乐与语音集成电路种类很多，例如：单曲音乐集成电路，内储一首音乐乐曲，触发一次播放一遍；多曲音乐集成电路，内储多首音乐乐曲，触发一次播放第一首，再触发一次则播放第二首，依此类推循环播放。

单声模拟音效集成电路，内储鸟叫、狗叫、马蹄声、门铃声、电话铃声等模拟声音，被触发时播放。多声模拟音效集成电路，内储若干种模拟声音，具有若干个触发端，某触发端被触发时则播放相应的声音。

单段语音集成电路，内储一段语音，触发一次播放一遍。多段语音集成电路，内储若干段语音，具有若干个触发端，某触发端被触发时则播放相应的语音。

光控音乐与语音集成电路，外接光敏元件即可由光信号触发。声控音乐与语音集成电路，由特定频率的声音信号触发。闪光音乐与语音集成电路，在被触发播放声音的同时，可驱动发光二极管按一定规律发光。

音乐与语音集成电路有多种封装形式，如图 4-50 所示，最常见的是小印板软封装形式。音乐与语音集成电路的作用是作为信号源，广泛应用在电子玩具、音乐贺卡、电子门铃、提示报警器、家用电器、智能仪表等一切需要音乐或语音信号的场合。

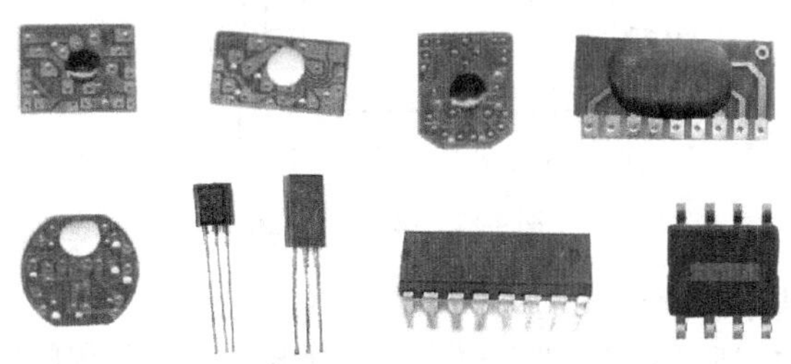

图 4-50　音乐与语音集成电路

（1）音乐集成电路的应用

图 4-51 所示为单曲音乐集成电路的应用电路，IC_1 采用音乐集成电路 HY-1，内储一首世界名曲。SB 为触发按钮，按动一次播放一遍。R_1 为内部振荡器外接电阻，适当改变 R_1 的阻值可以调节播放乐曲的节奏快慢。由于 HY-1 内部含有功率放大器，因此可以直接驱动扬声器。

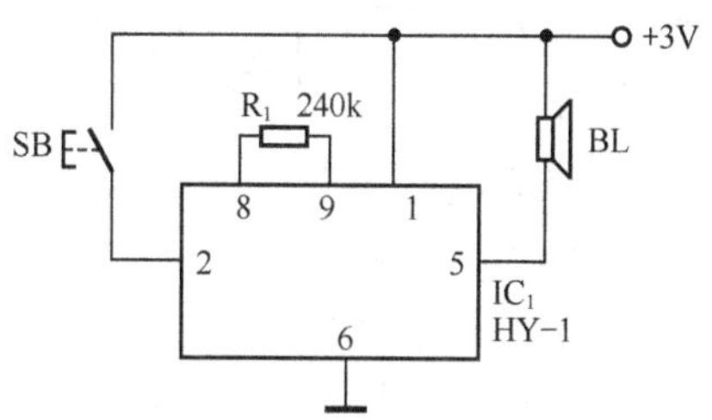

图 4-51　单曲音乐电路

图 4-52 所示为 12 曲音乐集成电路的应用电路，IC_1 采用音乐集成电路 KD-482，内储 12 首世界名曲。SB 为触发按钮，按动一次播放一首，再按动一次播放第二首，12 首乐曲循环播放。R_1 为内部振荡器外接电阻，VT_1 为功率放大晶体管。

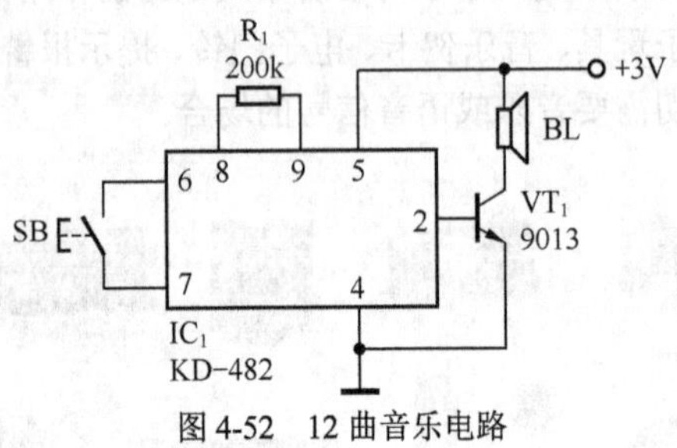

图4-52　12曲音乐电路

（2）模拟声音集成电路的应用

图4-53所示为“叮咚”音电子门铃电路，IC_1采用门铃专用模拟声集成电路VM11，内储带余音的“叮咚”声音。R_2和C_1、R_3和C_2分别组成两个RC网络，“叮”和“咚”的余音长短可分别通过调节R_2和R_3来改变。SB为触发按钮，按动1次“叮咚”声响3下。VT_1、VT_2组成复合管驱动扬声器。

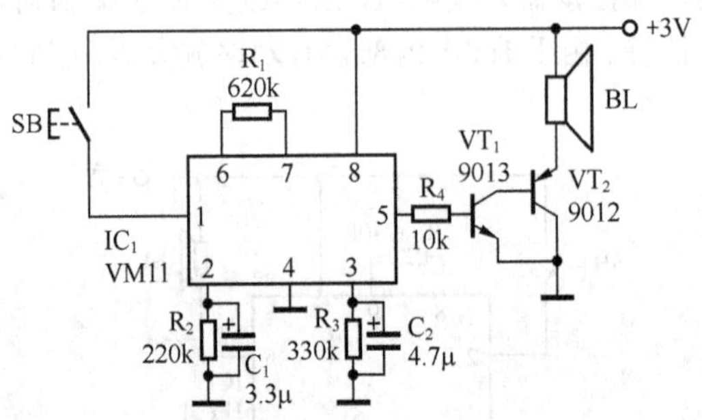

图4-53　“叮咚”门铃电路

图4-54所示为采用模拟声集成电路KD-9562构成的八声玩具枪电路。KD-9562（IC_1）内储8种不同的模拟声音，由8个选声端控制，当某一选声端被接地时，则该声音被选中。VT_1为驱动晶体管。S_2为选声开关，S_1（玩具枪的扳机）为触发按钮，按下时玩具枪发声。

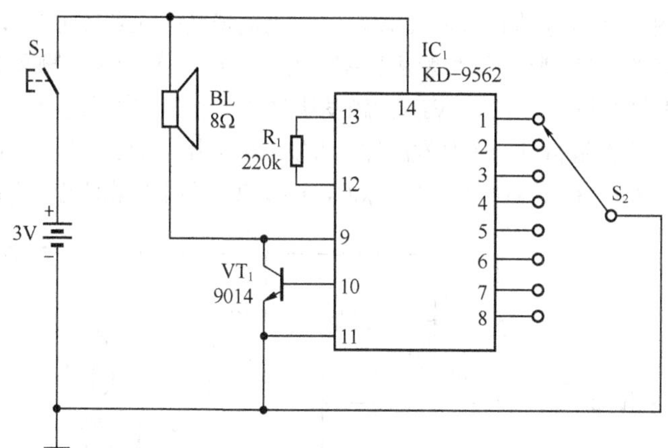

图 4-54 八声玩具枪电路

（3）语音集成电路的应用

图 4-55 所示为冰箱关门提醒电路，IC_2 采用了语音集成电路 KD5203，其内部储存了一句“请随手关门！”的语音，IC_2 第 6 脚为触发端，触发一次播放一遍。该电路中将第 6 脚直接接到电源正极，只要接通电源便会反复播放。IC_1 为电子开关集成电路 TWH8778，它与光电二极管 VD_1 一起组成光电开关。当冰箱门没有关上时，光线照射在 VD_1 上，IC_1 导通接通了电源，语音集成电路 IC_2 工作，反复发出“请随手关门！”的提示音，直至冰箱门被关上。

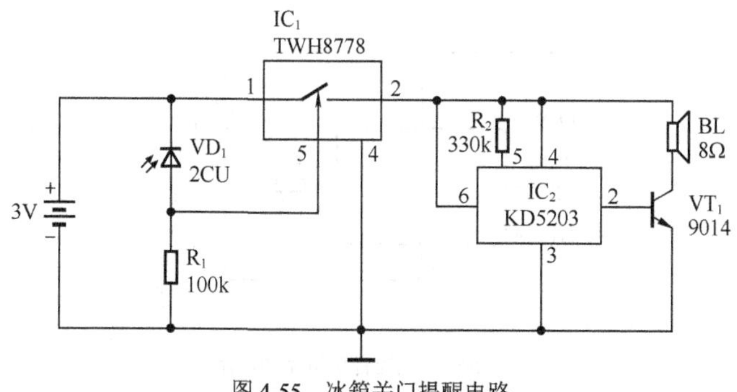

图 4-55 冰箱关门提醒电路

图 4-56 所示为语音迎宾电路，IC_1 为语音集成电路 KD5603，内部存储有“欢迎光临”和“谢谢光临”两段语音，分别由第 1 脚和第 2 脚控制其触发播放。VD_1、VD_2 为触发端钳位二极管。实际使用中，当客人来到时 A 端得到一个触发脉冲，触发 IC_1 发出“欢迎光临”语音；当客人离去时 B 端得到一个触发脉冲，触发 IC_1 发出“谢谢光临”语音。

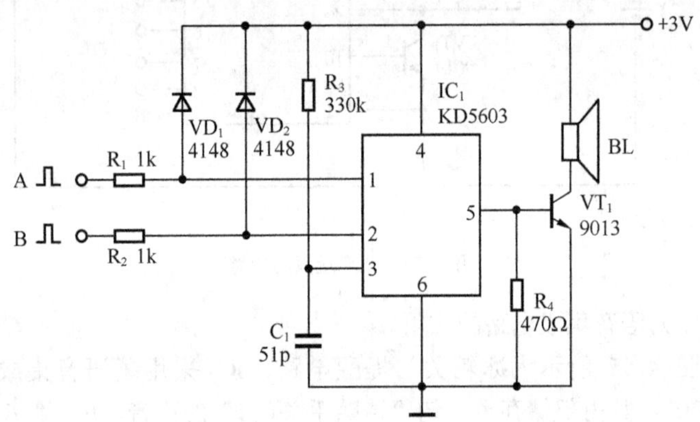

图 4-56　语音迎宾电路

（4）光控音乐集成电路的应用

光控音乐集成电路由光信号触发，图 4-57 所示为光控音乐集成电路 H112A（IC_1）的典型应用电路，R_1 为光敏电阻，当有一定的光照时，R_1 阻值急剧减小，流过 R_1 的电流触发 IC_1 工作。

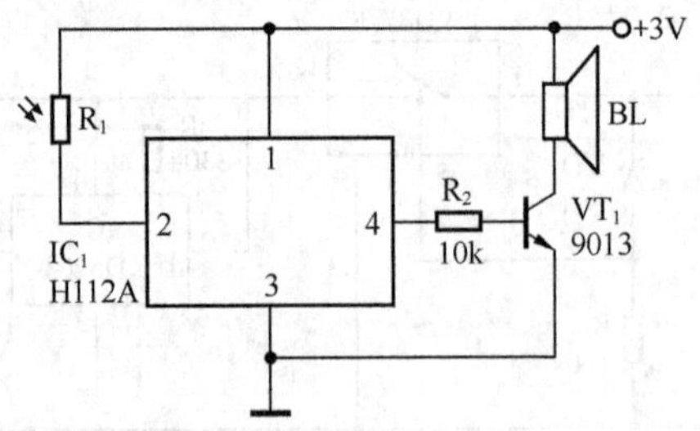

图 4-57　光控音乐电路的应用

（5）声控模拟声音集成电路的应用

声控模拟声音集成电路由声音信号触发，图 4-58 所示为声控钥匙圈电路，IC_1 为口哨声控雀叫集成电路 KD-155，内储雀叫声。该电路采用压电陶瓷蜂鸣器 B 作为拾音器并兼作放音器，当有特定频率的口哨声（约 18kHz）作用于 B 时，IC_1 即被触发，发出一阵清脆的雀叫声，使你很快找到钥匙。

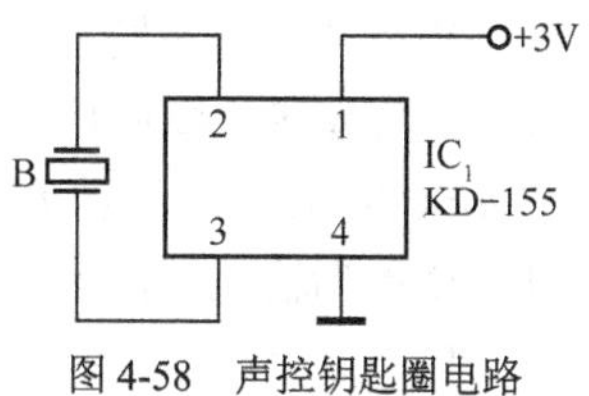

图 4-58　声控钥匙圈电路

（6）闪光声效集成电路的应用

闪光声效集成电路在发出声音的同时，可以驱动发光二极管闪烁发光。图 4-59 所示为专用集成电路 VM46 构成的四声二闪光音乐电路，S_1～S_4 为选择开关，可选择 4 种不同的声音，同时 2 个发光二极管 VD_1、VD_2 随着声音节奏闪光。

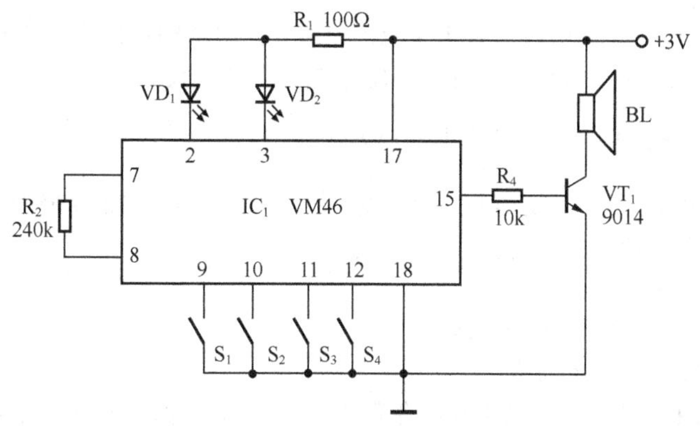

图 4-59　四声二闪光音乐电路

4.1.6　模拟开关

模拟开关是用 CMOS 电子电路模拟开关的通断，起到接通信号或断开信号的作用。模拟开关具有功耗低、速度快、体积小、无机械触点、使用寿命长等特点，在模拟或数字信号控制、选择、模数转换或数模转换以及数控电路等领域得到越来越多的应用。

模拟开关种类较多，较常用的有双向模拟开关、多路模拟开关、数据选择器等。模拟开关有常开型和常闭型两类，它们的电路符号如图 4-60 所示。A 和 B 为信号端，既可作输入端也可作输出端，使用时一个作为输入端，另一个作为输出端即可。e 为控制端，由数字信号（“1”或“0”）控制 A、B 间的通断。

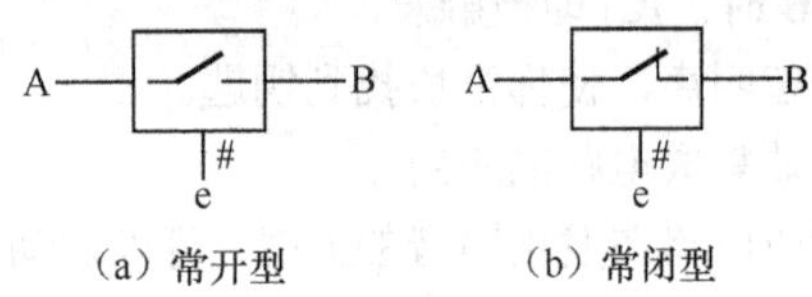

（a）常开型　　（b）常闭型

图 4-60　模拟开关的符号

模拟开关的作用是用数字信号控制电路的通断和信号源的选通。

（1）控制电路通断

图 4-61 所示为采用 4 个双向模拟开关组成的数控放大器电路，放大器的放大倍数由开关 S_1～S_4 控制。当 S_1～S_4 均断开时，模拟开关 D_1～D_4 均截止，放大器的放大倍数 $A=\dfrac{R_2+R_3+R_4+R_5+R_6}{R_1}=$ 100 倍。当 S_1 闭合时，D_1 导通将 R_3 短路，放大倍数 $A=\dfrac{R_2+R_4+R_5+R_6}{R_1}=80$ 倍。依此类推，放大倍数可在 20 倍、40 倍、60 倍、80 倍、100 倍中选择。

（2）信号源选通

图 4-62 所示为采用双 4 路模拟开关 CC4052 构成的双通道 4 路音源选择电路，可用于立体声放大器输入音源的选择。左、右声道均有 4 路输入端，各有 1 个输出端。A、B 为控制端，由两位二进制数选择接入的输入音源。被选中的左、右声道输入端信号分别接通至各自的输出端（L_o、R_o 端），送往后续电路进行放大。

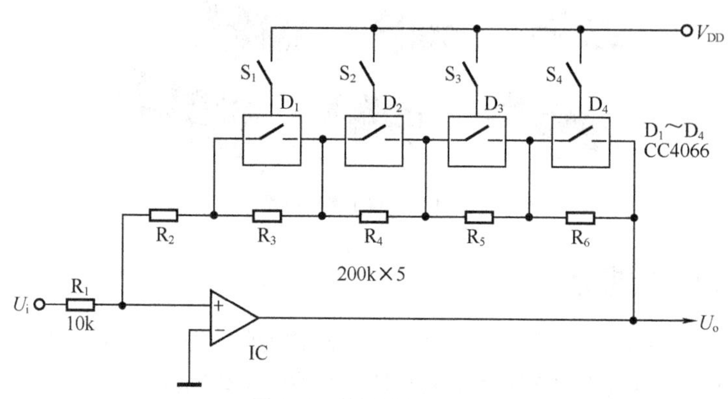

图 4-61　数控放大器电路

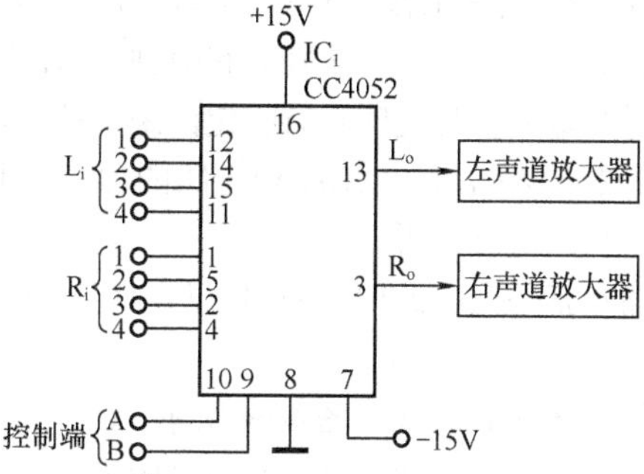

图 4-62　音源选择电路

4.2 数字集成电路

数字集成电路是指传输和处理数字信号的集成电路，简称数字电路，包括门电路、触发器、计数器、译码器和移位寄存器等。数字信号在时间上和数值上都是不连续的，是断续变化的离散信号。数字信号往往采用二进制数表示，数字集成电路的工作状态则用“1”和“0”表示。常见数字集成电路封装如图 4-63 所示。

图 4-63　数字集成电路

4.2.1 门电路

能够实现各种基本逻辑关系的电路称为门电路。门电路是最基本和最常用的数字电路单元，是构成组合逻辑电路的基本部件，也是构成时序逻辑电路的组成部件之一。

门电路的主要特点是工作于开关状态，处理的是二进制数字信号，即门电路的输入信号和输出信号只有两种状态：“0”或“1”。门电路的输出信号与输入信号之间具有特定的逻辑关系，输出信号的状态仅取决于当时的输入信号的状态。门电路的功能可用逻辑表达式表示，并可用逻辑代数进行分析。

基本门电路包括与门、或门、非门、与非门、或非门等。

（1）与门

与门的符号和逻辑表达式如图 4-64 所示，A、B 为输入端，Y 为输出端。与门可以有更多的输入端。

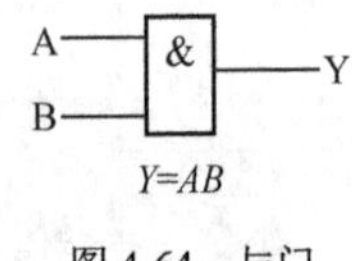

图 4-64　与门

与门的逻辑关系为 $Y=AB$，即只有当所有输入端 A 和 B 均为“1”时，输出端 Y 才为“1”；否则 Y 为“0”。与门真值表见表 4-1。

▼表 4-1　与门真值表

输入		输出
A	*B*	*Y*
0	0	0
0	1	0

续表

输入		输出
A	*B*	*Y*
1	0	0
1	1	1

（2）或门

或门的符号和逻辑表达式如图 4-65 所示，A、B 为输入端，Y 为输出端。或门可以有更多的输入端。

或门的逻辑关系为 $Y=A+B$，即只要输入端 A 和 B 中有一个为“1”，Y 即为“1”；所有输入端 A 和 B 均为“0”时，Y 才为“0”。或门真值表见表 4-2。

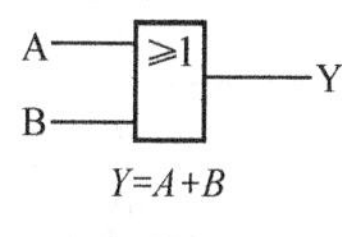

图 4-65　或门

▼ 表 4-2　或门真值表

输入		输出
A	*B*	*Y*
0	0	0
0	1	1
1	0	1
1	1	1

（3）非门

非门的符号和逻辑表达式如图 4-66 所示，A 为输入端，Y 为输出端。

非门的逻辑关系为 $Y=\overline{A}$，即输出端 Y 总是与输入端 A 相反。非门又叫反相器。非门真值表见表 4-3。

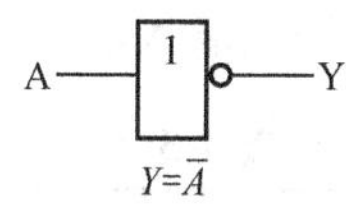

图 4-66　非门

▼ 表 4-3　非门真值表

输入	输出
A	*Y*
0	1
1	0

（4）与非门

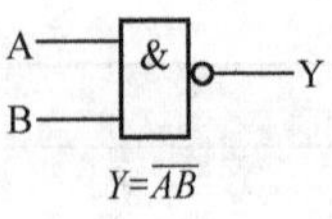

图 4-67　与非门

与非门的符号和逻辑表达式如图 4-67 所示，A、B 为输入端，Y 为输出端。与非门可以有更多的输入端。

与非门的逻辑关系为 $Y=\overline{AB}$，即只有当所有输入端 A 和 B 均为“1”时，输出端 Y 才为“0”；否则 Y 为“1”。与非门真值表见表 4-4。

▼ 表 4-4　　与非门真值表

输入		输出
A	*B*	*Y*
0	0	1
0	1	1
1	0	1
1	1	0

（5）或非门

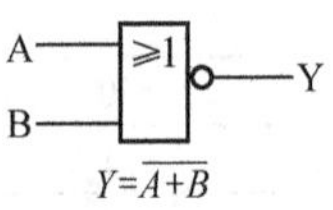

图 4-68　或非门

或非门的符号和逻辑表达式如图 4-68 所示，A、B 为输入端，Y 为输出端。或非门可以有更多的输入端。

或非门的逻辑关系为 $Y=\overline{A+B}$，即只要输入端 A 和 B 中有一个为“1”时，Y 即为“0”；所有输入端 A 和 B 均为“0”时，Y 才为“1”。或非门真值表见表 4-5。

▼ 表 4-5　　或非门真值表

输入		输出
A	*B*	*Y*
0	0	1
0	1	0
1	0	0
1	1	0

（6）异或门

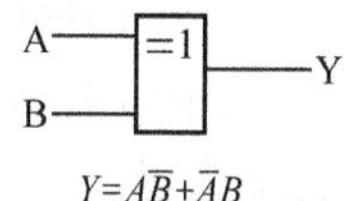

图 4-69　异或门

异或门的符号和逻辑表达式如图 4-69 所示，A、B 为输入端，Y 为输出端。

异或门的逻辑关系为 $Y=A\overline{B}+\overline{A}B$，即只有当两个输入端 A 与 B 的信号不同时（一个为“1”而另一个为“0”），输出端 Y 才为“1”；当 $A=B$ 时，$Y=0$。异或门真值表见表 4-6。

▼ 表 4-6　　异或门真值表

输入		输出
A	*B*	*Y*
0	0	0
0	1	1
1	0	1
1	1	0

（7）异或非门

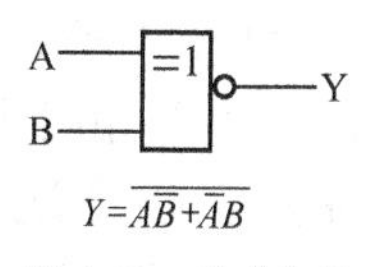

图 4-70　异或非门

异或非门的符号和逻辑表达式如图 4-70 所示，A、B 为输入端，Y 为输出端。

异或非门的逻辑关系为 $Y=\overline{A\overline{B}+\overline{A}B}$，即只有当两个输入端 A 与 B 的信号不同时（一个为“1”而另一个为“0”），输出端 Y 才为“0”；当 $A=B$ 时，$Y=1$。异或非门真值表见表 4-7。

▼ 表 4-7　　异或非门真值表

输入		输出
A	*B*	*Y*
0	0	1
0	1	0
1	0	0
1	1	1

（8）门电路的作用

门电路的主要作用是逻辑控制和多谐振荡。门电路还可以用作模拟放大器。

① 逻辑控制。图 4-71 所示为声光控路灯电路，由非门 D_1、与门 D_2 实现逻辑控制。

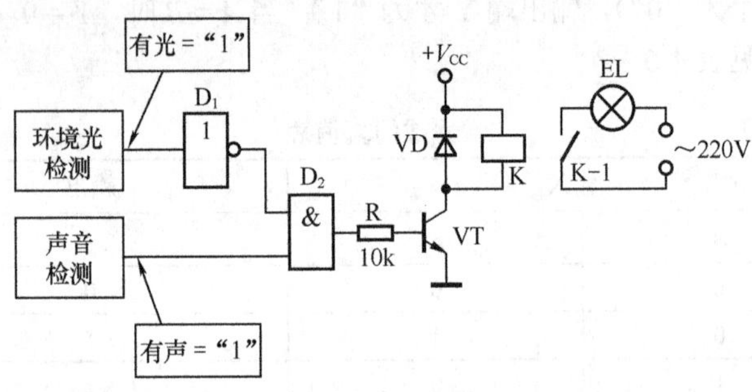

图 4-71　声光控路灯

夜晚无强环境光时，环境光检测电路输出为“0”，经 D_1 反相后为“1”，打开了与门 D_2。这时如有行人的脚步声，声音检测电路输出为“1”。由于与门 D_2 的两个输入端都为“1”，因此 D_2 输出为“1”，晶体管 VT 导通，继电器吸合，路灯自动点亮。

白天环境光较强时，D_1 输出为“0”关闭了与门 D_2，即使有脚步声路灯也不会点亮。

② 多谐振荡。图 4-72 所示为门控多谐振荡器电路，由两个与非门 D_1、D_2 构成，其中 D_2 两输入端并接作非门用。电路振荡与否受与非门 D_1 的 A 输入端控制。

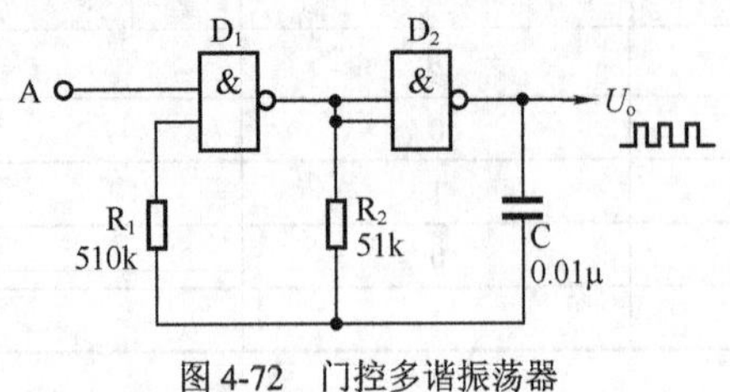

图 4-72　门控多谐振荡器

当控制端 $A=0$ 时，电路停振。当控制端 $A=1$ 时，电路起振，输出为方波信号，振荡频率 $f=\dfrac{1}{2.2RC}$。图 4-72 所示电路的振荡频率 $f=900$ Hz，可通过改变 R、C 改变振荡频率。

③ 模拟放大器。图 4-73 所示为门电路构成的模拟电压放大器，由 3 个非门 D_1、D_2、D_3 串接而成。R_2 为反馈偏置电阻，将 3 个非门的工作点偏置在 $\dfrac{1}{2}V_{DD}$ 附近。R_1 为输入电阻。电路的电压放大倍数 $A=\dfrac{R_2}{R_1}$，按图中参数放大倍数 $A=100$ 倍。

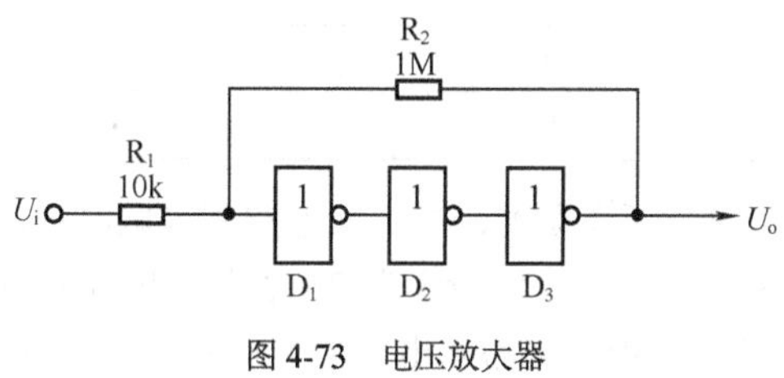

图 4-73　电压放大器

4.2.2　触发器

触发器是时序电路的基本单元，在数字信号的产生、变换、存储、控制等方面应用广泛。按结构和工作方式不同，触发器可分为 RS 触发器、D 触发器、JK 触发器、单稳态触发器、施密特触发器等。

触发器的主要特点是具有记忆功能，能够存储前一时刻的输出状态。触发器具有“0”和“1”2 种输出状态，并能在触发信号的触发下相互转换。触发器的输出状态不仅与当时的输入信号有关，而且与前一时刻的输出状态有关。

（1）RS 触发器

RS 触发器即复位-置位触发器，是最简单的基本触发器，也是构成其他复杂结构触发器的组成部分之一。RS 触发器如图 4-74 所示，具有 2 个输入端：置“1”输入端 S、置“0”输入端 R。具有 2 个输

出端：输出端 Q 和反相输出端 $\overline{Q}$。

RS 触发器的特点是，电路具有 2 个稳定状态：$Q=1$ 或 $Q=0$。R 输入端只能使触发器处于 $Q=0$ 的状态；S 输入端只能使触发器处于 $Q=1$ 的状态。RS 触发器真值表见表 4-8。

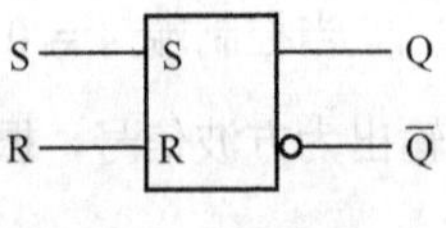

图 4-74　RS 触发器

▼ 表 4-8　RS 触发器真值表

输入		输出	
R	S	Q	$\overline{Q}$
1	0	0	1
0	1	1	0
0	0	不变	
1	1	不确定	

RS 触发器常用于单脉冲产生、状态控制等电路中。

① 单脉冲产生。图 4-75 所示为 RS 触发器构成的消抖开关电路，每按一下按钮开关 SB，电路输出一个单脉冲，完全消除了机械开关触点抖动产生的抖动脉冲。

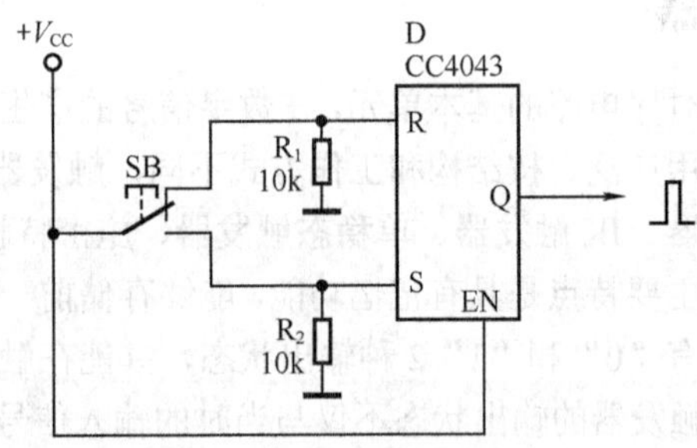

图 4-75　消抖开关

当按下 SB 时，输入端 $S=1$ 使触发器置“1”，输出端 $Q=1$。这时即使 SB 产生机械抖动，只要机械触点不返回到 R 端，输出端 Q 仍保持“1”不变，消除了抖动脉冲信号。

当松开 SB 时，输入端 $R=1$ 使触发器置“0”，虽然 SB 产生机械抖动，但输出端 Q 仍保持“0”不变。

② 状态控制。图 4-76 所示为 RS 触发器构成的触摸开关电路，“开”和“关”为两对金属触摸接点。

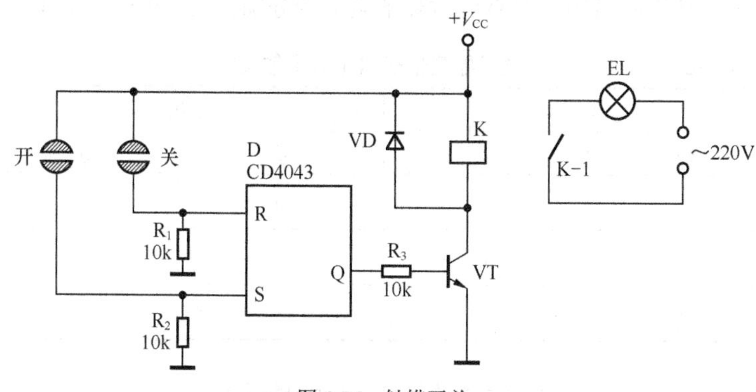

图 4-76　触摸开关

当用手触摸“开”接点时，人体电阻将接点接通，电源电压 $+V_{CC}$ 加至 S 端使触发器置“1”，输出端 $Q = 1$，晶体管 VT 导通，继电器 K 吸合，电灯 EL 点亮。

当用手触摸“关”接点时，电源电压 $+V_{CC}$ 加至 R 端使触发器置“0”，输出端 $Q = 0$，晶体管 VT 截止，继电器释放，电灯熄灭。

（2）D 触发器

D 触发器也称延迟触发器，是一种边沿触发器。D 触发器具有数据输入端 D、时钟输入端 CP、输出端 Q 和反相输出端 $\overline{Q}$，如图 4-77 所示。其中图 4-77（a）为 CP 上升沿触发的 D 触发器，图 4-77（b）为 CP 下降沿触发的 D 触发器。

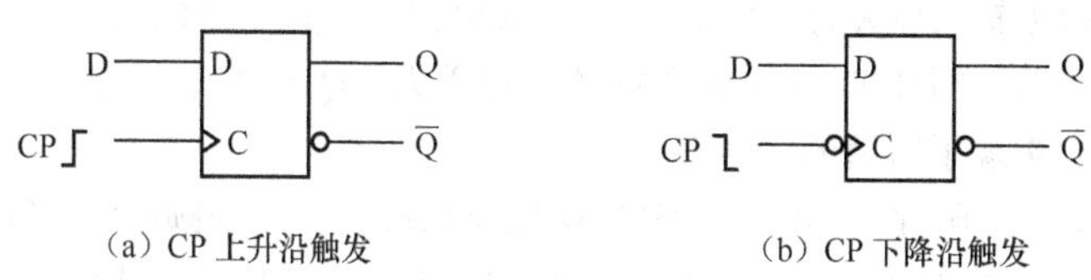

（a）CP 上升沿触发　　（b）CP 下降沿触发

图 4-77　D 触发器

D 触发器的特点是，输出状态的改变依赖于时钟脉冲 CP 的触发，即在时钟脉冲边沿的触发下，数据才得以由输入端 D 传输到输出端 Q。没有触发信号时，触发器中的数据则保持不变。上升沿触发型 D 触发器和下降沿触发型 D 触发器的真值表分别见表 4-9 和表 4-10。

▼ 表 4-9　　D 触发器真值表（上升沿触发）

输入		输出	
CP	*D*	*Q*	$\overline{Q}$
↑	0	0	1
↑	1	1	0
↓	任意	不变	

▼ 表 4-10　　D 触发器真值表（下降沿触发）

输入		输出	
CP	*D*	*Q*	$\overline{Q}$
↓	0	0	1
↓	1	1	0
↑	任意	不变	

D 触发器常用于数据锁存和分频等电路中。

① 数据锁存。图 4-78 所示为 4 个 D 触发器构成的四位数据锁存器电路，D_1～D_4 为数据输入端，Q_1～Q_4 为数据输出端。4 个 D 触发器的时钟输入端并联，在时钟脉冲 CP 上升沿的触发下，将 D_1～D_4 端的数据输入触发器，并从 Q_1～Q_4 端输出。在下一个 CP 脉冲上升沿到来之前，即使 D_1～D_4 输入端的数据消失，Q_1～Q_4 输出端的数据仍不变，实现了所谓的“锁存”。

② 分频。图 4-79 所示为 D 触发器构成的三级分频电路，每个 D 触发器的反相输出端 $\overline{Q}$ 与自身的数据输入端 D 相连接，构成 2 分频单元。三级 2 分频单元串接可实现 8 分频电路。增加串接的分频单元

的数量，即可相应增大分频比，n 级 2 分频单元串接可实现 2^n 分频。

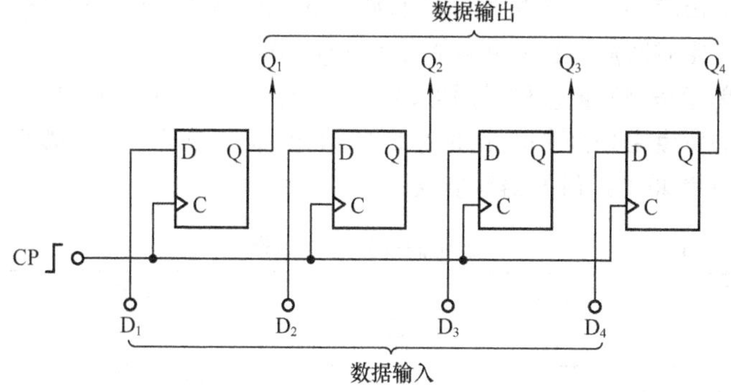

图 4-78　四位数据锁存器

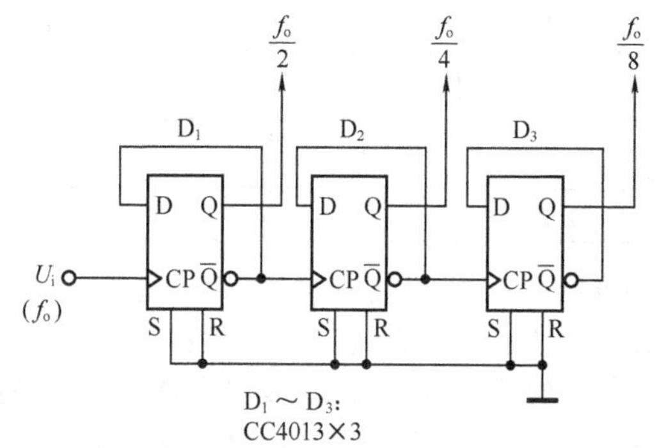

图 4-79　三级分频器

（3）单稳态触发器

单稳态触发器是具有一个稳态和一个暂稳态的触发器。单稳态触发器如图 4-80 所示，一般具有 2 个触发端：上升沿触发端 TR_+和下降沿触发端 $\overline{TR_-}$。具有 2 个输出端：Q 端和 $\overline{Q}$ 端，Q 和 $\overline{Q}$ 端的输出信号互为反相。另外还具有清零端 $\overline{R}$、外接电阻端 R_e 和外接电容端 C_e。

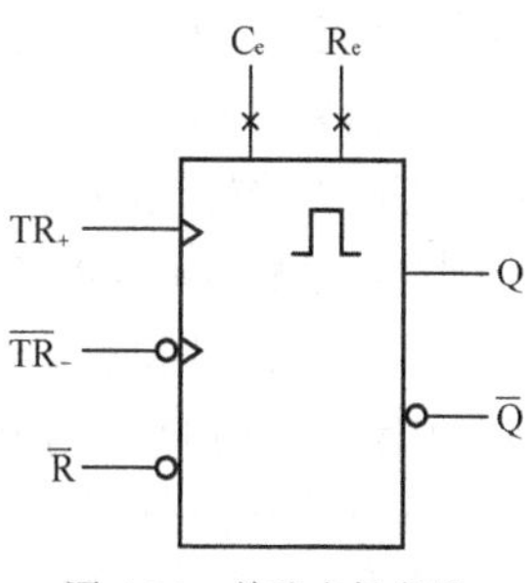

图 4-80　单稳态触发器

单稳态触发器的特点是触发后能够自动从暂稳态回复到稳态。稳态时输出端 $Q=0$，在触发脉冲的触发下，电路翻转为暂稳态（$Q=1$），经过一定时间后又自动回复到稳态（$Q=0$）。

单稳态触发器被触发后即输出一个恒定宽度的矩形脉冲，该矩形脉冲的宽度由外接定时元件 R_e 和 C_e 决定，而与触发脉冲的宽度无关。表 4-11 为单稳态触发器真值表。

▼ 表 4-11　　单稳态触发器真值表

输入			输出	
R	TR_+	TR_-	Q	$\overline{Q}$
1	↑	1	⊓	⊔
1	0	↓	⊓	⊔
1	↑	0	不触发	
1	1	↓	不触发	
0	任意	任意	0	1

单稳态触发器主要应用于脉冲信号展宽、整形、延迟电路，以及定时器、振荡器、数字滤波器、频率-电压变换器等。

① 定时。图 4-81 所示为单稳态触发器构成的 100ms 定时器电路，采用 TR_+输入端触发，每按下一次 SB，输出端 Q 便输出一个宽度为 100ms 的高电平信号。输出脉宽 T_W 由 R_1 和 C 决定，$T_W=0.69R_1C$。改变定时元件 R_1 和 C 的大小，即可改变定时时间。

② 数字滤波。图 4-82 所示为数字带通滤波器电路，该电路由两个单稳态触发器构成，单稳态触发器 D_1 的输出脉宽等于输入信号频率上限的周期，单稳态触发器 D_2 的输出脉宽等于输入信号频率下限的周期。

当输入信号频率高于上限时，单稳态触发器 D_1 的反相输出端 $\overline{Q_1}=0$，关闭了与门 D_3，输出端 $U_o=0$；

当输入信号频率低于下限时，单稳态触发器 D_2 的输出端 $Q_2=0$，也使与门 D_3 关闭，输出端 $U_o=0$；

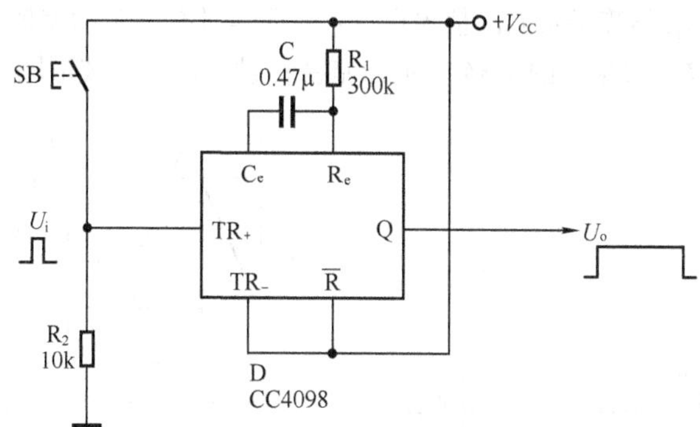

图 4-81 定时器

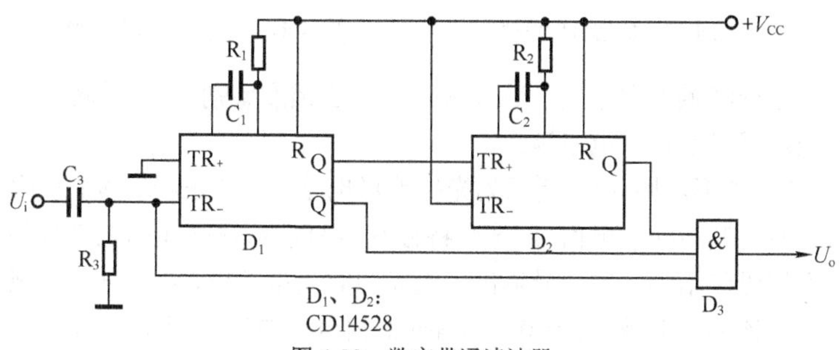

图 4-82 数字带通滤波器

只有输入信号频率在所限定的频率范围内时，$\overline{Q_1}=1$ 并且 $Q_2=1$，与门 D_3 才打开，允许输入信号通过。由于单稳态触发器 D_1 和 D_2 的输出脉宽分别由外接定时元件 R_1 和 C_1、R_2 和 C_2 决定，所以可通过改变这些外接定时元件来选择通带频率的上、下限。

（4）施密特触发器

施密特触发器是常用的整形电路，可将缓慢变化的电压信号转变为边沿陡峭的矩形脉冲。图 4-83（a）所示为同相输出型施密特触发器，图 4-83（b）所示为反相输出型施密特触发器。施密特触发器具有 1 个输入端 A 和 1 个输出端 Q（或 $\overline{\mathrm{Q}}$）。

施密特触发器的特点是具有滞后电压特性，即电路翻转的正向阈值电压 U_{T+}不等于负向阈值电压 U_{T-}，而是具有一定的差值，滞后电压$\Delta U_T = U_{T+} - U_{T-}$。图 4-84 所示为施密特触发器工作波形图。

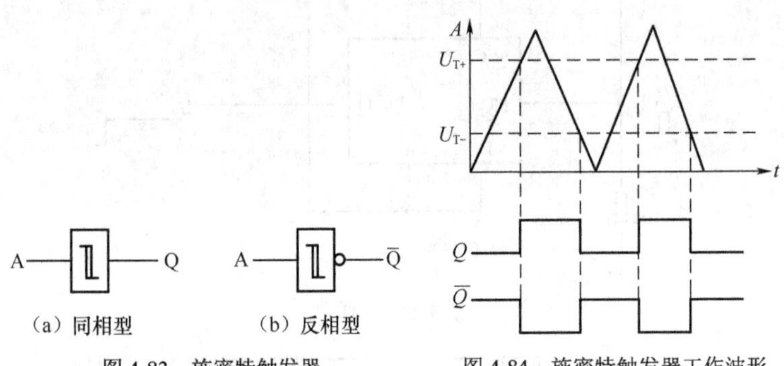

图 4-83　施密特触发器　　图 4-84　施密特触发器工作波形

施密特触发器常用于脉冲整形、电压幅度鉴别、模-数转换、多谐振荡器以及接口电路等。

① 整形。图 4-85 所示为光控整形电路，光电三极管 VT 接收光信号并将其转换为电信号，施密特触发器 D 将缓慢变化的电信号整形成为边沿陡峭的脉冲信号输出。无光照时光电三极管 VT 截止，施密特触发器 D 输出端 $U_o = 0$。当有光照射到光电三极管 VT 时，VT 导通使施密特触发器 D 输入端为“0”，其输出端 U_o=1。

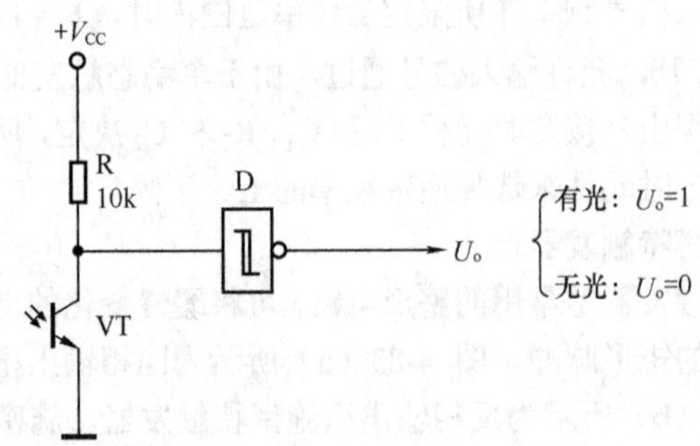

图 4-85　光控整形电路

② 振荡。施密特触发器组成多谐振荡器时电路非常简单，仅需外接一个电阻和一个电容，如图 4-86 所示。

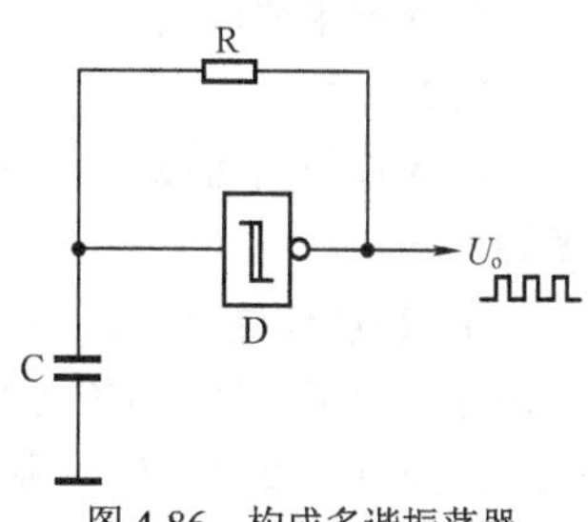

图 4-86　构成多谐振荡器

电阻 R 跨接在施密特触发器 D 两端，与电容 C 构成充放电回路，决定多谐振荡器的振荡频率。改变 R、C 的大小即可改变振荡频率。振荡频率还与电路的电源电压 V_{DD}、施密特触发器的正负阈值电压 U_{T+}、U_{T-}有关。电路输出 U_o为连续的脉冲方波。

4.2.3　计数器

计数器是一种计数装置，是数字系统中应用最多的时序逻辑电路。计数器电路有很多种，例如二进制计数器、十进制计数器、加计数器、减计数器、加/减计数器、可预置计数器、可编程计数器、计数/分配器等。

计数器的主要特点是具有记忆功能，它能对输入的脉冲按一定的规则进行计数，并由输出端的不同状态予以表示。图 4-87（a）所示为无预置数输入端的计数器，图 4-87（b）所示为有预置数输入端（并行数据输入端）的计数器，图中：CP 为串行数据输入端（计数输入端），P_1～P_n为并行数据输入端（预置数端），Q_1～Q_n为输出端。

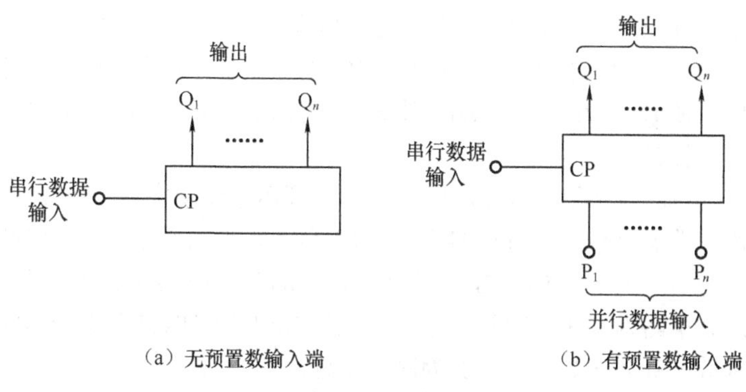

（a）无预置数输入端　（b）有预置数输入端

图 4-87　计数器

计数器主要应用于计数、分频、定时、脉冲信号分配等电路。

（1）计数

集成计数器可以构成加法计数器、减法计数器、加/减两用计数器等。

① 加法计数器。图 4-88 所示为 8 位二进制加法计数器电路，由两块 4 位集成计数器 CC4520 串行级联而成，计数信号由 D_1 的 CP 端输入，计数结果由 8 位二进制码表示，最大计数值为 $2^8-1=255$。SB 为清零按钮。

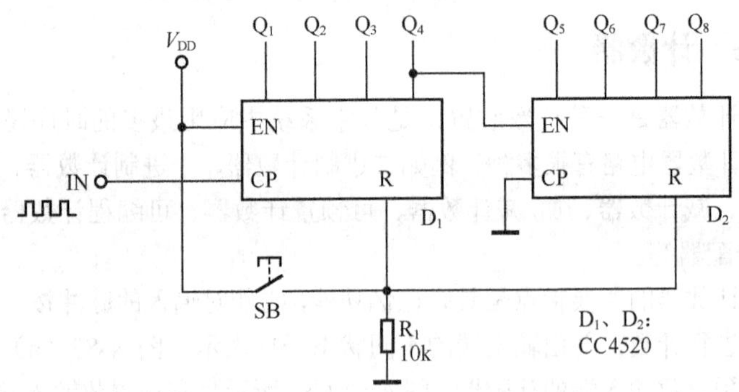

图 4-88　加法计数器

② 减法计数器。图 4-89 所示为 CC14526 构成的可预置数的 4 位二进制减法计数器电路。S_1～S_4 为预置数（D_1～D_4）的设置开关，合上为“1”，断开为“0”。S_6 为送数开关，合上时预置数被送入计数器内，使 $Q_1 \sim Q_4 = D_1 \sim D_4$。计数信号由 CP 端输入作减法计数。$S_5$ 为清零按钮。

③ 加/减两用计数器。图 4-90 所示为可预置数的 BCD 码加/减两用计数器电路，采用 CC4510 构成，既可作加法计数，又可作减法计数，由开关 S_3 控制。S_3 接电源电压 V_{DD} 时电路为加法计数器，S_3 接地时电路为减法计数器。输出为 4 位二进制数（8421 码）表示的十进制数。S_1 为送数开关，S_2 为清零按钮。

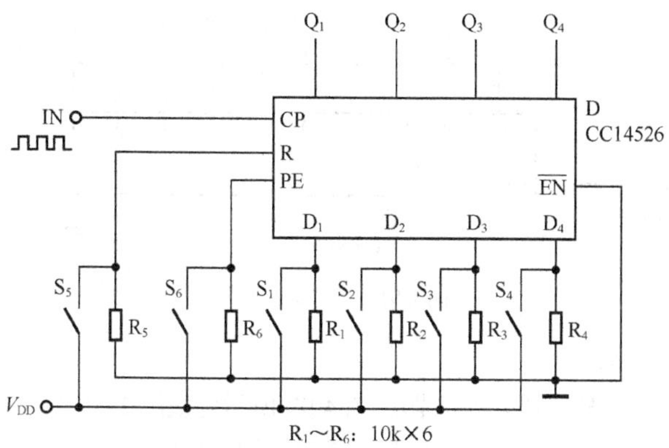

图 4-89 减法计数器

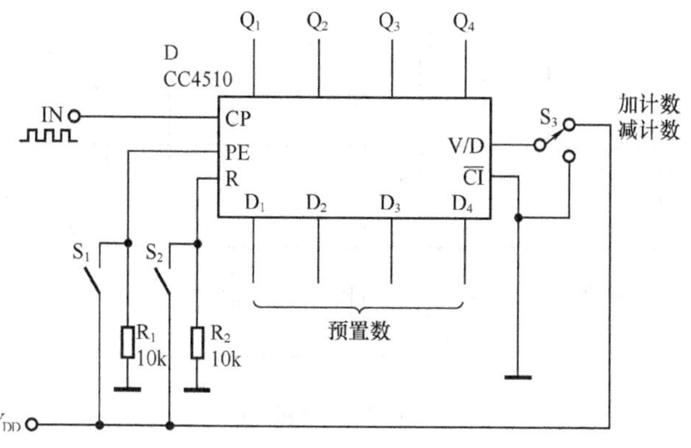

图 4-90 加/减两用计数器

（2）分频

集成计数器可用作分频器。图 4-91 所示为采用 12 位二进制串行计数器 CC4040 构成的十二级分频器电路，被分频信号由 CP 端输入，分频后的信号分别由 Q_1～Q_{12} 输出，最小分频数为 $2^1=2$，最大分频数为 $2^{12}=4096$，即 Q_1 端的输出信号频率为输入信号的 $\frac{1}{2}$，Q_{12} 端的输出信号频率为输入信号的 $\frac{1}{4096}$。

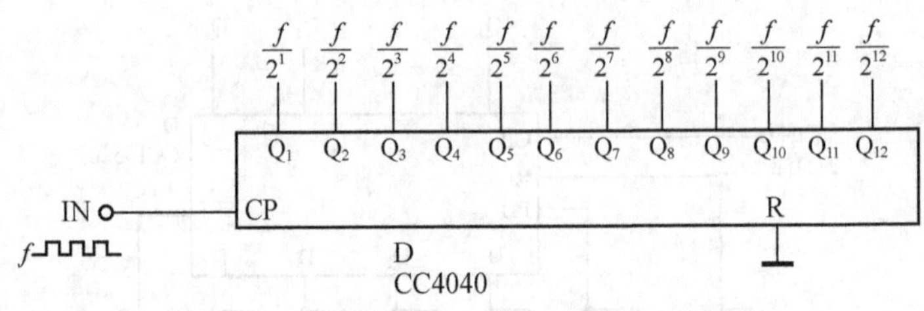

图 4-91　十二级分频器

（3）定时

集成计数器可用作定时器。图 4-92 所示为采用 14 位二进制计数器 CC4060 构成的多路定时器电路，具有 10 个输出端（Q_4～Q_{10}、Q_{12}～Q_{14}），可同时输出 10 种定时时间，以分别控制 10 个负载。

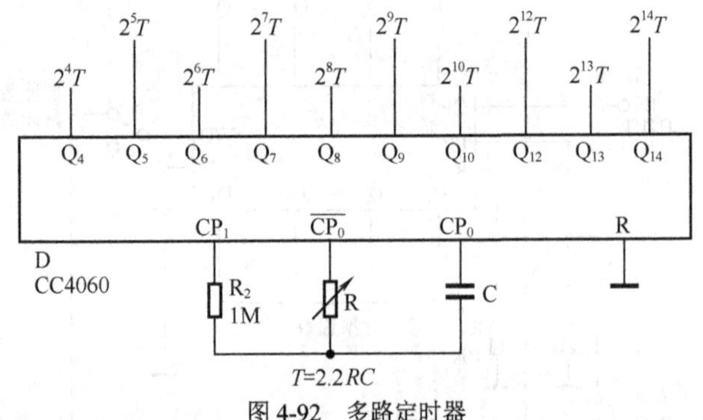

图 4-92　多路定时器

集成电路 CC4060 内部包含多谐振荡器和 14 级二分频器两部分单元电路。多谐振荡器的作用是产生时钟脉冲，电路的基本定时时间 T 等于一个时钟脉冲周期，调节外接定时元件 R 或 C 即可改变基本定时时间。

10 个输出端的定时时间分别为基本定时时间 T 的 2^n 倍，最小为 2^4T（$16T$），最大为 $2^{14}T$（$16384T$）。如果取 $R = 68\text{k}\Omega$、$C = 6.8\mu\text{F}$，则 $T = 2.2\ RC \approx 1\text{s}$，那么电路最小定时时间为 16s，最大定时时间可达 4 个半小时以上。定时时间到达时，相应的输出端输出一个“1”信号。

（4）脉冲信号分配

集成计数器还可用作脉冲信号分配。图 4-93 所示为采用集成电路 CC4017 构成的十进制计数分配器电路，脉冲信号由 CP 端输入，“1”信号依次出现在 Y_0～Y_9 这 10 个输出端上，实现了对脉冲信号的十进制分配。SB 为清零按钮。

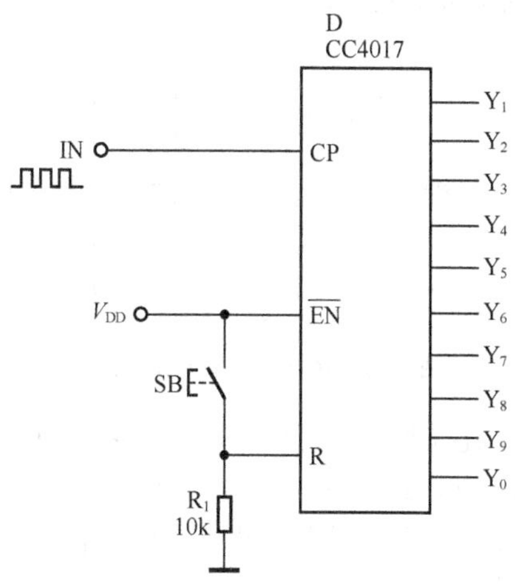

图 4-93　十进制计数分配器

4.2.4　译码器

译码器是一种组合逻辑电路，它的输出状态是其输入信号各种组合的结果。译码器可分为显示译码器和数码译码器两大类。

译码器的主要特点是具有译码功能，能够按照预定的编码规则将一种数码转换成另一种数码。对于每一种输入信号的组合，都会给出对应的输出信号，用以控制后续电路，或者驱动显示器实现数码的显示。

（1）显示译码器

显示译码器的特点是将输入信号译码后直接驱动显示器件显示出数码来。输入信号可以是二进制码、BCD 码、十进制计数脉冲等。

输出端可以驱动 LED（发光二极管）数码管、LCD（液晶）数码管、荧光数码管等。

① BCD 码–7 段显示译码器如图 4-94 所示，A、B、C、D 为 4 个 BCD 码输入端，a～g 为 7 个输出端，分别控制 7 段数码管。当输入 4 位 BCD 码时，相应的输出端便会驱动 7 段数码管显示出该 4 位 BCD 码所代表的十进制数字。

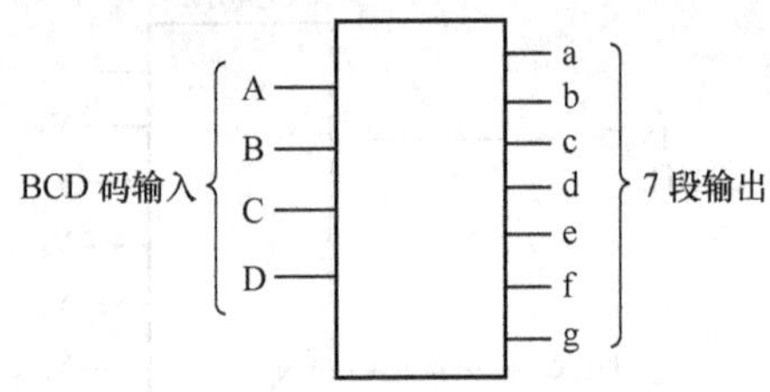

图 4-94　BCD 码–7 段显示译码器

② 十进制计数–7 段显示译码器如图 4-95 所示，CP 为脉冲信号输入端，R 为清零端，a～g 为 7 个输出端。当 CP 端有脉冲信号输入时，电路便对其进行十进制计数，并将计数结果通过 7 个输出端驱动 7 段数码管显示出来。

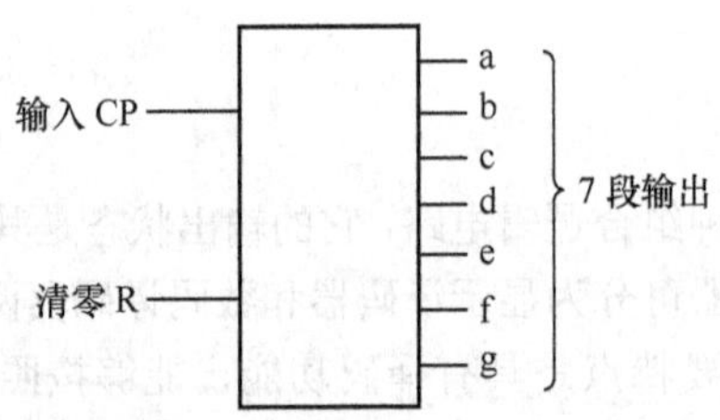

图 4-95　十进制计数–7 段显示译码器

显示译码器的主要作用是译码并驱动显示。图 4-96 所示为一位 BCD 码译码显示电路，由 BCD 码锁存/7 段译码/驱动集成电路 CC14544 构成。BCD 码由输入端 A、B、C、D 并行输入，经 CC14544 译码后，驱动共阴极 LED 数码管显示出相应数字。如需要驱动共阳极 LED 数码管，则将 CC14544 的“DFI”端改接到 V_{DD} 即可。

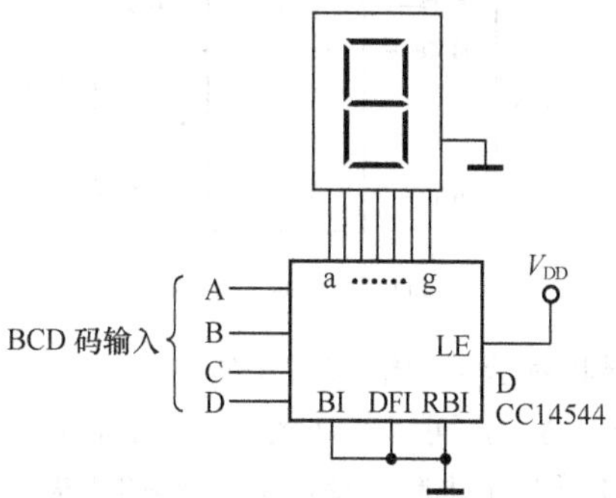

图 4-96 一位 BCD 码译码显示电路

图 4-97 所示为两位十进制计数显示电路，由两块十进制计数/7 段译码/驱动集成电路 CC4033（D_1、D_2）组成。脉冲信号由 D_2 的 CP 端串行输入，计数结果由两个共阴极 LED 数码管显示出两位数字，最大计数值为“99”。SB 为清零按钮。

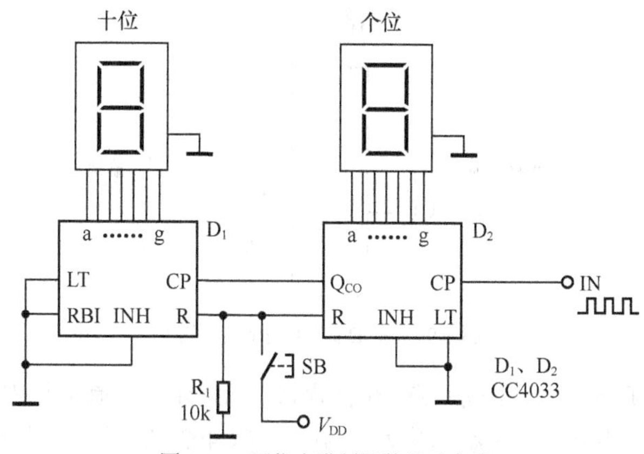

图 4-97 两位十进制计数显示电路

（2）数码译码器

数码译码器的特点是将一种数码的输入信号译码为另一种数码输出，如图 4-98 所示。

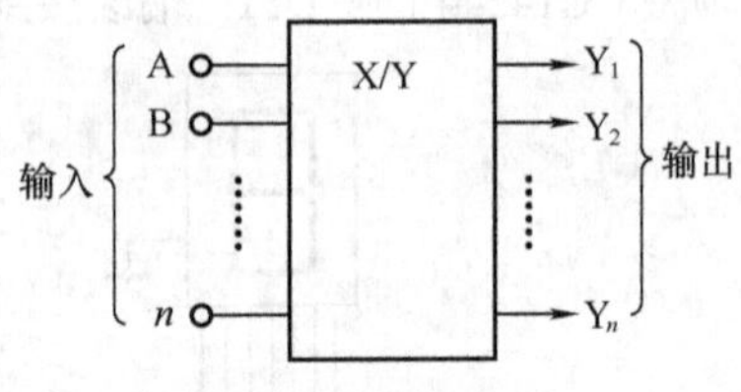

图 4-98　数码译码器

数码译码器具有若干个输入端（A，B，…，n），和若干个输出端（Y_1，Y_2，…，Y_n），可以实现数码信号的转换。数码译码器也有多种，例如 BCD 码-十进制码译码器、十进制码-BCD 码译码器、4 线-16 线译码器、4 选 1 译码/分离器等。

① 图 4-99 所示为 BCD 码-十进制码译码器 CC4028，具有 4 个输入端 A、B、C、D，10 个输出端 Y_0～Y_9。输入信号为 4 位 BCD 码（用 8421 码表示的十进制数），输出信号则是十进制码（Y_0～Y_9 依次为“1”）。

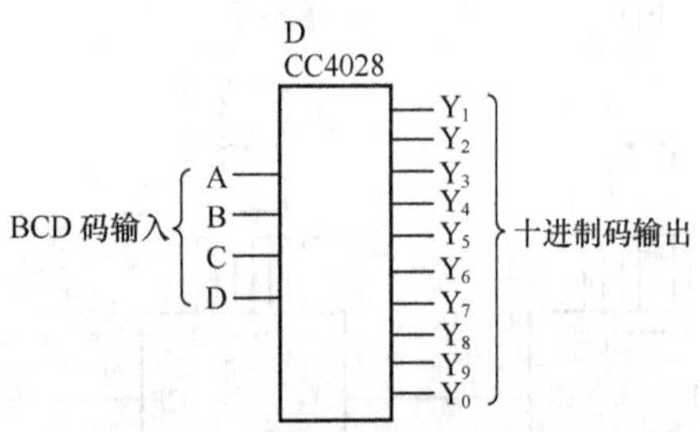

图 4-99　BCD 码-十进制码译码器

由于 4 位 8421 码具有 16 种状态，而表示十进制数只需要前 10 种状态，因此后 6 种状态称为“伪码”。CC4028 的逻辑设计采用拒绝伪码方案，当输入代码为“1010”～“1111”时，所有输出端均为 0。利用 CC4028 输入端中的 A、B、C 这 3 位二进制输入，可得到八进制码输出。

② 图 4-100 所示为 4 线-16 线译码器 CC4514，同样具有 A、B、

C、D 这 4 个输入端，但具有 16 个输出端 Y_0～Y_{15}。输入信号是 4 位二进制码，输出信号则是十六进制码（Y_0～Y_{15} 依次为“1”）。

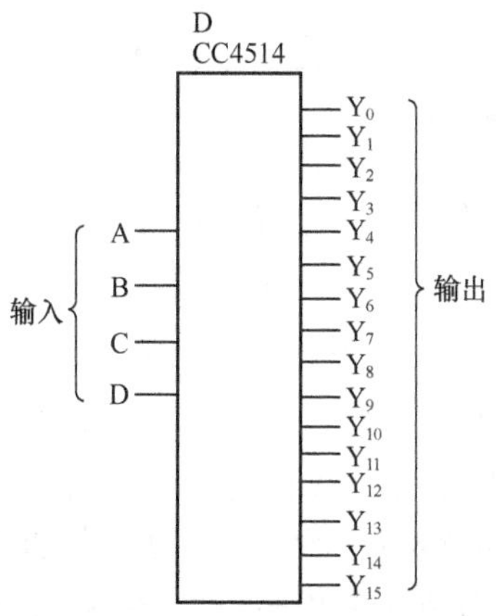

图 4-100　4 线-16 线译码器

4.2.5　移位寄存器

移位寄存器是一种时序逻辑电路。移位寄存器的主要特点是不仅可以寄存数据，而且还具有移位的功能，即移位寄存器里存储的数据，可以在时钟脉冲的作用下逐步右移或左移。移位寄存器是数字系统和电子计算机中的一个重要部件，在数据寄存、传送、延迟、串行-并行转换和并行-串行转换等方面应用广泛。

移位寄存器可分为右移、左移、双向移位等种类。输入方式有串行输入、并行输入、串/并行输入等。输出方式有串行输出、并行输出、串/并行输出等。

图 4-101 所示为 4 位右移移位寄存器原理示意图，D 为串行数据输入端，Q_4 为串行数据输出端。数据从 D 端串行输入移位寄存器，在时钟脉冲 CP 的作用下逐步向右移位，经过 4 个 CP 周期后从 Q_4 端串行输出。Q_1～Q_4 为并行数据输出端，P_1～P_4 为并行数据输入端。

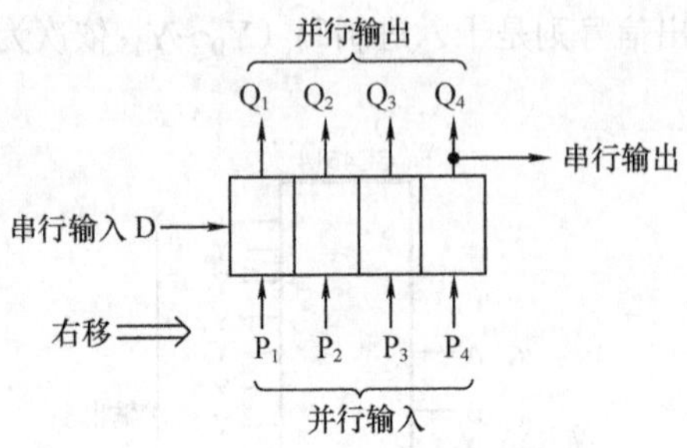

图 4-101　右移移位寄存器

图 4-102 为 4 位左移移位寄存器原理示意图，D 为串行数据输入端，Q_1 为串行数据输出端。串行数据从 D 端输入移位寄存器，在时钟脉冲 CP 的作用下逐步向左移位，经过 4 个 CP 周期后从 Q_1 端串行输出。Q_1～Q_4 为并行数据输出端，P_1～P_4 为并行数据输入端。

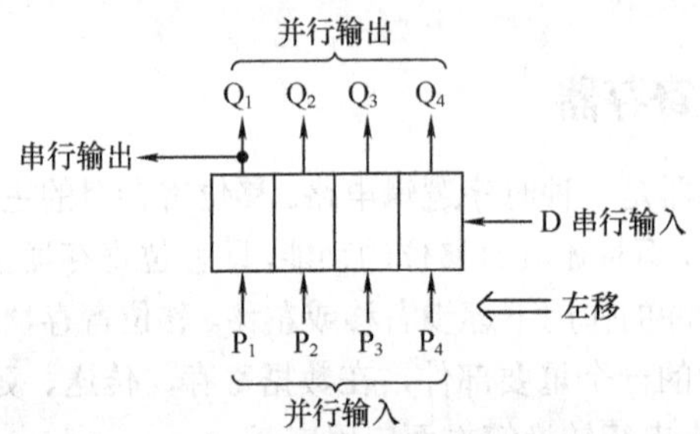

图 4-102　左移移位寄存器

移位寄存器的主要作用是数据寄存移位、串行-并行数据转换和并行-串行数据转换等。

（1）数据寄存移位

① 图 4-103 所示为彩灯控制器电路，采用了两块 4 位静态移位寄存器 CC4035，其 8 个寄存单元连接成环形，8 个输出端可控制 8 路彩灯。

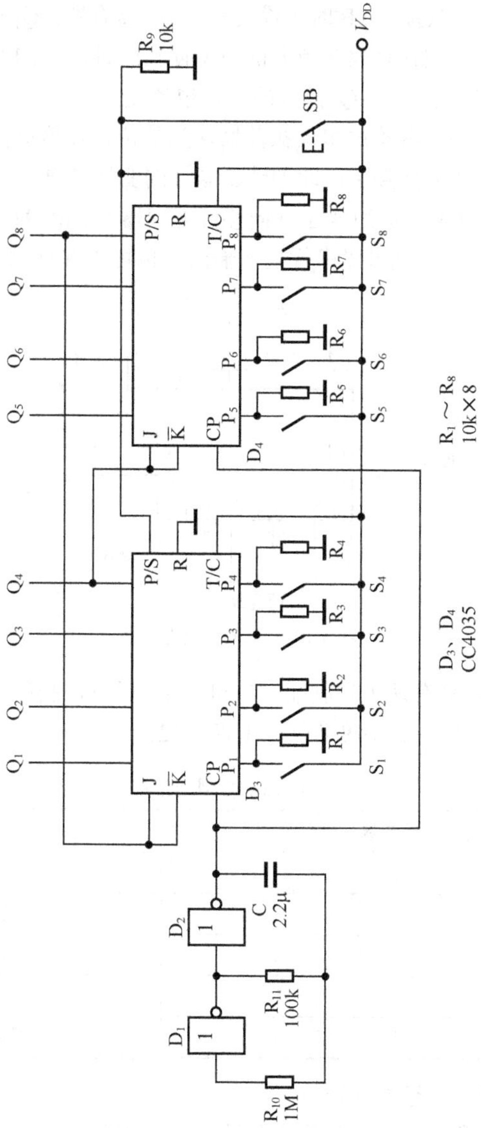

D_3、D_4 CC4035

$R_1 \sim R_8$ 10k×8

图 4-103 彩灯控制器

彩灯的初始状态由预置数开关 S_1～S_8 设置，开关闭合为“1”、断开为“0”。按下送数按钮 SB 时预置数进入移位寄存器，Q_1～Q_8=P_1～P_8。松开 SB 后，移位寄存器各单元的数据便在时钟脉冲的作用下周而复始地向右移动，由 Q_1～Q_8 控制的彩灯也就变换起来。

非门 D_1、D_2 等构成多谐振荡器，为移位寄存器提供时钟脉冲，调节 R_{11} 可改变振荡频率，即调节了彩灯的变换速度。

② 图 4-104 所示为 4 位双向移位寄存器 CC40194，它既可以右移，也可以左移，既可以串行输入输出，也可以并行输入输出。

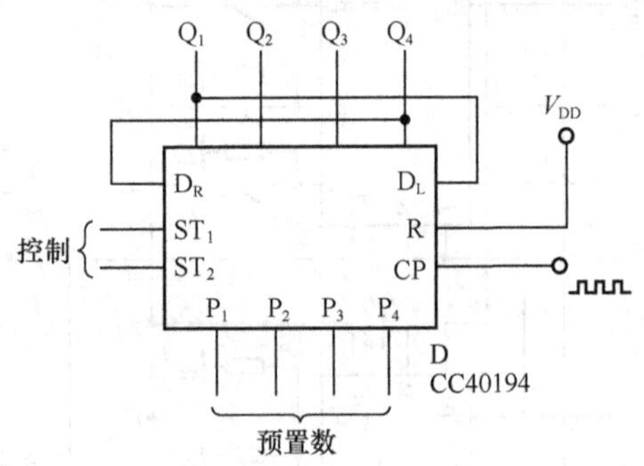

图 4-104　双向移位寄存器

CC40194 具有两个控制端 ST_1 和 ST_2，用以控制移位寄存器的置数、右移、左移、保持等功能，见表 4-12。

▼ 表 4-12　　CC40194 控制功能表

控制端		功能
ST_1	ST_2	
1	1	置数
1	0	右移
0	1	左移
0	0	保持

（2）串行-并行数据转换

图 4-105 所示为 8 位串行-并行数据转换电路。IC_1 为串入-并出移位

寄存器CD4015，内含两组独立的4位移位寄存器，将其级联使用构成8位移位寄存器。IC_1的8个并行数据输出端Q_1～Q_8分别经8个与门D_1～D_8输出。IC_2为八进制计数分配器CD4022，其输出端Y_o控制着8个与门。

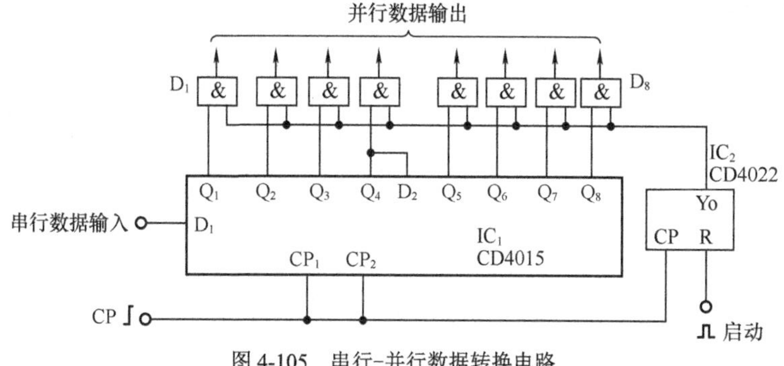

图4-105　串行-并行数据转换电路

当在IC_2的启动端加上一正脉冲时，$Y_o=1$，与门D_1～D_8打开，IC_1输出端Q_1～Q_8的数据并行输出。在时钟脉冲CP上升沿的作用下，串行输入数据由IC_1的D_1端逐步移入IC_1，每经过8个时钟脉冲，IC_1中的数据全部更新一次。同时，每经过8个时钟脉冲，IC_2的Y_o端输出一个“1”信号，打开8个与门使数据并行输出。

（3）并行-串行数据转换

图4-106所示为8位并行-串行数据转换电路。IC_1为八进制计数分配器CD4022。IC_2为8位并入-串出移位寄存器CD4014，并行数据由P_1～P_8端输入，串行数据由Q_8端输出。P/S端为并行/串行控制端，它受IC_1输出端Y_o的控制。

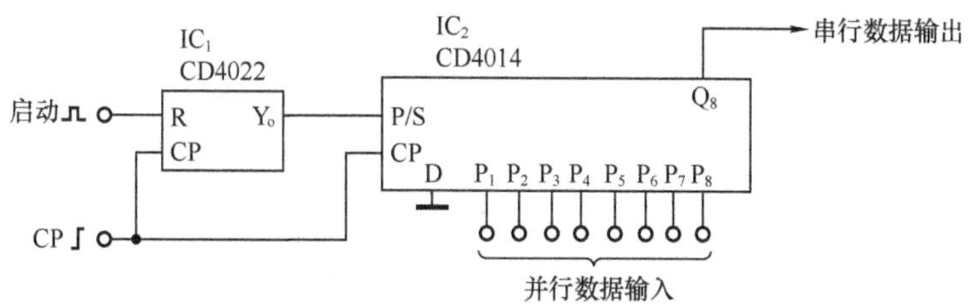

图4-106　并行-串行数据转换电路

每经过 8 个时钟脉冲，IC_1 的 Y_0 端便输出一个“1”，使 IC_2 的控制端 $P/S=1$，让 P_1～P_8 端的输入数据并行进入 IC_2；然后 $Y_0=P/S=0$，IC_2 中的数据在时钟脉冲 CP 上升沿的作用下右移并从 Q_8 端串行输出。

第 5 章 电路图的基本看图方法

电子电路和设备多种多样，需要实现的功能和达到的目的不同，其电路图的简繁程度也不同。简单的电路图只有一个单元电路、几个元器件，复杂的电路图往往包含许多单元电路、成千上万个元器件。了解电路图的基本规则，掌握一定的看图技巧，对于看懂和分析电路图是十分重要的。

5.1 分析电路图的基本方法与步骤

分析电路图，应遵循从整体到局部、从输入到输出、化整为零、聚零为整的思路和方法，用整机原理指导具体电路分析、用具体电路分析诠释整机工作原理，通常可以按照以下步骤进行。

5.1.1 了解电路整体功能

一个设备的电路图，是为了完成和实现这个设备的整体功能而设计的，搞清楚电路图的整体功能，即可在宏观上对该电路图有一个基本的认识，因此这是看图识图的第一步。

（1）从设备名称入手分析

可以从设备名称入手分析电路图的整体功能。例如：直流稳压电源的功能是将交流 220V 市电变换为稳定的直流电压输出，如图 5-1 所示；超外差收音机的功能是接收无线电台的广播信号，解调还原为音频信号播放出来，如图 5-2 所示；红外无线耳机的功能是将音响设备的声音信号调制在红外线上发射出去，再由接收机接收解调后还原为声音通过耳机播放，如图 5-3 所示。

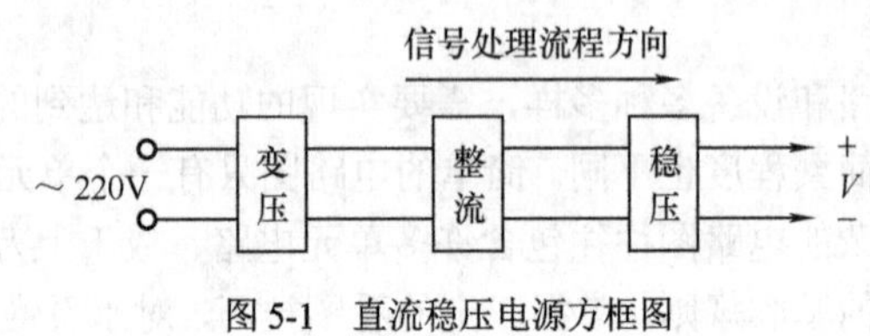

图 5-1　直流稳压电源方框图

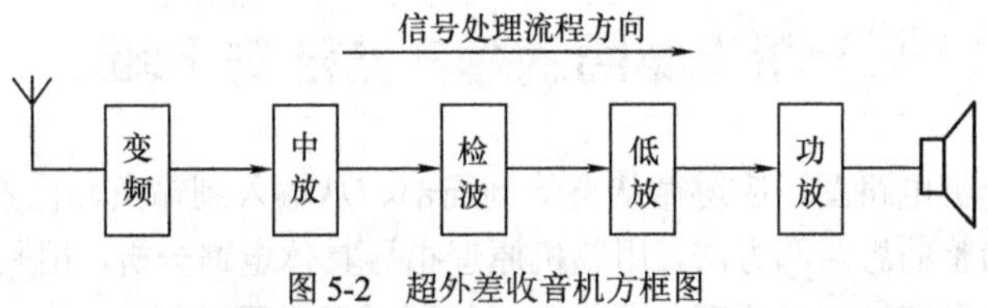

图 5-2　超外差收音机方框图

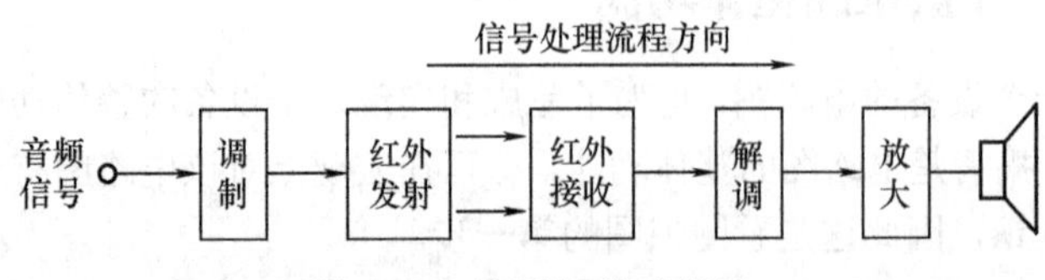

图 5-3　红外无线耳机方框图

（2）举例说明

图 5-4 为功率放大器电路图，下面以此电路图为实例，具体讲述分析电路图的方法与步骤。顾名思义，功率放大器的整体功能是对信号电压进行功率放大。

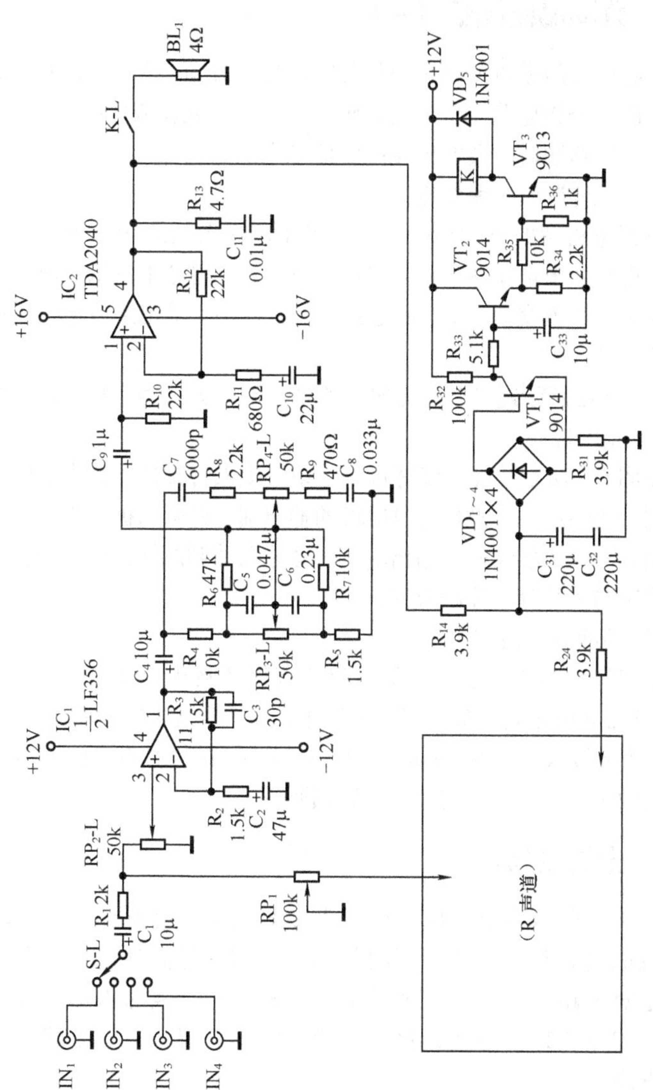

图 5-4 功率放大器电路图

5.1.2 判断电路图信号走向

电路图一般是以所处理的信号的流程为方向、按照一定的习惯规律绘制的。分析电路图总体上也应该按照信号处理流程进行。因此，分析一个电路图时需要明确该图的信号走向。

（1）怎样判断电路图走向

根据电路图的整体功能，找出整个电路图的总输入端和总输出端，即可判断出电路图的信号走向。例如，在图 5-1 所示直流稳压电源电路中，接入交流 220V 市电处为总输入端，输出直流稳定电压处为总输出端。

在图 5-2 所示超外差收音机电路中，磁性天线为总输入端，扬声器为总输出端。

在图 5-3 所示红外无线耳机电路中，接入音频信号处为发射机的输入端，红外发光二极管为发射机的输出端；光电二极管为接收机的输入端，耳机为接收机的输出端。从总输入端到总输出端的走向，即为电路图的信号处理流程方向。

（2）习惯画法的走向

电路图的习惯画法是将信号处理流程按照从左到右的方向依次排列。图 5-4 所示功率放大器电路图中，由于整机的功能是功率放大，因此，信号接入端“IN”为电路的总输入端，扬声器 BL 为总输出端，电路图的走向为从左到右，符合习惯画法。

5.1.3 分解电路图

除一些非常简单的电路外，大多数电路图都是由若干个单元电路组成的。掌握了电路图的整体功能和信号处理流程方向，可以说是对电路有了一个宏观的基本了解，但是要深入地具体分析电路的工作原理，还必须将复杂的电路图分解为具有不同功能的单元电路。

（1）怎样分解电路图

一般来讲，晶体管、集成电路等是各单元电路的核心元器件。因此，我们可以以晶体管或集成电路等主要元器件为标志，按照信号处理流程方向将电路图分解为若干个单元电路，并据此画出电路原理方框图。方框图有助于我们掌握和分析电路图。

（2）分解举例

对于图5-4功率放大器电路图，我们可根据集成电路等核心元器件，将整机电路图分解为以下7个单元电路。

① 波段开关S等构成的输入选择电路；

② 电位器RP_1等构成的平衡调节电路；

③ 电位器RP_2等构成的音量调节电路；

④ 集成电路IC_1等构成的前置放大电路；

⑤ 电位器RP_3、RP_4等构成的音调调节电路；

⑥ 集成电路IC_2等构成的功率放大电路；

⑦ 晶体管VT_1～VT_3等构成的保护电路。

其中，②至⑥组成主通道电路，①和⑦为辅助电路。整机方框图见图5-5。

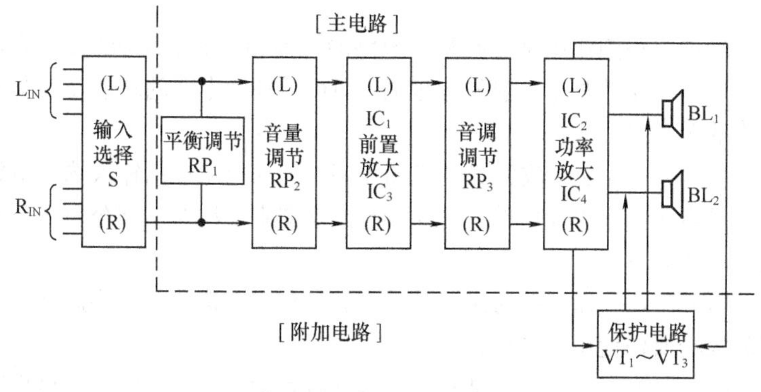

图5-5　功率放大器方框图

5.1.4　分析主通道电路

主通道电路是电路图中基本的、必不可少的电路部分。对于较简单的电路图，一般只有一个信号通道。对于较复杂的电路图，往往具有几个信号通道，包括一个主通道和若干个辅助通道。整机电路的基本功能是由主通道各单元电路实现的，因此分析电路图时应首先分析主通道各单元电路的功能，以及各单元电路间的接口关系。

以图 5-4 功率放大器电路图为例，主通道包括平衡调节、音量调节、前置放大、音调调节和功率放大 5 个单元电路，如图 5-5 方框图中虚线右上部分所示。我们可分析出主通道各单元电路的功能如下。

（1）平衡调节电路的功能是平衡左、右声道信号；

（2）音量调节电路的功能是调节音量大小；

（3）前置放大电路的功能是对信号进行电压放大；

（4）音调调节电路的功能是调节高、低音；

（5）功率放大电路的功能是对信号电压进行功率放大。

主通道电路工作流程是，音频信号经平衡调节和音量调节后，由 IC_1 进行电压放大，放大后的信号经音调调节后送入 IC_2 进行功率放大，最后推动扬声器发声。

5.1.5 分析辅助电路

辅助电路的作用是提高基本电路的性能和增加辅助功能。在弄懂了主通道电路的基本功能和原理后，即可对辅助电路的功能及其与主电路的关系进行分析。

仍以图 5-4 功率放大器电路图为例，辅助电路包括输入选择电路和保护电路两个单元电路，如图 5-5 方框图中虚线左下部分所示，它们的功能如下。

（1）输入选择电路的作用是选择音源信号，该辅助电路提高了功率放大器操作使用的方便性。

（2）保护电路的作用是开机静噪和扬声器保护，该辅助电路提高了功率放大器使用的安全性。

5.1.6 分析直流供电电路

整机电路的直流工作电源是电池或整流稳压电源，通常将电源安排在电路图的右侧，直流供电电路按照从右到左的方向排列，如图 5-6

所示。直流供电电路中的R和C_1、C_2构成退耦电路，以消除可能经由电源电路形成的有害耦合，这在多级单元电路组成的电路图中很常见。

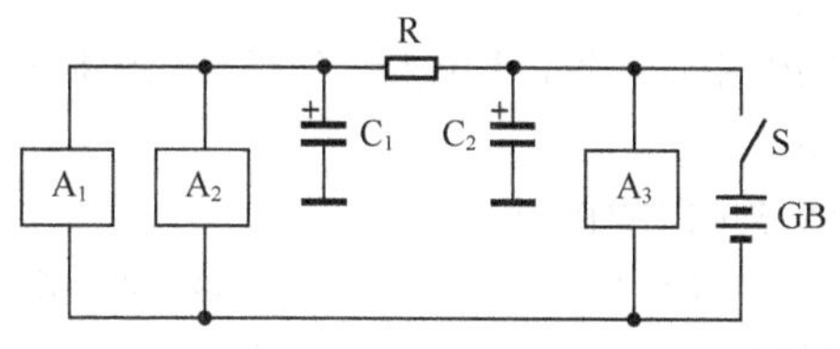

图 5-6　直流供电电路

图5-4所示功率放大器的直流电源包括±12V和±16V。±12V是前置放大电路（IC_1）的工作电源，±16V是功率放大电路（IC_2）的工作电源，+12V还是保护电路的工作电源。

5.1.7　具体分析各单元电路

在以上整体分析电路图的基础上，即可对各个单元电路进行详细的分析，弄清楚其工作原理和各元器件作用，计算或核算技术指标。

5.2　单元电路的分析方法

如果把元器件比作细胞，那么单元电路就是器官，电路图的整体功能是通过各个单元电路有机组合而实现的。掌握了各种单元电路的分析方法，才能够看懂整个电路图。

5.2.1　了解单元电路的作用与功能

分析单元电路首先应了解该单元电路的作用与功能，这从整机电路方框图中很容易搞清楚。单元电路种类众多，可分为放大电路、振荡电路、滤波电路、调制与解调电路和电源电路等类型，它们各自具有独特的作用与功能。

（1）放大电路的作用

放大电路的作用是对输入信号进行放大，常见的放大电路有电压放大器电路、电流放大器电路、功率放大器电路等。其中，电压跟随器是电压放大倍数等于1的放大电路，其作用是阻抗变换和缓冲。

（2）振荡电路的作用

振荡电路的作用是产生信号电压，包括正弦波振荡器电路和其他波形振荡器电路。

（3）有源滤波电路的作用

有源滤波电路的作用是限制通过信号的频率，包括低通有源滤波器电路、高通有源滤波器电路、带通有源滤波器电路和带阻有源滤波器电路。

（4）调制与解调电路的作用

调制电路的作用是将信号电压调制到载频上，调制方法包括调幅、调频和调相。解调电路的作用是从已调载频中解调出信号电压，检波电路和鉴频电路都属于解调电路。

（5）电源电路的作用

电源电路的作用是为其他电路提供工作电源或实现电源转换。常见的电源电路有整流滤波电路、稳压电路、恒流电路、逆变电路和直流变换电路等，它们具有不同的作用与功能。整流滤波电路的作用是将交流电变换为直流电；稳压电路的作用是提供稳定的工作电压；恒流电路的作用是提供恒定的电流；逆变电路的作用是将直流电变换为交流电；直流变换电路的作用是将一种直流电变换为另一种直流电等。

5.2.2 分析输入与输出的关系

除了振荡器等信号产生电路外，一般单元电路都有信号输入端和信号输出端，单元电路按照其既定的作用与功能，对输入信号进行处理、加工或变换，然后输出。特定的单元电路，其输出信号与输入信号之间存在特定的函数关系。弄清楚输入信号与输出信号的关系，对于分析单元电路十分重要，特别是许多由专用集成电路构成的单元电路，更是只能从输入信号与输出信号的关系上来加以分析。几类主要单元电路的输入信号与输出信号之间具有以下的特定关系。

（1）放大单元电路的输入与输出关系

放大单元电路的输出信号幅度是输入信号幅度的若干倍，其他特征不变。其中，同相放大器输出信号与输入信号相位相同，反相放大器输出信号与输入信号相位相反，如图 5-7 所示。电压跟随器可理解为放大倍数 $A=1$ 的放大器。衰减器可理解为放大倍数小于 1 的放大器。

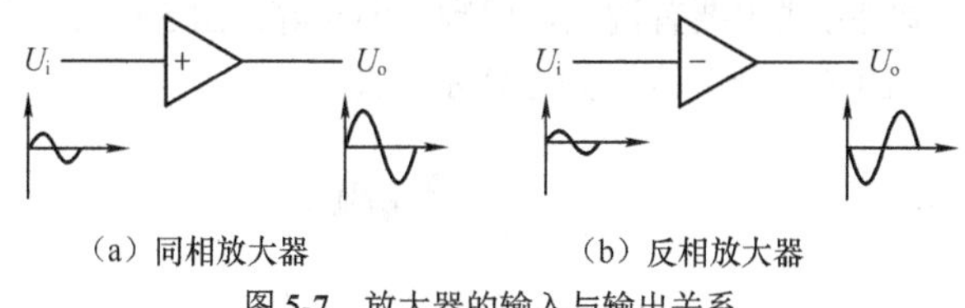

（a）同相放大器　　（b）反相放大器

图 5-7　放大器的输入与输出关系

（2）滤波单元电路的输入与输出关系

滤波单元电路的输入信号中只有符合要求的特定频率部分能够到达输出端，不符合的部分则被滤除。例如，高通滤波器只允许频率高于转折频率 f_0 的信号通过，低通滤波器只允许频率低于转折频率 f_0 的信号通过，带通滤波器只允许频率处于高低转折频率 f_2 与 f_1 之间的信号通过，带阻滤波器只允许频率低于低端转折频率 f_1 或高于高端转折频率 f_2 的信号通过，如图 5-8 所示。

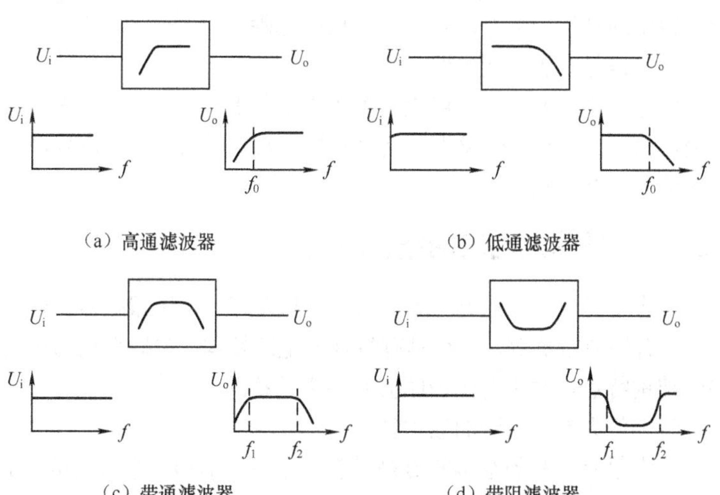

（a）高通滤波器　　（b）低通滤波器

（c）带通滤波器　　（d）带阻滤波器

图 5-8　滤波器的输入与输出关系

（3）调制与解调单元电路的输入与输出关系

调制单元电路一般具有两个输入端和一个输出端，两个输入信号分别是调制信号和载频信号，输出信号是含有输入调制信号信息的载频信号。调制方式主要有调幅、调频、调相等，图 5-9（a）为调幅电路示意图，图 5-9（b）为调频电路示意图。

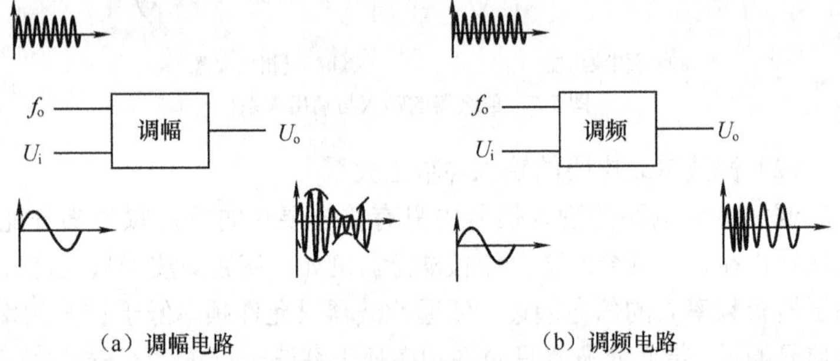

（a）调幅电路　　（b）调频电路

图 5-9　调制电路的输入与输出关系

解调单元电路则正好相反，输入的是含有调制信号信息的载频信号，输出的是调制信号，载频信号已被滤除。

（4）信号发生单元电路

信号发生单元电路一般没有输入端而只有输出端，向外提供特定的输出信号。有些信号发生电路具有控制端，用以对振荡信号进行参数调节或振荡控制。

5.2.3　常见单元电路的结构特点

很多常见的单元电路，如放大器、振荡器、电压跟随器、电压比较器、有源滤波器等，往往具有特定的电路结构，掌握常见的单元电路的结构特点，对于看图识图会有很大的帮助。

（1）放大单元电路的结构特点

放大单元电路的结构特点是具有一个输入端和一个输出端，在输入端与输出端之间是晶体管或集成运放等放大器件，如图 5-10 所示。有些放大器具有负反馈。如果输出信号是由晶体管发射极引出，则是射极跟随器电路。

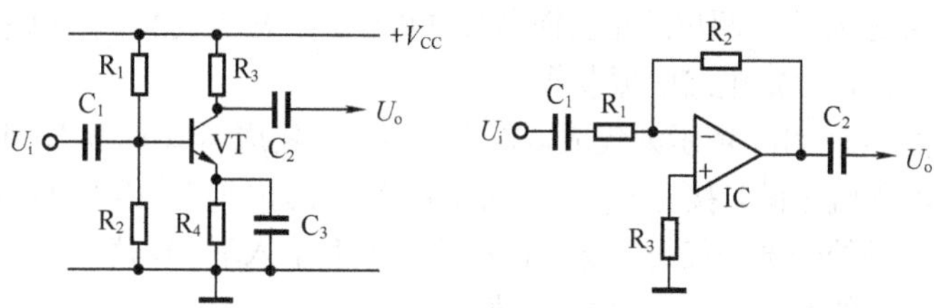

（a）晶体管放大器　　（b）集成运放反相放大器

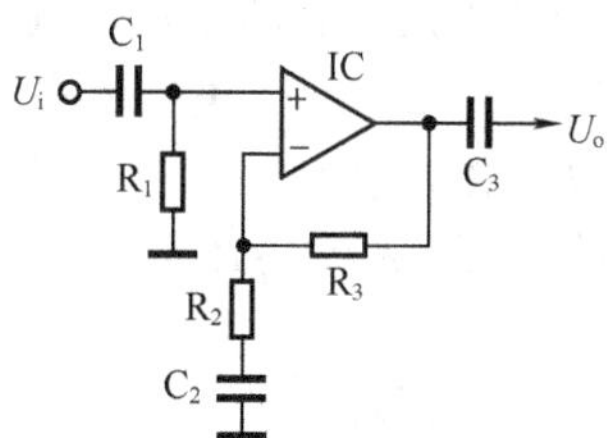

（c）集成运放同相放大器

图 5-10　放大电路的结构特点

（2）振荡单元电路的结构特点

振荡单元电路的结构特点是没有对外的电路输入端，晶体管或集成运放的输出端与输入端之间接有一个具有选频功能的正反馈网络，将输出信号的一部分正反馈到输入端以形成振荡，如图 5-11 所示。

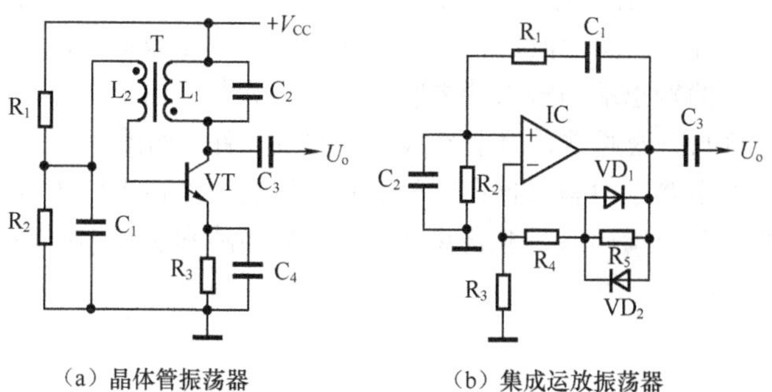

（a）晶体管振荡器　　（b）集成运放振荡器

图 5-11　振荡电路的结构特点

图 5-11（a）所示为晶体管振荡器，晶体管 VT 的集电极输出信号，由变压器 T 倒相后正反馈到其基极，T 的初级线圈 L_1 与 C_2 组成选频回路，决定电路的振荡频率。

图 5-11（b）所示为集成运放振荡器，在集成运放 IC 的输出端与同相输入端之间，接有 R_1、C_1、R_2、C_2 组成的桥式选频反馈回路，IC 输出信号的一部分经桥式选频回路反馈到其输入端，振荡频率由组成选频回路的 R_1、C_1、R_2、C_2 的值决定。

（3）差动放大器的结构特点

差动放大器的结构特点是具有两个输入端（正输入端和负输入端）和一个输出端，如图 5-12 所示。集成运放 IC 的输出端与反相输入端之间接有一反馈电阻 R_3，使 IC 工作于线性放大状态，输出信号是两个输入信号差值的 A 倍（$A = R_3/R_1$）。

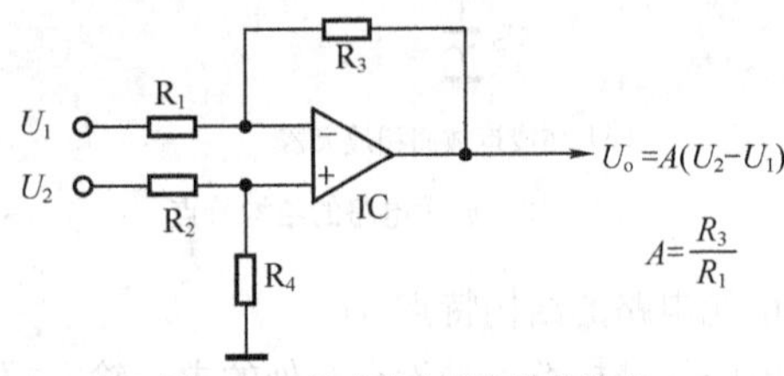

图 5-12　差动放大器的结构特点

（4）滤波单元电路的结构特点

滤波单元电路的结构特点是含有电容器或电感器等具有频率函数的元件，有源滤波器还含有晶体管或集成运放等有源器件，在有源器件的输出端与输入端之间接有反馈元件。由于电感器比较笨重，有源滤波器通常采用电容器作为滤波元件，如图 5-13 所示。高通滤波器电路中电容器接在信号通路，低通滤波器电路中电容器接在旁路或负反馈回路，带通滤波器在信号通路和负反馈回路中都有电容器。

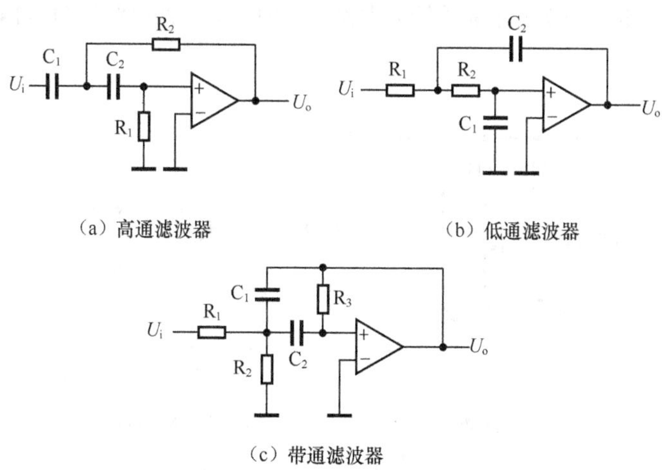

（a）高通滤波器　（b）低通滤波器　（c）带通滤波器

图 5-13　滤波电路的结构特点

5.2.4　等效电路分析法

放大器、振荡器、有源滤波器等单元电路，都包括交流回路和直流回路，并且互相交织在一起，有些元器件只在一个回路中起作用，有些元器件在两个回路中都起作用。为了更方便、更清晰地分析单元电路，可以分别画出交流等效电路和直流等效电路。

（1）交流等效电路

交流回路是单元电路处理交流信号的通路。对于交流信号而言，电路图中的耦合电容和旁路电容都视为短路，电源两端并接有大容量的滤波电容，也视为短路，这样便可绘出其交流等效电路。例如，图 5-14（a）所示晶体管放大器电路，按照上述方法绘出的交流等效电路如图 5-14（b）所示。

（2）直流等效电路

直流回路为单元电路提供正常工作所必需的电源条件。对于直流

而言，电路图中所有电容均视为开路，很容易即可绘出其直流等效电路。图 5-14（a）所示晶体管放大器电路的直流等效电路如图 5-14（c）所示。

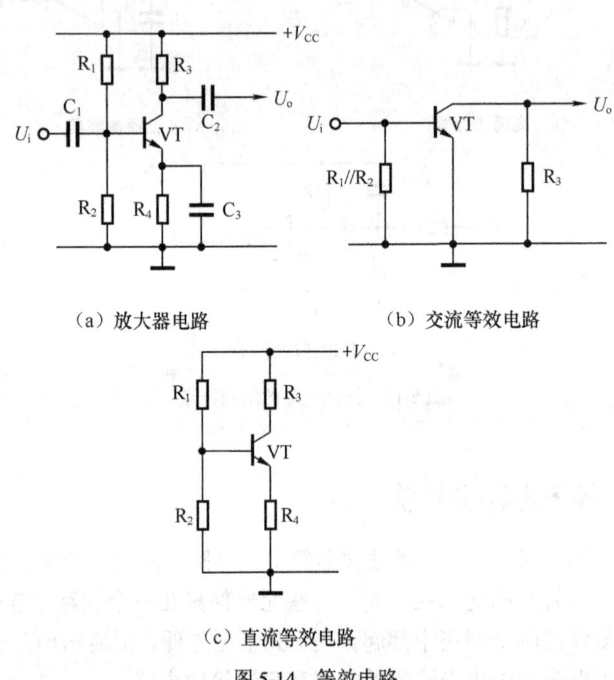

（a）放大器电路 （b）交流等效电路

（c）直流等效电路

图 5-14 等效电路

5.3 集成电路的看图方法

随着微电子技术的不断发展，各种无线电和电子设备越来越多地使用集成电路，集成电路符号也就越来越多地出现在各种电路图中。由于电路图中一般不画出集成电路的内部电路，这使得应用集成电路构成的电路图不像分立元件电路图那样直观易读，因此，看懂含有集成电路的电路图需要掌握一些特殊的看图方法。

5.3.1 了解集成电路的基本功能

集成电路往往都是电路图中各单元电路的核心，在单元电路中起着主要的作用。从图面上看，某些单元电路就是由一块或几块集成电路再配以必需的外围元器件构成的。要看懂这样的电路图，关键是了解和掌握处于核心地位的集成电路的基本功能，以此为突破口分析整个电路的工作原理。

集成电路的品种繁多，功能各异，特别是对于缺少资料和经验的无线电和电子爱好者来说，掌握电路图中集成电路的功能并非易事。但是，我们可以通过了解电路作用、查找资料、分析接口情况等方法，来搞清楚集成电路的基本功能。

（1）根据单元电路作用判断集成电路功能

一般而言，集成电路是单元电路的核心，单元电路的作用主要是依靠该集成电路来实现和完成的。所以，根据单元电路所承担的任务和所起的作用，即可大致判断出在单元电路中起核心作用的集成电路的基本功能。

例如，图 5-15 所示为以集成电路 IC_1 为核心构成的一个单元电路，从图 5-16 扩音机电路原理方框图可知，该单元电路的作用和任务是对音频信号进行功率放大，因此，作为核心器件的集成电路 IC_1 的基本功能是功率放大，IC_1 应该是一个集成功率放大器。

（2）通过查找资料了解集成电路功能

通常在较完整的电路图中，均会标注有各个集成电路的型号。我们可以根据电路图提供的型号，通过查阅集成电路手册等技术资料，搞清楚这些集成电路的基本功能以及其他相关数据，这对于看懂集成电路电路图将会有极大的帮助。

图 5-15 所示功率放大单元电路中，集成电路 IC_1 的型号为 LM3886，通过查阅手册可以很清楚地了解到：LM3886 是高性能集成功率放大器，频率响应范围 5Hz～100kHz，输出功率 50 W，

总谐波失真 0.03%，具有过压、过载、超温保护功能和静噪功能，以 LM3886 为核心构成的音频功放单元电路具有很好的技术性能。

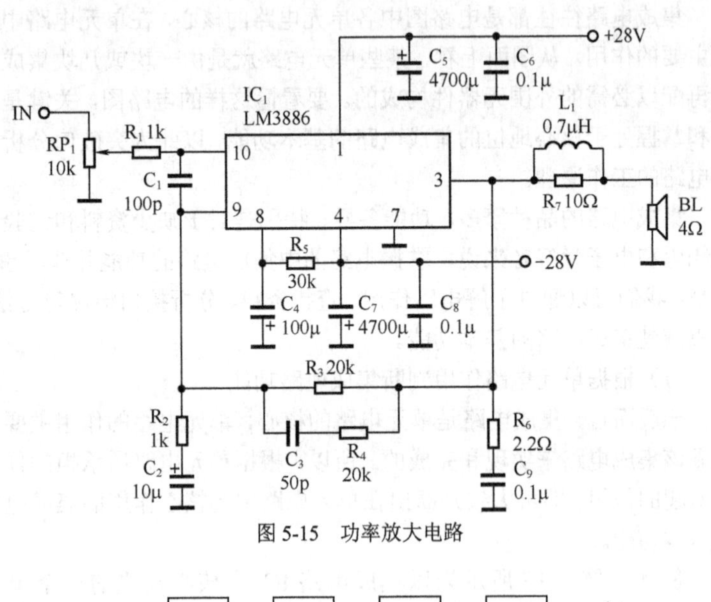

图 5-15　功率放大电路

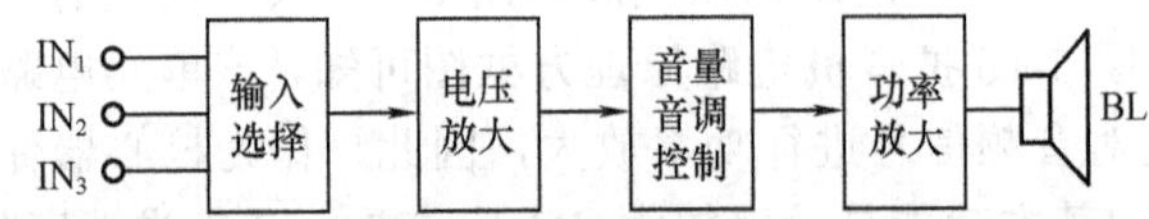

图 5-16　扩音机原理方框图

（3）依据前后接口情况分析集成电路功能

由于新型集成电路层出不穷，而阅图者所能接触到的技术资料有限，这会给查找集成电路资料造成困难。在无法通过查阅资料了解集成电路的情况下，我们还可以通过分析集成电路与其前级以及后续电路的接口关系，来确定该集成电路的基本功能。

仍以图 5-15 所示功率放大单元电路为例。集成电路 IC_1 的前级电路是音量控制电路，输入电压信号经音量电位器 RP_1 后到达 IC_1。集

成电路 IC_1 的后面连接的是扬声器 BL。通过分析可知，音量电位器 RP_1 输出的电压信号不足以推动扬声器 BL 发声，在它们之间必须有一个功率放大器，所以，处于音量电位器 RP_1 与扬声器 BL 之间的集成电路 IC_1 的基本功能应该是功率放大。

5.3.2 识别集成电路的引脚

一个集成电路内部通常集成了一个甚至多个单元电路，通过若干引脚与外界电路相连接。在电路图中，集成电路仅以一个矩形或三角形图框表示，往往缺乏内部细节，在这种情况下，看懂电路图的关键是正确识别集成电路的各个引脚。

（1）集成电路引脚的作用

集成电路引脚的主要作用是建立集成电路内部电路与外围电路的连接点，只有按要求将引脚与外接的元器件或电路相连，集成电路才能正常工作。

① 引脚上外接的元器件是集成电路内部电路的有机组成部分，只有在外接元器件的配合下，集成电路才能构成一个完整的电路。

② 通过引脚为集成电路提供工作电源。

③ 通过引脚为集成电路提供输入信号，并引出集成电路处理后的输出信号。

所以，识别和掌握集成电路各引脚的作用和功能，是看懂和分析含有集成电路的电路图的有效方法。

（2）集成电路引脚的类型

各种集成电路由于功能不同，决定了它们的引脚也不尽相同。但是电源引脚、接地引脚、信号输入和输出引脚则是大多数集成电路所必有的。

5.3.3 电源引脚

电源引脚的作用是为集成电路引入直流工作电压。集成电路有单电源供电和双电源供电两种类型。

（1）单电源供电一般是采用单一的正直流电压作为工作电压，集成电路具有一个电源引脚，电路图中有时在电源引脚旁标注有“V_{CC}”字符，如图5-17（a）所示。

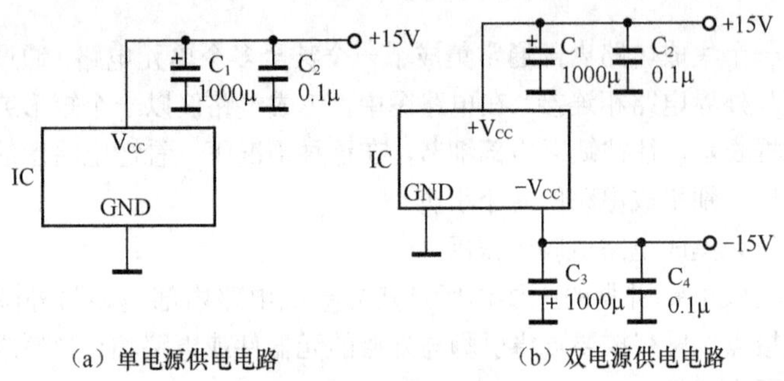

图5-17　电源引脚

（2）双电源供电一般是采用对称的正、负直流电压作为工作电压，集成电路具有两个电源引脚，电路图中有时分别在正、负电源引脚旁标注有“$+V_{CC}$”和“$-V_{CC}$”字符，如图5-17（b）所示。

（3）电源引脚的外电路具有以下明显的特征。

① 电源引脚直接与相应的电源电路的输出端相连接。

② 电源引脚与地之间一般都接有大容量的电源滤波电容（图5-17中的C_1、C_3），有的电路还在大容量滤波电容旁并接一个小容量的高频滤波电容（图5-17中的C_2、C_4）。

（4）集成电路也可能具有更多的电源引脚。主要是以下两种情况。

① 有些集成电路内部的前、后级单元电路分别有自己独立的电源引脚，以便分别供电或接入电源退耦电路，如图5-18所示。

② 有些集成电路内部包含有电子滤波稳压电路，可以输出稳定的直流电压为其他单元电路供电，因此该集成电路额外具有一个电源输出引脚，如图5-19所示。

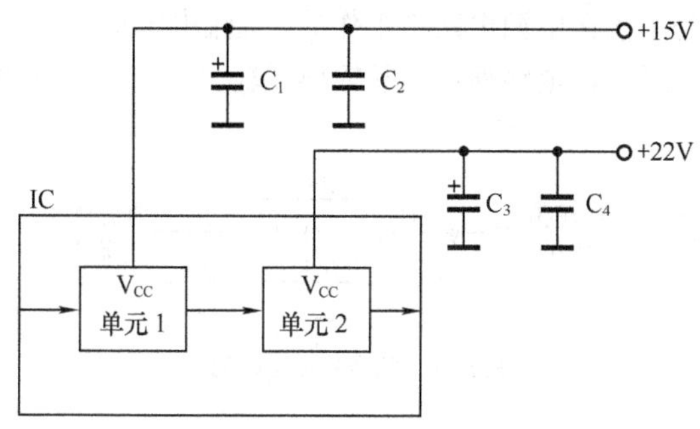

（a）前后级分别供电

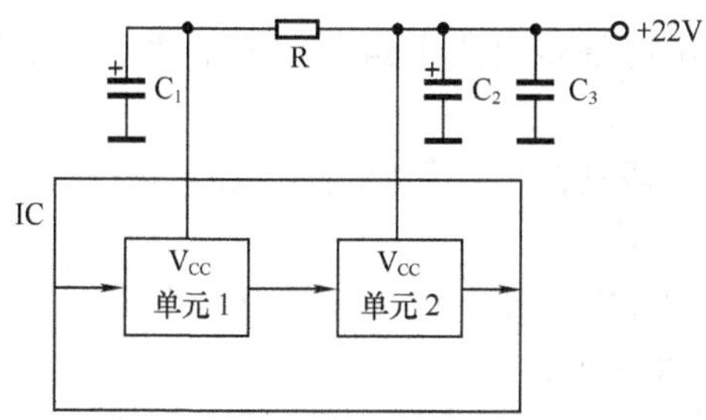

（b）前后级电源之间接有退耦电路

图 5-18　多级电源引脚

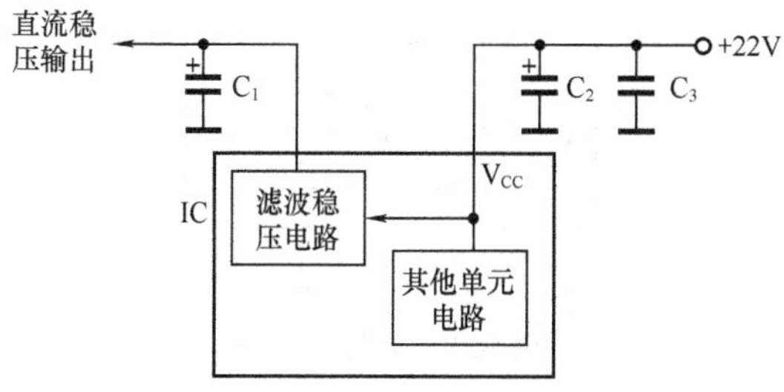

图 5-19　内部稳压器引脚

（5）电源稳压集成电路没有专门的电源引脚。这是因为电源稳压集成电路是串接在电源电路中工作的，直流电压从稳压集成电路的输入端输入，经内部电路稳压后从输出端输出，如图 5-20 所示。

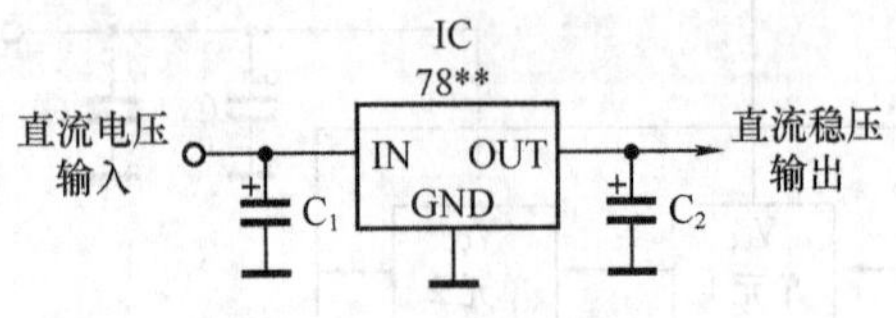

图 5-20　稳压集成电路的引脚

5.3.4　接地引脚

接地引脚的作用是将集成电路内部的地线与外电路的地线连通。

（1）集成电路一般具有一个接地引脚，电路图中有时在接地引脚旁标注有“GND”字符。

（2）接地引脚的外电路的明显特征是直接与电路图中的地线相连接，或者直接绘有接地符号。

（3）在电路图中，有些集成电路可能有多个接地引脚。主要有以下两种情况。

① 有些集成电路内部的前、后级单元电路分别有自己独立的接地引脚，如图 5-21 所示。

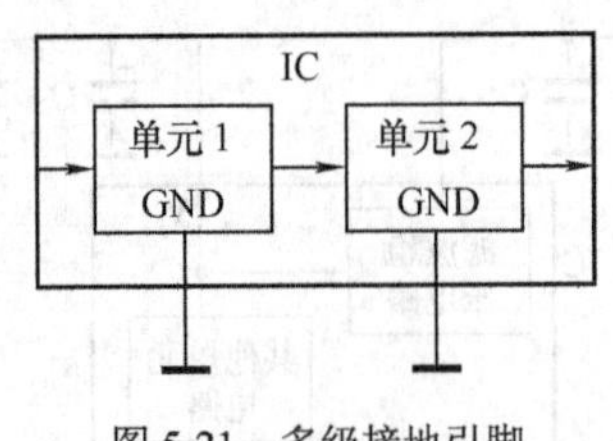

图 5-21　多级接地引脚

② 将集成电路内部闲置不用的单元电路的信号引脚接地，以保证整个集成电路工作的稳定性，如图 5-22 所示。这样接地的引脚并

不是真正的接地引脚，但在分析电路图时可以不作严格区分。

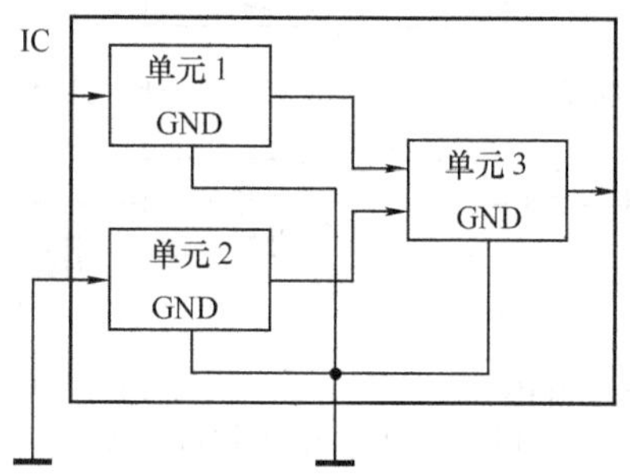

图 5-22 闲置输入端接地

5.3.5 信号输入引脚

信号输入引脚的作用是将输入信号引入集成电路。

（1）除信号源类集成电路外，一般集成电路至少有一个信号输入引脚，电路图中有时在信号输入引脚旁标注有“IN”字符，如图 5-23（a）所示。有些集成电路同时具有同相输入和反相输入两个信号输入引脚，则在电路图中同相输入引脚旁标注有“+”字符，反相输入引脚旁标注有“–”字符，如图 5-23（b）所示。

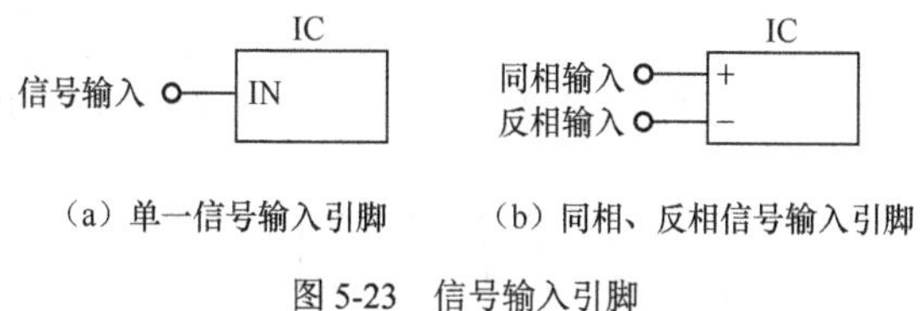

（a）单一信号输入引脚　（b）同相、反相信号输入引脚

图 5-23 信号输入引脚

（2）集成电路信号输入引脚的外接电路特征是：通过一个耦合元件与前级电路的输出端相连接。这个耦合元件可以是耦合电容 C，或者是耦合电阻 R，或者是 RC 耦合电路，或者是耦合变压器 T 等，如图 5-24 所示。

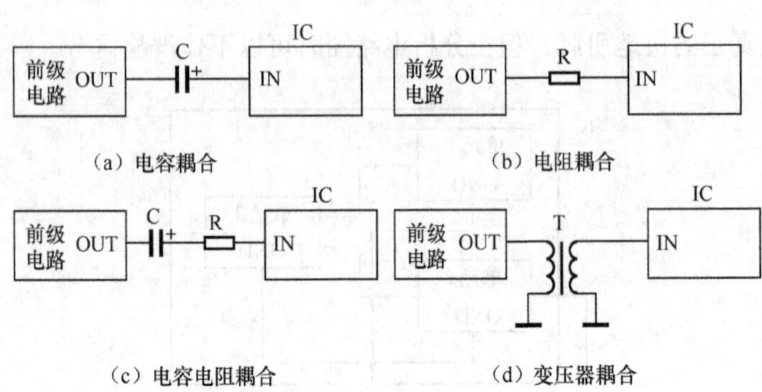

（a）电容耦合　（b）电阻耦合

（c）电容电阻耦合　（d）变压器耦合

图 5-24　信号输入引脚的特征

（3）有些集成电路具有较多的信号输入引脚。可以分为以下 3 种情况。

① 集成电路内部的前、后级单元电路分别有自己独立的信号输入引脚，如图 5-25（a）所示。

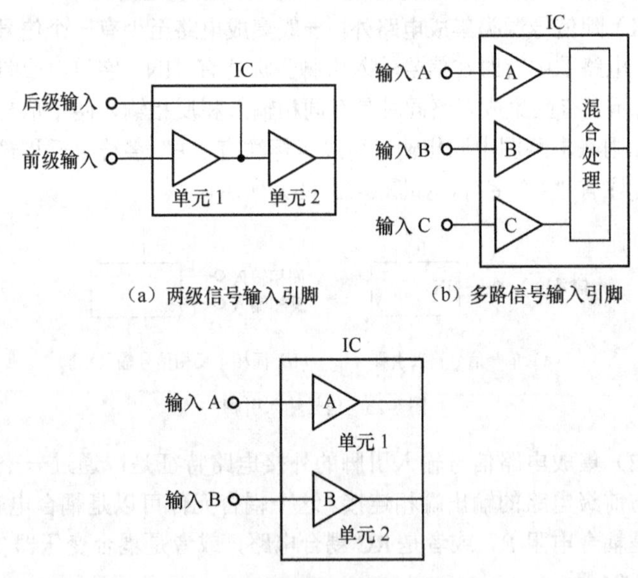

（a）两级信号输入引脚　（b）多路信号输入引脚

（c）含有两个独立电路的信号输入引脚

图 5-25　多个信号输入引脚

② 集成电路具有混合处理多个输入信号的功能，所以具有多个信号输入引脚，如图 5-25（b）所示。

③ 集成电路内部包含有两个（或更多）互相独立的单元电路，例如双声道功放集成电路，每一声道都有自己的信号输入引脚，如图 5-25（c）所示。

（4）振荡器、函数发生器等信号源类集成电路一般没有信号输入引脚。

5.3.6 信号输出引脚

信号输出引脚的作用是将集成电路的输出信号引出。

（1）集成电路至少具有 1 个信号输出引脚，电路图中有时在信号输出引脚旁标注有“OUT”字符，如图 5-26 所示。

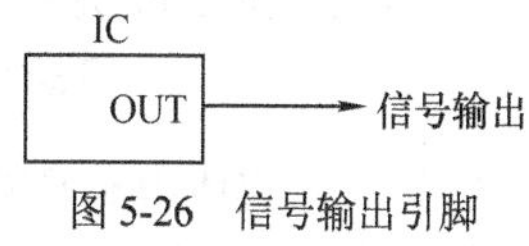

图 5-26 信号输出引脚

（2）集成电路信号输出引脚的外接电路特征是：通过电容、电阻、变压器等耦合元件与后续电路的输入端相连接，如图 5-27 所示；或者直接驱动扬声器、发光二极管、指示表头等负载，如图 5-28 所示。

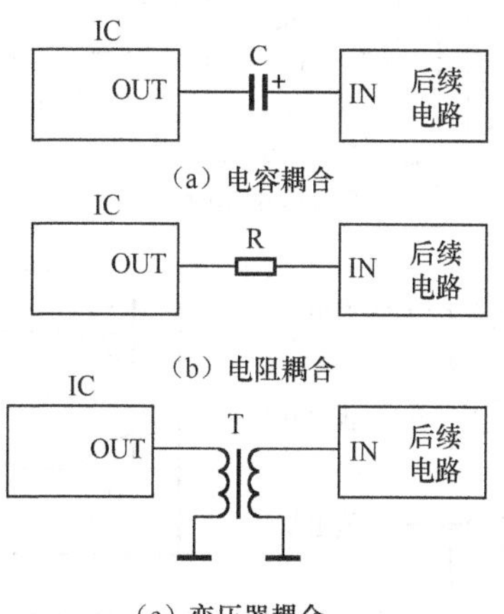

图 5-27 信号输出引脚的特征

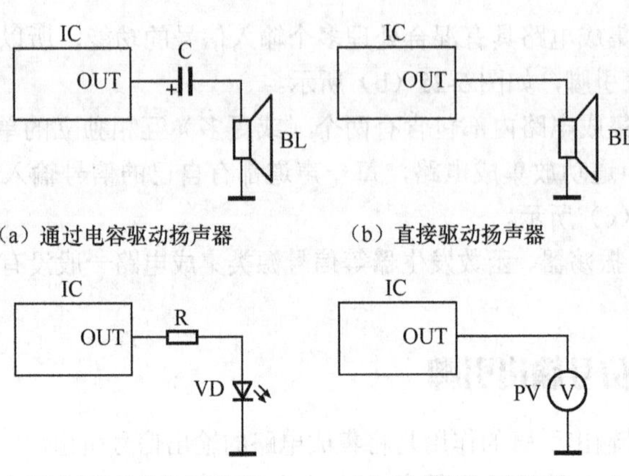

（a）通过电容驱动扬声器　（b）直接驱动扬声器

（c）通过电阻驱动发光二极管　（d）直接驱动电压表头

图 5-28　信号输出引脚驱动负载

（3）有些集成电路具有较多的信号输出引脚。有以下 3 种情况。

① 集成电路内部的前、后级单元电路分别有自己独立的信号输出引脚，如图 5-29（a）所示。

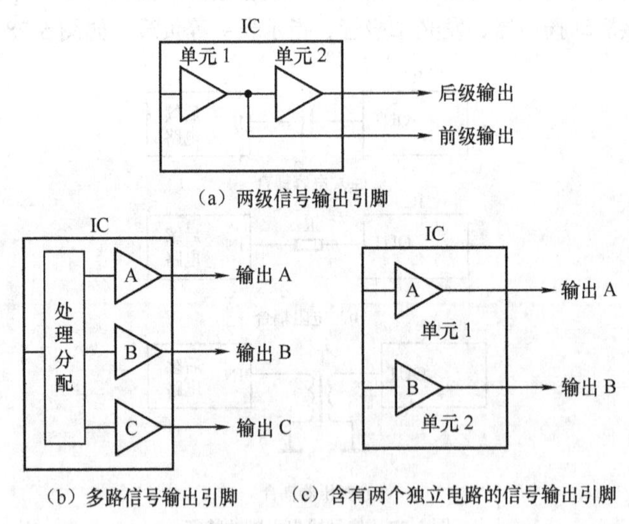

（a）两级信号输出引脚

（b）多路信号输出引脚　（c）含有两个独立电路的信号输出引脚

图 5-29　多个信号输出引脚

② 集成电路具有多路输出功能，所以具有多个信号输出引脚，如图 5-29（b）所示。

③ 集成电路内部包含有两个（或更多）互相独立的单元电路，例如，双声道功放集成电路，每一声道都有自己的信号输出引脚，如图 5-29（c）所示。

5.3.7 其他引脚

除了上述四种基本引脚之外，有些集成电路还具有一些其他引脚，例如：外接电阻、电容、电感、晶体等元器件的引脚，自举、消振、负反馈、退耦等保证工作的引脚，静噪、控制等附加功能引脚等。

例如图 5-15 所示功率放大单元电路中，集成电路 IC_1 型号为 LM3886，单列直插式封装，共有 11 个引脚，其中 3 个为空脚，2 个同为正电源引脚，如图 5-30 所示。

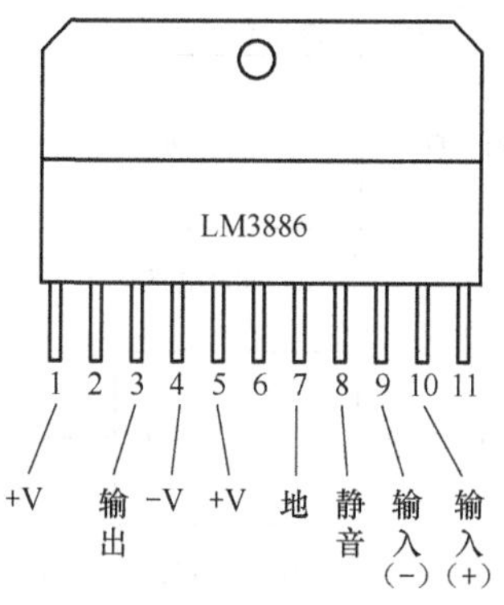

图 5-30　LM3886 的引脚

在图 5-15 中，画出了 LM3886 实际使用的 7 个引脚：第 1 脚为正电源引脚，第 4 脚为负电源引脚，第 7 脚为接地引脚，第 10 脚为同相输入引脚，第 9 脚为反相输入引脚，第 3 脚为输出引脚，第 8 脚为静噪引脚。

5.3.8 从输入输出关系上分析

在电路图中，集成电路仅以矩形或三角形图框表示，一般不画出内部电路，这给我们分析电路图带来一定难度。在缺乏集成电路内部电路资料的情况下，如何看懂电路图呢？可以运用“黑箱理论”来解决这一问题，即把集成电路看作是一个“黑箱”，我们不必去研究“黑箱”内部的结构和工作过程，而从其输入信号与输出信号的关系上进行分析，从而看懂整个电路图。

集成电路输出信号与输入信号之间的关系主要有幅度变化关系、频率变化关系、阻抗变化关系、相位变化关系和波形变化关系等。

（1）幅度变化关系

集成电路的输出信号与输入信号相比，其幅度发生了变化而其他参数不变，如图 5-31 所示。

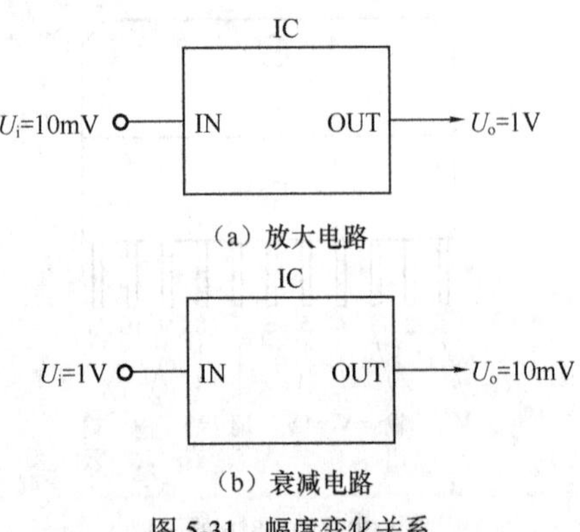

图 5-31 幅度变化关系

① 如果输出信号的幅度大于输入信号，我们就可以判定这个集成电路是一个放大电路，例如电压放大器、中频放大器、前置放大器、功率放大器等，如图 5-31（a）所示。

② 如果输出信号的幅度小于输入信号，则该集成电路是一个衰减电路，例如衰减器、分压器等，如图 5-31（b）所示。

（2）频率变化关系

集成电路的输出信号与输入信号相比，其频率发生了变化，如图 5-32 所示。

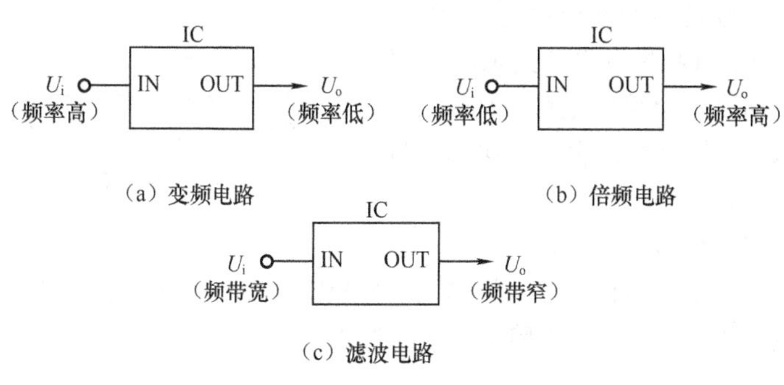

图 5-32　频率变化关系

① 如果输出信号的频率低于输入信号，则该集成电路是一个变频电路，如图 5-32（a）所示。

② 如果输出信号的频率高于输入信号，则该集成电路是一个倍频电路，如图 5-32（b）所示。

③ 如果输出信号的频带是输入信号的一部分，则该集成电路是一个滤波电路，如图 5-32（c）所示。

（3）阻抗变化关系

集成电路的输出信号与输入信号相比，其阻抗发生了变化，则该集成电路是一个阻抗变换电路，如图 5-33 所示。

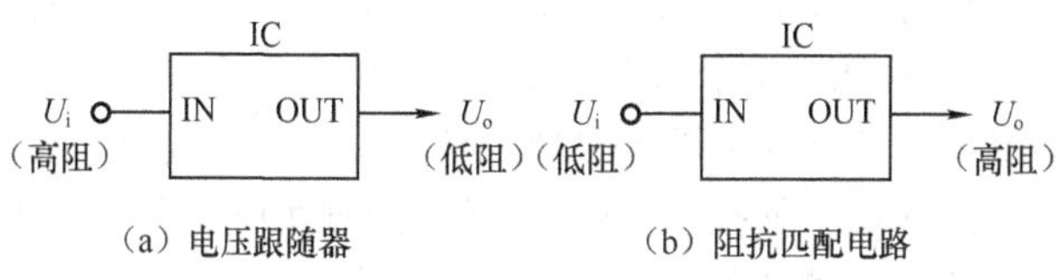

图 5-33　阻抗变化关系

① 如果输出信号的阻抗低于输入信号，则是电压跟随器、缓冲器等，如图 5-33（a）所示。

② 如果输出信号的阻抗高于输入信号，则是阻抗匹配电路、恒流输出电路等，如图 5-33（b）所示。

（4）相位变化关系

集成电路的输出信号与输入信号相比，其相位发生了变化，则该集成电路是一个移相电路，如图 5-34 所示。如果移相角度为 180°，可以称为反相电路。

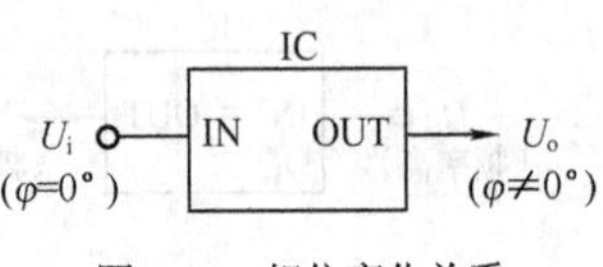

图 5-34　相位变化关系

（5）波形变化关系

集成电路的输出信号与输入信号相比，其波形发生了变化，则该集成电路是一个整形电路，如图 5-35 所示。

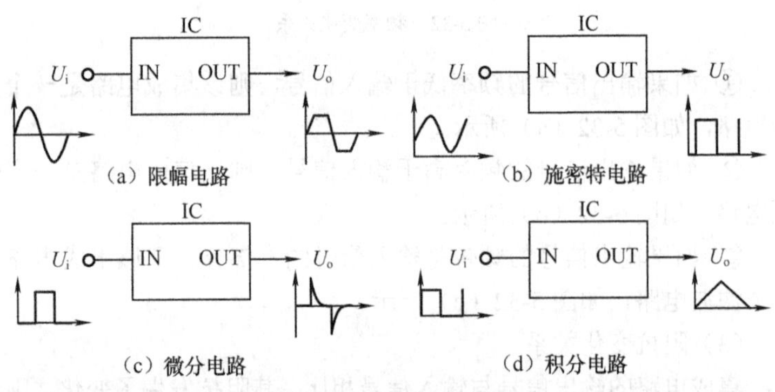

图 5-35　波形变化关系

① 图 5-35（a）所示为输出信号幅度受到限制的限幅电路。

② 图 5-35（b）所示为波形边沿变得陡峭的施密特电路。

③ 图 5-35（c）所示为强调输入信号变化率的微分电路。

④ 图 5-35（d）所示为强调输入信号随时间积累情况的积分电路。

除此之外，还有诸如调制关系、解调关系、逻辑关系、控制关系等电路。有些集成电路的输入输出信号之间可能同时包含数种上述基本关系，甚至具有更复杂的输入输出关系。因此，熟练掌握这些基本关系，有助于我们融会贯通、举一反三地分析各种集成电路电路图。

5.3.9 从接口关系上分析

电路图中往往会包含有若干个集成电路，它们之间通过一定的电路组成了一个有机的整体。分析各个集成电路之间以及集成电路与其他分立元件单元电路之间的接口关系，也是看懂集成电路电路图的有效方法。

（1）与其他集成电路的接口关系

在电路图中，已知了一些集成电路的功能与作用，我们就可以从各集成电路之间的接口关系上，分析出未知集成电路在电路图中的作用。

以图 5-36 所示电路为例，IC_1 为一未知集成电路，其两个输入端中，“IN_1”与高放集成电路的输出端相接，输入高频信号；“IN_2”与本振集成电路的输出端相接，输入本振信号。IC_1 的输出端“OUT”与中放集成电路的中频信号输入端相接。因此，通过分析可以得知，IC_1 为混频集成电路，电台信号经高放级放大后输入 IC_1，同时本振级产生的本振信号也输入 IC_1，由 IC_1 混频后输出中频信号至中放级。

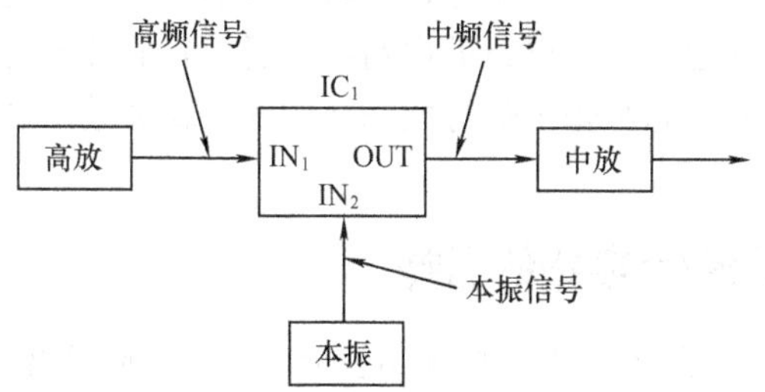

图 5-36　与其他集成电路的接口关系

（2）与分立元件电路的接口关系

由于分立元件单元电路比较直观、容易看懂，因此，通过对集成电路与分立元件单元电路接口关系的分析，可以帮助我们掌握该集成电路在电路图中的作用。

图 5-37 所示电路中，集成电路 IC_2 通过变压器 T_3 与分立元件电路相连接。该分立元件单元电路是一个典型的检波电路，VD_2 为检波

二极管，C_{11}、R_{10}、C_{12} 组成 π 型滤波网络，RP_1 为音量电位器，T_3 为中频变压器。IC_2 的输出信号由 T_3 耦合至检波电路进行检波。因此，IC_2 是中频放大器集成电路，承担电路中中频放大的任务。

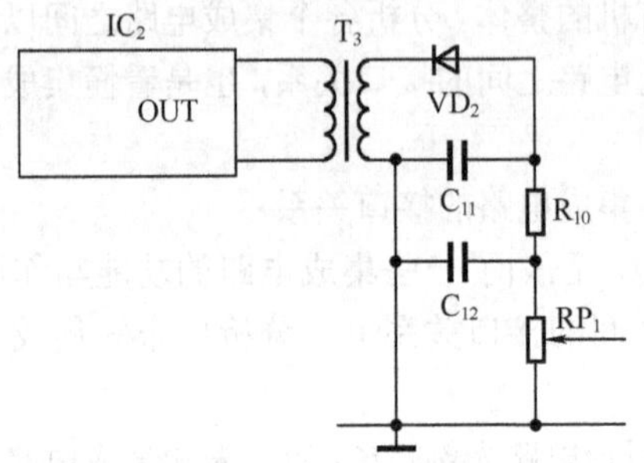

图 5-37　与分立元件电路的接口关系

5.4　数字电路的看图方法

数字电路处理的是不连续的、离散的数字信号，数字信号一般只具有“0”和“1”两个状态，这与传统的模拟电路完全不同。对于数字电路或含有数字电路的电路图，看懂它的关键是，通过分析各种输入信号状态与输出信号状态之间的逻辑关系，搞清楚电路的逻辑功能。

5.4.1　识别数字电路的引脚

数字集成电路在电路图中通常以分散画法的形式出现，即一块集成电路中的若干个功能单元，以逻辑符号的图形分布在电路图中的不同位置上，这是数字电路与模拟电路在电路图表现形式上的显著区别。

分析数字电路，一般只需要掌握逻辑单元的功能，而不必去研究逻辑单元内部的电路。因此，熟识数字逻辑单元的符号和数字集成电路引脚的特征，能够帮助我们正确看懂数字电路图。

（1）数字集成电路引脚的作用

数字集成电路引脚的主要作用是建立集成电路内部电路与外围

电路的连接点，数字集成电路只有通过引脚与外围电路建立联系，数字电路才能发挥其功能。

① 通过引脚使数字集成电路之间、数字集成电路与其他电路之间建立有机的逻辑关系。

② 通过引脚为数字集成电路提供工作电源。

③ 通过引脚为数字集成电路提供输入信号，并引出数字集成电路处理后的输出信号。

所以，识别和掌握数字集成电路各引脚的作用和功能，是看懂和分析含有数字集成电路的电路图的有效方法。

（2）数字集成电路引脚的类型

各种数字集成电路由于功能不同，决定了它们的引脚也不尽相同。但是电源引脚、接地引脚、输入端和输出端引脚则是大多数数字集成电路所必有的。

5.4.2 数字电路电源引脚

电源引脚的作用是为数字集成电路引入直流工作电压。

数字集成电路一般采用单电源供电，即采用单一的正直流电压作为工作电压。数字集成电路具有一个电源引脚，电路图中有时在电源引脚旁标注有“V_{DD}”字符，如图5-38所示。

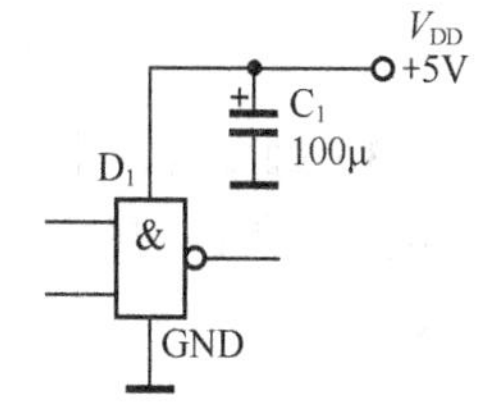

图5-38 电源与接地引脚

电源引脚的外接电路具有以下明显的特征：① 电源引脚直接与相应的电源电路的输出端相连接。② 电源引脚与地之间一般都接有大容量的电源滤波电容（如图5-38中的C_1）。

电路图中有些数字集成电路可能有多个引脚接电源，这些引脚中有些并非真正的电源引脚，而是逻辑功能的需要。主要有以下3种情况。

（1）有些数字集成电路内部包含有若干个互相独立的门电路或触发器，对于其中多余不用的门电路或触发器，往往将它们的输入端接正电源，如图5-39所示。

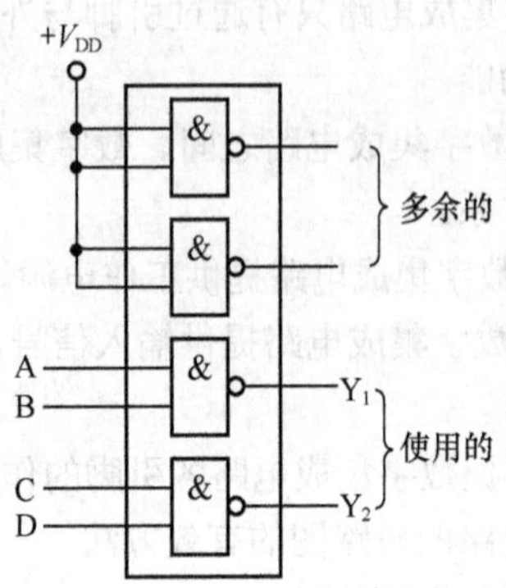

图 5-39　多余电路的输入端接电源

（2）与门、与非门多余不用的输入端，应接正电源以保证其逻辑功能正常，如图 5-40 所示。

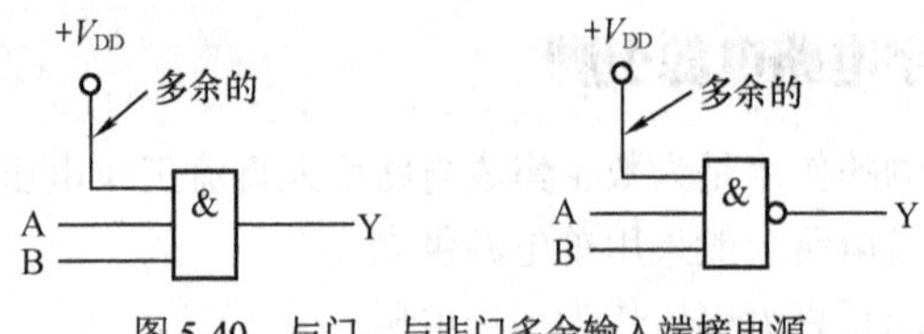

图 5-40　与门、与非门多余输入端接电源

（3）触发器、计数器、译码器、寄存器等数字电路中，不使用的“0”电平有效的控制端，应接正电源以保证其逻辑功能正常，如图 5-41 所示。

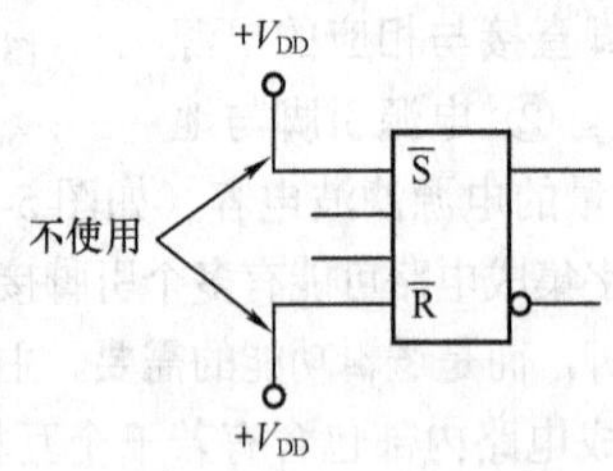

图 5-41　多余“0”电平有效的控制端接电源

5.4.3 数字电路接地引脚

接地引脚的作用是将数字集成电路内部的地线与外接电路的地线连通。

数字集成电路一般具有一个接地引脚，电路图中有时在接地引脚旁标注有“GND”字符。

接地引脚的外接电路的明显特征是直接与电路图中的地线相连接，或者直接绘有接地符号。

电路图中有些集成电路可能有多个引脚接地。主要有以下 3 种情况。

（1）有些数字集成电路内部包含有若干个互相独立的门电路或触发器，对于其中多余不用的门电路或触发器，往往将它们的输入端接地，如图 5-42 所示。

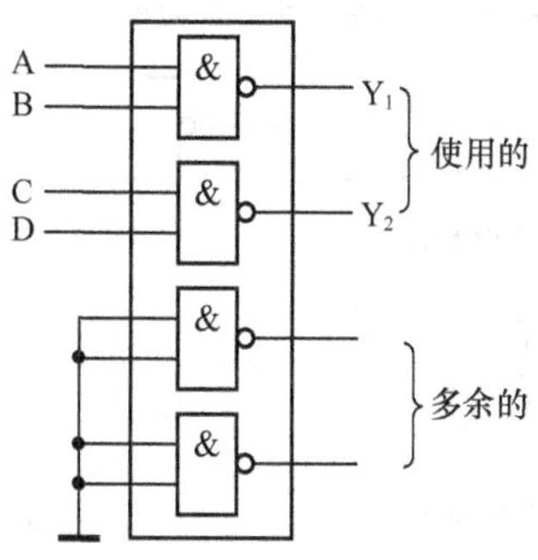

图 5-42　多余电路的输入端接地

（2）或门、或非门多余不用的输入端，应接地以保证其逻辑功能正常，如图 5-43 所示。

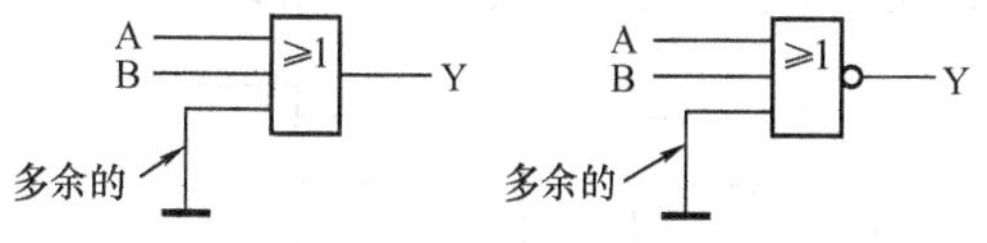

图 5-43　或门、或非门多余输入端接地

（3）触发器、计数器、译码器、寄存器等数字电路中，不使用的

“1”电平有效的控制端，应接地以保证其逻辑功能正常，如图 5-44 所示。

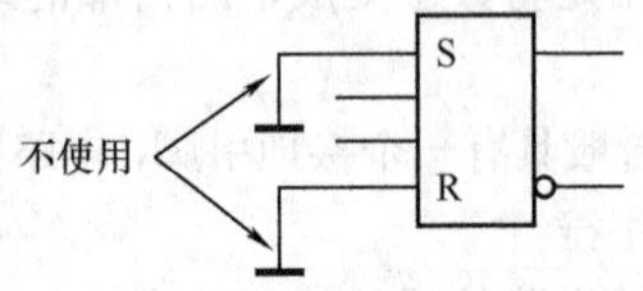

图 5-44　多余“1”电平有效的控制端接地

5.4.4　数字电路输入端引脚

数字电路输入端包括数据输入端和控制输入端两大类，这些输入端从引脚图形上可分为一般输入端、反相输入端、边沿触发输入端、反相边沿触发输入端等，如图 5-45 所示。

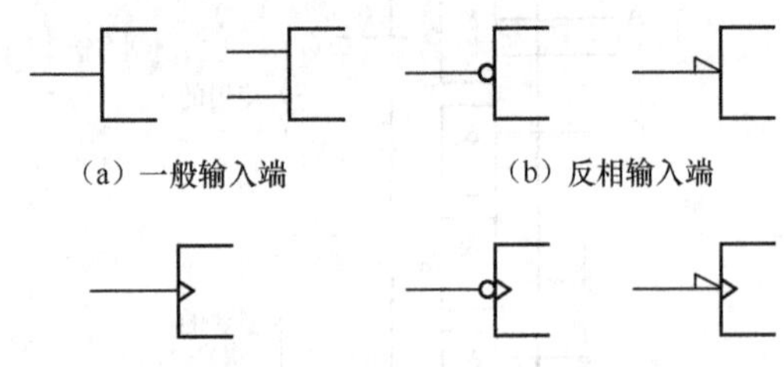
（a）一般输入端　（b）反相输入端

（c）边沿触发输入端　（d）反相边沿触发输入端

图 5-45　输入端的种类

（1）一般数据输入端

一般数据输入端的数据信号以原码形态输入。例如：门电路的输入端，有时标注有字符“A，B，C，…”等，如图 5-46 所示。

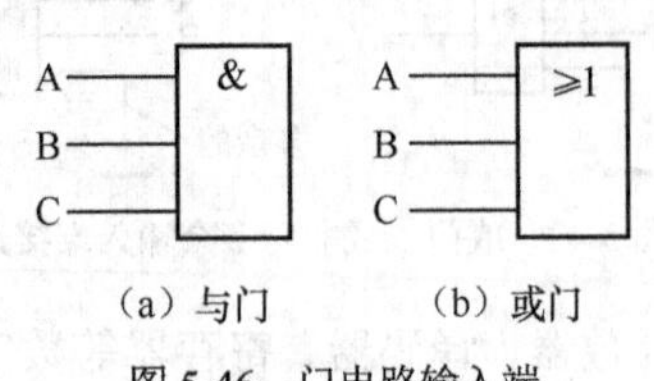

（a）与门　（b）或门

图 5-46　门电路输入端

触发器的数据输入端，标注有字符“D，J，K，…”等，如图 5-47 所示。

移位寄存器的数据输入端中，串行数据输入端标注有“D”字符，并行数据输入端标注有“P_1，P_2，P_3，P_4，…”等字符，如图 5-48 所示。

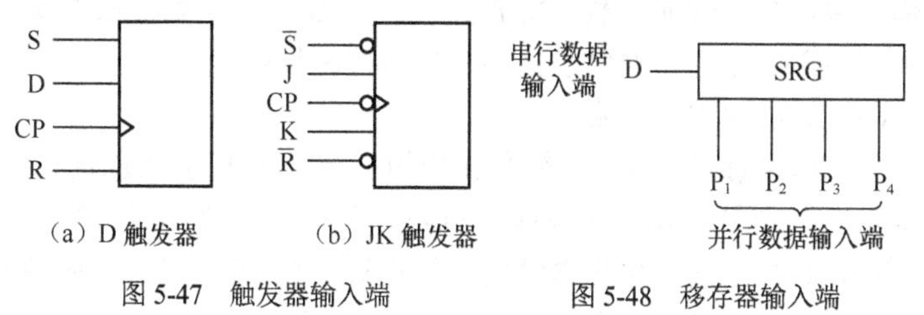

（a）D 触发器　（b）JK 触发器

图 5-47　触发器输入端　　图 5-48　移存器输入端

（2）一般控制输入端

一般控制输入端的控制信号为“1”时起作用。例如，图 5-47（a）所示 D 触发器的“R”（置“0”端）和“S”（置“1”端）两个控制输入端，当 $R=1$ 时，触发器被置“0”；当 $S=1$ 时，触发器被置“1”；当 $R=0$ 或 $S=0$ 时，对触发器不起任何控制作用。

（3）反相数据输入端

反相数据输入端的数据信号以反码形态输入。例如，图 5-49（a）所示为具有反相数据输入端的门电路，反相输入端的标注字符上方有一短杠“¯”，表示反相，如“$\overline{A}$，$\overline{B}$，…”等。反相数据输入端的效果相当于将输入信号反相后再输入，图 5-49（b）所示为其等效电路。

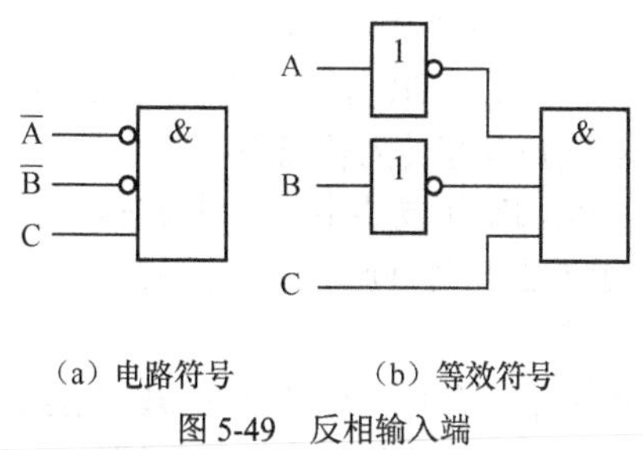

（a）电路符号　（b）等效符号

图 5-49　反相输入端

图 5-50 所示为具有反相数据输入端的移位寄存器，“$\overline{D}$”为反相

串行数据输入端。

（4）反相控制输入端

反相控制输入端的控制信号为“0”时起作用。例如：图 5-47（b）所示 JK 触发器的“$\overline{R}$”（置“0”端）和“$\overline{S}$”（置“1”端）两个控制输入端，当 $\overline{R}=0$ 时，触发器被置“0”；当 $\overline{S}=0$ 时，触发器被置“1”；当 $\overline{R}=1$ 或 $\overline{S}=1$ 时，对触发器不起任何控制作用。

（5）边沿触发输入端

对于边沿触发输入端，触发脉冲的上升沿起作用。边沿触发输入端常见于各类触发器的触发端，以及各种时序电路的时钟脉冲输入端。例如图 5-51 所示单稳态触发器的正触发端 TR_+，当触发脉冲的上升沿作用于 TR_+ 端时，单稳态触发器被触发翻转为暂稳态。

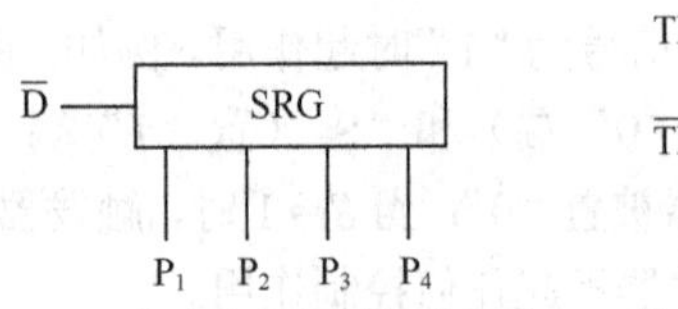

图 5-50　移位寄存器的反相输入端　　图 5-51　边沿触发输入端

图 5-47（a）所示 D 触发器中，时钟脉冲输入端 CP 是边沿触发输入端，D 触发器在时钟脉冲上升沿的触发下动作。

（6）反相边沿触发输入端

对于反相边沿触发输入端，触发脉冲的下降沿起作用。反相边沿触发相当于在边沿触发输入端前加入了一个反相器。例如，图 5-51 所示单稳态触发器的负触发端 $\overline{TR_-}$，当触发脉冲的下降沿作用于 $\overline{TR_-}$ 端时，单稳态触发器被触发翻转为暂稳态。

图 5-47（b）所示 JK 触发器中，时钟脉冲输入端 CP 是反相边沿触发输入端，JK 触发器在时钟脉冲下降沿的触发下动作。

（7）其他输入端

在数字电路系统中，有时也会处理或传输模拟信号，因此，必要时在电路图中相关的输入端旁加注字符，如图 5-52 所示，“∩”表示模拟信号输入端，“#”表示数字信号输入端。

（a）模拟信号输入端　（b）数字信号输入端

图 5-52　模拟与数字信号输入端

在图 5-53 所示模拟开关的输入端中，信号端标注有“∩”，表示这是模拟信号输入端；控制端标注有“#”，表示这是数字信号输入端，模拟信号在数字信号的控制下接通或断开。

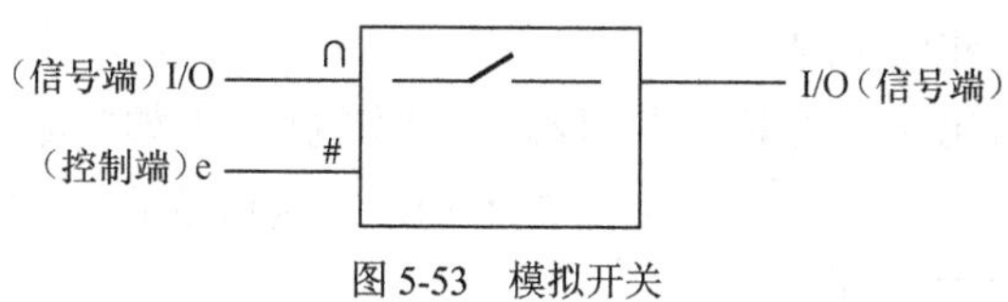

图 5-53　模拟开关

5.4.5　数字电路输出端引脚

数字电路输出端可分为一般输出端和反相输出端，如图 5-54 所示。

（a）一般输出端　（b）反相输出端

图 5-54　输出端的种类

（1）一般输出端

一般输出端的数据信号以原码的形态输出。例如门电路的输出端，标注有字符“Y”，如图 5-55 所示。

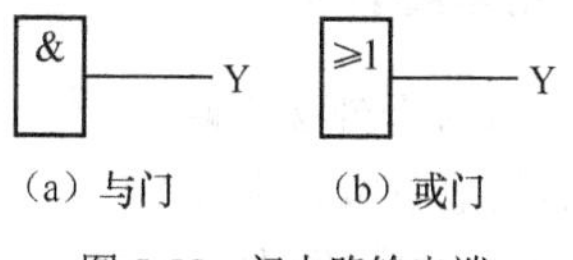

（a）与门　（b）或门

图 5-55　门电路输出端

触发器的输出端，标注有字符“Q”，如图 5-56 所示。

加法器的输出端中，“和”输出端标注有字符“S”，“进位”输出端标注有字符“C_o”，如图 5-57 所示。

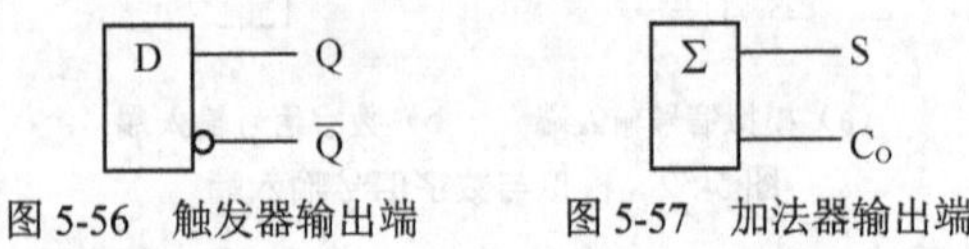

图 5-56　触发器输出端　　　图 5-57　加法器输出端

移位寄存器的输出端中，并行数据输出端标注有“Q_1，Q_2，Q_3，Q_4，…”字符，其中最后一位并行数据输出端也就是串行数据输出端，如图 5-58 所示。

（2）反相输出端

反相输出端的数据信号以反码的形态输出。例如门电路的反相输出端，标注有字符“$\overline{Y}$”，如图 5-59 所示，这相当于在基本门电路后面加接了一个非门。

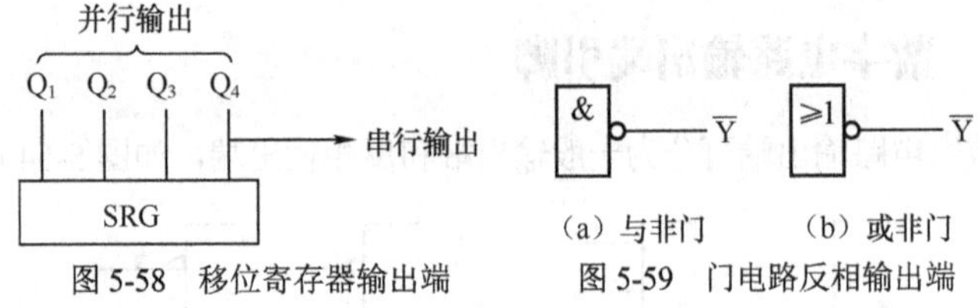

图 5-58　移位寄存器输出端　　　图 5-59　门电路反相输出端

触发器的反相输出端，标注有字符“$\overline{Q}$”，如图 5-56 所示。

译码器的多个反相输出端，分别标注有字符“$\overline{Y_1}$，$\overline{Y_2}$，$\overline{Y_3}$，…”等，如图 5-60 所示。

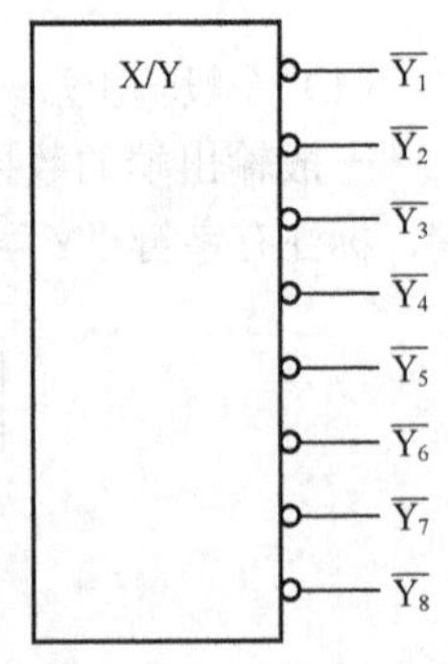

图 5-60　译码器反相输出端

5.4.6　数字电路非逻辑引脚

有些数字电路还具有若干外接电阻、电容、晶体等元器件的其他引脚，这些不属于逻辑连接的连接端，在电路图中用一个“×”符号标注，如图 5-61 所示。例如，图 5-62 所示单稳态触发器中，其上

部连接外接电阻 R_e 和外接电容 C_e 的引脚，即为不属于逻辑连接的连接端。

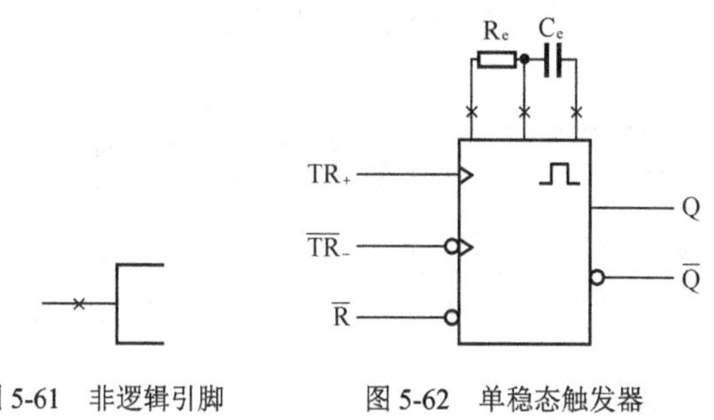

图 5-61 非逻辑引脚　　图 5-62 单稳态触发器

5.4.7 看懂数字电路图的一般方法

数字电路多种多样，对于不同类型的数字电路，应根据具体电路的特点采用不同的分析方法。一般情况下，可采用顺向看图法或逆向看图法来分析数字电路。

（1）顺向看图法

顺向看图法，即顺着信号处理流程方向从输入端到输出端依次分析。现举例作进一步的说明。

图 5-63 所示为声光控楼道灯电路。电路图中，位于左边的驻极体话筒 BM（接收声音信号）和光电二极管 VD（接收光信号）是整个电路的输入端，位于右边的照明灯 EL 是整个电路的最终负载，电路图走向为从左到右。顺向看图法就是按照从左到右的顺序，从输入端到输出端依次分析。

① 当驻极体话筒 BM 接收到声音信号时，信号经声控电路放大、整形和延时后，其输出端 A 点为“1”，送入与非门 D_1 的上输入端。如果这时是在夜晚，无环境光，光控电路输出端 B 点为“0”，同时由于本灯未亮故 D 点为“1”，所以与非门 D_2 输出端 C 点为“1”，送入与非门 D_1 的下输入端。由于与非门 D_1 的两个输入端都为“1”，其输出端 D 点变为“0”，反相器 D_3 输出端 E 点为“1”，电子开关导通，

照明灯 EL 点亮。

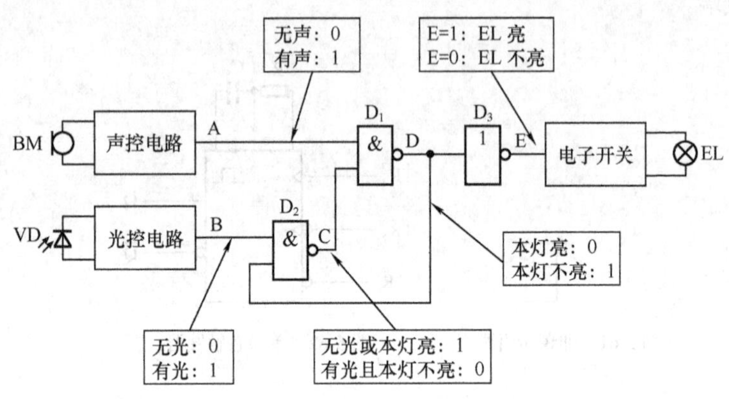

图 5-63　声光控楼道灯

② 由于声控电路中含有延时电路，声音信号消失后再延时一段时间，A 点电平才变为“0”，照明灯 EL 熄灭。

③ 当本灯 EL 点亮时，D 点的“0”同时加至 D_2 的下输入端将其关闭，使得 B 点的光控信号无法通过。这样，即使本灯的灯光照射到光电二极管 VD 上，系统也不会误认为是白天而造成照明灯刚点亮就立即又被关闭。

④ 如果是在白天，环境光被光电二极管 VD 接收，光控电路输出端 B 点为“1”，由于本灯未亮故 D 点也为“1”，所以与非门 D_2 输出端 C 点为“0”，送入与非门 D_1 的下输入端，关闭了与非门 D_1，此时不论声控电路输出如何，D_1 输出端 D 点恒为“1”，E 点则为“0”，电子开关关断，照明灯 EL 不亮。

通过以上分析我们可以知道，声光控楼道灯的逻辑控制功能为：白天整个楼道灯不工作。晚上有一定响度的声音时楼道灯打开。声音消失后楼道灯延时一段时间才关闭。本灯点亮后不会被系统误认为是白天。

（2）逆向看图法

逆向看图法，即逆着信号处理流程方向从输出端到输入端倒推分

析。仍以图 5-63 所示声光控楼道灯电路为例。

① 照明灯 EL 点亮的条件是，电子开关输入端 E 点必须为“1”，即 D 点必须为“0”。

② D 点为“0”的条件是与非门 D_1 的两个输入端都为“1”。D_1 的上输入端连接的是声控电路的输出端 A，有声时 A 为“1”，无声时 A 为“0”。D_1 的下输入端受与非门 D_2 输出端 C 点控制，而 D_2 的两个输入端分别接光控电路输出端 B 点和本灯信号 D 点，在无环境光或本灯已亮时 C 为“1”，在有较强环境光且本灯未亮时 C 为“0”。

通过以上分析可知，在白天环境光较强时，照明灯 EL 被关闭。在夜晚，照明灯 EL 则受声控电路的控制，有声音时亮，声音消失后延时一定时间然后关闭。这个分析结果与顺向看图法的分析结果一致。

5.4.8 分析组合逻辑电路

组合逻辑电路包括各种编码器、译码器、加法器、数值比较器、数据选择与分配器等。组合逻辑电路的基础单元是门电路。组合逻辑电路可以具有一个或多个输入端，同时具有一个或多个输出端，如图 5-64 所示。

图 5-64　组合逻辑电路

组合逻辑电路的特点是，输出信号的状态仅与当时的输入信号的状态有关，而与该时刻之前的电路状态无关。分析组合逻辑电路的关键是正确应用逻辑代数。

（1）运用逻辑函数表达式进行分析

组合逻辑电路可以运用逻辑函数表达式进行分析。具体方法是从组合逻辑电路的输入端到输出端，逐级写出每一个逻辑单元的逻辑函数表达式，得出最终的逻辑函数表达式，并化简为最简形式，即可据此确定该电路的逻辑功能。

现在我们以图 5-65 所示组合逻辑电路为例进行具体说明。

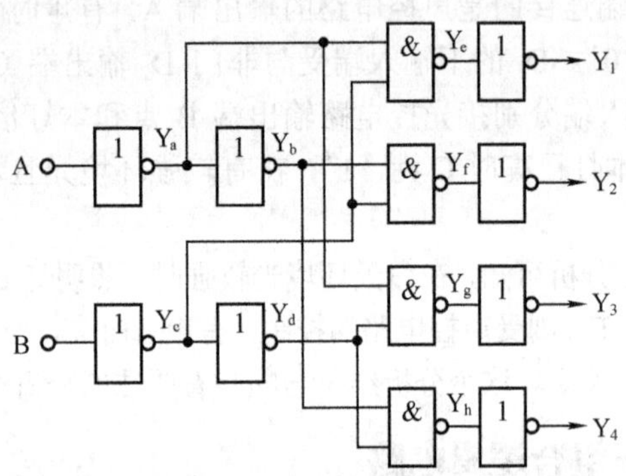

图 5-65　2 线-4 线译码器

该组合逻辑电路具有两个输入端 A 和 B，具有 4 个输出端 Y_1、Y_2、Y_3、Y_4。各级逻辑函数表达式如下。

$Y_a=\overline{A}$，

$Y_b=A$，

$Y_c=\overline{B}$，

$Y_d=B$，

$Y_e=\overline{Y_aY_c}$，

$Y_f=\overline{Y_bY_c}$，

$Y_g=\overline{Y_aY_d}$，

$Y_h=\overline{Y_bY_d}$，

$Y_1=\overline{Y_e}=Y_aY_c=\overline{A}\,\overline{B}$，

$Y_2=\overline{Y_f}=Y_bY_c=A\overline{B}$，

$Y_3=\overline{Y_g}=Y_aY_d=\overline{A}B$，

$Y_4=\overline{Y_h}=Y_bY_d=AB$。

从上述逻辑函数表达式可知：当输入端 AB =“00”时，输出端 $Y_1=1$；当输入端 AB =“10”时，输出端 $Y_2=1$；当输入端 AB =“01”时，输出端 $Y_3=1$；当输入端 AB =“11”时，输出端 $Y_4=1$。可见，这是一个2线-4线译码器，它的功能是将两位二进制码译码后，从4个输出端中所对应的那一个输出端输出。

（2）运用逻辑函数真值表进行分析

组合逻辑电路还可以运用逻辑函数真值表进行分析。具体方法是，列出组合逻辑电路所有输入端与所有输出端之间的逻辑函数真值表，然后根据真值表判断出电路的逻辑功能。

举例说明如下。某组合逻辑电路如图5-66所示，包含3个逻辑门电路：或门 D_1、与非门 D_2 和与门 D_3。电路具有3个输入端A、B、C和1个输出端Y。

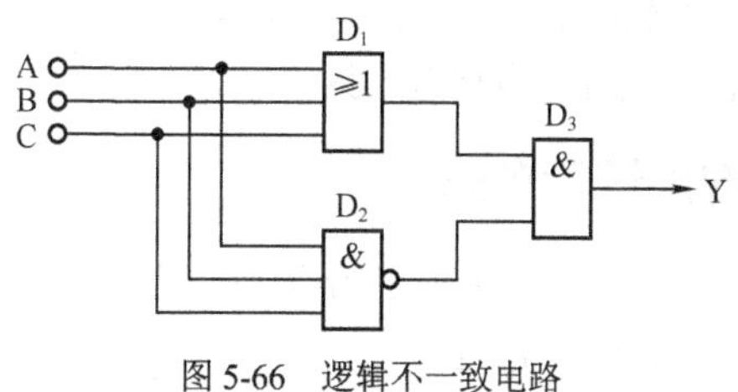

图5-66　逻辑不一致电路

A、B、C这3个输入端共有8种组合状态，对应相应的输出状态。分析如下。

（1）当 ABC =“000”时，D_1 输出为“0”，D_2 输出为“1”，D_3 输出端 $Y=0$ 。

（2）当 ABC =“001”时，D_1 输出为“1”，D_2 输出为“1”，$Y=1$。

（3）当 ABC =“010”时，D_1 输出为“1”，D_2 输出为“1”，$Y=1$。

……

（8）当 ABC =“111”时，D_1 输出为“1”，D_2 输出为“0”，$Y=0$。

根据分析结果得到的逻辑函数真值表见表5-1。

▼表 5-1　逻辑不一致电路真值表

输入			输出
A	*B*	*C*	*Y*
0	0	0	0
0	0	1	1
0	1	0	1
0	1	1	1
1	0	0	1
1	0	1	1
1	1	0	1
1	1	1	0

从逻辑函数真值表可见，只有当 ABC =“000”或者 ABC =“111”时，才有 $Y=0$，否则 $Y=1$。所以，这是一个逻辑不一致电路，当 3 个输入端的输入逻辑状态不一致时，电路输出为“1”；当 3 个输入端的输入逻辑状态一致时，电路输出为“0”。

5.4.9　分析时序逻辑电路

时序逻辑电路包括各种移位寄存器和计数器等。时序逻辑电路一般由组合逻辑电路和存储电路两部分组成，如图 5-67 所示，存储电路的核心单元是触发器，它将电路的输出状态存储下来并反馈到电路的输入端，因此时序逻辑电路具有记忆功能。

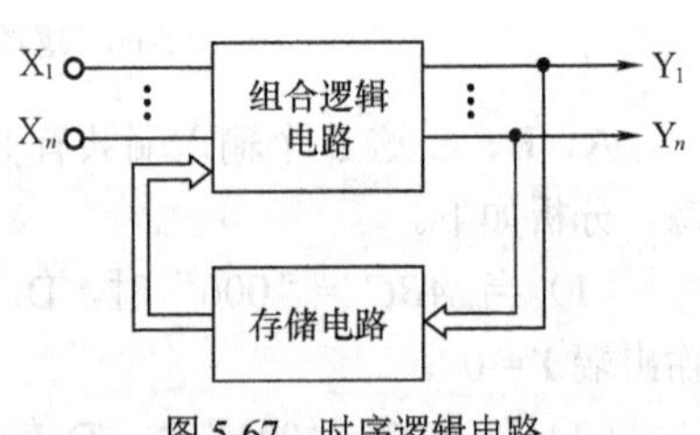

图 5-67　时序逻辑电路

时序逻辑电路的特点是，任意时刻输出信号的状态不仅与当时的输入信号的状态有关，而且还与原来的电路状态有关，即与前一时刻的输入信号的状态有关。分析时序逻辑电路一定要抓住与时间有关这个关键。

（1）运用状态转换表进行分析

状态转换表是时序逻辑电路的真值表，它按时间顺序列出了每一时刻的输入状态和输出状态。需要特别注意的是，这里所说的输入状态包含该时刻输入信号的状态和前一时刻输出信号的状态。通过状态转换表可以清晰地看出时序逻辑电路的工作过程。

图5-68所示为二-十进制计数器电路，由4个D触发器串联组成。每个D触发器的反相输出端$\overline{Q}$与本身的数据输入端D相连接，构成双稳态触发器。

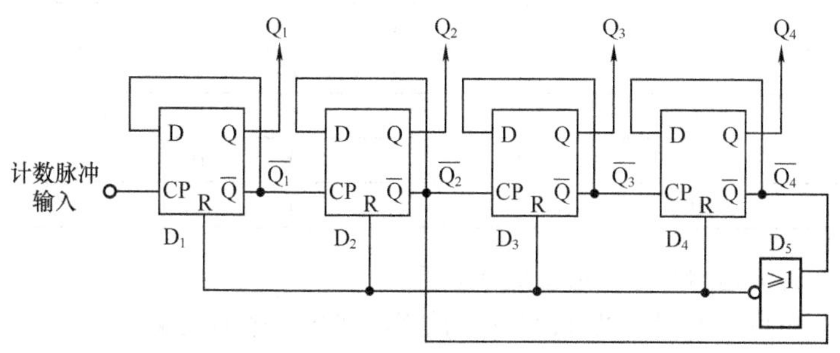

图5-68　二-十进制计数器

计数脉冲从第一个双稳态触发器D_1的CP端输入，每一级的$\overline{Q}$端接入下一级的CP端，因此，每输入1个（2^0）计数脉冲，D_1就翻转一次；每输入2个（2^1）计数脉冲，D_2就翻转一次；每输入4个（2^2）计数脉冲，D_3就翻转一次；每输入8个（2^3）计数脉冲，D_4就翻转一次。

或非门D_5的作用是，当输入第10个计数脉冲时输出一清零信号，使四个D触发器全部为“0”，即返回起始状态，实现了十进制计数。计数结果由Q_4、Q_3、Q_2、Q_1输出。

将以上分析结果列表，就是二-十进制计数器状态转换表，见表5-2。从状态转换表中可以非常清楚地看出二-十进制计数器的工作过程。

▼ 表 5-2　二 - 十进制计数器状态转换表

输入时序	输出状态			
	Q_4	Q_3	Q_2	Q_1
0	0	0	0	0
1	0	0	0	1
2	0	0	1	0
3	0	0	1	1
4	0	1	0	0
5	0	1	0	1
6	0	1	1	0
7	0	1	1	1
8	1	0	0	0
9	1	0	0	1
10	1	0	1	0

（2）运用时序波形图进行分析

时序波形图是以时钟脉冲为基准，将每一个输入端和每一个输出端的状态，以随时间而变化的波形的形式一一对应地画在一起。通过时序波形图能够直观地看出时序逻辑电路的工作过程。

举例说明如下。图 5-69 所示为 4 位右移移位寄存器电路，移存单元为 4 个 D 触发器，串行输入数据 D_0 在时钟脉冲 CP 上升沿的触发下向右移位，Q_4、Q_3、Q_2、Q_1 为并行输出端，Q_4 同时为串行输出端。

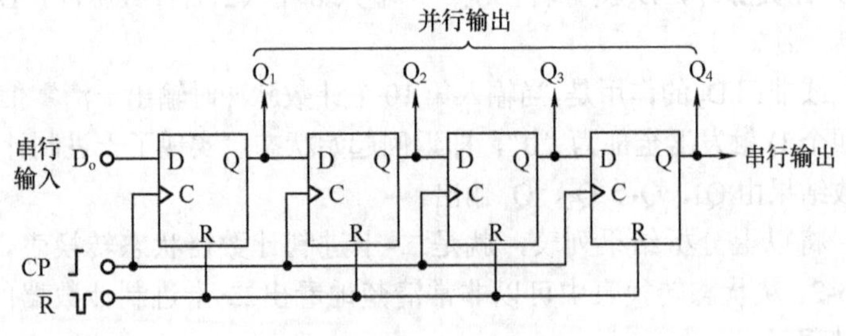

图 5-69　右移移位寄存器

每一个时钟脉冲 CP 上升沿到来时，串行输入数据 D_0 进入 D_1，D_1 数据进入 D_2，D_2 数据进入 D_3，D_3 数据进入 D_4，D_4 数据移出寄存器。图 5-70 所示为该移位寄存器的时序波形图。

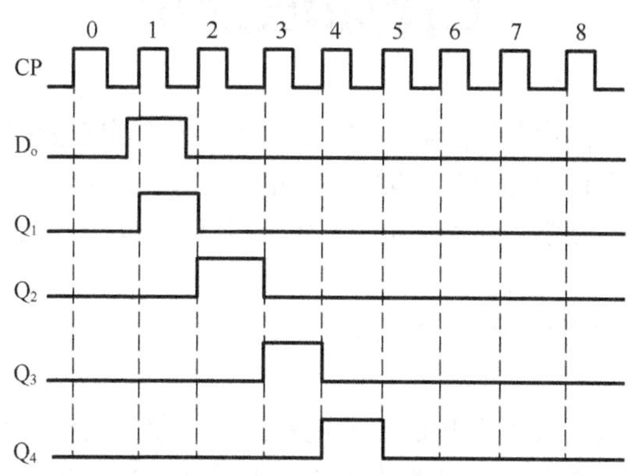

图 5-70　右移移位寄存器波形

移位寄存器工作过程如下：

① 设初始状态为“0000”，从时序波形图可见，当第 1 个 CP 脉冲上升沿到来时，D_0 的“1”进入触发器 D_1，$Q_1 = 1$。

② 当第 2 个 CP 脉冲上升沿到来时，Q_1 的“1”进入触发器 D_2，$Q_2 = 1$。

以此类推，经过 4 个 CP 脉冲后，D_0 的“1”到达 D_4，$Q_4 = 1$。

如果该移位寄存器有初始数据，那么经过 4 个 CP 脉冲周期后，其初始数据串行移出寄存器，D_0 的 4 位串行输入数据进入寄存器。数据移位流程如图 5-71 所示。

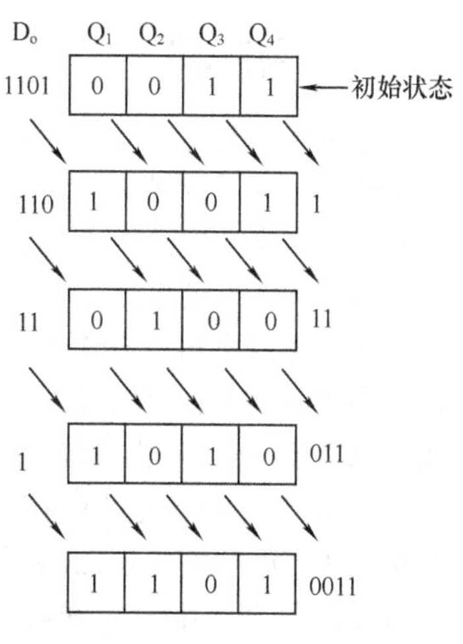

图 5-71　数据移位流程

第 6 章　基本单元电路工作原理分析

单元电路是由若干元器件构成、具有某种特定功能的基本电路，是组成电路图的“器官”。熟练掌握各种基本单元电路的结构、原理和分析方法，是学习和理解电子技术、看懂电路图的基础。

6.1　整流滤波电路

整流滤波电路是常用的单元电路之一。整流滤波电路的主要功能和作用是将交流电转变为直流电。整流滤波电路中使用最多的是电源整流电路，它将交流 220V 市电电源降压、整流、滤波为合适的直流电压，作为电子电路的工作电源。整流滤波电路通常由整流电路和滤波电路两部分组成。

6.1.1　整流电路

整流电路是将交流电转换为直流电的电路，整流电路是利用晶体二极管等具有单向导电特性的电子器件进行工作的。整流电路可分为半波整流、全波整流、桥式整流等电路形式。

（1）半波整流电路

半波整流电路是最简单、最基本的整流电路，如图 6-1 所示。半波整流电路由电源变压器 T、整流二极管 VD 组成，R_L 为负载电阻。电源变压器 T 的初级线圈 L_1 接交流电源电压 U_1（通常为交流 220V 市电），经过变压器 T 的降压，在其次级线圈 L_2 两端得到所需要的交流电压

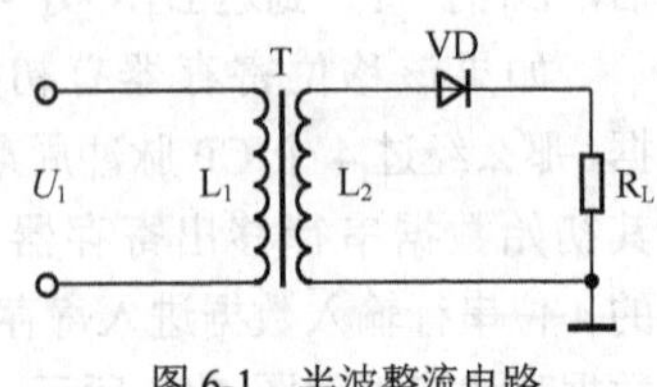

图 6-1　半波整流电路

U_2，再经二极管 VD 整流成为直流电压 U_o。

半波整流电路工作过程如下。

① 在交流电压 U_1 正半周时，U_2 的极性为上正下负，如图 6-2（a）所示。我们知道，二极管具有单向导电性，即电流只能从正极流向负极。U_2 正半周时，整流二极管 VD 是加的正向电压，因此 VD 导通，电流 I 由 U_2“+”经整流二极管 VD、负载电阻 R_L 回到 U_2“−”，形成电流回路，并在 R_L 上产生电压降（输出电压 U_o），其极性为上正下负。

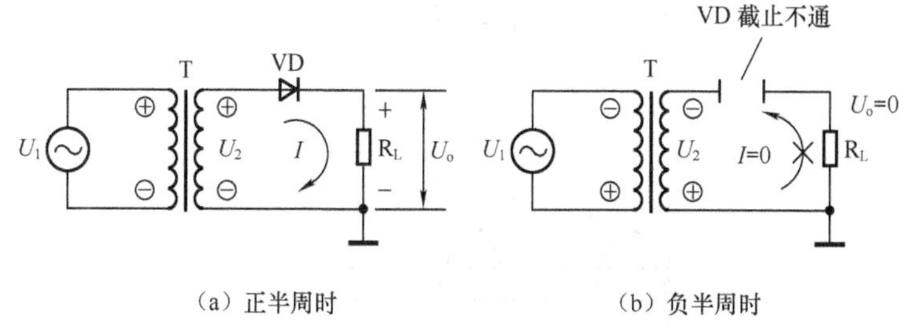

图 6-2　半波整流过程

② 在交流电压 U_1 负半周时，U_2 的极性为上负下正，如图 6-2（b）所示。这时，整流二极管 VD 加的是反向电压，因此 VD 截止，电流 $I = 0$，负载电阻 R_L 上无电压降，输出电压 $U_o = 0$。

半波整流电路工作波形如图 6-3 所示。从图中可见，半波整流电路只有在交流电压 U_2 正半周时才有输出电压 U_o，负半周时无输出电压，输出电压 U_o 的直流分量较少，交流分量较多。由于只利用了交流电压 U_2 正弦波的一半，所以半波整流电路的效率较低。

（2）全波整流电路

为了提高整流效率、减少输出电压 U_o 的脉动分量，往往采用全波整流电路。全波整流电路实际上是两个半波整流电路的组合，电路如图 6-4 所示，电源变压器 T 的次级绕组圈数为半波整流时的两倍，且中心抽头将线圈分为 L_2 与 L_3 两个部分。

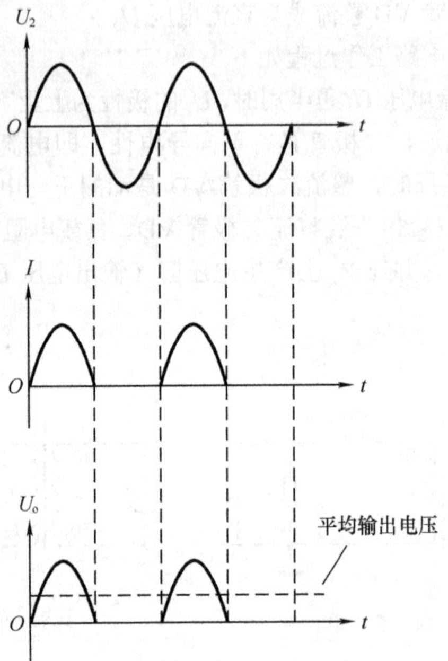

图 6-3　半波整流电路波形

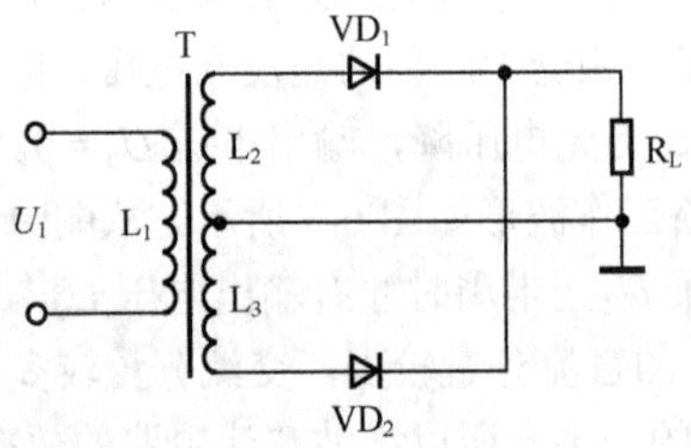

图 6-4　全波整流电路

电路中采用了两个整流二极管 VD_1 和 VD_2。当电源变压器 T 初级线圈 L_1 接入交流电源 U_1 时，在次级线圈 L_2 与 L_3 上则分别产生 U_2 与 U_3 两个大小相等、相位相反的交流电压。

全波整流电路工作过程如下。

① 在交流电压 U_1 正半周时，U_2 与 U_3 均为上正下负，如图 6-5（a）

所示。U_2 对于整流二极管 VD_1 而言是正向电压，因此 VD_1 导通，电流 I_1 经 VD_1 流过负载电阻 R_L，R_L 上电压 U_o 为上正下负。而 U_3 对于整流二极管 VD_2 而言是反向电压，因此 VD_2 截止。

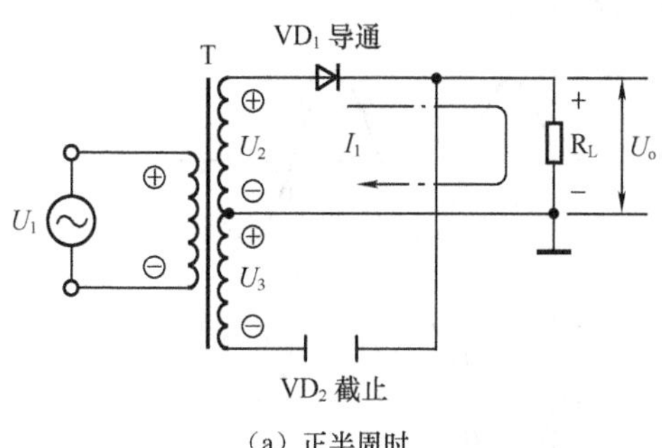

（a）正半周时

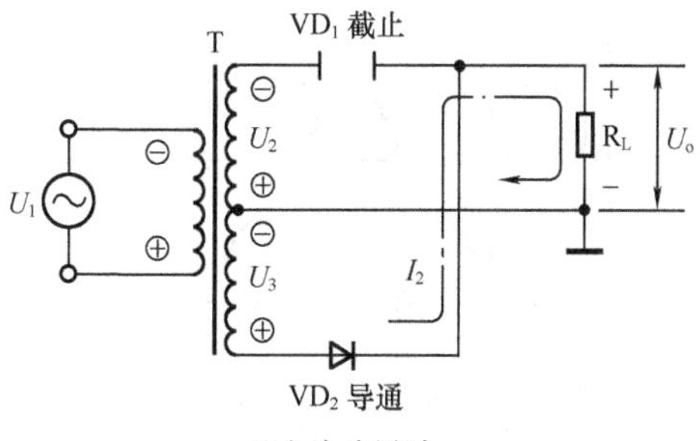

（b）负半周时

图 6-5　全波整流过程

② 在交流电压 U_1 负半周时，U_2 与 U_3 均为上负下正，如图 6-5（b）所示。这时，U_2 对于 VD_1 而言是反向电压，因此 VD_1 截止。U_3 对于 VD_2 而言是正向电压，因此 VD_2 导通，电流 I_2 经 VD_2 流过负载电阻 R_L，R_L 上电压 U_o 仍为上正下负。

综上所述，在交流电压正半周时，整流二极管 VD_1 导通，由次级电压 U_2 向负载电阻 R_L 供电；在交流电压负半周时，整流二极管 VD_2 导通，由次级电压 U_3 向负载电阻 R_L 供电；由于 U_2 与 U_3 大小相等、相位相反，所以交流电压的正、负半周均在负载电阻 R_L 上得到利用。

全波整流电路波形如图 6-6 所示。从波形图可见，全波整流电路利用了输入交流电压的整个正弦波，因此其输出电流和输出电压的脉动频率为半波整流时的两倍，其中的直流分量也是半波整流时的两倍，整流效率大大提高。

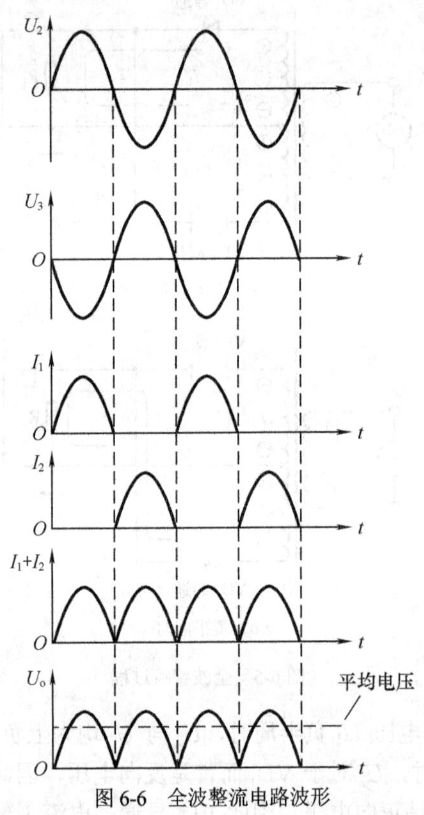

图 6-6　全波整流电路波形

（3）桥式整流电路

全波整流的另一电路形式是桥式整流，电路如图 6-7 所示。桥式整流电路虽然需要使用 4 只整流二极管，但是电源变压器次级绕组不必绕两倍圈数，也不必有中心抽头，制作更为方便，因此得到了非常广泛的应用。

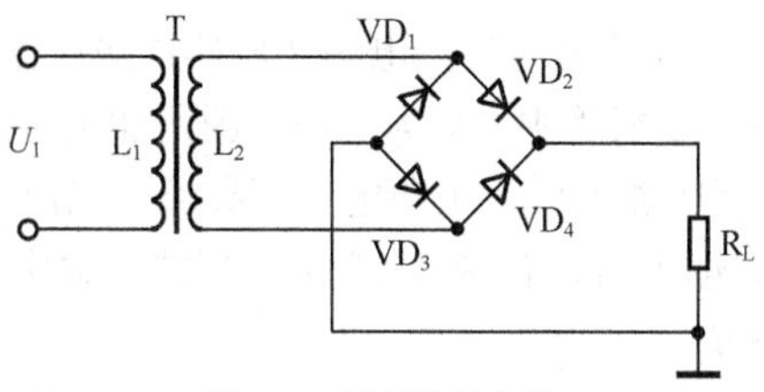

图 6-7　桥式整流电路

桥式整流电路工作过程如下。

① 交流电压 U_1 正半周时，电源变压器次级电压 U_2 的极性为上正下负，4 只整流二极管中，VD_1、VD_4 因所加电压为反向电压而截止；VD_2、VD_3 因所加电压为正向电压而导通，电流 I_1 如图 6-8（a）所示，流过负载电阻 R_L，在 R_L 上产生电压降（输出电压 U_o），电压极性为上正下负。

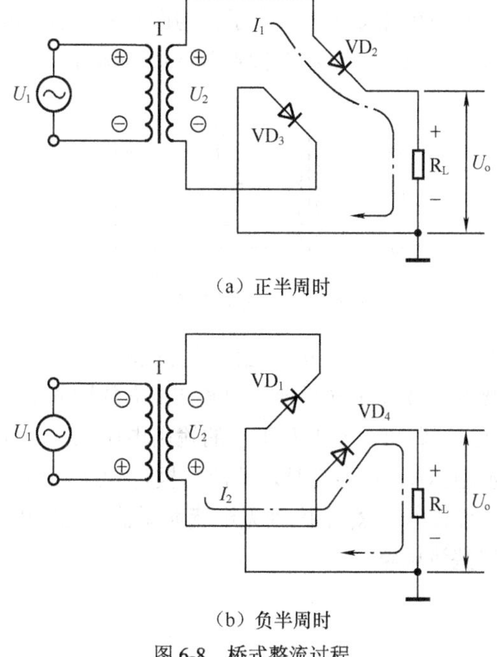

（a）正半周时

（b）负半周时

图 6-8　桥式整流过程

② 交流电压 U_1 负半周时，电源变压器次级电压 U_2 的极性为上负下正，4 只整流二极管中，VD_2、VD_3 因所加电压为反向电压而截止；VD_1、VD_4 因所加电压为正向电压而导通，电流 I_2 如图 6-8（b）所示，流过负载电阻 R_L，在 R_L 上产生电压降（输出电压 U_o），电压极性仍为上正下负。

4 只整流二极管巧妙地轮流工作，使得交流电压的正、负半周均在负载电阻 R_L 上得到了利用，从而实现了全波整流，其工作波形与图 6-6 所示全波整流电路波形相同。

6.1.2 负压整流电路

负压整流电路是获得负电压的整流电路。负压整流电路同样具有半波整流、全波整流、桥式整流等电路形式。

（1）负压半波整流电路

负压半波整流电路如图 6-9 所示，与图 6-1 所示正电压的半波整流电路相比较，仅仅是将整流二极管 VD 反接即可。

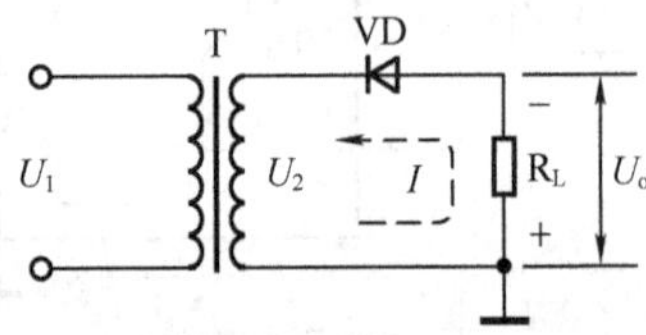

图 6-9 负压半波整流电路

由于整流二极管 VD 反接，因此只有在输入交流电压 U_2 负半周时，整流二极管 VD 才正向导通，电流 I 流向如图 6-9 中虚线所示，在负载电阻 R_L 上即可得到上负下正的输出电压 U_o（负电压输出）。而在输入交流电压 U_2 正半周时，整流二极管 VD 因所加电压为反向电压而截止，负载电阻 R_L 上因为无电流而无输出电压 U_o。图 6-10 所示为负压半波整流电路波形。

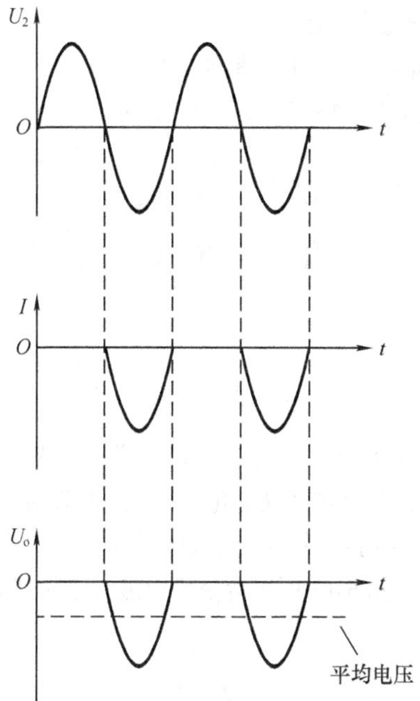

图 6-10　负压半波整流波形

（2）负压全波整流电路

将全波整流电路中的整流二极管 VD_1 和 VD_2 都反接，即为负压全波整流电路。交流电压 U_1 负半周时电流为 I_1，交流电压 U_1 正半周时电流为 I_2，如图 6-11 所示。负载电阻 R_L 上得到的输出电压 U_o 为负电压（上负下正）。

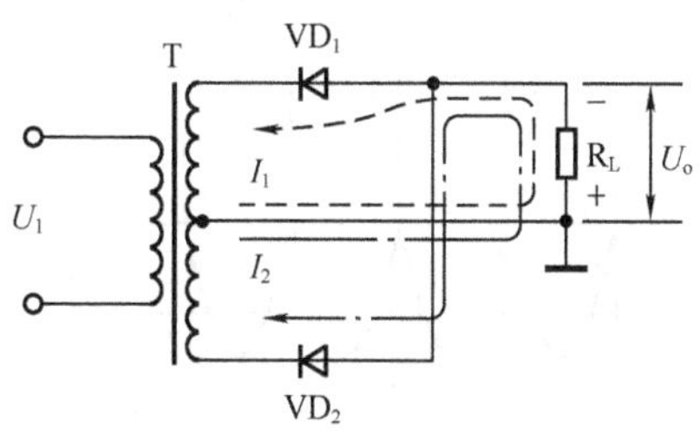

图 6-11　负压全波整流电路

（3）负压桥式整流电路

将桥式整流电路中的 4 只整流二极管 VD_1、VD_2、VD_3、VD_4 全部反接，即为负压桥式整流电路，如图 6-12 所示。

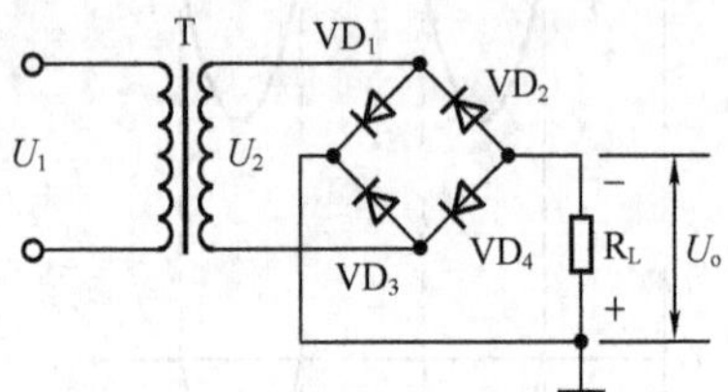

图 6-12　负压桥式整流电路

交流电压 U_2 正半周时，电流由 U_2 上端经 VD_1、R_L（从下到上）、VD_4 回到 U_2 下端；交流电压 U_2 负半周时，电流由 U_2 下端经 VD_3、R_L（从下到上）、VD_2 回到 U_2 上端；负载电阻 R_L 上得到的输出电压 U_o 为负电压（上负下正）。图 6-13 所示为负压全波（含桥式）整流电路波形。

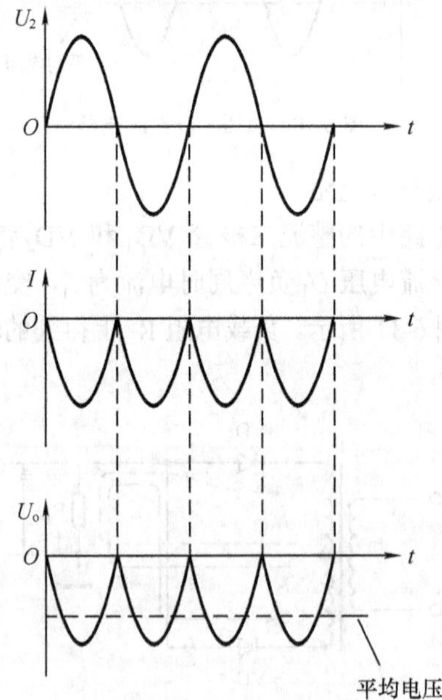

图 6-13　负压全波整流波形

6.1.3 倍压整流电路

倍压整流电路可以使整流输出电压数倍于输入电压。在需要输出电压较高、输出电流较小的场合，可以采用倍压整流电路。

（1）二倍压整流电路

图 6-14 所示为典型的二倍压整流电路，它在空载时的输出直流电压是输入交流电压峰值的两倍。倍压整流电路是利用电容器充放电原理实现倍压输出的，其工作原理如下。

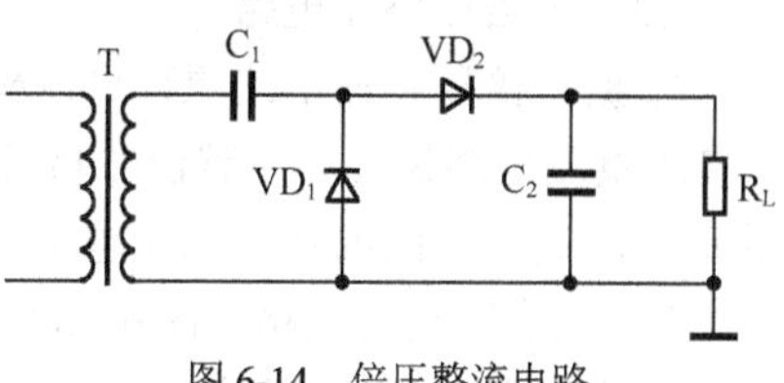

图 6-14 倍压整流电路

① 在输入交流电压 U_2 负半周时，整流二极管 VD_1 导通，C_1 很快被充电至 U_2 峰值，C_1 上电压 $U_{C1}=\sqrt{2}\,U_2$，极性为左负右正，如图 6-15（a）所示。

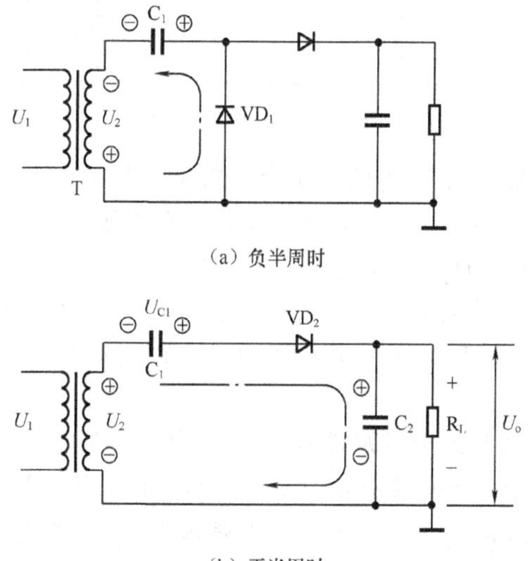

（a）负半周时

（b）正半周时

图 6-15 倍压整流原理

② 在输入交流电压 U_2 正半周时，整流二极管 VD_1 截止、VD_2

导通，U_2 与 C_1 上电压 U_{C1} 串联后经 VD_2 向 C_2 充电，C_2 上电压等于 U_2 峰值与 C_1 上电压 U_{C1} 之和，即 $U_{C2} = 2\sqrt{2}\,U_2$，极性为上正下负，如图 6-15（b）所示。U_{C2} 即为输出电压 U_o，所以，负载电阻 R_L 上得到的输出直流电压 U_o 是 U_2 峰值的两倍。

（2）多倍压整流电路

根据二倍压整流电路原理可以构成多倍压整流电路，一般来讲，n 倍压整流电路需要 n 个整流二极管和 n 个电容器。但是，倍压整流的倍数越高，电路的输出电流越小，即带负载能力越弱。

① 三倍压整流电路如图 6-16 所示，由 3 个整流二极管 VD_1～VD_3 和 3 个电容器 C_1～C_3 组成。

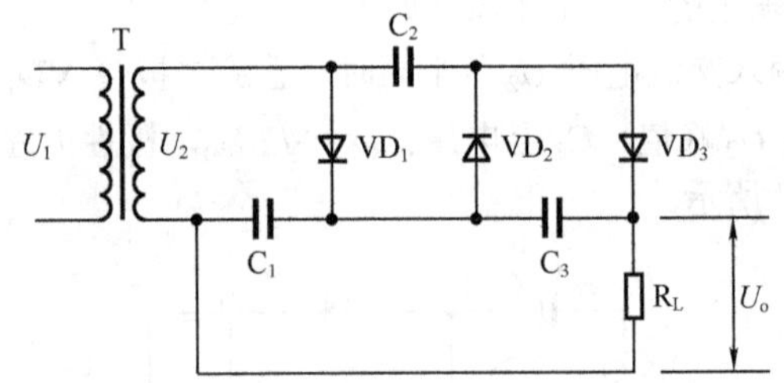

图 6-16　三倍压整流电路

在输入交流电压 U_2 的第 1 个半周（正半周）时，U_2 经 VD_1 对 C_1 充电至 $\sqrt{2}\,U_2$；在 U_2 的第 2 个半周（负半周）时，U_2 与 C_1 上的电压串联后经 VD_2 对 C_2 充电至 $2\sqrt{2}\,U_2$；在 U_2 的第 3 个半周（正半周）时，VD_3 导通使 C_3 也充电至 $2\sqrt{2}\,U_2$。因为输出电压 $U_o = U_{C1} + U_{C3} = 3\sqrt{2}\,U_2$，所以在负载电阻 R_L 上即可得到 3 倍于 U_2 峰值的电压。

② 四倍压整流电路如图 6-17 所示，由 4 个整流二极管 VD_1～VD_4 和 4 个电容器 C_1～C_4 组成，工作原理分析同三倍压整流电路。输出电压 $U_o = U_{C2} + U_{C4} = 4\sqrt{2}\,U_2$，在负载电阻 R_L 上可得到 4 倍于 U_2 峰值的电压。按以上电路规律，还可以组成五倍压、六倍压甚至更多倍压的倍压整流电路。

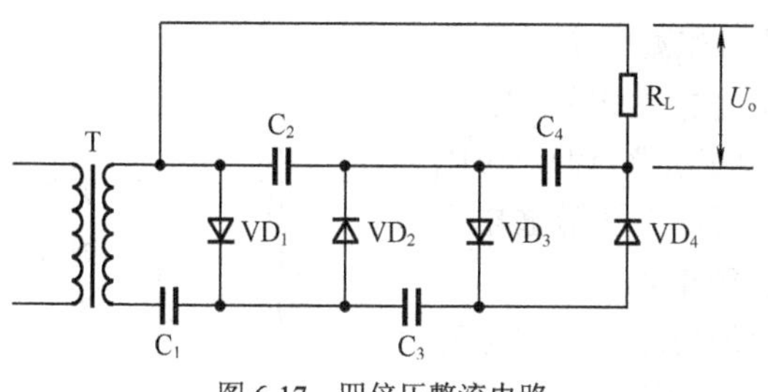

图 6-17 四倍压整流电路

6.1.4 滤波电路

滤波电路是将整流出来的直流脉动电压中的交流成分滤除的电路，以得到平滑实用的直流电压。滤波电路有许多种类，例如电容滤波电路、电感滤波电路、倒 L 型 LC 滤波电路、π型 LC 滤波电路、RC 滤波电路等，如图 6-18 所示。

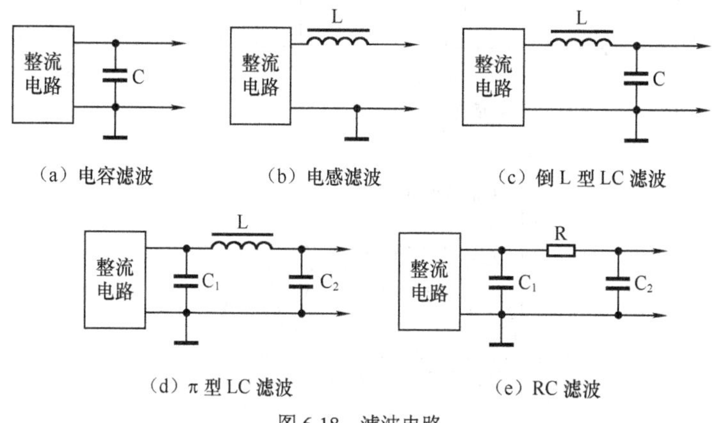

图 6-18 滤波电路

由于电感元件体大笨重，而且在负载电流突然变化时会产生较大的感应电动势，易造成半导体管的损坏，所以在实际电路中通常使用电容滤波电路和 RC 滤波电路，在一些要求较高的电路中，还使用有源滤波电路。

（1）电容滤波电路

电容滤波电路如图 6-19 所示，T 为电源变压器，$VD_1 \sim VD_4$ 为整流二极管，C 为滤波电容器，R_L 为负载电阻。

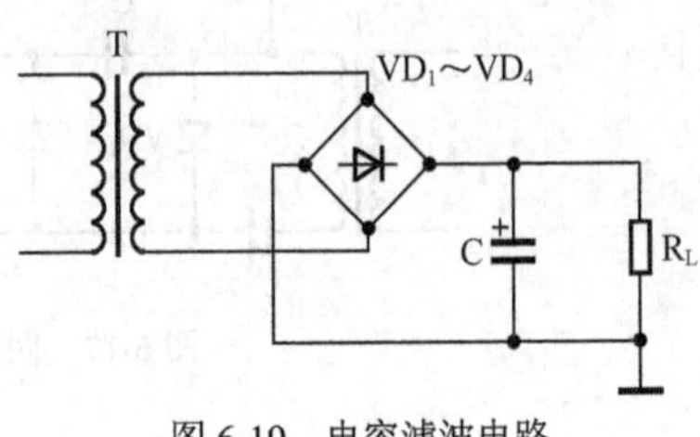

图 6-19　电容滤波电路

电容滤波电路是利用电容器的充放电原理工作的，其工作过程可用图 6-20 示意图进行说明。U_o 为整流电路输出的脉动电压，U_c 为滤波电路输出电压（滤波电容 C 上电压）。

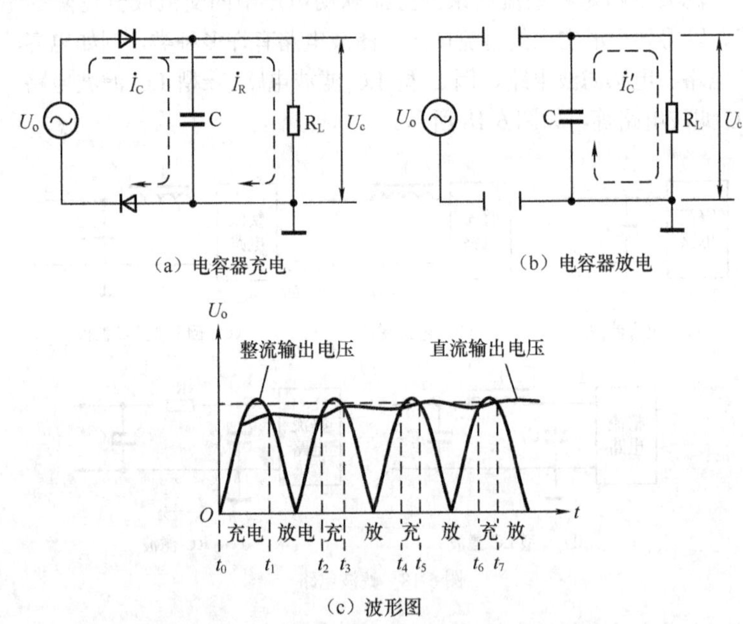

图 6-20　电容滤波原理

① 在 t_0 时刻，$U_c=0$。$t_0 \sim t_1$ 时刻，随着整流输出脉动电压 U_o 的上升，$U_o > U_c$，整流二极管导通，U_o 向滤波电容 C 充电，使 C 上电压 U_c 迅速上升，充电电流为 i_C，同时，U_o 向负载电阻 R_L 供电，供电

电流为 i_R，如图 6-16（a）所示。

② 到 t_1 时刻，C 上电压 $U_c = U_o$，充电停止。t_1～t_2 时刻，U_o 处于下降和下一周期的上升阶段，但因为 $U_o < U_c$，整流二极管截止，无充电电流，C 向负载电阻 R_L 放电，放电电流为 i_C'，如图 6-16（b）所示。

③ t_2～t_3 时刻，U_o 上升再次达到 $U_o > U_c$，整流二极管导通，U_o 又开始向 C 充电，补充 C 上已放掉的电荷。

④ t_3～t_4 时刻，U_o 又处于 $U_o < U_c$ 阶段，整流二极管截止，停止充电，C 又向负载电阻 R_L 放电。如此周而复始，其工作波形如图 6-20（c）所示。

从波形图可见，在起始的若干周期内，虽然滤波电容 C 时而充电、时而放电，但其电压 U_c 的总趋势是上升的。经过若干周期以后，电路达到稳定状态，每个周期 C 的充放电情况都相同，即 C 上充电得到的电荷刚好补充了上一次放电放掉的电荷。正是通过电容器 C 的充放电，使得输出电压 U_c 保持基本恒定，成为波动较小的直流电。滤波电容 C 的容量越大，滤波效果相对就越好。

电容滤波电路虽然很简单，但是滤波效果不是很理想，输出电压中仍有交流分量，因此实际电路中使用较多的是 RC 滤波电路。

（2）RC 滤波电路

RC 滤波电路中采用了两个滤波电容 C_1、C_2 和一个滤波电阻 R_1，组成 π 形状，如图 6-21 所示。RC 滤波电路可看作是在 C_1 电容滤波电路的基础上，再经过 R_1 和 C_2 的滤波，整个滤波电路的最终输出电压即为 C_2 上的电压 U_{C2}。

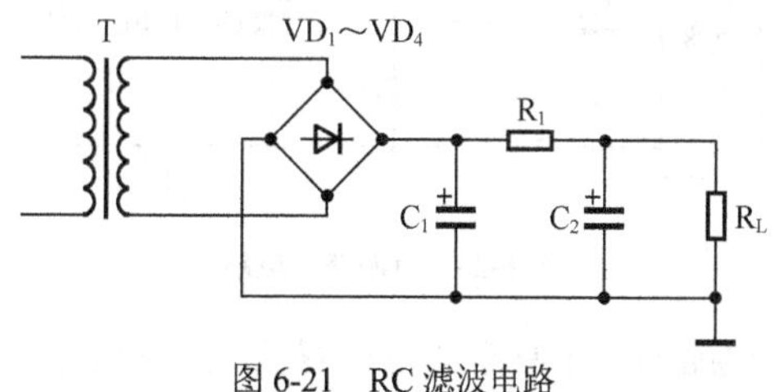

图 6-21 RC 滤波电路

R_1和C_2可看作是一个分压器，输出电压U_{C2}等于C_1上电压U_{C1}经R_1与C_2分压后在C_2上所得到的电压，如图 6-22 所示。

对于C_1初步滤波输出电压U_{C1}中的直流分量来说，C_2的容抗极大，几乎没有影响，输出端直流电压的大小取决于滤波电阻R_1与负载电阻R_L的比值，只要R_1不是太大，就可保证R_L得到绝大部分的直流输出电压。而对于U_{C1}中的交流分量来说，C_2的容抗很小，交流分量很大部分被旁路到地。因此，RC 滤波电路输出直流电压的纹波很小。

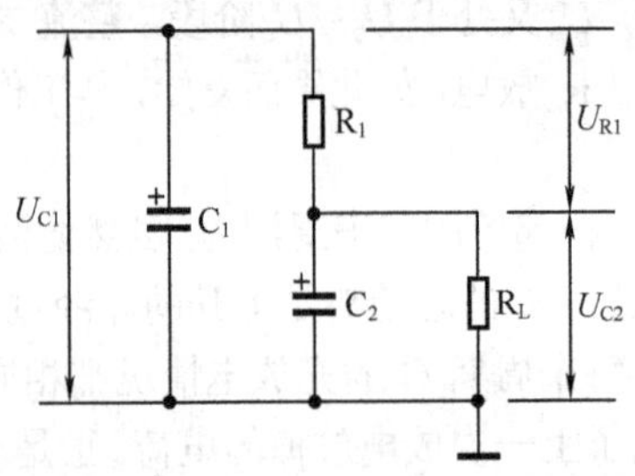

图 6-22　RC 滤波原理

（3）有源滤波电路

利用晶体管的直流放大作用可以构成有源滤波电路，如图 6-23 所示。VT_1为有源滤波管。R_1是偏置电阻，为VT_1提供合适的偏置电流。C_2是基极旁路电容，使VT_1基极可靠地交流接地，确保基极电流中无交流成分。C_3为输出端滤波电容。

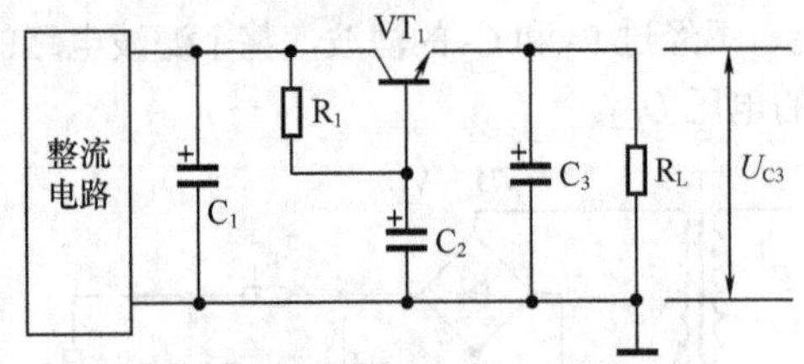

图 6-23　有源滤波电路

有源滤波电路的工作原理是，虽然整流电路输出加在VT_1集电极的是脉动直流电压，其中既有直流分量也有交流分量，但晶体管的集电极-发射极电流主要受基极电流的控制，而受集电极电压变动的影响极微。由于 C_2 的旁路滤波作用，VT_1 的基极电流中几乎没有交流分量，从而 VT_1 对交流呈现极高的阻抗，在其输出端（VT_1 发射极）得到的就是较纯净的直流电压（U_{C3}）。

因为晶体管的发射极电流是基极电流的（$1+\beta$）倍，所以 C_2 的作用相当于在输出端接入了一个容量为（$1+\beta$）倍 C_2 容量的大滤波电容。有源滤波电路具有直流压降小、滤波效果好的特点，主要应用在滤波要求高的场合。

6.2 稳压电路

稳压电路的作用是稳定电源电路的输出电压。由于种种原因，交流电网的供电电压往往是不稳定的，因此整流滤波电路输出的直流电压也就会不稳定。同时，由于整流滤波电路必然存在内阻，当负载电流发生变化时，输出电压也会受到影响而发生变化。为了得到稳定的直流电压，必须在整流滤波电路之后采用稳压电路。

6.2.1 简单稳压电路

半导体稳压二极管在反向击穿状态下，虽然电流在较大范围内变化，但其两端电压却基本不变。利用稳压二极管的这一特性，可以组成简单稳压电路。电路如图 6-24 所示，稳压二极管 VD 与负载电阻 R_L 并联，VD 上电压即是输出电压 U_o，R_1 为限流电阻。稳压二极管工作于反向击穿状态，其反向击穿电压即是稳定电压 U_Z，如图 6-25 伏安曲线所示，在 U_Z 处，电流在较大范围变化时，电压基本不变。

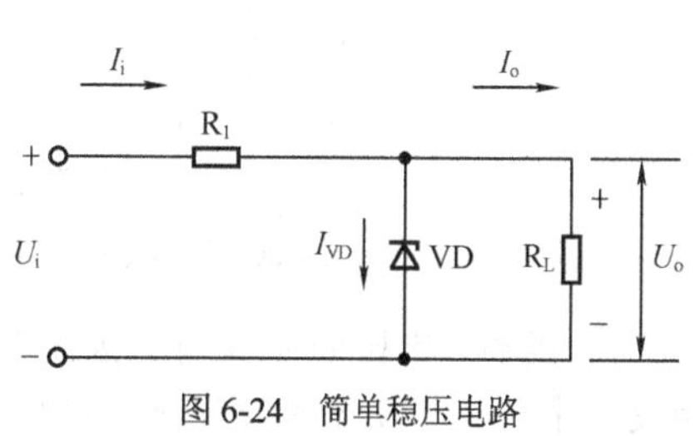

图 6-24 简单稳压电路

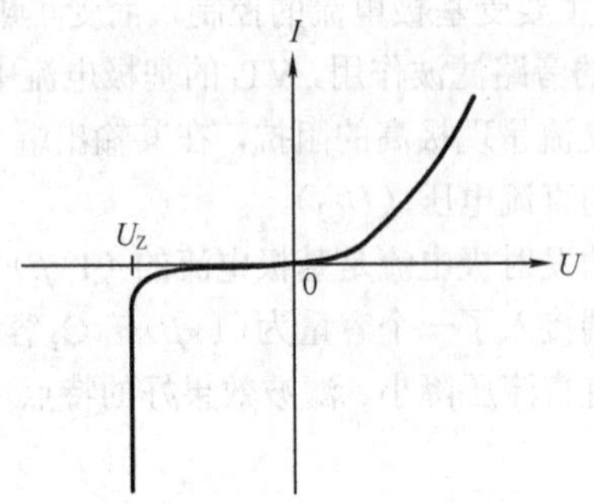

图 6-25　稳压二极管特性曲线

简单稳压电路的特点是电路简单，但输出电压不可调、输出电流受稳压二极管的限制，仅适用于要求输出电流较小的场合。

（1）输入电压变化时的稳压过程

① 当输入电压 U_i 因某种原因而上升时，必然造成输出电压 U_o 有所上升。但稳压二极管具有保持稳压值恒定的特性，因此使得流过稳压二极管 VD 的电流 I_{VD} 增大，也就使得输入电流 I_i 增大，导致限流电阻 R_1 上电压降 U_{R1} 增大，迫使输出电压 U_o 回落，最终使输出电压 U_o 保持基本不变。稳压过程如图 6-26 所示。

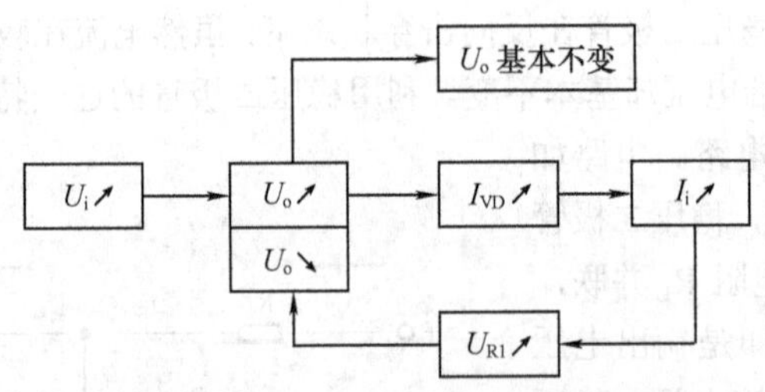

图 6-26　输入电压上升时的稳压过程

② 当输入电压 U_i 因某种原因而下降时，稳压过程与图 6-26 所示相反。输出电压 U_o 有所下降使流过稳压二极管 VD 的电流 I_{VD} 减小，输入电流 I_i 亦随之减小，R_1 上电压降 U_{R1} 减小，迫使输出电压 U_o 回升，最终使输出电压 U_o 保持基本不变。

（2）负载电流变化时的稳压过程

① 当负载电流 I_o 因某种原因而增大时，会使输出电压 U_o 有所下降，同样导致稳压二极管 VD 的电流 I_{VD} 减小，输入电流 I_i 亦随之减小，R_1 上电压降 U_{R1} 减小，迫使输出电压 U_o 回升，最终使得输出电压 U_o 保持基本不变。图 6-27 所示为负载电流增大时的稳压过程。

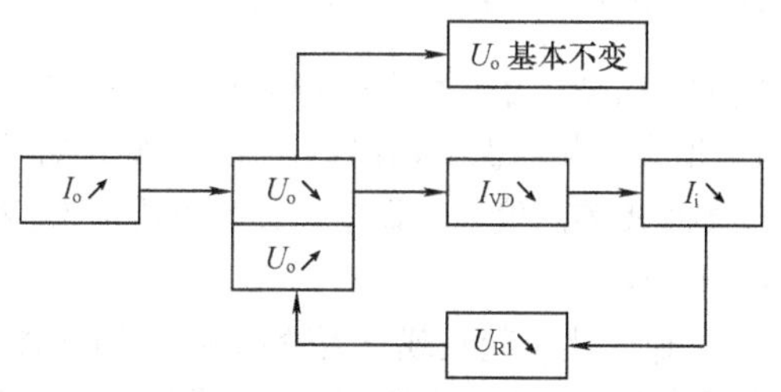

图 6-27 负载电流增大时的稳压过程

② 同理，当负载电流 I_o 因某种原因而减小时，电路作出与图 6-27 所示相反的调控，最终使得输出电压 U_o 保持基本不变。

6.2.2 串联型稳压电路

串联型稳压电路如图 6-28 所示，晶体管 VT 为自动调整元件，由于调整元件串联在负载回路中，因此该稳压电路被称为串联型稳压电路。VD 为稳压二极管，为调整管 VT 提供稳定的基极电压。R_1 为稳压二极管的限流电阻，R_L 为负载电阻。U_i 为输入电压。U_o 为输出电压，I_c 为输出电流。

串联型稳压电路稳压精度较高，可以输出较大的直流电流，还可以做到输出直流电压连续可调，因此得到了广泛的应用。

（1）串联型稳压电路工作原理

串联型稳压电路工作原理可用图 6-29 说明。R 为串联在负载回路中的可变电阻，R 上的电压降 U_R 与输出电压 U_o 之和等于输入电压 U_i。

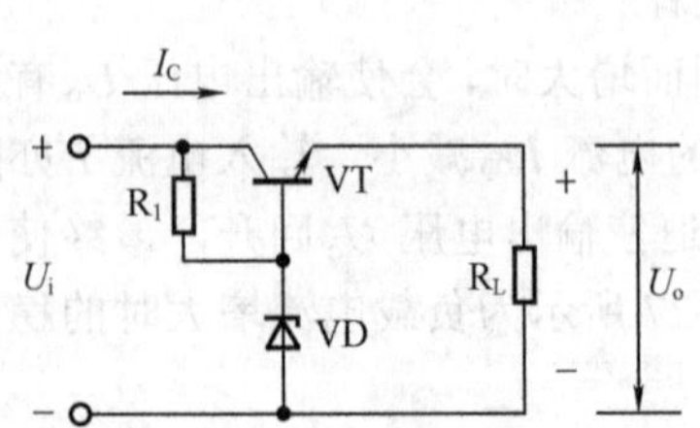

图 6-28　串联型稳压电路

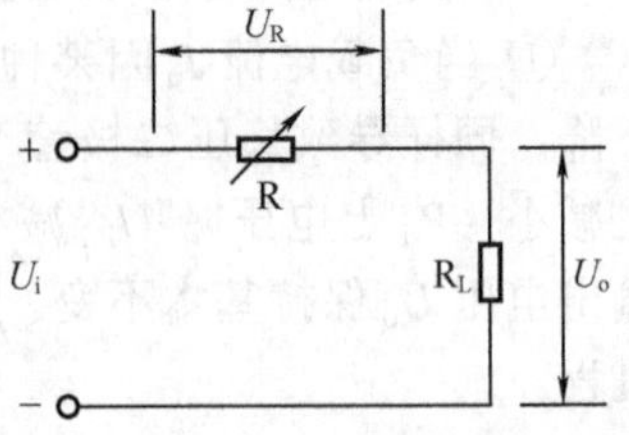

图 6-29　串联型稳压电路工作原理

如果输入电压 U_i 变大了，我们就将可变电阻 R 的阻值适当调大，使其电压降 U_R 增大，从而保持输出电压 U_o 不变。如果输入电压 U_i 变小了，我们就将 R 的阻值适当调小，使其电压降 U_R 减小，从而保持输出电压 U_o 不变。

当负载电阻 R_L 变化引起负载电流变化时，我们也将 R 的阻值作适当调整，使得输出电压 U_o 保持不变，这样就达到了稳定输出电压的目的。

当然，在实际电路中，我们不可能人工调节可变电阻 R，而是利用晶体管的集电极-发射极间的管压降作为可变电阻 R 来进行自动调节，该晶体管称为调整管。

（2）调整管的作用

在串联型稳压电路中，调整管 VT 相当于一个可变电阻，起到自动调整电压的作用。如图 6-30 所示，由于调整管 VT 的基极电压是由稳压二极管 VD 提供的恒定电压，因此输出电压 U_o 的任何变化都将引起 VT 的基极-发射极间电压 U_{be} 的反向变化，从而改变了调整管 VT 的管压降 U_{ce}，达到自动稳压的目的。

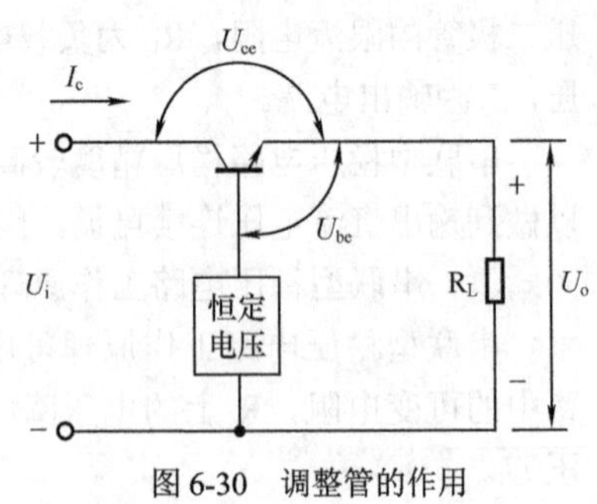

图 6-30　调整管的作用

① 当输入电压 U_i 上升或负载电阻 R_L 增大（负载电流减小）造成输出电压 U_o 趋于

上升时，调整管 VT 的发射极电压 U_e 亦趋于上升（因为 $U_e = U_o$），而 VT 的基极电压被稳压二极管所恒定，所以 VT 的基极-发射极间电压 U_{be} 将下降，导致集电极电流 I_c 减小，管压降 U_{ce} 增大，迫使 U_o 回落，最终维持输出电压 U_o 的稳定。稳压过程如图 6-31 所示。

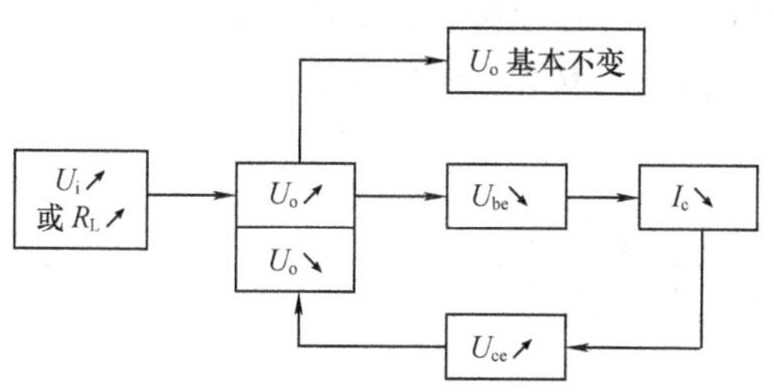

图 6-31 串联型稳压过程

② 当输入电压 U_i 下降或负载电阻 R_L 减小（负载电流增大）造成输出电压 U_o 趋于下降时，调整管 VT 的基极-发射极间电压 U_{be} 将上升，导致其集电极电流 I_c 增大，管压降 U_{ce} 减小，迫使 U_o 回升，从而保持输出电压 U_o 的稳定。电路的稳压调控过程与图 6-31 所示相反。

（3）带放大环节的串联型稳压电路

为了进一步提高输出电压的稳定度，在实际应用中往往采用带有放大环节的串联型稳压电路，如图 6-32 所示。

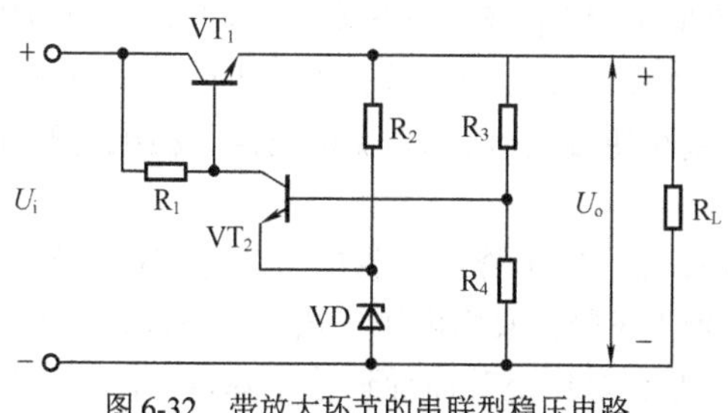

图 6-32 带放大环节的串联型稳压电路

VT_1 为调整管，其基极控制信号来自 VT_2 集电极。VT_2 等组成比较放大器，R_1为其集电极负载电阻。稳压二极管 VD 和 R_2构成基准电压，R_3、R_4组成取样电路。由于增加了比较放大器，所以该稳压电路的调节灵敏度更高，输出电压的稳定性更好。

图 6-33 为带放大环节的串联型稳压电路方框图，其基本工作原理是：取样电路将输出电压 U_o 按比例取出一部分，送到比较放大器与基准电压进行比较。如果两者有差值，比较放大器便将差值放大后去控制调整管，使调整管反向变化来抵消输出电压的变化。

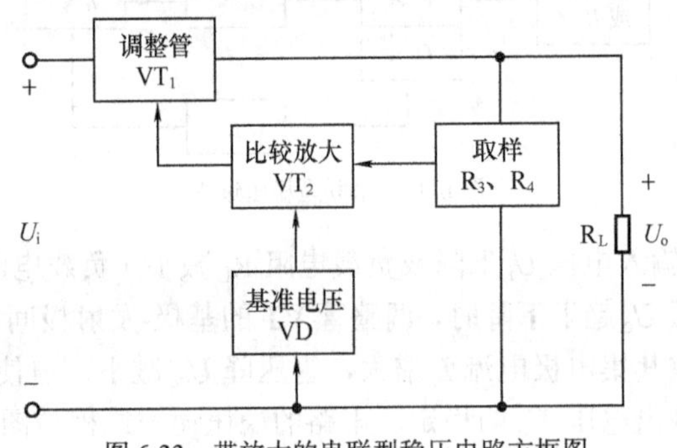

图 6-33　带放大的串联型稳压电路方框图

① 当输入电压 U_i 上升或负载电阻 R_L 变大（负载电流减小）时，输出电压 U_o 趋于上升，取样电压也按比例上升。取样电压送入 VT_2 基极，VT_2 因基极电压升高（其发射极电压被稳压二极管所恒定）而集电极电流增大、集电极电压下降。因为 VT_2 集电极电压就是 VT_1 的基极电压，调整管 VT_1 因其基极电压下降而导致管压降增大，迫使 U_o 回落，最终使输出电压 U_o 保持稳定。稳压调整过程如图 6-34 所示。

② 当输入电压 U_i 下降或负载电阻 R_L 变小（负载电流增大）时，输出电压 U_o 趋于下降，取样电压也按比例下降，经 VT_2 放大后，调整管 VT_1 因其基极电压上升而导致管压降减小，迫使 U_o 回升，最终保持输出电压 U_o 稳定。稳压调整过程与图 6-34 所示相反。

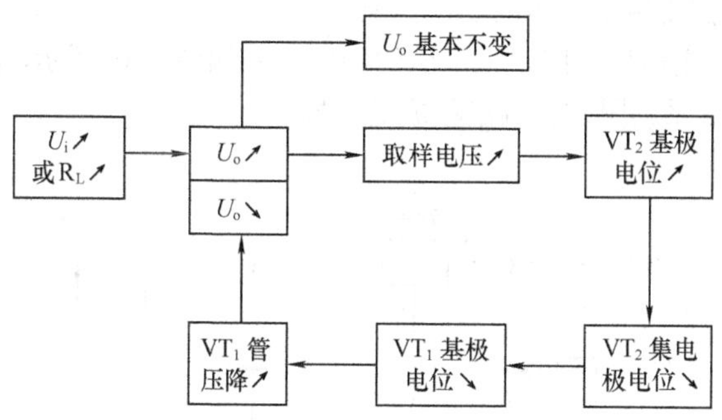

图 6-34 带放大的串联型稳压过程

（4）输出电压可调的稳压电路

在带放大环节的串联型稳压电路中，改变取样电路的分压比，即可改变稳压电路输出电压的大小，因此该电路可以方便地构成输出电压连续可调的串联型稳压电路。

如图 6-35 所示，取样电路由电阻 R_3、R_4 和电位器 RP 组成。当调节电位器 RP 的动臂向下移动时，取样比减小，输出电压 U_o 增大；当调节电位器 RP 的动臂向上移动时，取样比增大，输出电压 U_o 减小。

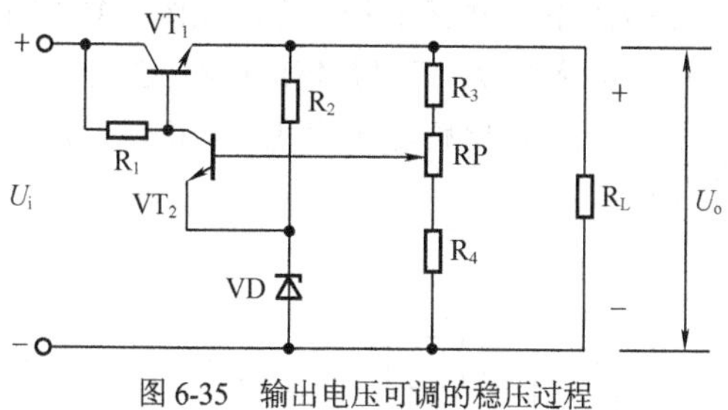

图 6-35 输出电压可调的稳压过程

6.2.3 采用集成稳压器的稳压电路

采用集成稳压器构成稳压电路，具有电路简单、稳定度高、输出电流大、保护电路完善的特点，因此在实际电路中得到了非常广泛的应用。

（1）固定输出电压的稳压电路

① 输出电压为固定正电压的稳压电路如图 6-36 所示，集成电路 IC 为 7800 系列固定正输出集成稳压器。

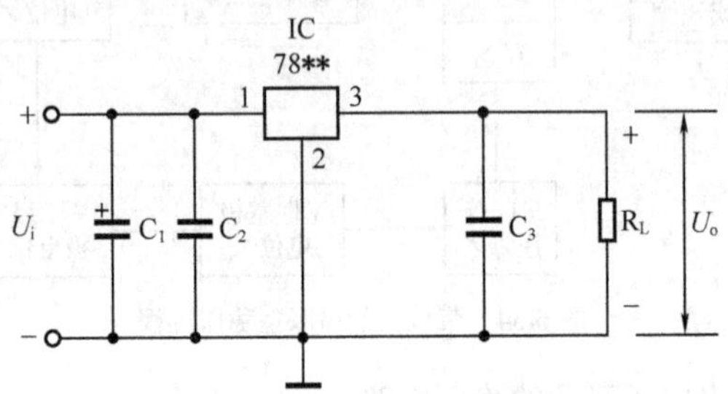

图 6-36　固定正电压输出的稳压电路

C_1、C_2 为输入端滤波电容，C_3 为输出端滤波电容。R_L 为负载电阻。稳压电路的输出电压 U_o 由所选用的集成稳压器 78**的输出电压决定，例如，IC 选用 7812，则电路输出电压为+12V。由于集成稳压器可靠工作时要求有一定的压差，因此输入电压 U_i 至少应比输出电压 U_o 高 2.5V。

② 输出电压为固定负电压的稳压电路如图 6-37 所示，电路结构与固定正输出稳压电路相似，仅仅是集成电路 IC 采用了 7900 系列固定负输出集成稳压器。该电路输出电压 U_o 由所选用的集成稳压器 79**的输出电压所决定。

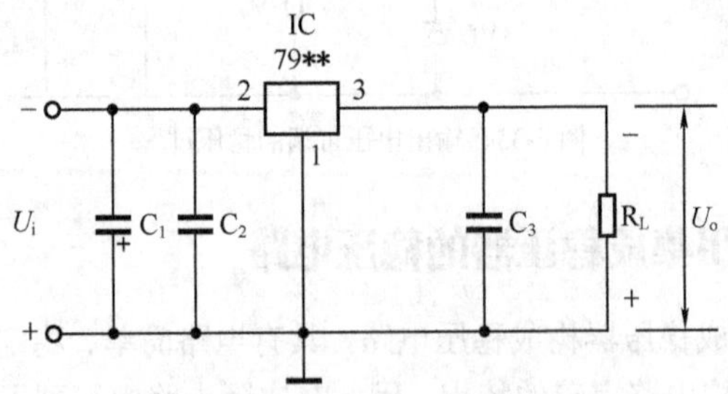

图 6-37　固定负电压输出的稳压电路

③ 同时利用配对的 7800 系列与 7900 系列集成稳压器，可以组成具有正、负对称输出电压的稳压电路。如图 6-38 所示，IC_1 为 7800 系列固定正输出集成稳压器，IC_2 为 7900 系列固定负输出集成稳压器，且 IC_1 与 IC_2 输出电压相同。

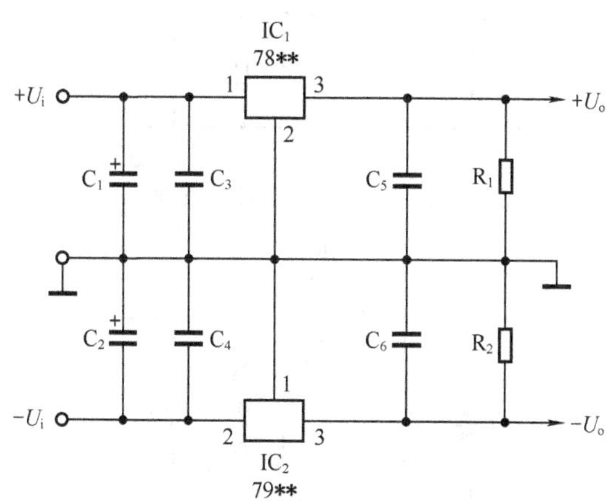

图 6-38 正负对称输出电压的稳压电路

该稳压电路提供的正、负对称输出的稳定电压 $\pm U_o$ 的绝对值，等于所选用的 78**和 79**的输出电压，例如，选用 7815 和 7915，则该电路的稳压输出电压为±15V。

（2）输出电压连续可调的稳压电路

采用集成稳压器也可以构成输出电压连续可调的稳压电路。

① 图 6-39 所示为正电压输出可调稳压电路，集成电路 IC 采用三端正输出可调集成稳压器 CW117。电阻 R 和电位器 RP 组成调压电路，当电位器 RP 的动臂向上移动时，输出电压 U_o 提高；当 RP 的动臂向下移动时，输出电压 U_o 下降。

② 图 6-40 所示为负电压输出可调稳压电路，集成电路 IC 采用三端负输出可调集成稳压器 CW137。当调压电位器 RP 的动臂向上移动时，输出电压 $-U_o$ 的绝对值提高；当 RP 的动臂向下移动时，输出电压 $-U_o$ 的绝对值下降。

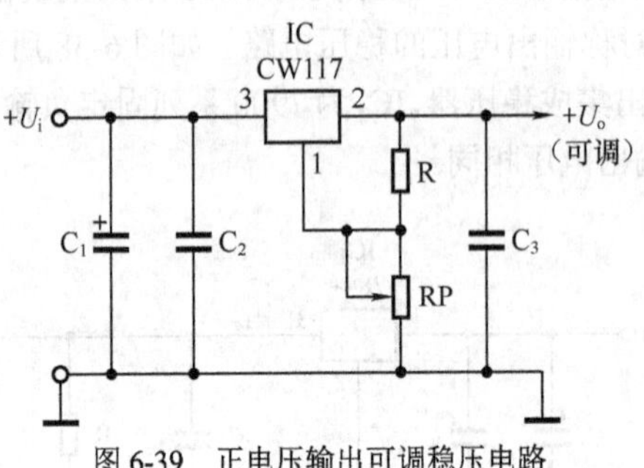

图 6-39　正电压输出可调稳压电路

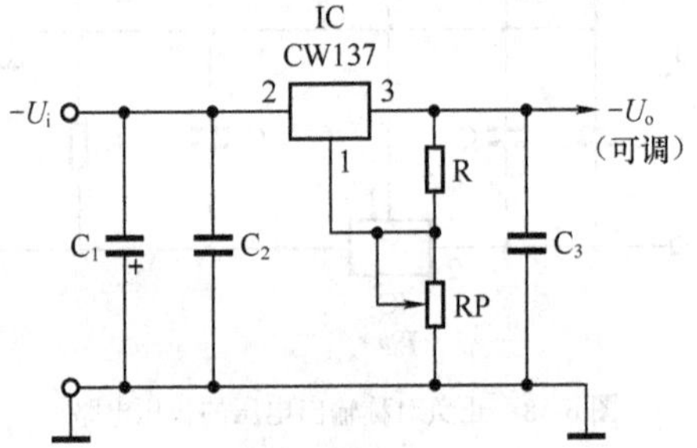

图 6-40　负电压输出可调稳压电路

6.3 电压放大电路

电压放大电路是各种电路图中最基本的、使用最多的单元电路。电压放大电路的基本功能和作用是放大电压信号，当一级电压放大单元不能满足整机电路的要求时，往往采用多级电压放大单元串联工作。电压放大电路可以由晶体管、电子管、集成运算放大器等元器件构成，并且具有多种电路形式。

6.3.1 单管基本放大电路

晶体管放大电路有 3 种基本连接方式：共发射极接法、共基极接法和共集电极接法，如图 6-41 所示。

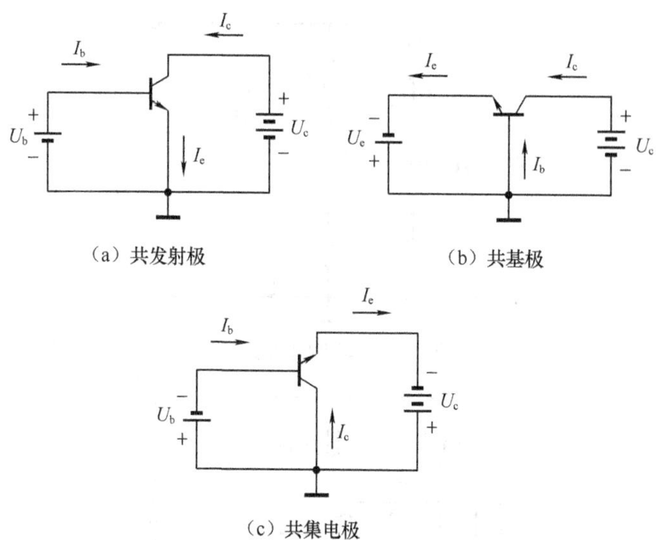

图 6-41　晶体管放大电路的三种基本连接方式

在共发射极电路中，发射极为输入、输出回路的交流公共端。在共基极电路中，基极为输入、输出回路的交流公共端。在共集电极电路中，集电极为输入、输出回路的交流公共端。一般作电压放大时，常采用共发射极电路。

单管基本放大电路是最基本的放大电路。图 6-42 所示为一个典型的共发射极电压放大电路，VT 为放大晶体管，R_1、R_2 为基极偏置电阻，R_3 为集电极电阻，R_4 为发射极电阻，C_1、C_2 为耦合电容，C_3 为发射极旁路电容。

（1）直流工作点

晶体管放大电路能够正常工作的前提是，必须使晶体管有合适的直流工作点，并保持工作点的稳定。

单管共发射极电压放大电路是如何建立稳定的直流工作点的呢？为了分析方便，我们将图 6-42 所示电路图中的交流回路略去，画出该电路的直流回路如图 6-43 所示。

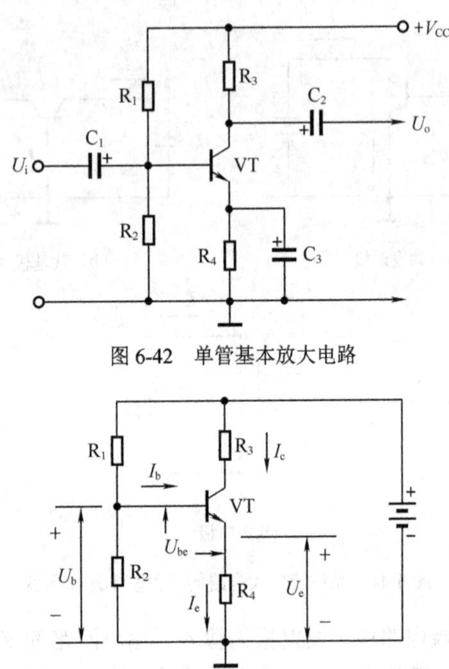

图 6-42　单管基本放大电路

图 6-43　直流等效电路

从直流等效电路图中可见，除集电极电阻 R_3 外，其余 3 个电阻（R_1、R_2、R_4）都是用来建立和稳定 VT 的直流工作点的。R_1、R_2 将电源电压分压后作为 VT 的偏置电压（工作点），发射极电阻 R_4 上形成的电流负反馈具有稳定工作点的作用。

晶体管易受温度等外界因素影响而造成工作点漂移，因此自动稳定工作点是很重要的。工作点的稳定过程如图 6-44 所示。

① 当温度上升造成工作点上升时，VT 的发射极电流 I_e 增大使 R_4 上的电压降（VT 的发射极电压 U_e）上升。由于 VT 的基极偏置电压 U_b 是固定的（由 R_1、R_2 分压所得），因此发射极电压 U_e 上升必然使 VT 的基极-发射极间电压 U_{be} 下降。U_{be} 下降使得基极电流 I_b 下降，

导致VT的集电极电流I_c和发射极电流I_e随之下降，迫使工作点回落，其结果是保持了工作点基本不变。

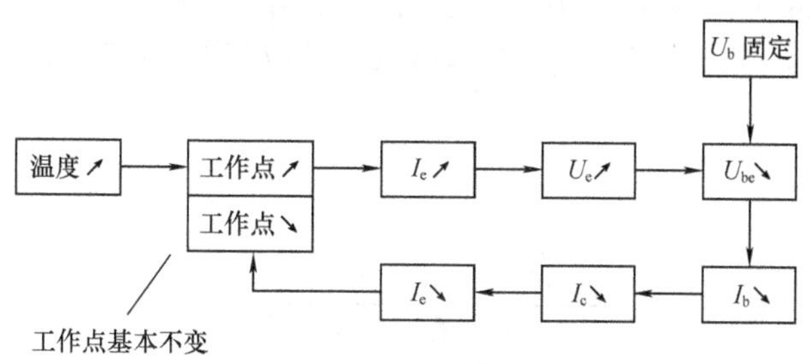

图 6-44 工作点稳定过程

② 当因某种原因造成工作点下降时，则电路按相反的方向自动进行调整，最终使工作点保持基本稳定。

（2）交流信号的放大

共发射极电压放大电路的交流回路如图 6-45 所示。对交流信号而言，电容C_1～C_3相当于短路，电池也可视为短路。R_b为晶体管VT的基极电阻，R_b等于图6-42中偏置电阻R_1与R_2的并联值，即$R_b = R_1 // R_2$。R_c为VT的集电极负载电阻，在放大器输出端开路（U_o端未接负载）的情况下，R_c就是图6-42中的R_3，即$R_c = R_3$。

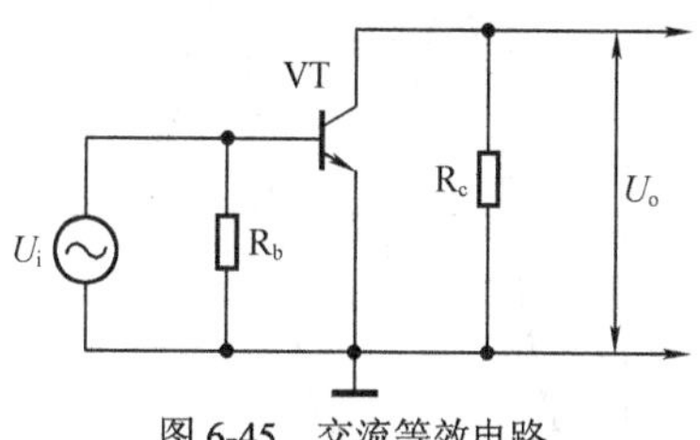

图 6-45 交流等效电路

交流信号放大过程如下：当在放大电路输入端（VT 基极）加入一个交流信号电压U_i时，晶体管VT的基极电流I_b将随U_i的变化而变化，其集电极电流I_c也随之变化，并在负载电阻R_c上产生电压降。因为晶体管VT的集电极电流I_c是基极电流I_b的β倍，所以在其集电极处便得到一个放大了的输出电压 U_o。

由于在共发射极电压放大电路中，输出电压是电源电压与集电极电流在集电极电阻上的压降的差值，因此输出电压 U_o 与输入电压 U_i 相位相反，集电极电流 I_c 与输入电压 U_i 相位相同。各点波形如图 6-46 所示。

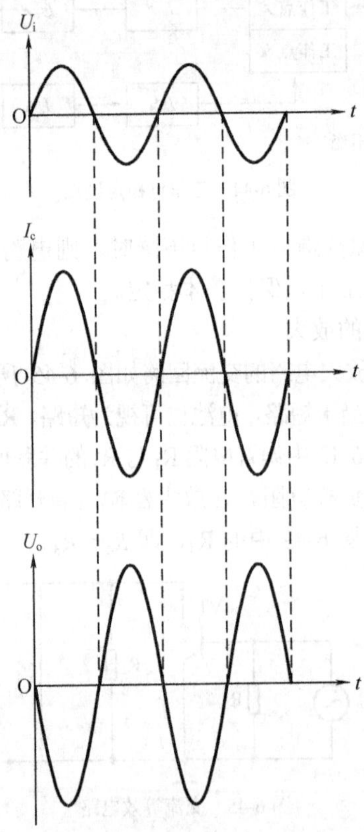

图 6-46　单管放大电路工作波形

6.3.2　双管基本放大电路

采用两只晶体管可以构成双管电压放大单元，电路如图 6-47 所示，晶体管 VT_1、VT_2之间为直接耦合，没有耦合电容。双管电压放大电路的主要特点是电压增益高、工作点稳定度高、偏置电阻无须调整和电路较为简单。

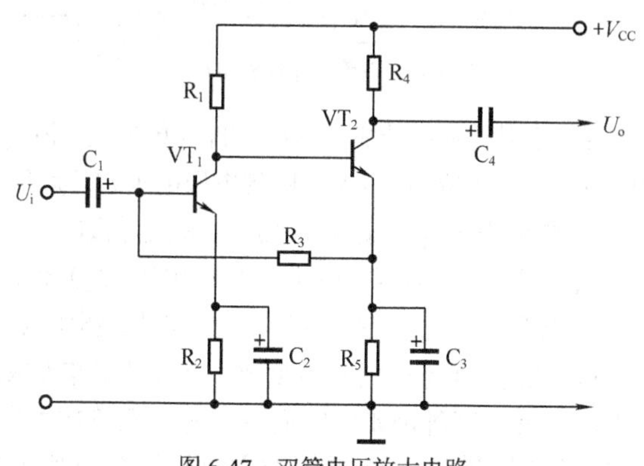

图 6-47　双管电压放大电路

（1）建立和稳定工作点

图 6-48 所示为双管电压放大电路的直流回路，VT_1 的基极偏压不是取自电源电压，而是通过 R_3 取自 VT_2 的发射极电压。这样就构成了二级直流负反馈，使整个电路工作点更加稳定。该电路一经设计完毕，两管工作点即已固定，因此无须调整偏置电阻。

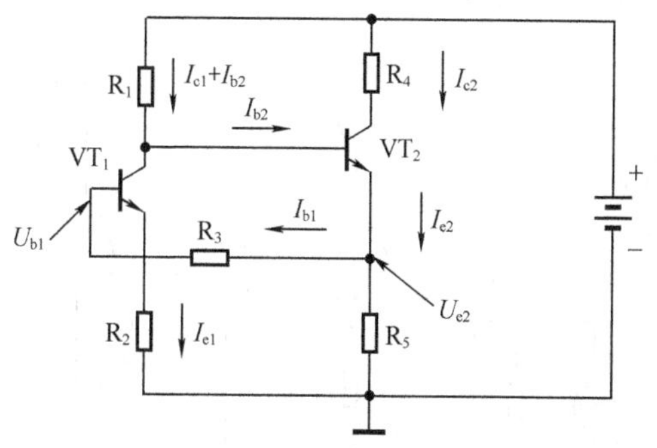

图 6-48　双管放大直流等效电路

双管电压放大电路工作点的稳定过程如图 6-49 所示。

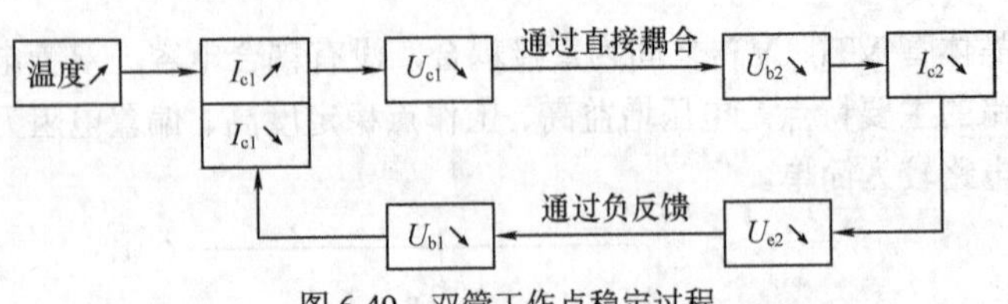

图 6-49　双管工作点稳定过程

① 当因温度上升等原因造成晶体管 VT_1 的集电极电流 I_{c1} 上升时，其集电极电压 U_{c1} 必然下降。因为 VT_1 的集电极电压 U_{c1} 就是 VT_2 的基极电压 U_{b2}，U_{b2} 下降使得 VT_2 的集电极电流 I_{c2} 和发射极电流 I_{e2} 均随之下降，VT_2 发射极电阻 R_5 上电压降（VT_2 发射极电压 U_{e2}）也就下降。U_{e2} 的下降通过偏置电阻 R_3 反馈到 VT_1 基极，使 VT_1 基极电压 U_{b1} 下降，基极电流 I_{b1} 下降，迫使其集电极电流 I_{c1} 回落，从而使工作点保持稳定。

② 当工作点受到某种因素影响而下降时，双管放大电路也能够自动调控保持工作点的稳定，只是调控方向与图 6-49 所示方向相反。

（2）交流信号的放大

双管电压放大电路交流回路如图 6-50 所示，它包括二级共发射极放大电路，R_b 为 VT_1 的基极电阻；R_{c1} 既是 VT_1 的集电极电阻，又是 VT_2 的基极电阻；R_{c2} 是 VT_2 的集电极电阻。U_i 为输入电压；U_{c1} 既是 VT_1 的输出电压，又是 VT_2 的输入电压；$U_o = U_{c2}$ 既是 VT_2 的输出电压，又是整个放大电路的输出电压。

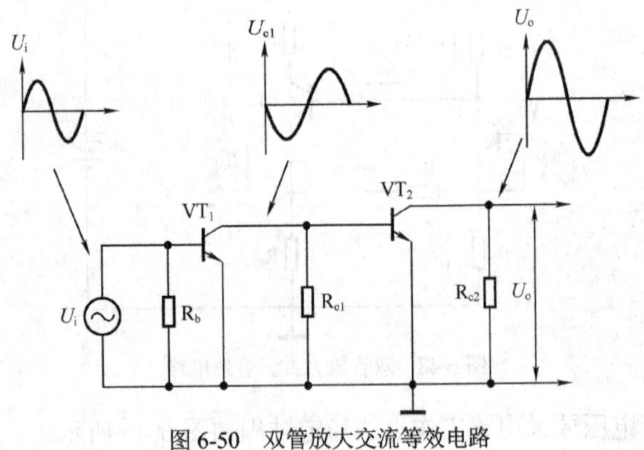

图 6-50　双管放大交流等效电路

双管电压放大电路总的电压放大倍数，等于 VT_1 和 VT_2 两级电压放大倍数的乘积。从图 6-50 所示的工作波形可见，双管电压放大电路的输出电压 U_o 与输入电压 U_i 同相。

6.3.3 具有负反馈的电压放大电路

具有负反馈的电压放大电路简称为负反馈放大器，其电路原理方框图见图 6-51。负反馈放大器一般由两部分组成：一是基本电压放大电路，二是负反馈网络。

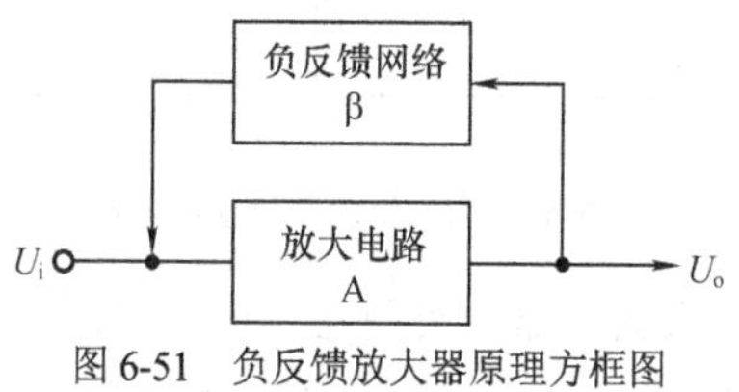

图 6-51　负反馈放大器原理方框图

（1）负反馈放大器的特点

负反馈实质上就是把输出电压的一部分再送回到输入端，并使其与输入电压相位相反。负反馈可以明显改善电压放大器的性能指标，使其失真减小、噪声降低、频响展宽、稳定度提高，而这些好处都是以牺牲放大器增益为代价的。由于增益可以用多级放大器来保障，而很多场合对放大器的性能指标要求严格，因此负反馈放大器得到普遍采用。

（2）负反馈放大器的种类

根据反馈信号是依赖于输出电压还是输出电流，负反馈可分为电压负反馈和电流负反馈两类。根据反馈电路与输入信号电压的连接方式，负反馈又可分为串联负反馈和并联负反馈两类。因此，负反馈放大器可分为 4 类：串联电流负反馈、串联电压负反馈、并联电流负反馈和并联电压负反馈。使用较多的是串联电流负反馈放大器和并联电压负反馈放大器。

（3）串联电流负反馈放大器

图 6-52 所示为典型的串联电流负反馈放大器电路，晶体管 VT 的

发射极电阻 R_e 为反馈元件，R_e 上电压降即为反馈电压 $U_β$。R_b 为基极电阻，R_c 为集电极电阻。

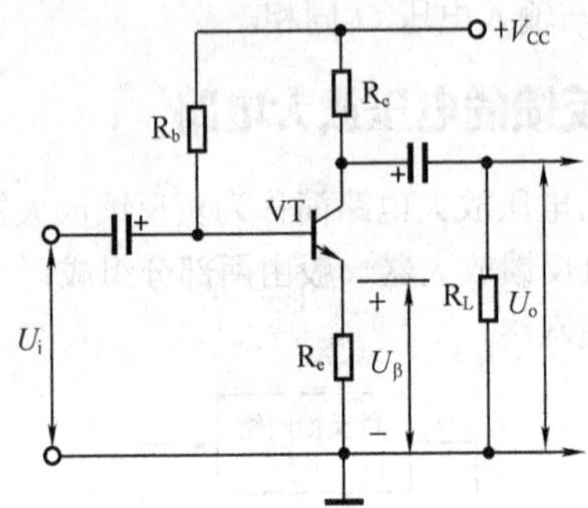

图 6-52　串联电流负反馈放大器

如何判断负反馈放大器的类型呢？首先，将电路输出端（U_o 两端）短路，使输出电压 $U_o = 0$，这时 R_e 上的反馈信号 $U_β$ 依然存在，因此这是电流负反馈。其次，R_e 上的反馈信号 $U_β$ 是与输入信号电压 U_i 相串联后加在晶体管 VT 的基极与发射极之间的，属于串联负反馈。综合起来看，这是一个串联电流负反馈放大电路，图 6-53 为其原理方框图。

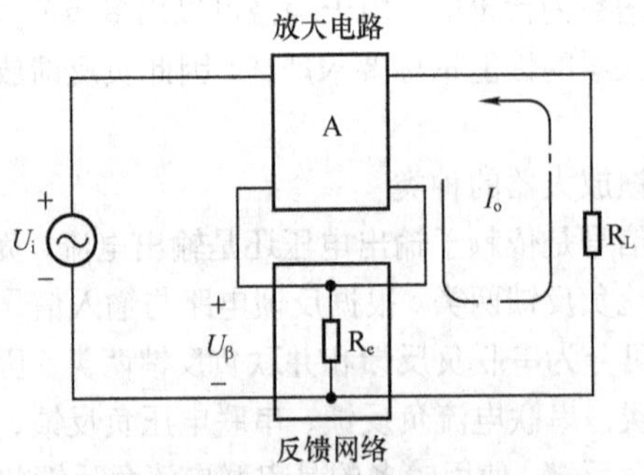

图 6-53　串联电流负反馈放大器方框图

串联电流负反馈放大电路的工作原理是：输出信号电流 I_o 在 VT 的发射极电阻 R_e 上产生电压降 $U_β$，由于 R_e 又串联在放大器的输入信号回路中，因此 U_β 与输入信号电压 U_i 相串联，且极性相反。由于反馈电压 U_β 抵消了一部分输入信号电压 U_i，所以放大器加入串联电流负反馈后，电压放大倍数降低，电流放大倍数基本不变，输入阻抗增大，输出阻抗略有增加。

（4）并联电压负反馈放大器

图 6-54 所示为典型的并联电压负反馈放大器电路，晶体管 VT 的基极电阻 R_b 为反馈元件，反馈电压 U_β 取自负载电阻 R_L 上的输出电压 U_o。R_c 为集电极电阻。

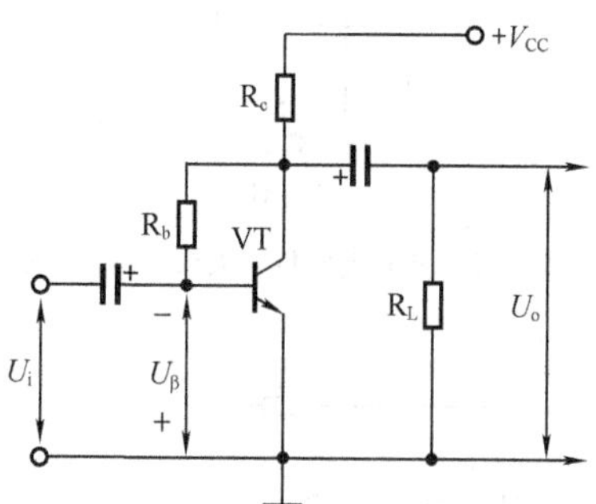

图 6-54　并联电压负反馈放大器

将电路输出端（U_o 两端）短路，使输出电压 $U_o=0$，这时反馈信号 U_β 将不复存在，因此这是电压负反馈。反馈信号 U_β 通过 R_b 与输入信号电压 U_i 相并联后加在晶体管 VT 的基极与发射极之间的，属于并联负反馈。所以这是一个并联电压负反馈放大电路，图 6-55 为其原理方框图。

并联电压负反馈放大电路工作原理是：反馈电压 U_β 取自输出电压 U_o，与输入信号电压 U_i 相并联，且极性相反。由于反馈电压 U_β 分流了一部分输入信号电压 U_i，所以放大器加入并联电压负反馈后，电压放大倍数基本不变，电流放大倍数降低，输入阻抗降低，输出阻抗也降低。

（5）多级负反馈放大器

为了进一步提高负反馈放大器的性能，往往采用多级负反馈放大电路。图6-56为三级负反馈放大器示意图，A_1、A_2、A_3为三级放大器，R为反馈元件。多级放大器具有更高的开环增益，可以采用更大的反馈深度，以充分发挥负反馈的效果。

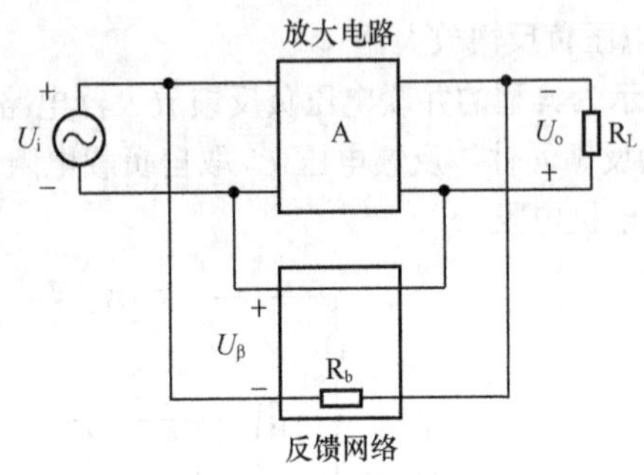

图6-55　并联电压负反馈放大器方框图

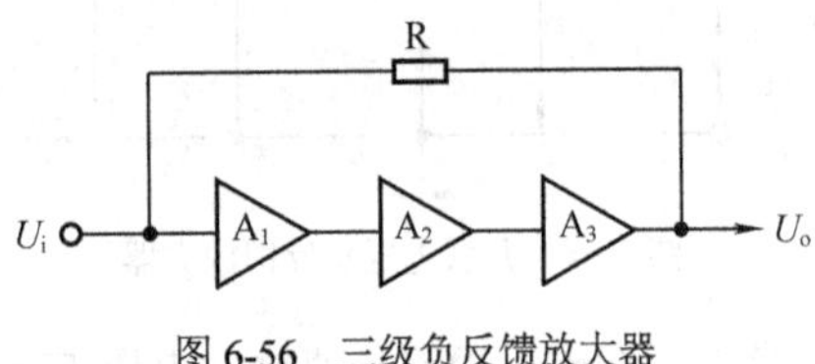

图6-56　三级负反馈放大器

6.3.4　集成运放电压放大电路

集成运算放大器实质上是一个高增益的多级直接耦合放大器，具有很大的开环电压放大倍数（一般可达10^5，即100dB以上）和极高的输入阻抗（可达$10^6Ω$，采用场效应管输入级的可达$10^9Ω$以上）。

集成运放使用中一般加入深度负反馈，由于其开环增益很大，闭环增益仅由反馈电阻决定。使用集成运放构成的电压放大电路，具有电压增益大、输入阻抗高、外围电路简单、工作稳定可靠的特点。

集成运放通常有3种基本接法：同相输入、反相输入和差动输入。用集成运放构成的电压放大器也就有3种：同相输入电压放大器、反相输入电压放大器和差动输入电压放大器。

（1）同相输入电压放大器

图 6-57 所示为同相输入电压放大器电路，输入信号电压 U_i 加在集成运放的同相输入端（“+”端），输出信号 U_o 与输入信号 U_i 相位相同，放大倍数 $A=\frac{U_o}{U_i}\approx 1+\frac{R_f}{R_1}$。$R_p$ 为平衡电阻，用以平衡由于输入偏置电流造成的失调。$R_p=(R_1 /\!/ R_f)$。

（2）反相输入电压放大器

图 6-58 所示为反相输入电压放大器电路，输入信号电压 U_i 加在集成运放的反相输入端（“-”端），输出信号 U_o 与输入信号 U_i 相位相反，放大倍数 $A=\frac{U_o}{U_i}\approx -\frac{R_f}{R_1}$。$R_p$ 为平衡电阻。

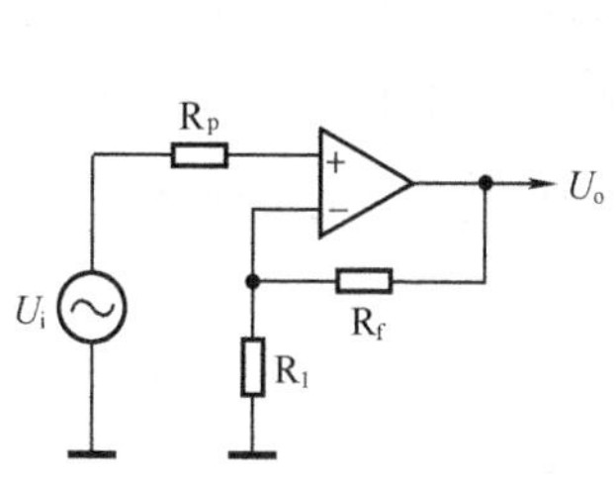

图 6-57 同相输入电压放大器

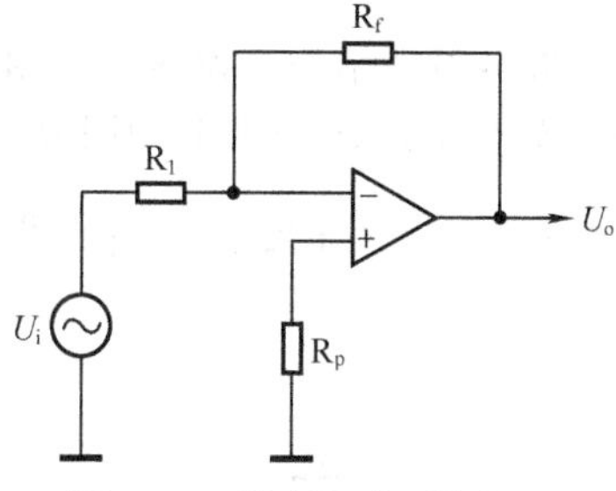

图 6-58 反相输入电压放大器

（3）差动输入电压放大器

图 6-59 所示为差动输入电压放大器电路，一般有两个输入信号电压 U_1 和 U_2，输入信号电压 U_1 加在集成运放的反相输入端（“-”端），输入信号电压 U_2 加在集成运放的同相输入端（“+”端），两个输入信号电压 U_2 与 U_1 的差值得到放大，输出信号 U_o 与输入信号（U_2-U_1）

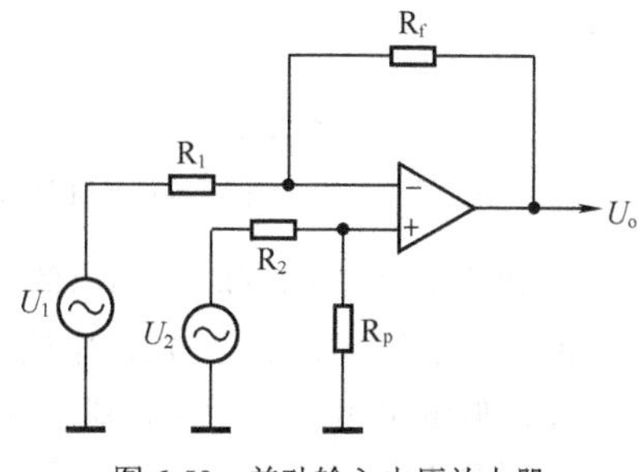

图 6-59 差动输入电压放大器

的值同相，放大倍数$A=\frac{U_o}{U_2-U_1}\approx\frac{R_f}{R_1}$。

6.3.5　CMOS 电压放大电路

用 CMOS 门电路构成模拟电压放大电路，具有输入阻抗高、耦合电容小、功耗低、只需要单电源等显著特点。特别是在数字电路系统中，利用多余的逻辑门作模拟信号放大之用，既不需要增加集成电路的种类，也不需要增加电源的种类，大大方便了系统电路的设计。

CMOS 门电路工作于数字状态时，输入信号和输出信号不是“1”就是“0”。但从“1”到“0”或从“0”到“1”，中间有一个转换过程。如果设法将工作点设置在这个转换区域的中点附近，CMOS 门电路就可以用来作放大器使用。

图 6-60 所示为 CMOS 非门用作模拟放大，在非门 D 的输出端与输入端之间接入一个偏置电阻 R，使得输出端和输入端既不是“1”，也不是“0”，而是处于$\frac{1}{2}V_{DD}$附近，这一点就是其工作点 Q。

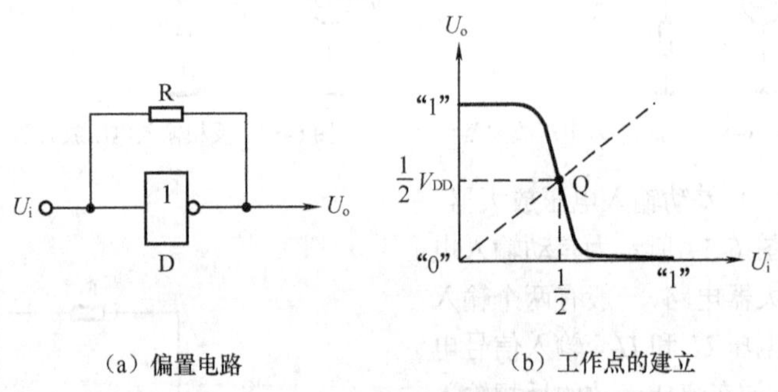

（a）偏置电路　　（b）工作点的建立

图 6-60　CMOS 非门用作模拟放大

利用奇数级 CMOS 非门串联可构成模拟电压放大器。图 6-61 所示为三级非门构成的 CMOS 电压放大器电路，R_1为输入电阻，R_f为负反馈偏置电阻，C_1、C_2分别为输入、输出耦合电容。由于三级非门串联后具有很高的电压增益，因此该电路的电压放大倍数仅取决于

R_f与R_1的比值，即电压放大倍数$A=\dfrac{U_0}{U_i}\approx-\dfrac{R_f}{R_1}$。

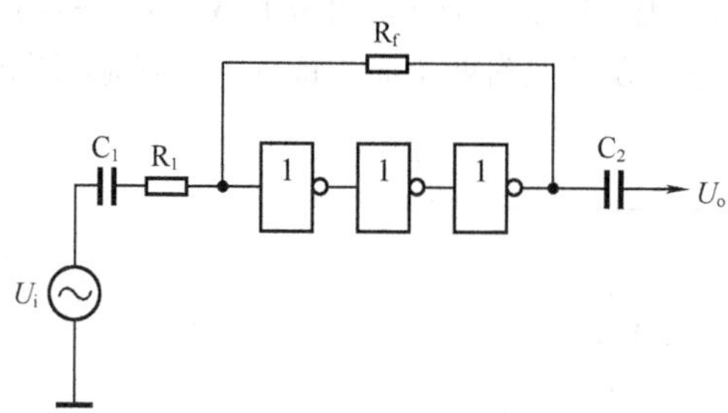

图 6-61　CMOS 电压放大器

6.3.6　电压跟随器

电压跟随器具有很高的输入阻抗和很低的输出阻抗，是最常用的阻抗变换和匹配电路。电压跟随器常用作电路的输入缓冲级和输出缓冲级，如图 6-62 所示。作为整个电路的高阻抗输入级，可以减轻对信号源的影响。作为整个电路的低阻抗输出级，可以提高带负载的能力。电压跟随器一般由晶体管或集成运算放大器构成。

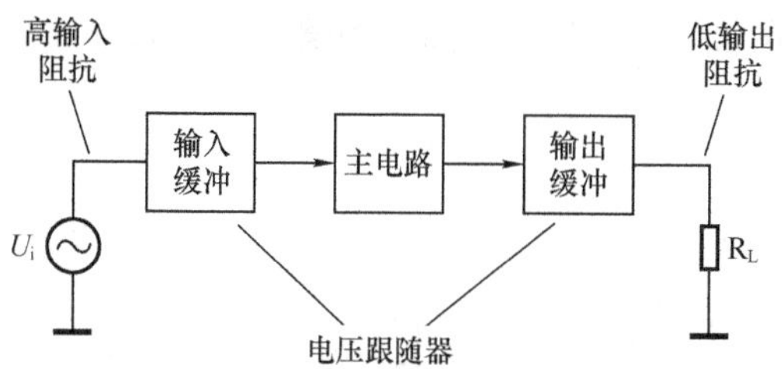

图 6-62　电压跟随器的作用

（1）晶体管射极跟随器

晶体管构成的电压跟随器如图 6-63 所示，R_1为基极偏置电阻，R_2为发射极电阻，C_1、C_2为输入、输出耦合电容。由于输出电压U_o是从晶体管 VT 的发射极引出，并且输出电压U_o与输入电压U_i相位相同，幅度也大致相同，所以晶体管电压跟随器又叫做射极跟随器。

射极跟随器对交流信号而言，电源相当于短路，晶体管 VT 的集电极是接地的，因此这是一个共集电极电路，图 6-64 所示为其交流等效电路。射极跟随器具有两个显著特点：一是输入阻抗很高，二是输出阻抗很低。

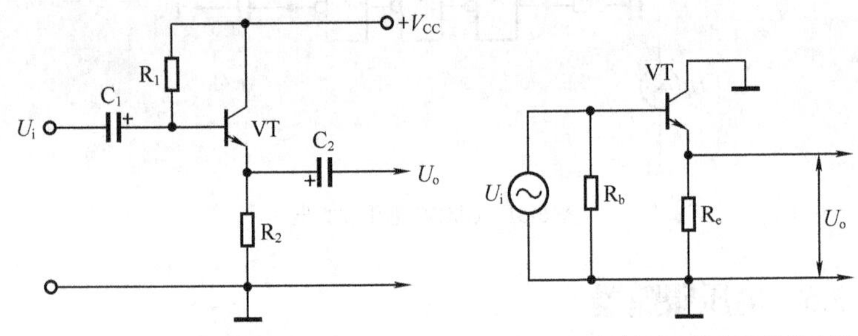

图 6-63　射极跟随器　　图 6-64　射极跟随器交流等效电路

① 输入阻抗 R_i 是指从电路输入端看进去的阻抗，它等于输入电压 U_i 与输入电流 I_b 之比，如图 6-65 所示。射极跟随器实质上是一个电压反馈系数 $F=1$ 的串联电压负反馈放大器，输出电压 U_o 全部作为负反馈电压 U_β 反馈到输入回路，抵消了绝大部分输入电压 U_i，所以 I_b 很小，根据 $R_i=\dfrac{U_i}{I_b}$ 可知，射极跟随器的输入阻抗 R_i 是很高的，可达几百千欧。

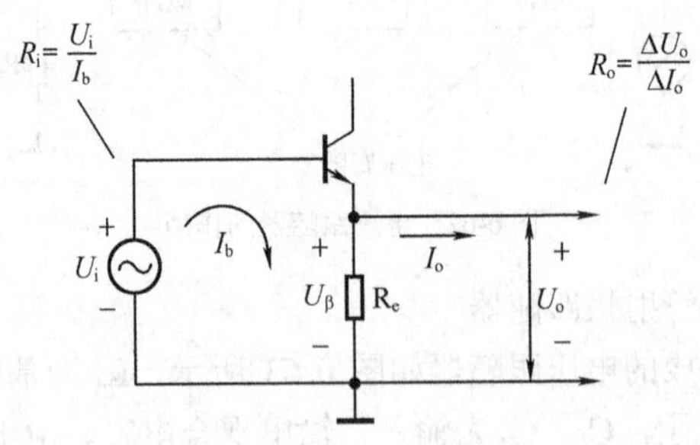

图 6-65　输入阻抗与输出阻抗

② 输出阻抗 R_o 是指从电路输出端看进去的阻抗。需要注意的是，输出阻抗 R_o 并不等于发射极电阻 R_e，它等于由于负载变化引起的输出电压变化量 ΔU_o 与输出电流变化量 ΔI_o 之比，即 $R_o = \dfrac{\Delta U_o}{\Delta I_o}$ 。

这个特性也是基于电路的强负反馈作用。当负载变化引起输出电压 U_o 下降时，输入电压 U_i 被负反馈抵消的部分也随之减少，使得 U_o 回升，最终保持 U_o 基本不变。当负载变化引起输出电压 U_o 上升时，负反馈电压也随之增大，同样使得 U_o 保持基本不变。这就意味着射极跟随器的输出阻抗 R_o 是很小的，一般仅为几十欧。

（2）集成运放电压跟随器

集成运放电压跟随器电路如图 6-66 所示，它实际上就是 $R_f = 0$、$R_1 = \infty$、反馈系数 $F = 1$ 的同相输入放大器。由于集成运放本身的高增益特性，因此，用集成运放构成的电压跟随器具有极高的输入阻抗，几乎不从信号源汲取电流，同时具有极低的输出阻抗，向负载输出电流时几乎不在内部引起电压降，可视作电压源。

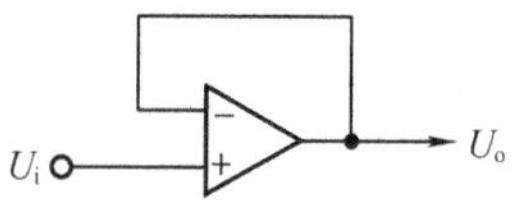

图 6-66　集成运放电压跟随器

由于集成运放具有极高的开环增益，所以集成运放电压跟随器的性能非常接近理想状态，并且无外围元件、无须调整，这是晶体管射级跟随器所无法比拟的。集成运放电压跟随器得到了越来越广泛的应用。

6.4 功率放大器

功率放大器是以输出功率为主要指标的放大器，它不仅要有足够的输出电压，而且要有较大的输出电流。功率放大器工作于大信号状态，可分为甲类功率放大器、乙类功率放大器、甲乙类功率放大器。功率放大器的主要功能和作用是对输入信号进行功率放大，以驱动扬声器、继电器、电动机等负载。功率放大器是收音机、电视机、扩音机等音响设备电路中必不可少的重要组成部分，在控制和驱动电路中也有广泛的应用。

6.4.1 单管功率放大器

单管功率放大器是最简单的功率放大器。图 6-67 所示为典型的单管功率放大器电路，VT 为功率放大管，偏置电阻 R_1、R_2 和发射极电阻 R_3 为 VT 建立起稳定的工作点。T_1、T_2 分别为输入、输出变压器，用于信号耦合、阻抗匹配和传送功率。C_1、C_2 是旁路电容，为信号电压提供交流通路。单管功率放大器都工作于甲类状态。

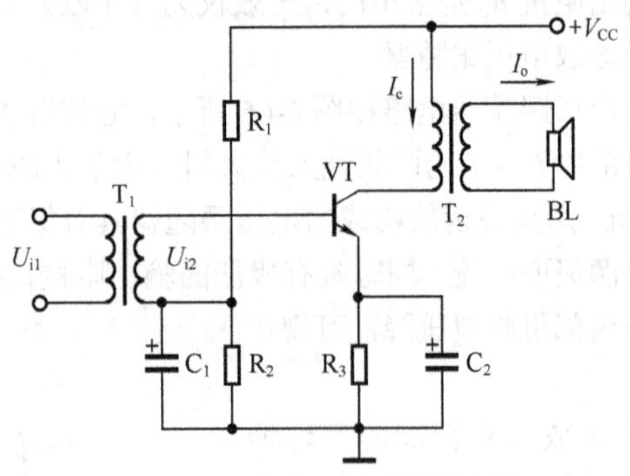

图 6-67 单管功率放大器

（1）单管功率放大器的特点

单管甲类功率放大器的主要优点是电路简单，主要缺点是效率较低，因此一般适用于较小功率的放大器，或用作大功率放大器的推动级。

（2）单管功率放大器工作过程

单管功率放大器电路工作过程为：输入交流信号电压 U_{i1} 接在输入变压器 T_1 初级，在 T_1 次级得到耦合电压 U_{i2}。U_{i2} 叠加于晶体管 VT 基极的直流偏置电压（工作点）之上，使 VT 的基极电压随输入信号电压发生变化。由于晶体管的放大作用，VT 集电极电流 I_c 亦作相应的变化，再经输出变压器 T_2 隔离直流，将交流功率输出电流 I_o 传递给扬声器 BL。电路各点波形如图 6-68 所示。

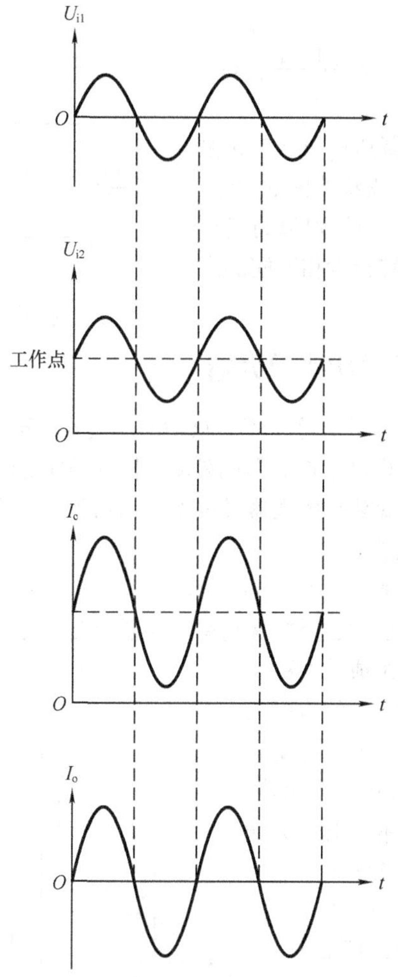

图 6-68 单管功率放大器工作波形

（3）输出变压器的作用

输出变压器 T_2 具有阻抗匹配的作用。为了获得较大的输出功率，必须将扬声器 BL 较低的阻抗，转换为与 VT 的输出阻抗相匹配的最佳负载阻抗，T_2 承担了阻抗转换功能，如图 6-69 所示，从 T_2 初级（左边）看进去的阻抗 $R_L=\left(\frac{N_1}{N_2}\right)^2 R_{BL}$。

由于 T_2 为降压变压器，初级线圈 N_1 圈数多，次级线圈 N_2 圈数少，即 $N_1>N_2$，所以可以将扬声器 BL 的低阻抗转换为相匹配的高阻抗 R_L。

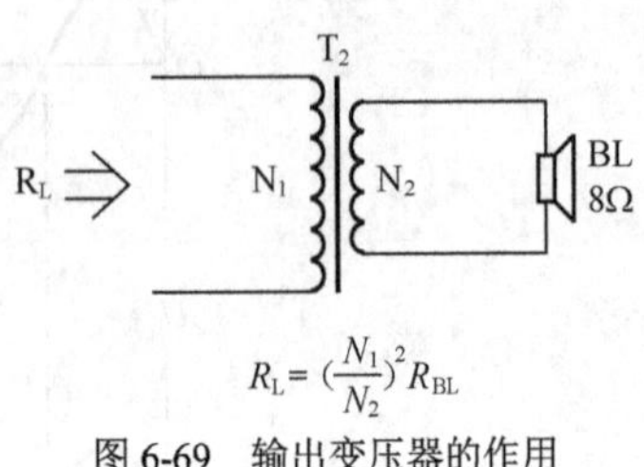

图 6-69　输出变压器的作用

6.4.2　双管推挽功率放大器

双管推挽功率放大器采用两只功率放大管，分别放大正、负半周的信号，较大地提高了放大器的效率。根据晶体管的静态工作点是否为“0”，双管推挽功率放大器又可以分为乙类推挽功率放大器和甲乙类推挽功率放大器。

（1）乙类推挽功率放大器

图 6-70 所示为乙类推挽功率放大器电路，它是由两个相同的晶体管 VT_1、VT_2 组成的对称电路。输入变压器 T_1 的次级为中心抽头式对称输出，分别为 VT_1、VT_2 基极提供大小相等、相位相反的输入信号电压。输出变压器 T_2 的初级为中心抽头对称式输出，将 VT_1、VT_2 的集电极电流合成后输出。

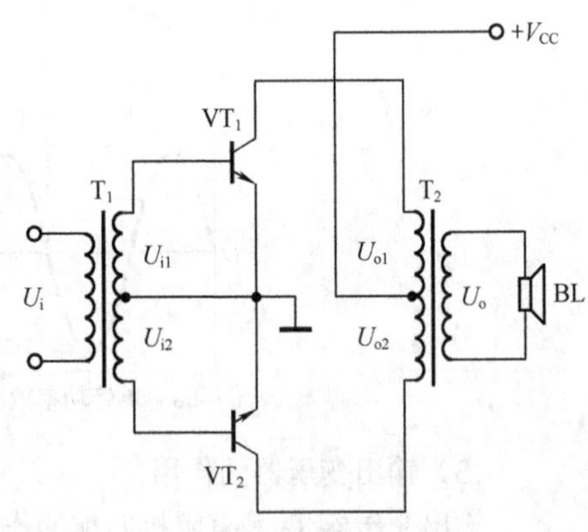

图 6-70　乙类推挽功率放大器

无输入信号电压时，晶体管 VT_1、VT_2 均因无基极偏置电压而截止。

当输入信号电压 U_i 加到输入变压器 T_1 初级时，在 T_1 次级即产生大小相等、相位相反的两个交流电压 U_{i1} 和 U_{i2}，使晶体管

VT_1、VT_2轮流工作。

① 输入信号电压 U_i 正半周时，次级交流电压 U_{i1} 和 U_{i2} 均为上正下负。U_{i1} 对于晶体管 VT_1 而言是正向偏置，VT_1 导通放大，其集电极电流 I_{c1} 通过输出变压器 T_2，在扬声器 BL 上产生由下向上的输出电流 I_o，如图 6-71（a）所示。U_{i2} 对于晶体管 VT_2 而言是反向偏置，VT_2 截止。

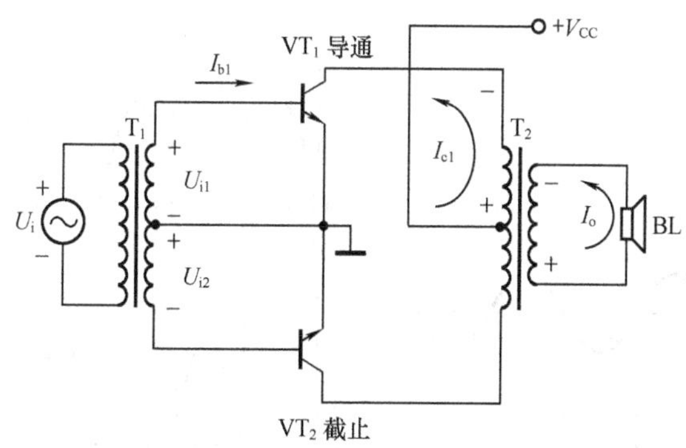

（a）输入信号正半周时

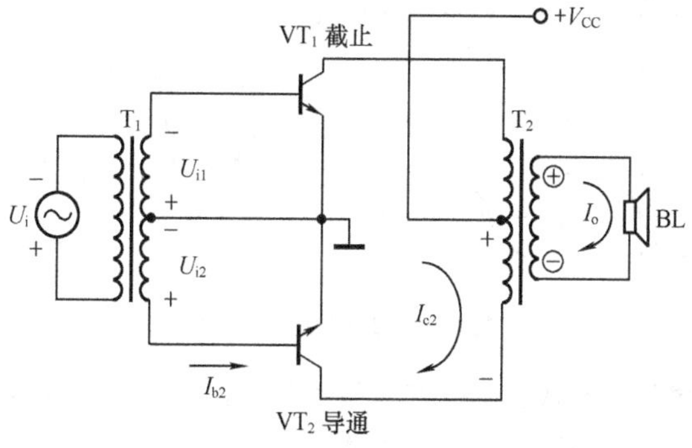

（b）输入信号负半周时

图 6-71　推挽功放工作情况

② 输入信号电压 U_i 负半周时，次级交流电压 U_{i1} 和 U_{i2} 均为上负下正。U_{i1} 对于晶体管 VT_1 而言是反向偏置，VT_1 截止。U_{i2} 对于晶体

管 VT_2 而言是正向偏置，VT_2 导通放大，其集电极电流 I_{c2} 通过输出变压器 T_2，在扬声器 BL 上产生由上向下的输出电流 I_o，如图 6-71（b）所示。

在输入信号电压 U_i 的一个周期内，VT_1、VT_2 虽然是轮流导通工作，但由于输出变压器 T_2 的合成作用，在扬声器 BL 上仍然可以得到一个完整的输出电流波形。各点工作波形如图 6-72 所示。

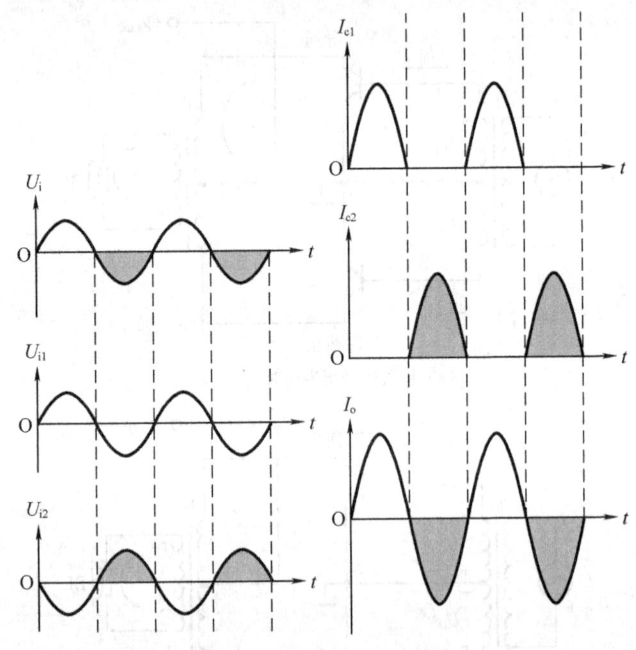

图 6-72　推挽功放工作波形

乙类推挽功率放大器的优点是效率很高，缺点是存在严重的交越失真。因此实际电路中往往采用改进后的甲乙类推挽功率放大器。

产生交越失真的原因是因为晶体管 U_b-I_c 曲线的起始部分呈弯曲状，如图 6-73 所示。当推挽功率放大器工作于乙类状态时，虽然输入信号电压 U_i 为正弦波，但由于两个晶体管集电极电流底部弯曲失真，结果合成的输出电流也就不是正弦波了。两个晶体管集电极电流合成波形的过渡部位发生的这种失真，就称为交越失真。

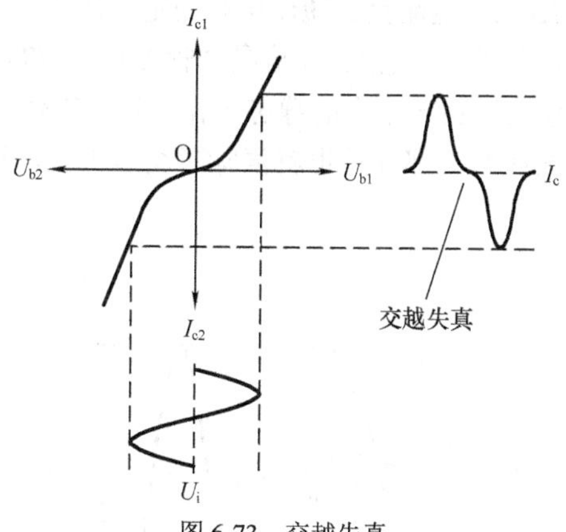

图 6-73　交越失真

（2）甲乙类推挽功率放大器

甲乙类推挽功率放大器是在乙类推挽功率放大器的基础上改进的电路，它有效地克服了放大器的交越失真。图 6-74 所示为双管推挽功率放大器的实用电路，它工作于甲乙类状态。

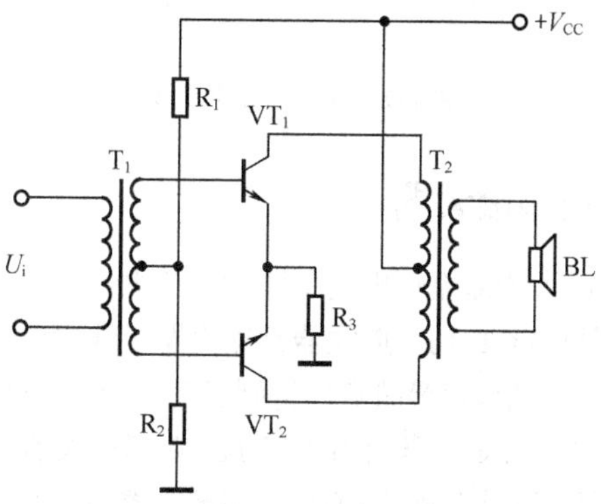

图 6-74　甲乙类推挽功率放大器

与图 6-70 所示乙类推挽功率放大器电路相比，甲乙类推挽功率放大器电路仅增加了 3 个电阻：R_1、R_2 为基极偏置电阻，为两个功率放大管提供一定的基极偏置电压，以减小和消除交越失真；R_3 为发射极电阻，利用 R_3 上的电流负反馈作用来稳定工作点。

电路中加入上述 3 个电阻后，给晶体管 VT_1 和 VT_2 都加上了一个小的正偏压，使其产生一个小的静态工作电流（工作点），从而避开了小电流时的曲线弯曲部分，也就消除了交越失真，波形如图 6-75 所示。

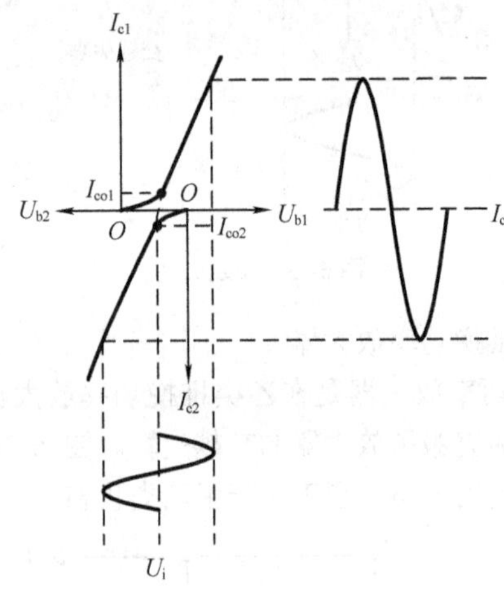

图 6-75　消除了交越失真

6.4.3　OTL 功率放大器

OTL 功率放大器即无输出变压器功率放大器，由于电路中取消了输出变压器，因此 OTL 功率放大器彻底克服了输出变压器本身存在的体积大、损耗大、频响差等缺点，得到了广泛应用。OTL 功率放大器有多种电路形式，如变压器倒相式 OTL 功率放大器、晶体管倒相式 OTL 功率放大器、互补对称式 OTL 功率放大器等。OTL 功率放大器一般采用单电源供电。

（1）变压器倒相式 OTL 功率放大器

变压器倒相式 OTL 功率放大器的结构特点是采用输入变压器作

信号倒相。图 6-76 所示为输入变压器倒相式 OTL 功率放大器电路。VT_1、VT_2 为完全相同的两个功放晶体管。T 为输入变压器，具有两个独立的次级线圈，分别为 VT_1、VT_2 提供大小相等、极性相反的基极信号电压。C 为输出耦合电容。

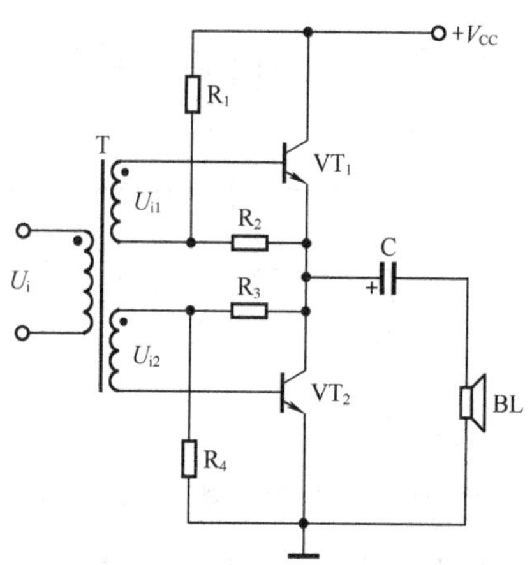

图 6-76　变压器倒相式 OTL 功率放大器

① OTL 功率放大器直流等效电路如图 6-77 所示。对直流电源而言，两个晶体管 VT_1、VT_2 是串联的，每个晶体管的 U_{ce} 为 $\frac{1}{2}V_{CC}$。R_1、R_2、R_3、R_4 为晶体管 VT_1 和 VT_2 提供基极偏置电压。

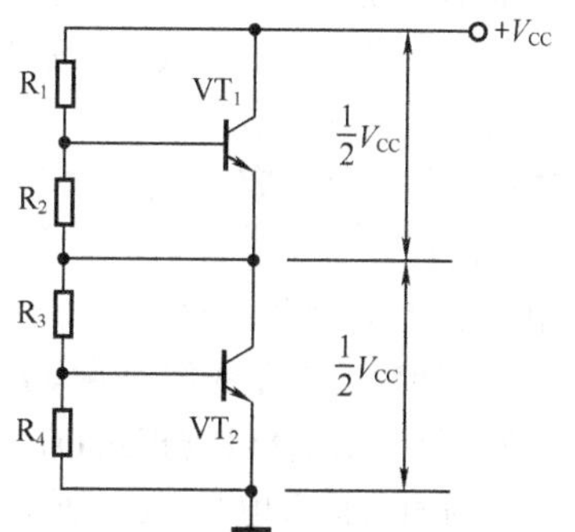

图 6-77　OTL 功率放大器直流等效电路

② OTL 功率放大器交流等效电路如图 6-78 所示。当输入变压器 T 初级有输入信号电压 U_i 时，在其两个次级线圈上感应出两个极性相反的基极信号电压 U_{i1} 和 U_{i2}。

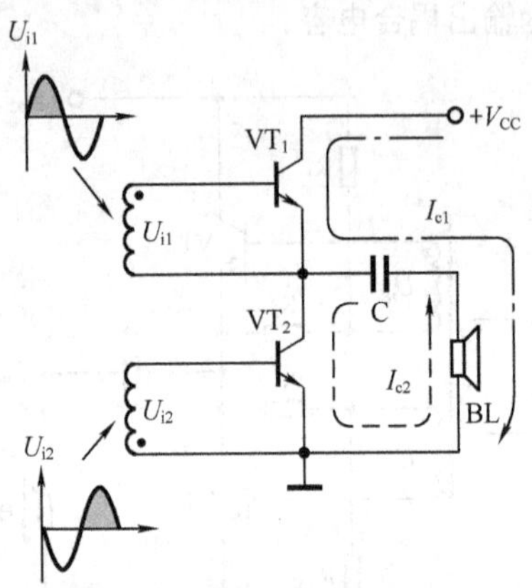

图 6-78　OTL 功率放大器交流等效电路

在输入信号电压 U_i 正半周时，基极信号电压 U_{i1} 为正极性，功放管 VT_1 导通；而基极信号电压 U_{i2} 为负极性，功放管 VT_2 截止。这时，输出耦合电容 C 通过 VT_1 经扬声器 BL 进行充电，充电电流 I_{c1} 如点划线所示。

在输入信号电压 U_i 负半周时，基极信号电压 U_{i1} 为负极性，VT_1 截止；而基极信号电压 U_{i2} 为正极性，VT_2 导通。这时，输出耦合电容 C 通过 VT_2 经扬声器 BL 进行放电，放电电流 I_{c2} 如虚线所示。

输出耦合电容 C 的充电电流和放电电流在扬声器 BL 上的方向相反。正是利用电容量很大的耦合电容 C 的充放电，最终在扬声器 BL 上合成一个完整的信号波形。

（2）晶体管倒相式 OTL 功率放大器

晶体管倒相式 OTL 功率放大器的结构特点是利用晶体管对输入信号进行倒相。图 6-79 所示为晶体管倒相式 OTL 功率放大器电路，VT_1 为倒相晶体管，C_1 为输入耦合电容，C_4 为输出耦合电容。

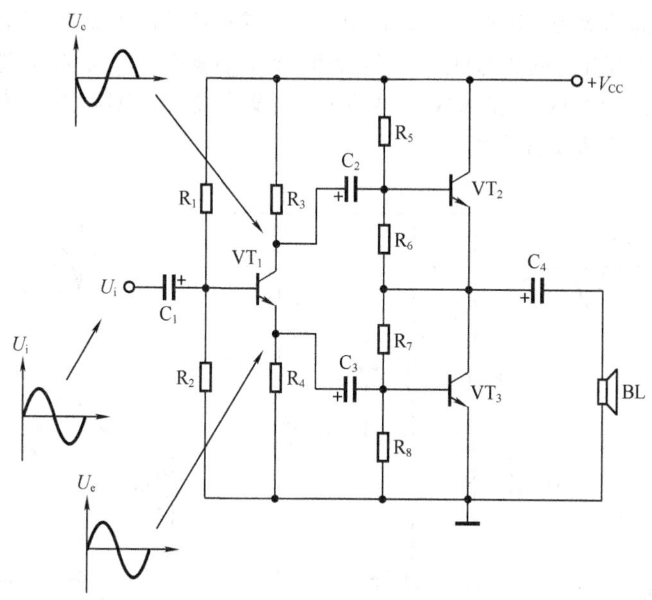

图 6-79 晶体管倒相式 OTL 功率放大器

晶体管倒相是基于晶体管集电极与发射极输出电压相位相反的原理，通过适当选取集电极电阻 R_3、发射极电阻 R_4 的阻值，使 VT_1 集电极与发射极输出的电压大小相等，从而分别为功放管 VT_2、VT_3 提供大小相等、极性相反的基极信号电压。C_2、C_3 为隔直流耦合电容。晶体管倒相式 OTL 功率放大器连输入变压器也取消了，这使得功率放大器的质量指标得到进一步提高。

电路工作过程为：当输入信号电压 U_i 经输入电容 C_1 耦合至倒相晶体管 VT_1 基极时，在 VT_1 集电极和发射极便得到极性相反的两个电压信号，其中，集电极电压 U_c 与 U_i 反相，发射极电压 U_e 与 U_i 同相，功放管 VT_2、VT_3 轮流导通工作，并通过输出耦合电容 C_4 的充放电在扬声器 BL 上合成完整的输出信号。

（3）互补对称式 OTL 功率放大器

互补对称式 OTL 功率放大器的结构特点是采用了两个导电极性

相反的功放管，因此只需要相同的一个基极信号电压即可。图 6-80 所示为互补对称式 OTL 功率放大器电路，功放管 VT_2 为 NPN 型晶体管，VT_3 为 PNP 型晶体管。推动级 VT_1 集电极输出电压 U_{c1} 即为 VT_2 和 VT_3 的基极信号电压。

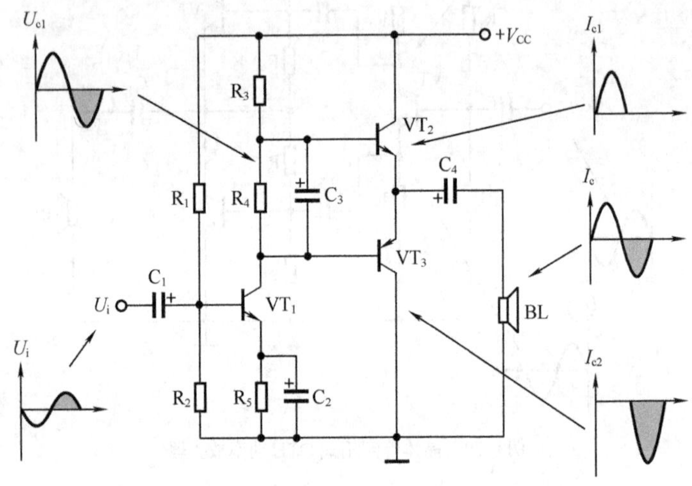

图 6-80　互补对称式 OTL 功率放大器

电路工作过程：在 U_{c1} 正半周时 NPN 管 VT_2 导通，在 U_{c1} 负半周时 PNP 管 VT_3 导通，通过输出耦合电容 C_4 在扬声器 BL 上合成一个完整的信号波形。VT_1 的集电极电阻 R_3、R_4 同时为 VT_2、VT_3 提供基极偏置电压。

为了提高输出功率，功放管可以采用复合管的形式。图 6-81 所示为采用复合管的互补对称式 OTL 功率放大器电路。由于功放管采用复合管，可以较方便地解决 NPN 大功率管与 PNP 大功率管的配对问题，并易于做成更大功率的功率放大器。

复合管可以由两个导电极性相同的晶体管组成，也可以由两个导电极性不同的晶体管组成。两个晶体管组成复合管时，其导电极性由第一个晶体管决定，如图 6-82 所示。

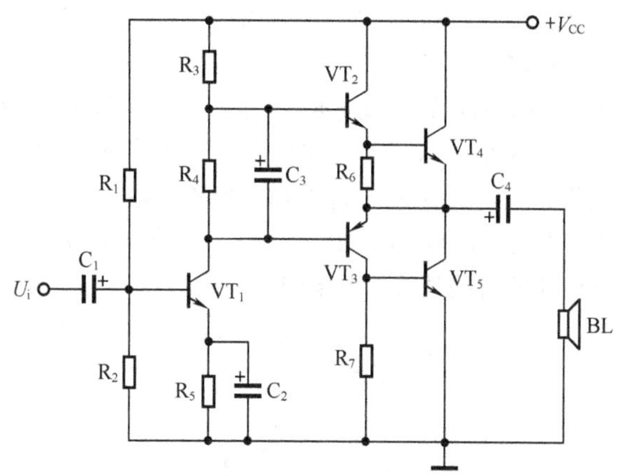

图 6-81　复合管互补对称式 OTL 功率放大器

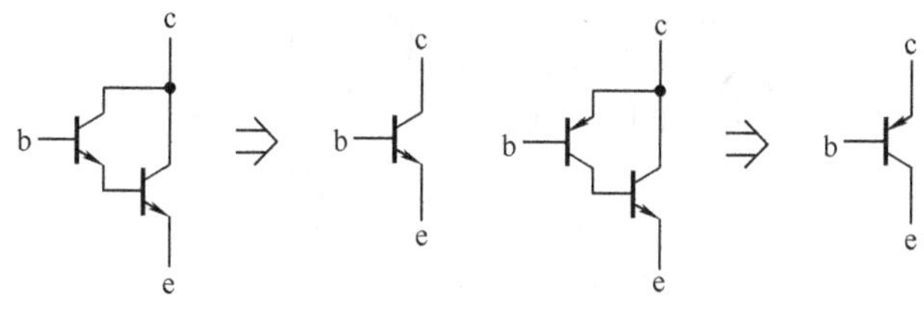

（a）等效为 NPN 管　　（b）等效为 PNP 管

图 6-82　复合管的形式

图 6-82（a）所示为两个 NPN 晶体管组成的复合管，等效为一个 NPN 型晶体管。图 6-81 电路中的 VT_2、VT_4 就是这样的复合管。

图 6-82（b）所示为一个 PNP 晶体管和一个 NPN 晶体管组成的复合管，等效为一个 PNP 型晶体管，图 6-81 电路中的 VT_3、VT_5 就是这样的复合管。

6.4.4　OCL 功率放大器

OCL 功率放大器即无输出电容器功率放大器。OCL 功率放大器采用对称的正、负双电源供电，两个功放管的连接点（中点）的静态电位为 0V，为取消输出耦合电容创造了条件。由于没有输出耦合电容，放大器的频响等指标比 OTL 电路进一步提高。OCL 电路在集成功率放大器中被广泛采用。

OCL 功率放大器电路如图 6-83 所示。VT_1 为推动级放大晶体管。VT_2 与 VT_4 组成 NPN 型复合管，VT_3 与 VT_5 组成 PNP 型复合管，承担功率放大任务。R_1、R_2 为 VT_1 的基极偏置电阻，R_5 为 VT_1 的发射极电阻，用于稳定工作点。R_3、R_4 既是 VT_1 的集电极负载电阻，同时又是两对复合功放管的基极偏置电阻。

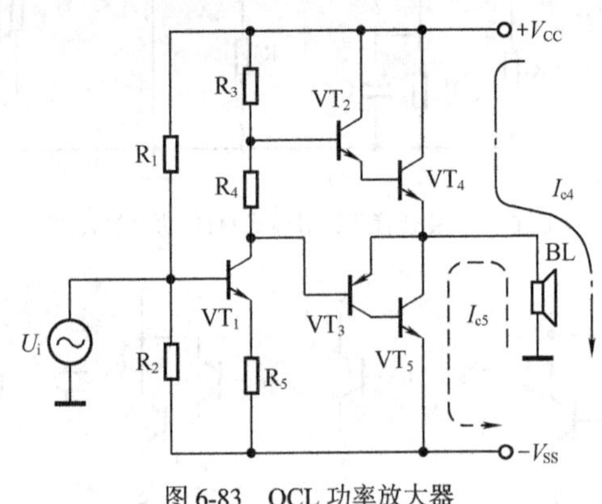

图 6-83　OCL 功率放大器

OCL 功放电路工作原理为：输入信号 U_i 经 VT_1 放大后，从其集电极输出推动电压 U_{c1}。在 U_{c1} 正半周时，VT_2、VT_4 导通，电流 I_{c4} 由正电源（$+V_{CC}$）经功放管 VT_4、扬声器 BL 到地，如图 6-83 中点划线所示。

在 U_{c1} 负半周时，VT_3、VT_5 导通，电流 I_{c5} 由地经扬声器 BL、功放管 VT_5 到负电源（$-V_{SS}$），如图 6-83 中虚线所示。在扬声器 BL 上即可合成一个完整的波形。

6.4.5　集成功率放大器

随着集成电路技术的不断进步，集成功率放大器的品种越来越多，输出功率也越来越大。采用集成功放电路制作功率放大器，可以收到事半功倍的效果。集成功率放大器既可以组成 OTL 电路，也可

以组成 OCL 电路，还可以组成 BTL 电路。

（1）集成 OTL 功率放大器

采用集成功放 TDA2040（IC）组成的 OTL 功率放大器电路如图 6-84 所示，电路采用+32V 单电源作为工作电压。该电路电压增益 30dB（放大倍数 32 倍），扬声器阻抗 R_{BL} = 4Ω时输出功率为 15W，扬声器阻抗 R_{BL} = 8Ω时输出功率为 7.5W。

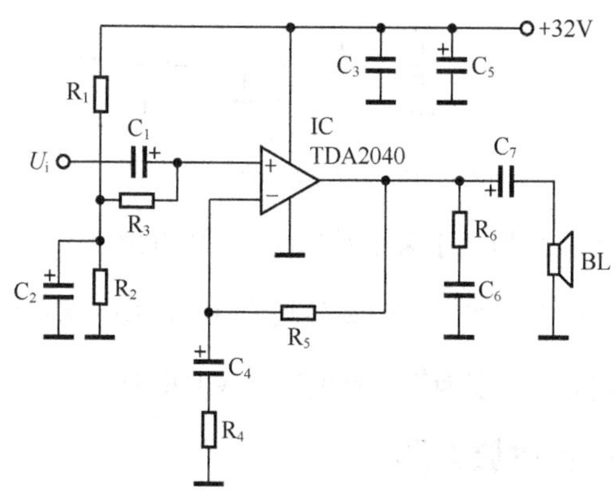

图 6-84　集成 OTL 功率放大器

信号电压 U_i 由集成功放 IC 的同相输入端输入，C_1 为输入耦合电容。R_1、R_2 为偏置电阻，将 IC 的同相输入端偏置在电源电压的 1/2 处（+16V），R_3 的作用是防止因偏置电阻 R_1、R_2 而降低输入阻抗。R_5 为反馈电阻，它与 C_4、R_4 一起组成交流负反馈网络，决定电路的电压增益，电路的放大倍数 $A=\frac{R_5}{R_4}$。C_7 为输出耦合电容。R_6、C_6 组成输出端消振网络，以防电路自激。C_3、C_5 为电源滤波电容。

（2）集成 OCL 功率放大器

采用集成功放 TDA2040（IC）也可以组成 OCL 功率放大器，电路如图 6-85 所示，采用±16V 对称双电源作为工作电压。该电路电压增益 30dB（放大倍数 32 倍），扬声器阻抗 R_{BL} = 4Ω时输出功率为 15W，扬声器阻抗 R_{BL} = 8Ω时输出功率为 7.5W。

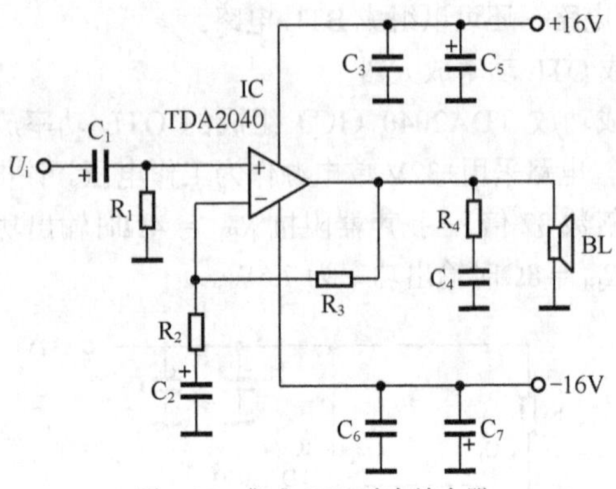

图6-85　集成OCL功率放大器

OCL功率放大器由于采用对称的正、负电源供电，所以输入端不需要偏置电路。电路的电压增益由R_3与R_2决定，放大倍数$A=\frac{R_3}{R_2}$。C_3和C_5、C_6和C_7分别为正、负电源的滤波电容。

6.4.6　BTL功率放大器

BTL功率放大器即桥式推挽功率放大器，其突出优点是可在较低的电源电压下获得较大的输出功率。BTL功率放大器由两个相同的功放集成电路IC_1和IC_2组成，IC_1和IC_2的输入端分别接入大小相等、相位相反的输入信号U_{i1}与U_{i2}，扬声器BL接在两个功放电路的输出端U_{o1}与U_{o2}之间，如图6-86所示。

BTL功率放大器的工作原理可用图6-86来说明。

① 在输入信号的第1个半周：U_{i1}为正半周信号，经IC_1放大后输出正电压，输出电压U_{o1}峰值可达$+U$；U_{i2}为负半周信号，经IC_2放大后输出负电压，输出电压U_{o2}峰值可达$-U$；输出电流I_o由U_{o1}经扬声器BL流向U_{o2}，如图6-86中虚线所示。扬声器BL上得到的信号电压为$+U-(-U)=2U$，是单个功放电路IC_1或IC_2输出电压的2倍。

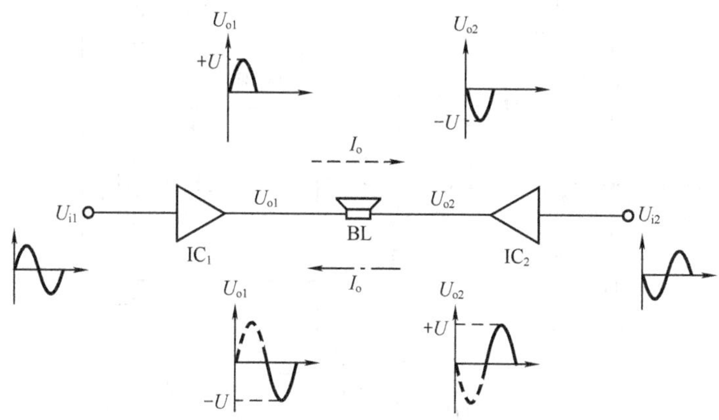

图 6-86　BTL 功率放大器原理

② 在输入信号的第 2 个半周：U_{i1} 为负半周信号，经 IC_1 放大后输出负电压，输出电压 U_{o1} 峰值可达$-U$；U_{i2} 为正半周信号，经 IC_2 放大后输出正电压，输出电压 U_{o2} 峰值可达$+U$；输出电流 I_o 由 U_{o2} 经扬声器 BL 流向 U_{o1}，如图 6-86 中点划线所示。扬声器 BL 上得到的信号电压仍为 $2U$。因此，在电源电压和负载阻抗相同的情况下，BTL 功率放大器的输出功率，是 OTL 或 OCL 功率放大器的 4 倍。

BTL 功率放大器需要两个大小相等、相位相反的输入信号 U_{i1} 与 U_{i2}，根据获得这两个输入信号的方式，常用的 BTL 功率放大器电路可分为晶体管倒相式和自倒相式两种。

（1）晶体管倒相式 BTL 功率放大器

晶体管倒相式 BTL 功率放大器电路如图 6-87 所示。VT_1 为倒相晶体管，R_1、R_2 是基极偏置电阻，R_3 是集电极电阻，R_4 是发射极电阻。输入信号电压 U_i 经 C_1 耦合至 VT_1 基极进行放大。因为晶体管集电极电压与发射极电压互为反相，而且 $R_3 = R_4$，所以从 VT_1 集电极和发射极就可以得到大小相等、相位相反的两个信号电压 U_c 和 U_e，分别作为 IC_1 与 IC_2 的输入信号电压。

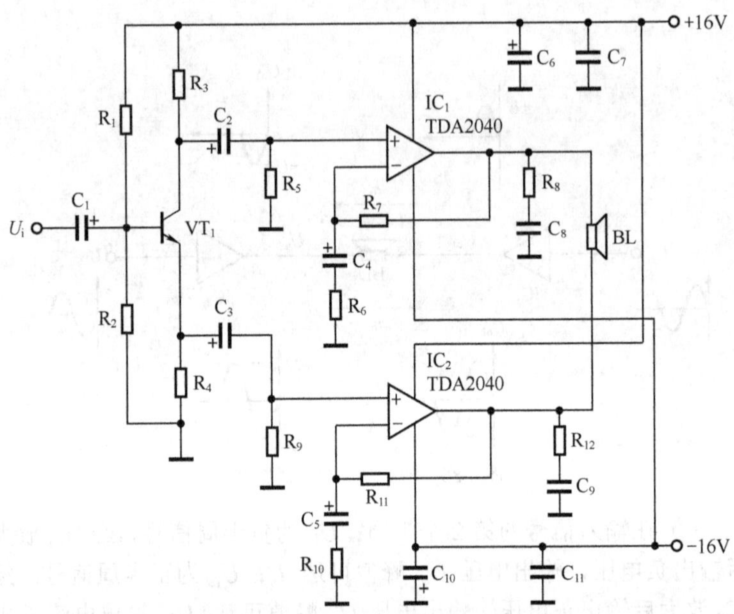

图 6-87　晶体管倒相式 BTL 功率放大器

集成功放 IC_1 与 IC_2（均为 TDA2040）的外围电路完全相同，它们一起组成 BTL 功放电路，采用±16V 双电源工作，输出功率 30W（R_{BL} = 8Ω）。VT_1 输出的大小相等、相位相反的两个信号电压 U_c 和 U_e，分别经 C_2、C_3 耦合至 IC_1、IC_2 进行功率放大，扬声器 BL 接在 IC_1 输出端与 IC_2 输出端之间。R_7、R_6、C_4 为 IC_1 的负反馈网络，R_{11}、R_{10}、C_5 为 IC_2 的负反馈网络，它们决定放大器的电压增益，该电路电压增益为 30dB（放大倍数 32 倍）。

（2）自倒相式 BTL 功率放大器

自倒相式 BTL 功率放大器电路如图 6-88 所示，由两块功放集成电路 TDA2040 组成，采用±16V 双电源工作，电压增益 30dB（放大倍数 32 倍），输出功率 30W（R_{BL} = 8Ω）。

自倒相式 BTL 功率放大器不需要倒相晶体管，IC_2 的输入信号不是直接取自放大器输入端的信号电压 U_i，而是取自 IC_1 的输出端。电路工作过程为：信号电压 U_i 由 C_1 耦合至 IC_1 的同相输入端进行放大，IC_1 输出端的输出电压在送给扬声器 BL 的同时，经 R_7 衰减后送入 IC_2 的反相输入端，这样在 IC_2 的输出端即可得到一个相位相反的输出电压。只要 R_7 的阻值适当，就可以使 IC_2 与 IC_1 的输出电压大小相等且相位相反。R_3、R_2、C_2 与 R_6、R_8、C_5 分别是 IC_1 与 IC_2 的负反馈网络。C_3、R_4 与 C_4、R_5 分别是 IC_1 与 IC_2 的输出端消振网络。

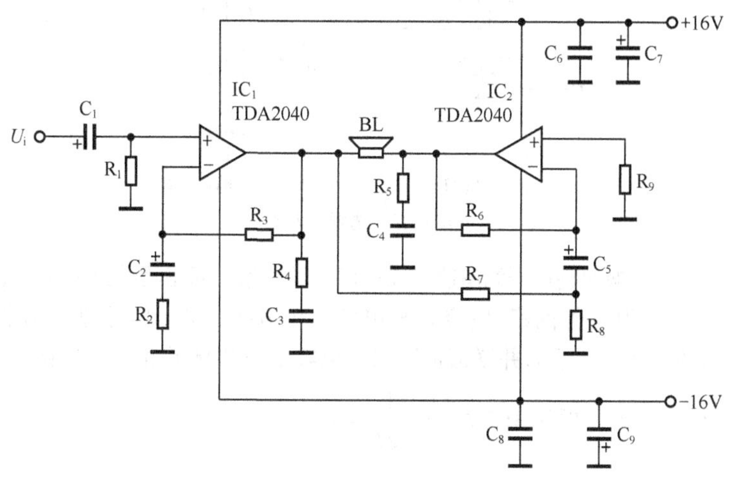

图 6-88　自倒相式 BTL 功率放大器

6.5　选频放大器

选频放大器与一般放大器最主要的区别是放大的信号频带宽度不同。一般放大器尽可能做到放大所有频率的信号，而选频放大器只选择所需要的很窄频率范围内的信号予以放大。选频放大器的最显著的电路特征是，放大器的负载是 LC 谐振回路或陶瓷滤波器等谐振负载。

6.5.1　谐振回路

选频放大器原理如图 6-89（a）所示，放大元件的负载是谐振回

路，只有与谐振频率 f_0 相同的信号（含一定的带宽 Δf）才得以被放大输出。图 6-89（b）为选频放大器的频响曲线。大多数选频放大器都采用 LC 谐振回路作为负载。

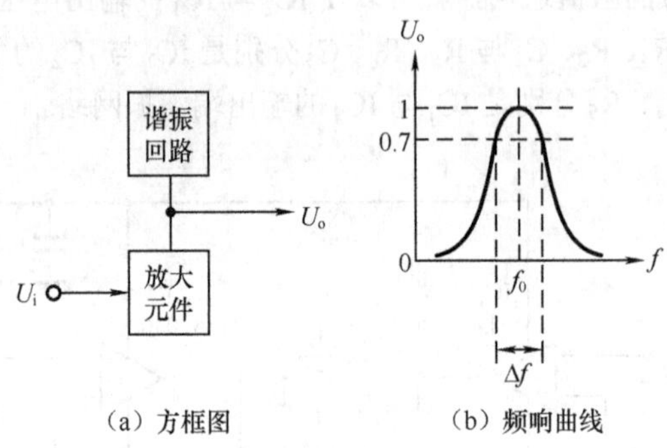

（a）方框图　　（b）频响曲线

图 6-89　选频放大器

LC 谐振回路可分为串联谐振回路和并联谐振回路两种。图 6-90（a）所示为串联谐振回路，电容 C 与电感 L 相串联后接于信号源 U 两端；图 6-90（b）所示为并联谐振回路，电容 C 与电感 L 相并联后接于信号源 U 两端；谐振频率 $f_0=\dfrac{1}{2\pi\sqrt{LC}}$。

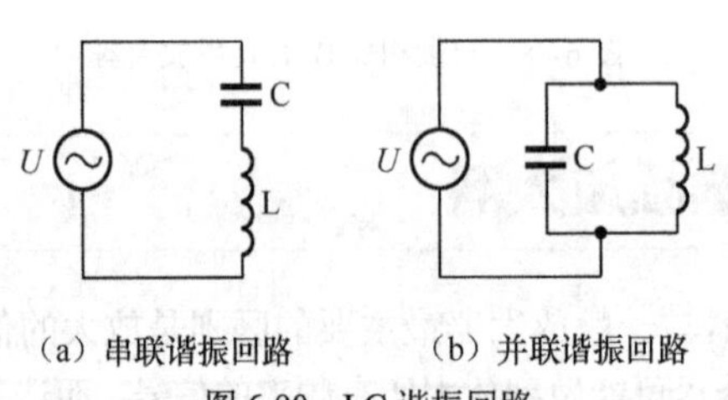

（a）串联谐振回路　　（b）并联谐振回路

图 6-90　LC 谐振回路

在选频放大器中一般采用 LC 并联谐振回路作为负载，如图 6-91（a）所示。当外加信号 U 的频率 f 等于谐振频率 f_0 时，LC 回路产生并联谐振，这时回路等效阻抗 Z_o 最大，且为纯电阻。信号电流 I_o 与在 LC 回路两端产生的压降 U_o 同相。

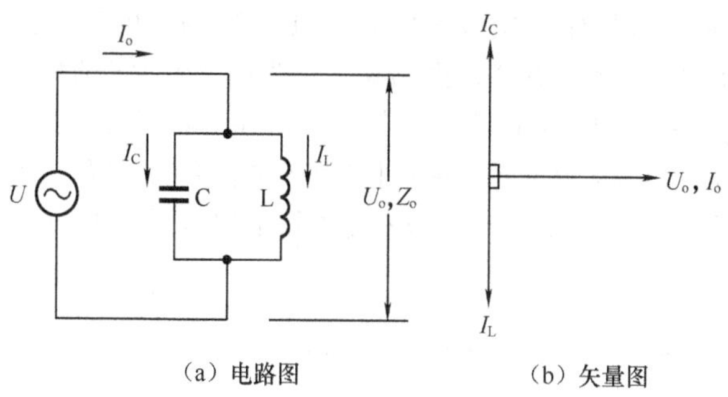

（a）电路图 （b）矢量图

图 6-91 并联谐振回路特性

我们知道，电容 C 上电流超前电压 90°、电感 L 上电流滞后电压 90°，所以，谐振回路中电容支路电流 I_C 与电感支路电流 I_L 相差 180°。图 6-91（b）所示为并联谐振回路的电压、电流矢量图。

以上分析的为理想状况的谐振回路，没有考虑电抗元件 L 和 C 不可避免存在的损耗，但作为一般定性分析是完全可以的。

6.5.2 中频放大器

中频放大器是一种选频放大器，它只对包含一定带宽的中频信号进行放大。例如，调幅收音机的中频频率为 465kHz，其中频放大器只放大频率为 465kHz（含一定带宽）的信号。调频收音机的中频频率为 10.7 MHz，其中频放大器只放大频率为 10.7MHz（含一定带宽）的信号。电视机的图像中频频率为 38 MHz，其中频放大器只放大频率为 38MHz（含一定带宽）的信号。

从图 6-92 超外差收音机方框图可见，两级中频放大器用来对变频级输出的 465kHz（含一定带宽）中频信号进行放大，然后送往检波级。超外差收音机的灵敏度和选择性等指标，主要依靠中频放大器来实现。

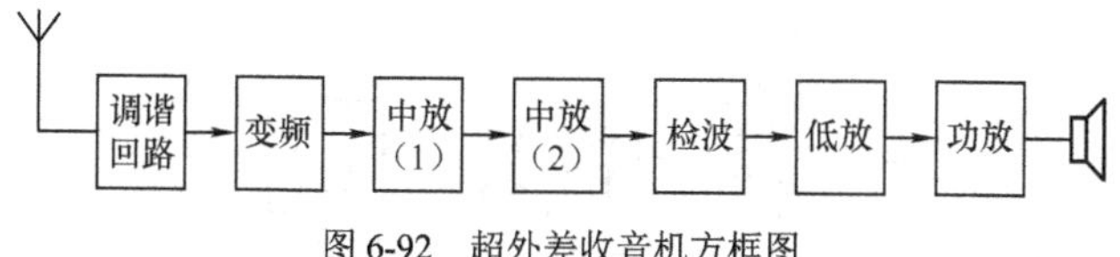

图 6-92 超外差收音机方框图

中频放大器电路如图 6-93 所示，T_1、T_2 为中频变压器。T_2 的初级线圈 L_3 与 C_2 组成并联谐振回路，作为中放管 VT 的集电极负载。L_3 与 C_2 并联谐振于 465kHz，因此，只有以 465 kHz 为中心频率的一定带宽的信号，才能在谐振回路上产生较大的压降，谐振曲线如图 6-94 所示。R_1、R_2、R_3 为 VT 提供稳定的偏置电压，C_1、C_3 为旁路电容。

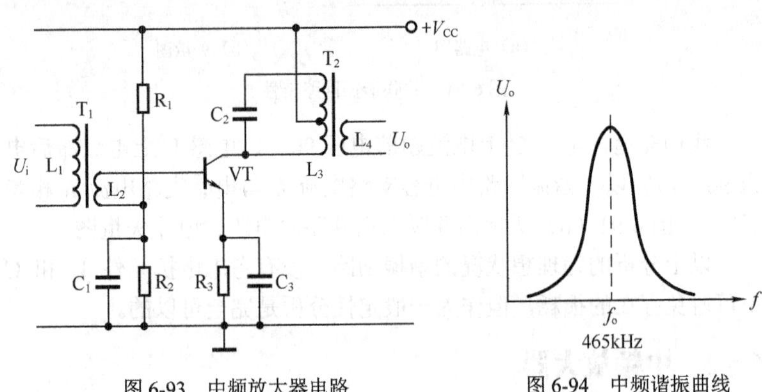

图 6-93　中频放大器电路　　图 6-94　中频谐振曲线

中频放大器工作过程是：输入信号 U_i 由中频变压器 T_1 耦合至中放管 VT 基极，使 VT 的集电极电流 I_c 作相应的变化。由于 VT 的集电极负载是谐振于 465kHz 的并联谐振回路，因此 I_c 中只有 $f = 465$kHz 的信号能产生较大的压降，经中频变压器 T_2 耦合输出。

6.5.3　高频放大器

高频放大器是又一种选频放大器，它只放大选定的高频信号。图 6-95 所示调频无线话筒电路方框图中，高频放大器的功能是将被语音信号调制的高频信号进行放大，然后通过天线辐射出去。

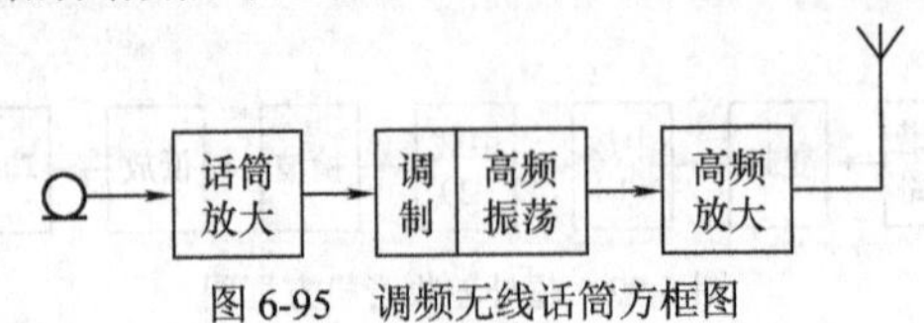

图 6-95　调频无线话筒方框图

高频放大器电路如图 6-96 所示。VT 为高频放大管。L 与 C_2 组成并联谐振回路，作为 VT 的集电极负载。L 与 C_2 并联谐振回路的谐振频率 f_0 = 98MHz，谐振曲线如图 6-97 所示。R_1、R_2 为 VT 的基极偏置电阻，C_1 为输入耦合电容。

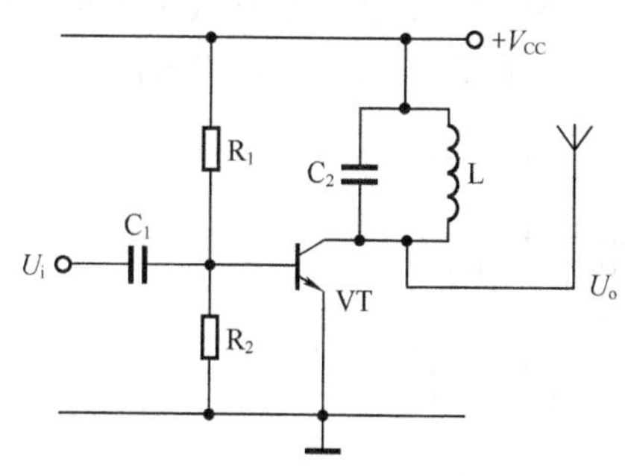

图 6-96 高频放大器电路

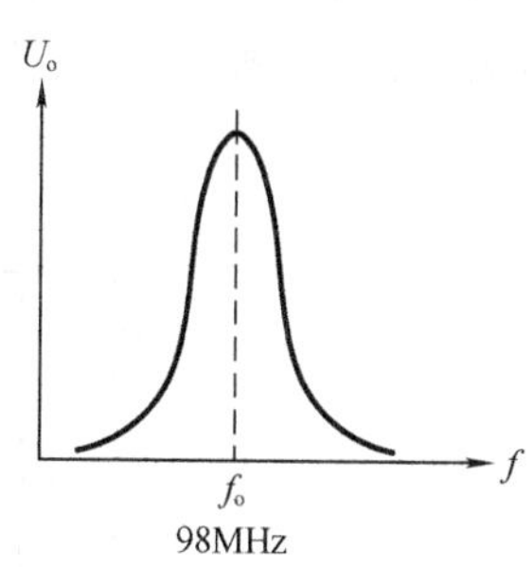

图 6-97 高频谐振曲线

高频放大器电路工作过程如下：高频调频信号 U_i 经耦合电容 C_1 输入晶体管 VT 基极进行放大，在 VT 集电极电流中包含丰富的频率成分。由于 L、C_2 并联谐振于 98MHz，因此只有 f = 98MHz 的信号能得到较大的输出电压 U_o，经由天线辐射输出。

6.6 正弦波振荡器

振荡器是一种不需要外加输入信号，就能够自己产生输出信号的电路。输出信号为正弦波的振荡器称为正弦波振荡器。正弦波振荡器由放大电路和反馈电路两部分组成，反馈电路将放大电路输出电压的一部分正反馈到放大电路的输入端，周而复始即形成振荡，如图 6-98 所示。

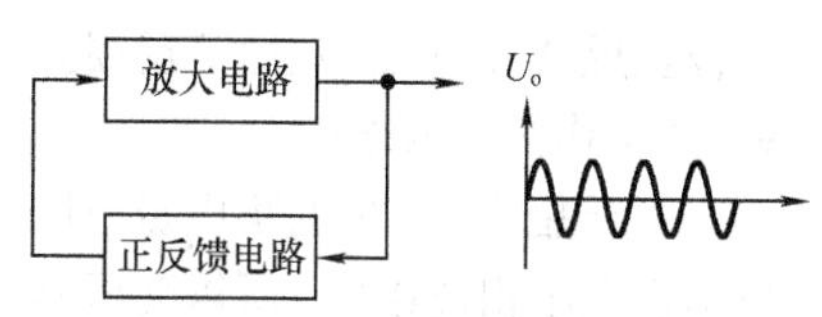

图 6-98 振荡器原理方框图

正弦波振荡器有变压器耦合振荡器、三点式振荡器、晶体振荡器、RC 振荡器等多种电路形式。

6.6.1 变压器耦合振荡器

变压器耦合振荡器的特点是输出电压较大，适用于频率较低的振荡电路。变压器耦合振荡器电路如图 6-99 所示，LC 谐振回路接在晶体管 VT 集电极，振荡信号通过变压器 T 耦合反馈到 VT 基极。

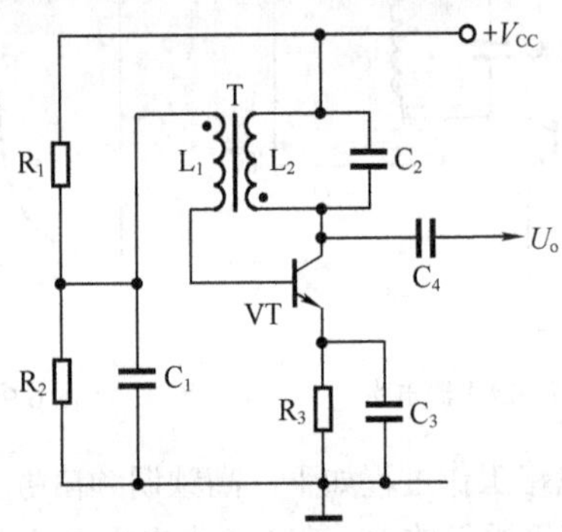

图 6-99　变压器耦合振荡器

正确接入变压器反馈线圈 L_1 与振荡线圈 L_2 之间的极性，即可保证振荡器的相位条件。R_1、R_2 为 VT 提供合适的偏置电压，VT 有足够的电压增益，即可保证振荡器的振幅条件。满足了相位、振幅两大条件，振荡器便能稳定地产生振荡，经 C_4 输出正弦波信号。

变压器耦合振荡器工作原理可用图 6-100 说明。L_2 与 C_2 组成的 LC 并联谐振回路作为晶体管 VT 的集电极负载，VT 的集电极输出电压通过变压器 T 的振荡线圈 L_2 耦合至反馈线圈 L_1，从而又反馈至 VT 基极作为输入电压。

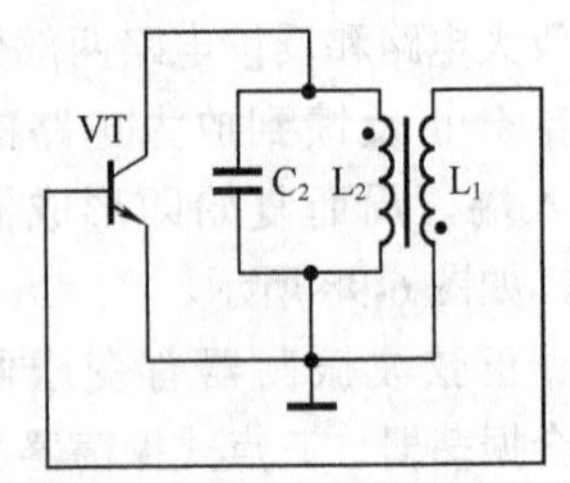

图 6-100　变压器耦合振荡器工作原理

由于晶体管 VT 的集电极电压与基极电压相位相反，所以变压器 T 的两个线圈 L_1 与 L_2 的同名端接法应相反，使变压器 T 同时起到倒相作用，将集电极输出电压倒相后反馈给基极，实现了形成振荡所必需的正反馈。因为并联谐振回路在谐振时阻抗最大，且为纯电阻，所以只有谐振频率 f_0 能够满足相位条件而形成振荡，这就是 LC 回路的选频作用。电路振荡频率 $f_0 = \dfrac{1}{2\pi\sqrt{LC}}$。

6.6.2 三点式振荡器

三点式振荡器，是指晶体管的 3 个电极直接与振荡回路的 3 个端点相连接而构成的振荡器，如图 6-101 所示。3 个电抗中，X_{be}、X_{ce} 必须是相同性质的电抗（同是电感或同是电容），X_{cb} 则必须是与前两者相反性质的电抗，才能满足振荡的相位条件。

三点式振荡器有多种形式，较常用的有电感三点式振荡器、电容三点式振荡器、改进型电容三点式振荡器等。

（1）电感三点式振荡器

电感三点式振荡器电路如图 6-102 所示。L_1、L_2、C_4 为构成振荡回路的 3 个电抗。R_1、R_2 为振荡晶体管 VT 的基极偏置电阻，R_3 为集电极电阻，R_4 为发射极电阻。C_1、C_3 为基极、集电极耦合电容，C_2 为旁路电容。由于振荡回路的 3 个电抗中有 2 个是电感，所以该电路叫做电感三点式振荡器。

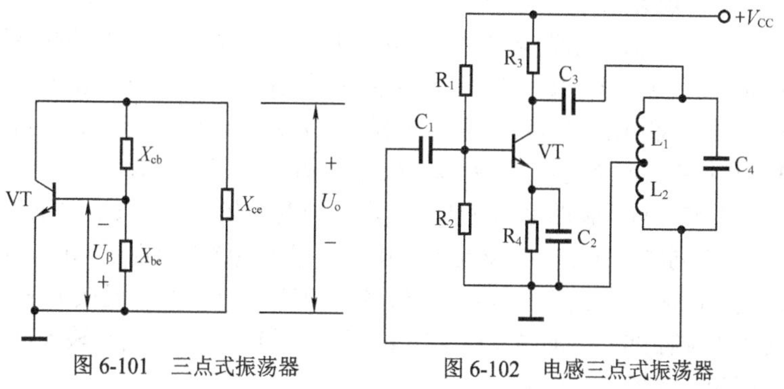

图 6-101　三点式振荡器　　图 6-102　电感三点式振荡器

电感三点式振荡器是利用自耦变压器将输出电压 U_o 反馈到输入端的，如图 6-103（a）交流等效电路所示，电感 L_1 和 L_2 可看作是一个自耦变压器，L_1 上的输出电压 U_o 通过自耦在 L_2 上产生反馈电压 $U_β$，$U_β$与 U_o 反相而与 U_i 同相，即正反馈。

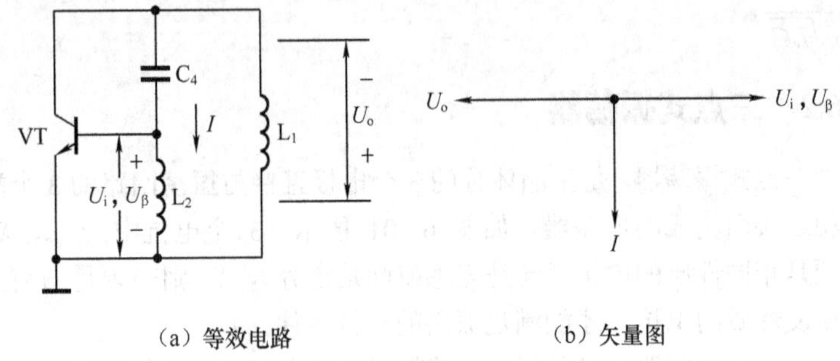

（a）等效电路　　（b）矢量图

图 6-103　电感三点式振荡器工作原理

这也可以用图 6-103（b）的矢量图来解释：L_1 上的输出电压 U_o 同时加在 C_4、L_2 支路上，由于电容上电流超前电压 90°，所以支路电流 I 比 U_o 超前 90°。而 I 流过电感 L_2 所产生的反馈电压 $U_β$ 又比 I 超前 90°，即与输出电压 U_o 反相（相差 180°）而与输入电压 U_i 同相。

电感三点式振荡器的优点是容易起振，波段频率范围较宽。缺点是振荡输出电压波形不够好，谐波较多。

（2）电容三点式振荡器

电容三点式振荡器电路如图 6-104 所示。L、C_3、C_4 为构成振荡回路的 3 个电抗。R_1、R_2 为晶体管 VT 的基极偏置电阻，R_3 为集电极电阻，R_4 为发射极电阻。C_1 为基极耦合电容，C_2 为旁路电容。由于振荡回路的 3 个电抗中有两个是电容，所以该电路叫做电容三点式振荡器。

电容三点式振荡器的交流等效电路如图 6-105 所示。C_3 上的输出电压 U_o 同时加在 L、C_4 支路上，由于电感上电流滞后电压 90°，所以支路电流 I 比 U_o 滞后 90°。而 I 流过电容 C_4 所产生的反馈电压 $U_β$ 又比 I 滞后 90°，即与输出电压 U_o 反相（相差 180°）而与输入电压 U_i 同相，实现了正反馈。

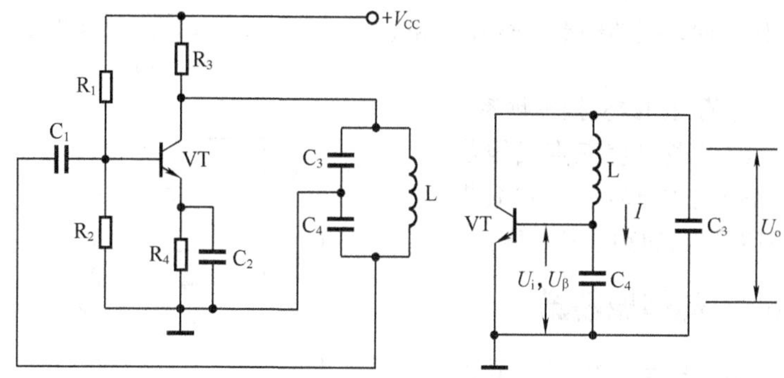

图 6-104　电容三点式振荡器　　图 6-105　电容三点式振荡器等效电路

电容三点式振荡器的优点是振荡输出电压波形好，振荡频率较稳定。缺点是不易起振，波段频率范围较窄。

（3）改进型电容三点式振荡器

改进型电容三点式振荡器如图 6-106 所示。振荡回路由 L_1、C_2、C_3 和 C_4 构成。R_1、R_2 为晶体管 VT 的基极偏置电阻，R_3 为集电极电阻，R_4 为发射极电阻。C_1 为交流旁路电容。振荡电压由 L_1 耦合至 L_2 输出。

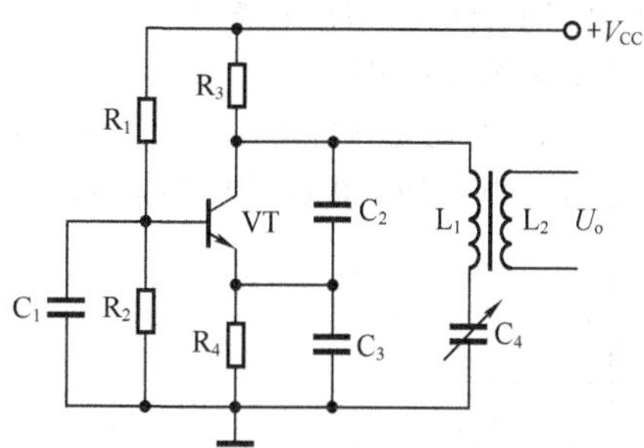

图 6-106　改进型电容三点式振荡器

改进型电容三点式振荡器的交流等效电路如图 6-107 所示，其特点是将大容量的 C_2、C_3 分别并联在 VT 的集电极-发射极、基极-发射极之间，在 L_1 支路中则串联了一个小容量的电容器 C_4。当 C_2、C_3 远

大于 C_4 时，振荡频率主要由 L_1 和 C_4 决定，$f \approx \dfrac{1}{2\pi\sqrt{L_1C_4}}$。调节 C_4 可在一定范围内改变振荡频率。

改进型电容三点式振荡器比普通的电容三点式振荡器具有更高的频率稳定度。

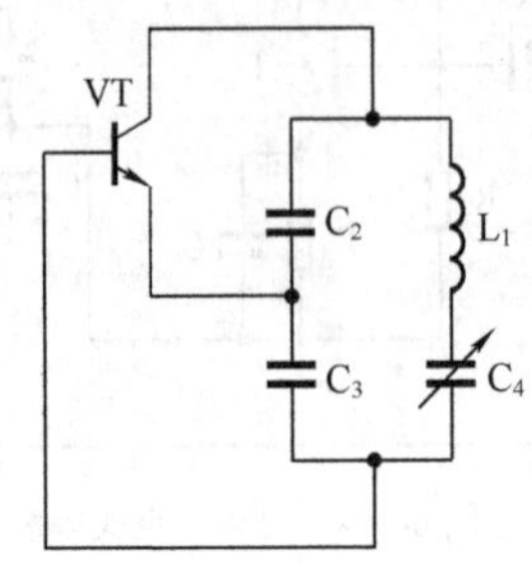

图 6-107　改进型电容三点式振荡器等效电路

6.6.3　晶体振荡器

晶体具有压电效应，其固有谐振频率十分稳定，因此晶体振荡器具有非常高的频率稳定度。根据晶体在电路中的作用形式，常用的晶体振荡器可分为并联晶体振荡器和串联晶体振荡器两类。

（1）并联晶体振荡器

并联晶体振荡器电路如图 6-108 所示，晶体 B 作为反馈元件，并联于晶体管 VT 的集电极与基极之间。R_1、R_2 为晶体管 VT 的基极偏置电阻，R_3 为集电极电阻，R_4 为发射极电阻。C_1 为基极旁路电容。

从图 6-109 所示交流等效电路可见，这是一个电容三点式振荡器，晶体 B 在这里等效为一个电感元件使用，与振荡回路电容 C_2、C_3 一起组成并联谐振回路，共同决定电路的振荡频率。

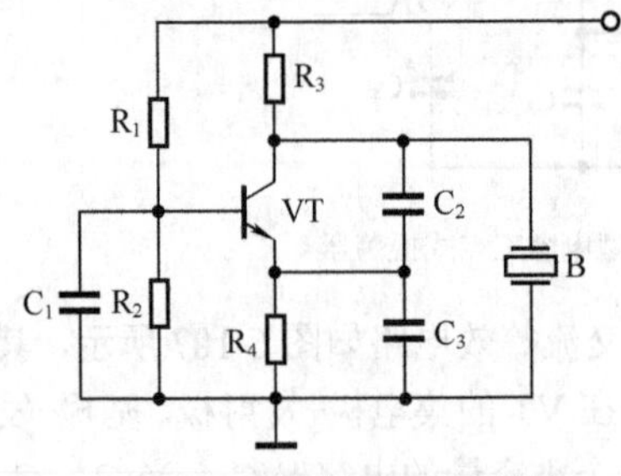

图 6-108　并联晶体振荡器

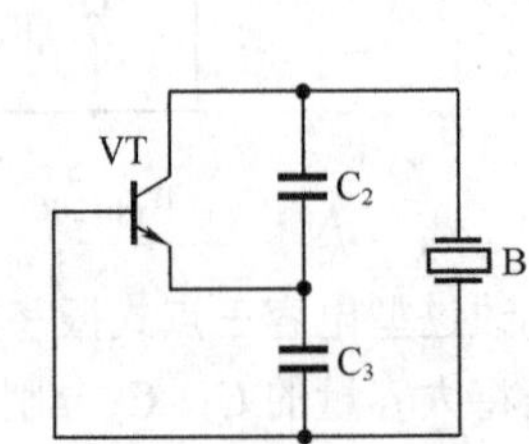

图 6-109　并联晶体振荡器交流等效电路

并联晶体振荡器稳频原理如下：因为晶体的电抗曲线非常陡峭，可等效为一个随频率有很大变化的电感。当温度、分布电容等因素使振荡频率降低时，晶体的等效电感量就会迅速减小，迫使振荡频率回升。反之则作反方向调整。最终使得振荡器具有很高的频率稳定度。

（2）串联晶体振荡器

串联晶体振荡器电路如图 6-110 所示，晶体管 VT_1、VT_2 组成两级阻容耦合放大器，晶体 B 与 C_2 串联后作为两级放大器的反馈网络。R_1、R_3 分别为 VT_1、VT_2 的基极偏置电阻，R_2、R_4 分别为 VT_1、VT_2 的集电极负载电阻。C_1 为两管间的耦合电容，C_3 为振荡器输出耦合电容。

串联晶体振荡器的交流等效电路如图 6-111 所示。因为两级放大器的输出电压（VT_2 的集电极电压）与输入电压（VT_1 的基极电压）同相，晶体 B 在这里等效为一个纯电阻使用，将 VT_2 的集电极电压反馈到 VT_1 的基极，构成正反馈电路。电路振荡频率由晶体的固有串联谐振频率决定。

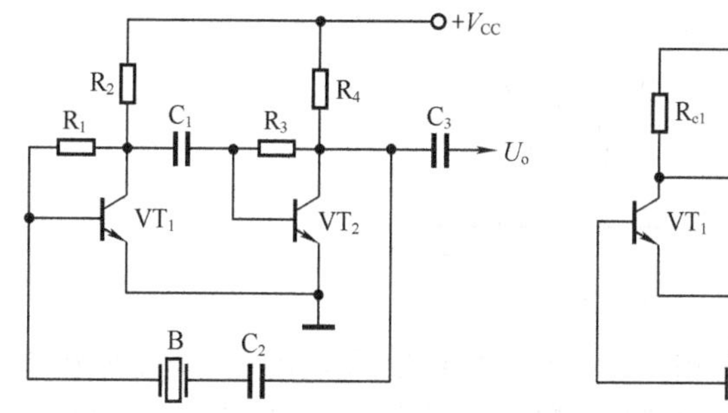

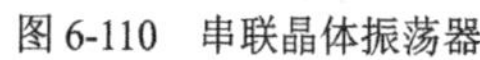
图 6-110 串联晶体振荡器

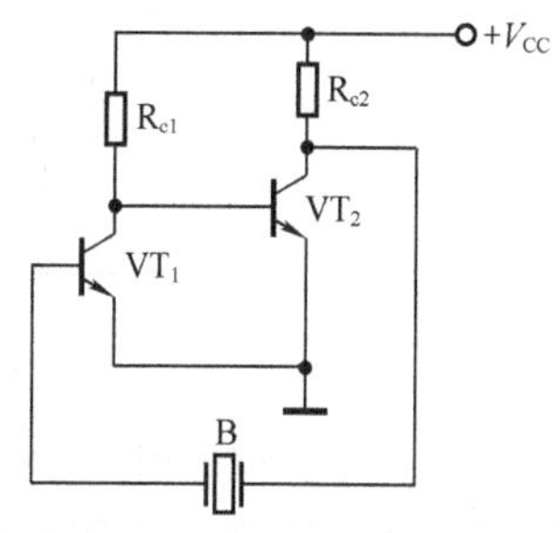

图 6-111 串联晶体振荡器交流等效电路

串联晶体振荡器稳频原理如下：晶体的固有谐振频率非常稳定，在反馈电路中起着带通滤波器的作用。当电路频率等于晶体的串联谐振频率时，晶体呈现为纯电阻，实现正反馈，电路振荡。当电路频率偏离晶体的串联谐振频率时，晶体将不再是纯电阻（呈现感抗或容抗），破坏了振荡的相位条件。因此，振荡频率只能等于晶体的固有串联谐振频率。

6.6.4 RC 振荡器

RC 振荡器是以电阻、电容作为反馈和选频元件的振荡器，其突出特点是可以产生很低的振荡频率。音频振荡器常采用 RC 振荡器。RC 振荡器包括 RC 移相振荡器、RC 桥式振荡器等。

（1）RC 移相振荡器

RC 移相振荡器电路如图 6-112 所示。C_1～C_3、R_1～R_3 组成移相网络。R_4 是基极偏置电阻，R_5 是集电极电阻。C_4 是输出耦合电容。由于晶体管 VT 的集电极输出电压与基极输入电压互为反相，两者相差 180°，因此必须将集电极输出电压移相 180°（再反相一次）后送至基极，电路才能起振。

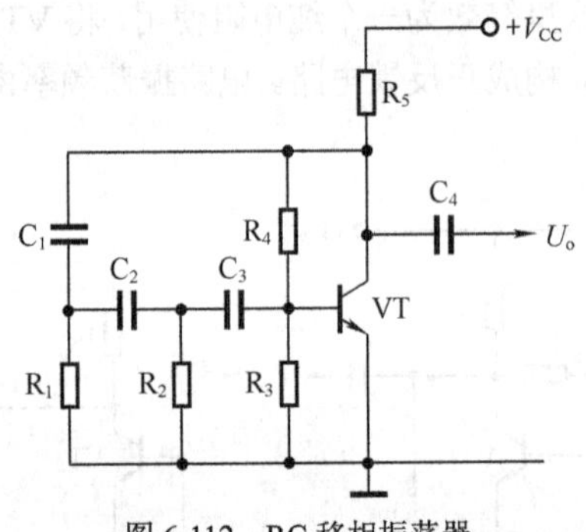

图 6-112　RC 移相振荡器

RC 网络具有移相作用。RC 移相网络是利用电容器上电流超前电压的特性工作的，如图 6-113（a）所示，通过电容 C 的电流 I_i 超前输入电压 U_i 一个相移角 φ，I_i 在电阻 R 上的压降 U_R 即为输出电压 U_o，所以输出电压 U_o 超前输入电压 U_i 一个相移角 φ。φ 在 0°～90° 之间，由组成移相网络的 R、C 的比值决定，其矢量图如图 6-113（b）所示。

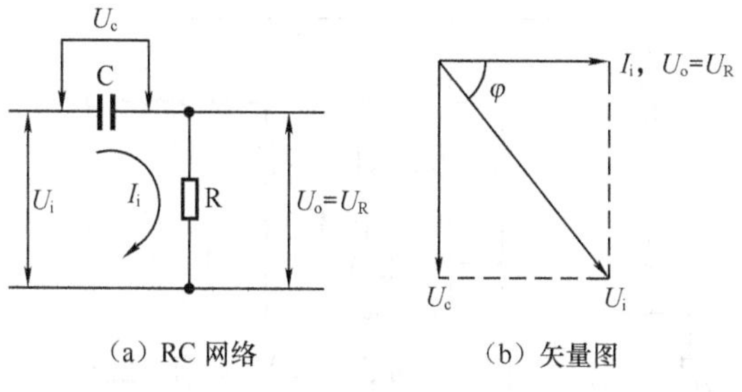

（a）RC 网络　　（b）矢量图

图 6-113　RC 网络移相原理

当需要的相移角φ超过 90° 时，可用多节移相网络来解决。图 6-114（a）所示为三节 RC 移相网络，每节分别由 C_1 和 R_1、C_2 和 R_2、C_3 和 R_3 组成，适当选取 R 与 C 的值，使在特定频率下每节移相 60°，三节便可实现移相 180°，其矢量图如图 6-114（b）所示。

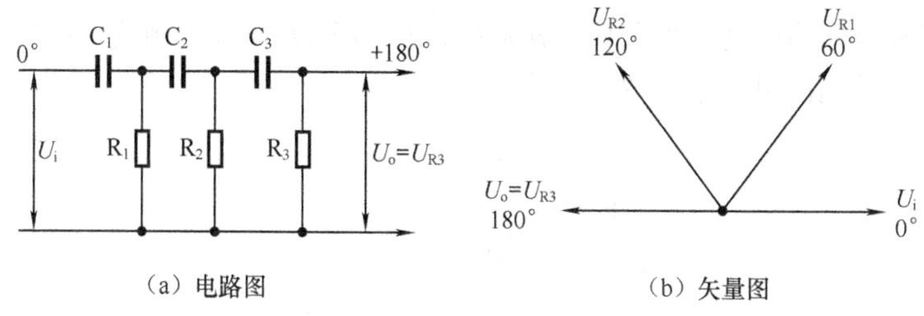

（a）电路图　　（b）矢量图

图 6-114　三节 RC 移相网络

将该移相网络接于晶体管 VT 的集电极与基极之间，即可实现正反馈，满足了电路起振的相位条件，使电路起振。RC 移相振荡器的特点是电路结构简单，但输出波形不够好。

（2）RC 桥式振荡器

RC 桥式振荡器又称文氏电桥振荡器，电路如图 6-115 所示。VT_1、VT_2 组成两级阻容耦合放大器。R_1、C_1 串联以及 R_2、C_2 并联共同组成正反馈网络，用以选频和产生振荡。R_5 和 RT 组成负反馈网络，用以改善输出波形。R_3、R_4 和 R_7、R_8 分别是 VT_1、VT_2 的基极偏置电阻。C_7 是振荡电压输出耦合电容。

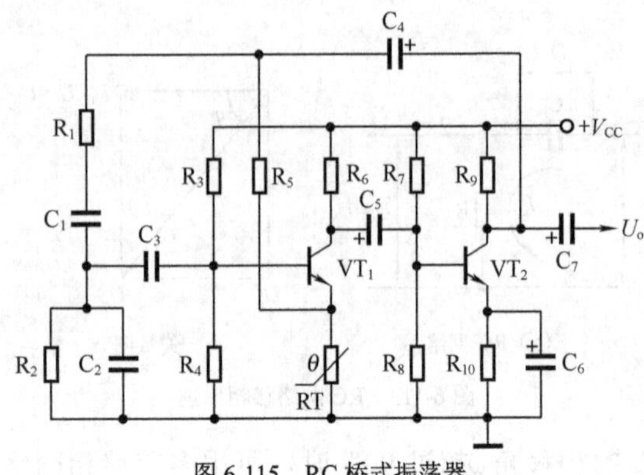

图 6-115　RC 桥式振荡器

正反馈网络和负反馈网络正好构成了电桥电路，如图 6-116 所示。VT_1、VT_2 组成相移角 $\varphi = 0°$ 的放大器，电桥的 A、D 端接放大器输出端，B、E 端接放大器输入端。当信号频率等于 R_1、C_1 和 R_2、C_2 正反馈网络的谐振频率时，放大器输出电压 U_o 与反馈到输入端的电压 U_i 同相，电路实现振荡。

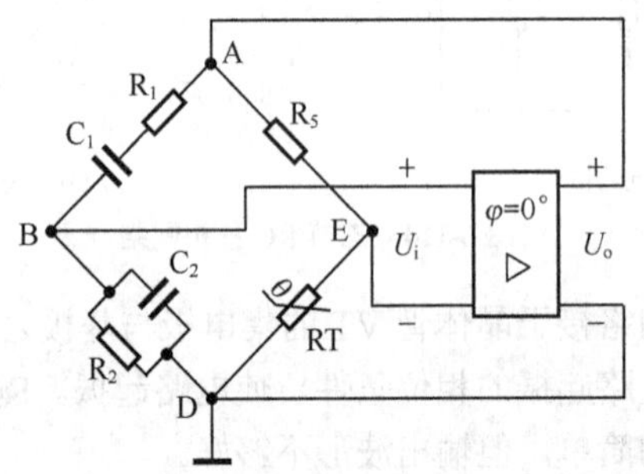

图 6-116　电桥移相原理

电桥 E–D 臂的 RT 是正温度系数热敏电阻，具有稳定振荡幅度的作用。当振荡增强时，流过热敏电阻 RT 的电流增大，导致温度升高、阻值增大，使负反馈增强、振荡减弱。反之则使负反馈减弱、振荡增强。从而稳定了振幅。RC 桥式振荡器具有容易起振、输出波形较好、输出功率较大的特点，应用比较广泛。

6.7 有源滤波器

滤波器是一种选频电路，它只允许选定频率范围内的信号通过，而将频率范围外的信号衰减掉。电路中包含有源元件的滤波器称为有源滤波器，通常由集成运算放大器和阻容元件组成。

有源滤波器克服了无源滤波器负载能力差的缺点，具有体积小、滤波特性好、负载能力强的特点，得到了非常广泛的应用。从滤波特性上看，有源滤波器可分为4类：低通有源滤波器、高通有源滤波器、带通有源滤波器和带阻有源滤波器。

6.7.1 低通有源滤波器

低通有源滤波器的特性是只允许频率低于截止频率 f_c 的信号通过，高于 f_c 的信号被阻止。图 6-117 所示为低通有源滤波器的幅频特性曲线，0～f_c 的频率范围称为通带，f_c～∞的频率范围称为阻带。

低通有源滤波器有一阶、二阶、多阶等电路形式，它们的滤波效果也不同。二阶低通有源滤波器应用较多。

（1）一阶低通有源滤波器

图 6-118 所示为一阶低通有源滤波器电路，它由一阶无源 RC 低通滤波器和集成运放电压跟随器组成，截止频率 $f_c = \dfrac{1}{2\pi RC}$。

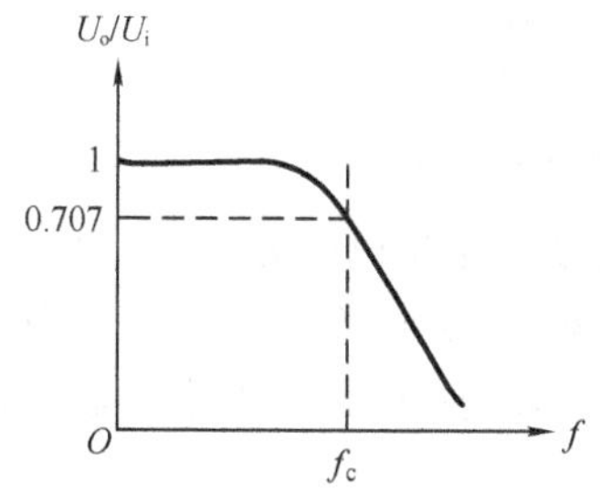

图 6-117　低通滤波器特性曲线

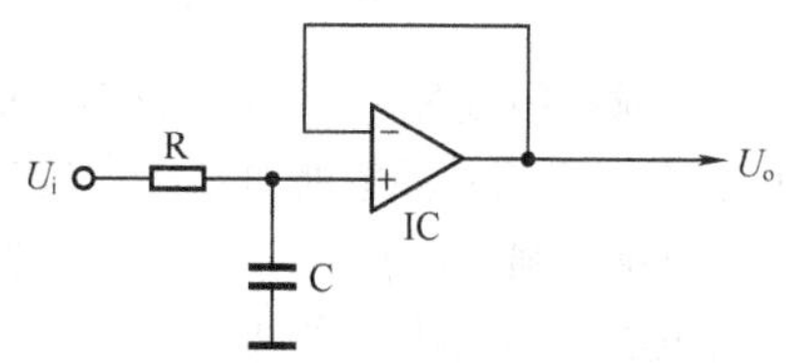

图 6-118　一阶低通有源滤波器

电压跟随器作为RC滤波器的负载，其输入阻抗很大，几乎不需要RC滤波器提供信号电流。而电压跟随器的输出阻抗很小，具有很强的带负载能力。因此，一阶低通有源滤波器的性能优于一阶无源RC低通滤波器。

一阶低通有源滤波器的阻带衰减特性为每倍频程6dB，即当$f > f_c$时，频率每升高一倍，输出电压幅度下降6dB。一阶低通有源滤波器的频率特性与理想特性差距很大，只能应用于要求不高的场合。

（2）二阶低通有源滤波器

二阶低通有源滤波器的阻带衰减特性为每倍频程12dB，有压控源二阶低通有源滤波器、无限增益多路反馈二阶低通有源滤波器等电路形式，都可以获得良好的幅频特性，应用很普遍。

① 压控源二阶低通有源滤波器。

压控源二阶低通有源滤波器电路如图6-119所示，集成运放IC为同相输入接法。电路中有两个电容，C_1接在衰减回路，C_2接在正反馈回路。电路截止频率$f_c = \frac{1}{2\pi\sqrt{R_1R_2C_1C_2}}$，若取$R_1 = R_2 = R$、$C_1 = C_2 = C$，则$f_c = \frac{1}{2\pi RC}$。$R_3$为平衡电阻。

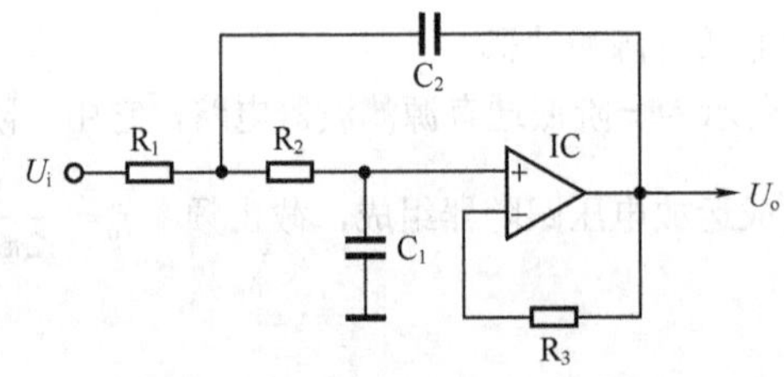

图6-119 压控源二阶低通有源滤波器

当频率很低时，C_1、C_2的容抗都很大，输出电压U_o接近于输入电压U_i。当信号频率增加时，C_1容抗减小使衰减增大，C_2容抗减小使正反馈增强。在$f < f_c$时，正反馈的作用较强而衰减的作用较小，输出电压U_o基本保持平坦。

在$f > f_c$时，正反馈的作用较小而衰减的作用较强，输出电压

U_o按每倍频程 12dB 急剧下降，即频率每升高一倍，输出电压幅度下降 12dB。

② 无限增益多路反馈二阶低通有源滤波器。

无限增益多路反馈二阶低通有源滤波器电路如图 6-120 所示，集成运放 IC 为反相输入接法。电路具有 R_2和 C_2两条反馈通路。C_1接在衰减回路。电路截止频率$f_c = \dfrac{1}{2\pi\sqrt{R_2R_3C_1C_2}}$。$R_1$为输入电阻，$R_4$为平衡电阻。

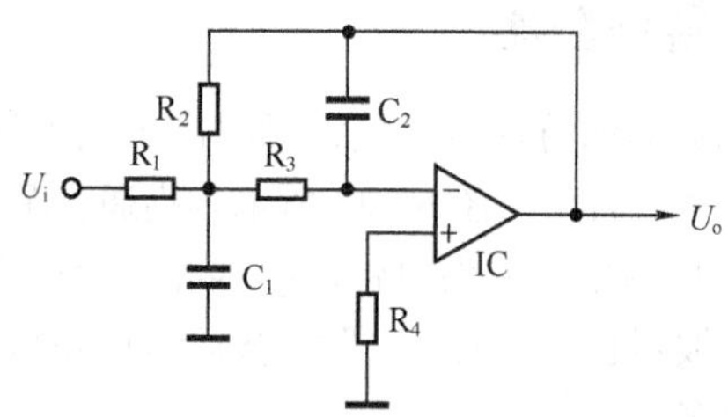

图 6-120　无限增益多路反馈二阶低通有源滤波器

当信号频率$f=0$时，C_1、C_2的容抗均为∞，输出电压$U_o = \dfrac{R_2}{R_1}U_i$。随着信号频率的增加，$C_1$、$C_2$的容抗逐渐减小。在$f < f_c$时，$C_2$的负反馈作用不大，而$C_1$的衰减作用同时也使$R_2$的负反馈作用减弱，使得输出电压$U_o$基本保持平坦。

在$f > f_c$时，C_1继续起衰减作用，同时C_2的负反馈作用变得非常强烈，促使输出电压U_o急剧下降，衰减幅度为每倍频程 12dB。

（3）三阶低通有源滤波器

从理论上讲，有源滤波器的阶次越高，其幅频特性就越接近理想特性。在要求更高的一些场合，往往使用三阶甚至更高阶次的有源滤波器。图 6-121 所示为三阶低通有源滤波器电路，它是由 1 个一阶 RC 低通滤波器（R_1和 C_1）和 1 个二阶低通有源滤波器连接而成，阻带衰减特性为每倍频程 18dB。

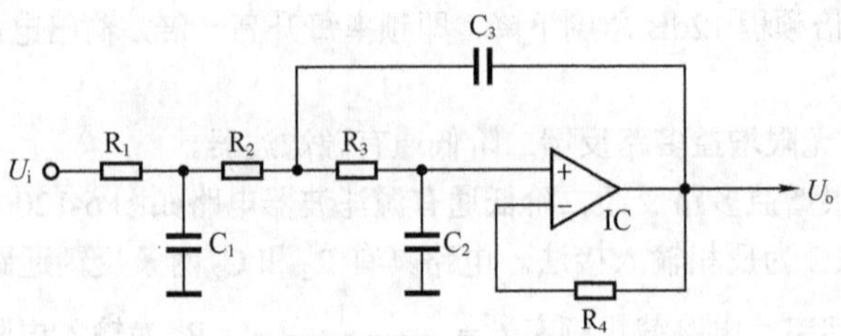

图 6-121　三阶低通有源滤波器

6.7.2　高通有源滤波器

高通有源滤波器的特性是只允许频率高于截止频率 f_c 的信号通过，低于 f_c 的信号被阻止。图 6-122 所示为高通有源滤波器的幅频特性曲线，0～f_c 的频率范围称为阻带，f_c～∞的频率范围称为通带。

高通有源滤波器也有一阶、二阶、多阶等电路形式，二阶高通有源滤波器应用较多。

（1）一阶高通有源滤波器

图 6-123 所示为一阶高通有源滤波器电路，它由一阶无源 RC 高通滤波器和集成运放电压跟随器组成，与一阶低通有源滤波器（图 6-118）相比，仅仅是将电路中的 R 与 C 互换了位置。截止频率 $f_c = \dfrac{1}{2\pi RC}$。

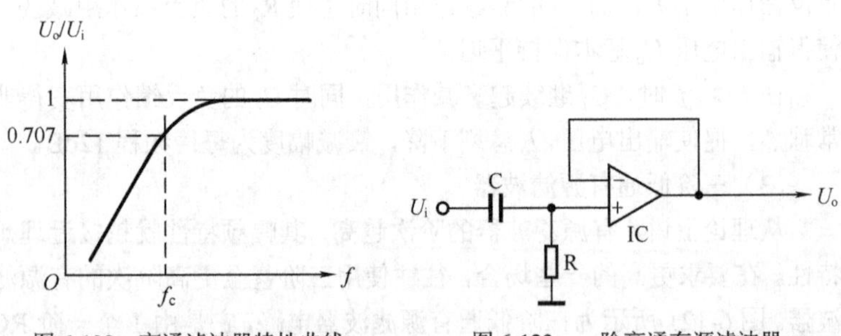

图 6-122　高通滤波器特性曲线　　　图 6-123　一阶高通有源滤波器

一阶高通有源滤波器的阻带衰减特性为每倍频程 6dB，即当 $f < f_c$ 时，频率每下降一半，输出电压幅度下降 6dB。一阶高通有源滤波

器应用于要求不高的场合。

（2）二阶高通有源滤波器

二阶高通有源滤波器阻带衰减特性为每倍频程 12dB，即当 $f < f_c$ 时，频率每下降一半，输出电压幅度下降 12dB，所以幅频特性较好，应用很普遍。二阶高通有源滤波器包括压控源二阶高通有源滤波器、无限增益多路反馈二阶高通有源滤波器等形式。

① 压控源二阶高通有源滤波器。

将压控源二阶低通有源滤波器（图 6-119）中的阻容对调，即成为压控源二阶高通有源滤波器，电路如图 6-124 所示，集成运放 IC 为同相输入接法，工作中利用了正反馈来改善幅频特性。电路截止频率 $f_c = \dfrac{1}{2\pi\sqrt{R_1R_2C_1C_2}}$，若取 $R_1 = R_2 = R$、$C_1 = C_2 = C$，则 $f_c = \dfrac{1}{2\pi RC}$。

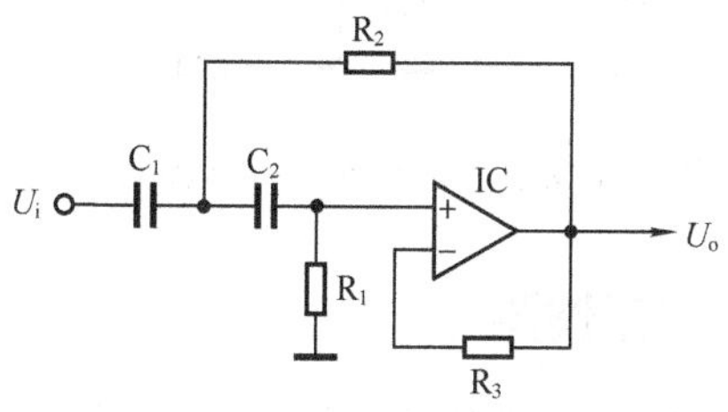

图 6-124　压控源二阶高通有源滤波器

② 无限增益多路反馈二阶高通有源滤波器。

将无限增益多路反馈二阶低通有源滤波器（图 6-120）中的阻容对换，即成为无限增益多路反馈二阶高通有源滤波器，电路如图 6-125 所示，集成运放 IC 为反相输入接法，工作中利用了负反馈来改善幅频特性。电路截止频率 $f_c = \dfrac{1}{2\pi\sqrt{R_1R_2C_2C_3}}$。

（3）三阶高通有源滤波器

将 1 个一阶 RC 高通滤波器（R1 和 C1）和 1 个二阶高通有源滤波器连接起来，可以组成三阶高通有源滤波器，电路如图 6-126 所示。三阶高通有源滤波器的阻带衰减特性为每倍频程 18dB。

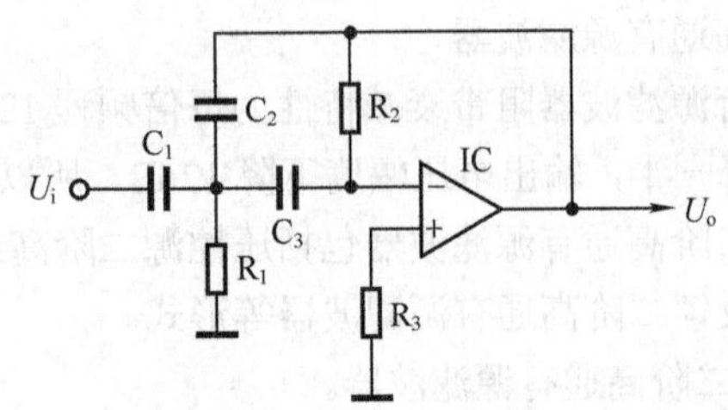

图 6-125　无限增益多路反馈二阶高通有源滤波器

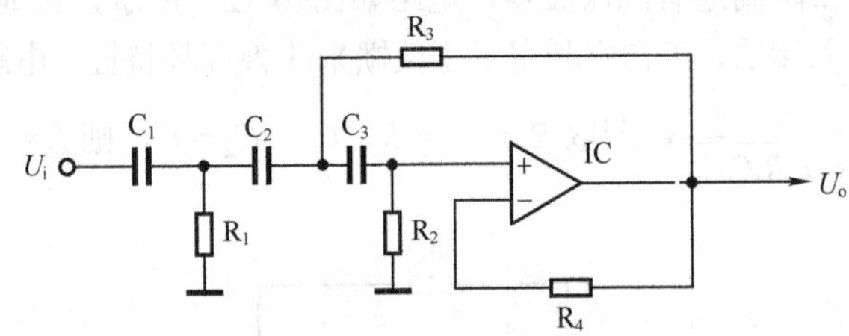

图 6-126　三阶高通有源滤波器

6.7.3　带通有源滤波器

带通有源滤波器的特性是只允许频率处于上限截止频率 f_H 与下限截止频率 f_L 之间的信号通过，高于 f_H 和低于 f_L 的信号均被阻止。

图 6-127 所示为带通有源滤波器的幅频特性曲线，它具有一个通带和两个阻带：f_L～f_H 的频率范围称为通带，f_o 为通带的中心频率，$f_o=\sqrt{f_L f_H}$；0～f_L 和 f_H～∞的频率范围称为阻带。比较常用的是二阶带通有源滤波器，分为以下两种。

（1）压控源二阶带通有源滤波器

图 6-128 所示为压控源二阶带通有源滤波器电路，集成运放 IC 为同相输入接法，通带中心频率 $f_o=\dfrac{1}{2\pi\sqrt{C_1C_2R_3\dfrac{R_1R_2}{R_1+R_2}}}$。

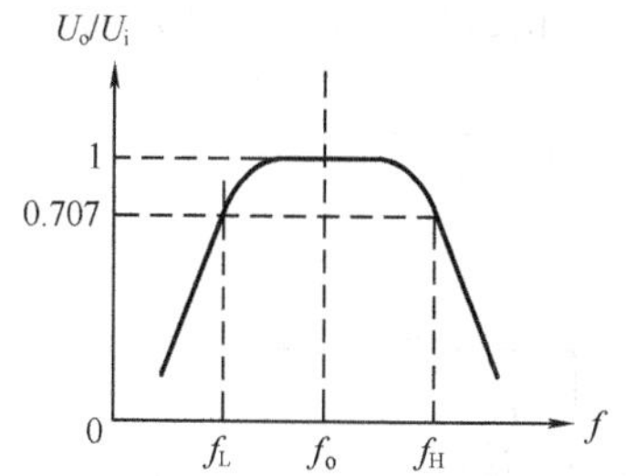

图 6-127　带通滤波器特性曲线

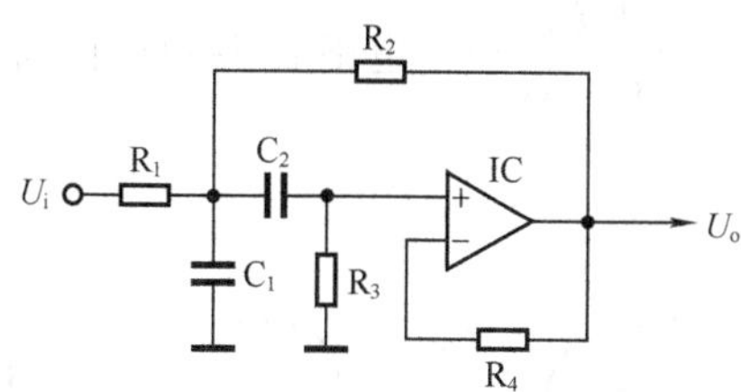

图 6-128　压控源二阶带通有源滤波器

（2）无限增益多路反馈二阶带通有源滤波器

图 6-129 所示为无限增益多路反馈二阶带通有源滤波器电路，集成运放 IC 为反相输入接法，通带中心频率 $f_o = \dfrac{1}{2\pi\sqrt{C_1C_2R_3\dfrac{R_1R_2}{R_1+R_2}}}$。

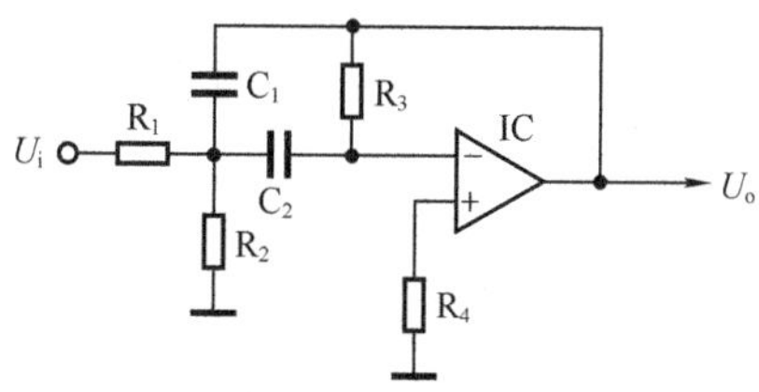

图 6-129　无限增益多路反馈二阶带通有源滤波器

6.7.4　带阻有源滤波器

带阻有源滤波器又称为陷波器，它的特性是频率处于上限截止频率 f_H 与下限截止频率 f_L 之间的信号被衰减掉，而高于 f_H 和低于 f_L 的信号则可以通过。

图 6-130 所示为带阻有源滤波器的幅频特性曲线，它具有两个通带和一个阻带：0～f_L 和 f_H～∞的频率范围称为通带；f_L～f_H 的频率范围称为阻带，f_o 为阻带的中心频率。

图 6-131 所示为二阶带阻有源滤波器电路，集成运放 IC 接成电压跟随器，信号从其同相输入端输入。当取 $C_1 = C_2 = C$、$C_3 = 2C$、$R_3 = \dfrac{R_1 R_2}{R_1 + R_2}$ 时，电路阻带中心频率 $f_0 = \dfrac{1}{2\pi C\sqrt{R_1 R_2}}$。

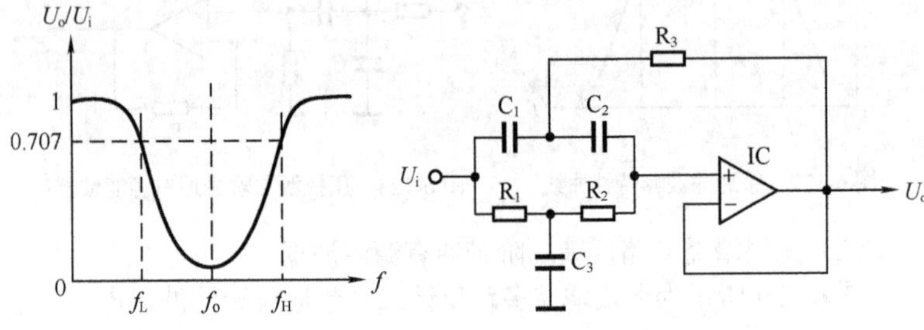

图 6-130　带阻滤波器特性曲线　　图 6-131　二阶带阻有源滤波器

第 7 章　数字单元电路工作原理分析

数字电路往往是由若干单元电路组成的。不同的单元电路具有不同的结构特征和电路功能，它们共同组成电路图的有机整体。熟练掌握各种基本单元电路的结构、原理和分析方法，有助于我们识读和分析数字电路图。

7.1 双稳态触发器

双稳态触发器是脉冲和数字电路中常用的基本触发器之一。双稳态触发器的特点是具有两个稳定的状态，并且在外加触发信号的作用下，可以由一种稳定状态转换为另一种稳定状态。在没有外加触发信号时，现有状态将一直保持下去。双稳态触发器由晶体管、数字电路或时基电路等构成。

7.1.1 晶体管双稳态触发器

晶体管双稳态触发器电路如图 7-1 所示，由 VT_1、VT_2 两个晶体管交叉耦合而成。R_5、R_3 是 VT_1 的基极偏置电阻，R_2、R_6 是 VT_2 的基极偏置电阻，R_1、R_4 分别是两管的集电极电阻。输出信号可以从两个晶体管的集电极取出，两管输出信号相反。

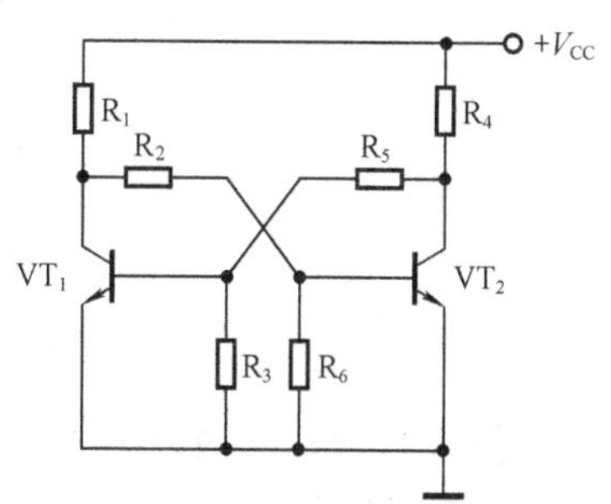

图 7-1　晶体管双稳态触发器

双稳态触发器实质上是由两级共发射极开关电路组成，并形成正反馈回路。形式上改画后的电路如图 7-2 所示，VT_2 的集电极输出端通过 R_5 反馈到 VT_1 的基极输入端。

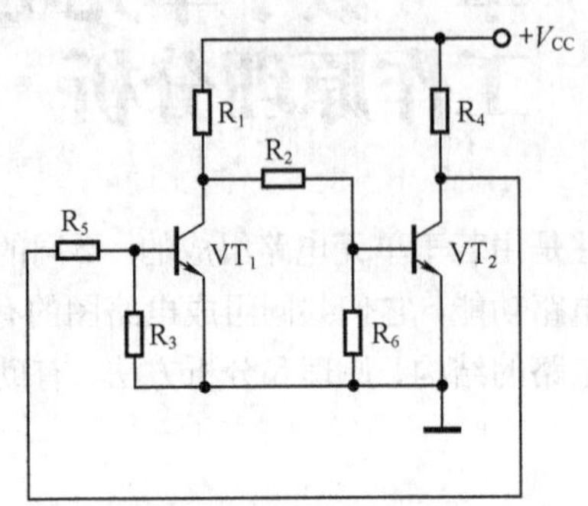

图 7-2　晶体管双稳态触发器另一画法

（1）双稳态触发器工作原理

双稳态触发器的两个稳定状态是：要么 VT_1 导通、VT_2 截止；要么 VT_1 截止、VT_2 导通。

① VT_1 导通、VT_2 截止时，因为 VT_1 导通，$U_{C1} = 0V$，VT_2 因无基极偏流而截止，$U_{C2} = +V_{CC}$，通过 R_5 向 VT_1 提供基极偏流 I_{b1}，使 VT_1 保持导通，如图 7-3 所示，电路处于稳定状态。

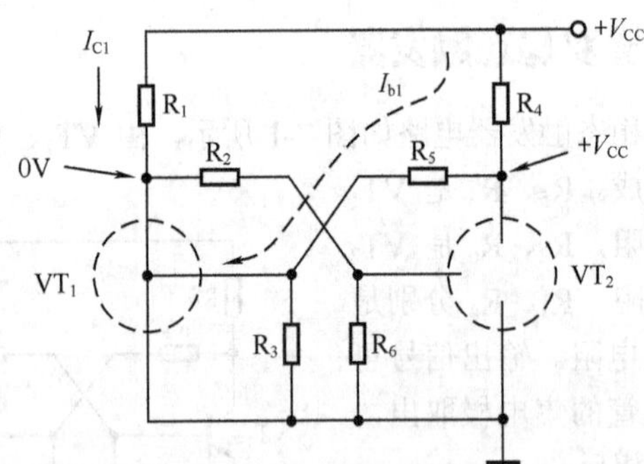

图 7-3　VT_1 导通、VT_2 截止时

② VT_1 截止、VT_2 导通时，因为 VT_2 导通，$U_{C2} = 0V$，VT_1 因无基极偏流而截止，$U_{C1} = +V_{CC}$，通过 R_2 向 VT_2 提供基极偏流 I_{b2}，使

VT_2保持导通，如图 7-4 所示，电路处于另一稳定状态。

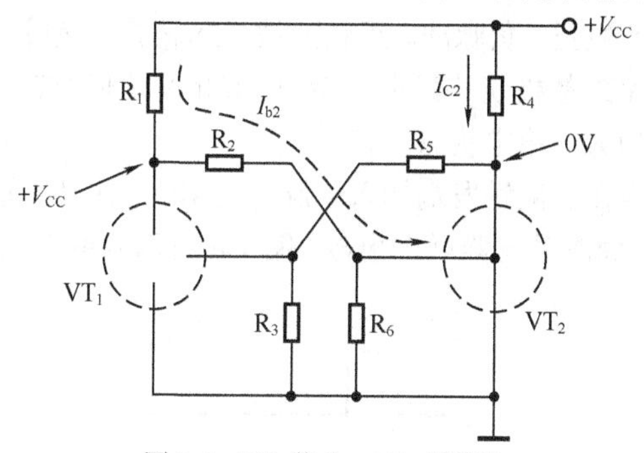

图 7-4　VT_1截止、VT_2导通时

（2）双稳态触发器触发方式

双稳态触发器的触发方式有单端触发和计数触发两种。

① 单端触发。

单端触发电路具有两个触发端，使两路触发脉冲分别加到两个晶体管的基极，如图 7-5 所示。该单端触发电路采用的是将负脉冲加至导通管基极使其截止的方法。C_1与R_7、C_2与R_8分别组成两路触发脉冲的微分电路，二极管VD_1、VD_2隔离正脉冲，只允许负脉冲加到晶体管基极。

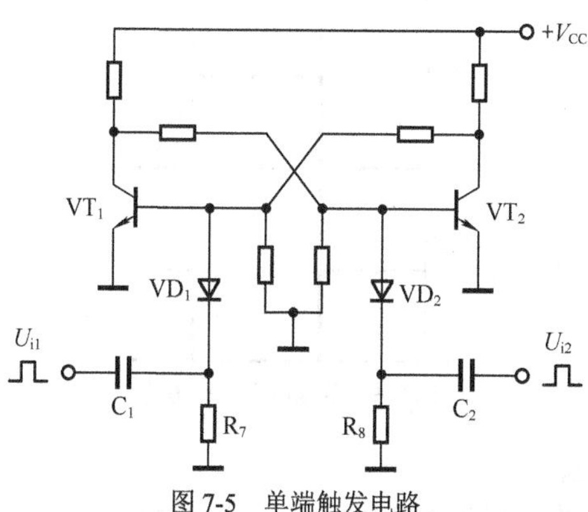

图 7-5　单端触发电路

设电路初始状态为VT_1导通、VT_2截止，电路触发过程如下。

当在左侧触发端加入一脉冲 U_{i1} 时，经 C_1、R_7 微分，其上升沿和下降沿分别产生正、负脉冲。正脉冲被 VD_1 隔离，负脉冲则经过 VD_1 加至导通管 VT_1 基极使其截止。VT_1 的截止又迫使 VT_2 导通，双稳态触发器转换为另一稳定状态。

同理，当在右侧触发端加入一脉冲 U_{i2} 时，使导通管 VT_2 截止，VT_1 导通，双稳态触发器再次翻转。图 7-6 所示为单端触发工作波形。

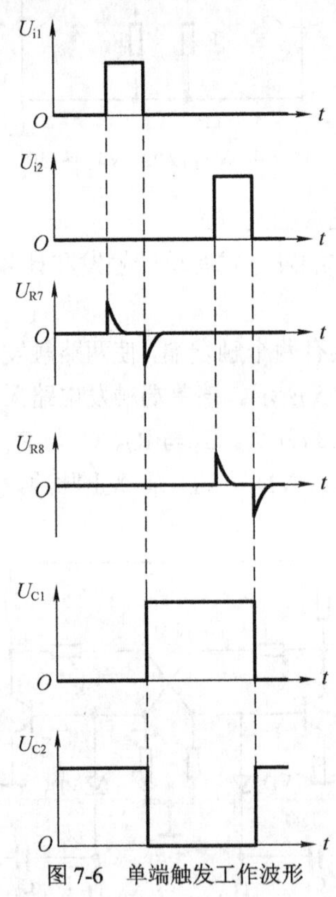

图 7-6　单端触发工作波形

② 计数触发。

计数触发电路只有 1 个触发输入端，触发脉冲通过 C_1 和 C_2 加到两个晶体管的基极，如图 7-7 所示。微分电阻 R_7、R_8 不接地而是改接至本侧晶体管的集电极。

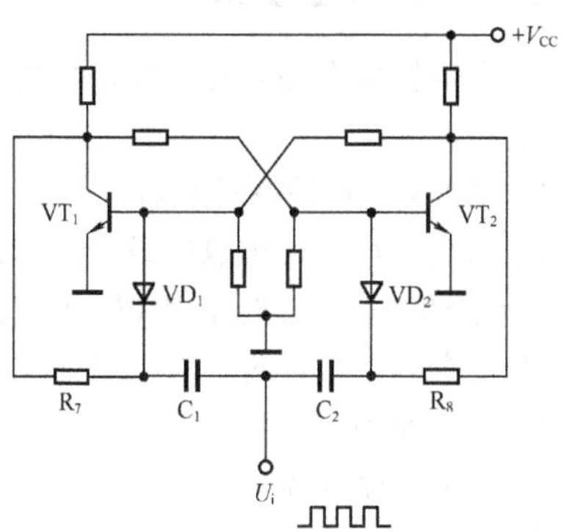

图 7-7 计数触发电路

当触发端加上触发脉冲 U_i 时，经微分后产生的负脉冲使导通管截止，而对截止管不起作用。因此，每一个触发脉冲都使双稳态触发器翻转一次，所以叫做计数触发，电路波形如图 7-8 所示。电阻 R_7、R_8 起引导作用，使每次负触发脉冲只加到导通管基极，保证电路可靠翻转。

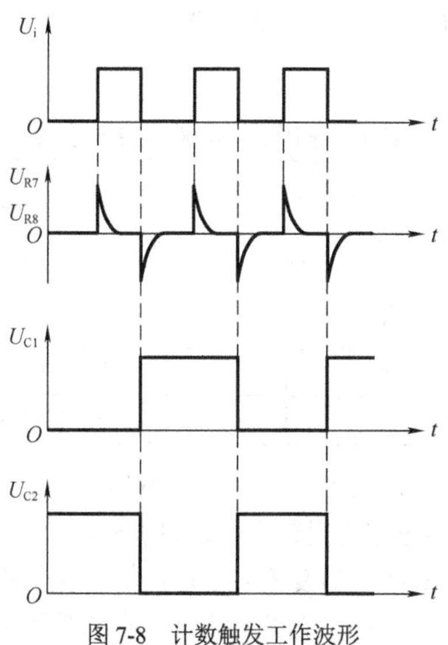

图 7-8 计数触发工作波形

7.1.2 门电路构成的双稳态触发器

用门电路可以方便地构成双稳态触发器，而且无需外围元件，无需调试，电路简洁可靠。

（1）或非门构成的 RS 型双稳态触发器

将两个或非门电路交叉耦合，可以构成 RS 型双稳态触发器，如图 7-9 所示，它具有两个触发输入端：R 为置“0”输入端，S 为置“1”输入端，“1”电平触发有效。具有两个输出端：Q 为原码输出端，$\overline{Q}$ 为反码输出端。电路工作原理如下。

① 当 $R=1$、$S=0$ 时，触发器被置“0”，$Q=0$、$\overline{Q}=1$。

② 当 $R=0$、$S=1$ 时，触发器被置“1”，$Q=1$、$\overline{Q}=0$。

③ 当 $R=0$、$S=0$ 时，触发器输出状态保持不变。

④ 当 $R=1$、$S=1$ 时，下一状态不确定，应避免使触发器出现这种状态。表 7-1 为其真值表。

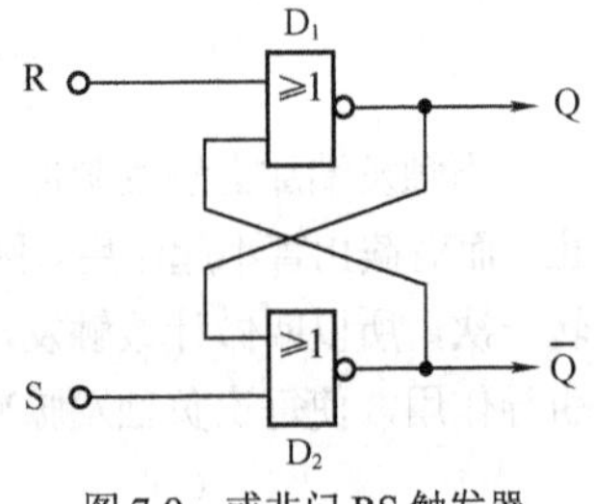

图 7-9　或非门 RS 触发器

▼ 表 7-1　或非门构成的 RS 触发器真值表

输入		输出	
R	***S***	***Q***	$\overline{Q}$
1	0	0	1
0	1	1	0
0	0	保　持	
1	1	下一状态不确定	

（2）与非门构成的 RS 型双稳态触发器

将两个与非门电路交叉耦合，也可以构成 RS 型双稳态触发器，如图 7-10 所示，其两个触发输入端是：$\overline{R}$ 为置“0”输入端，$\overline{S}$ 为置“1”输入端，“0”电平触发有效。其两个输出端是：Q 为原码输出端，

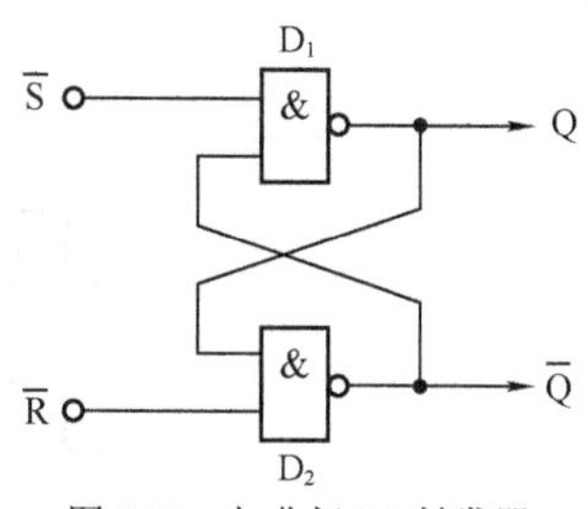

图 7-10　与非门 RS 触发器

$\overline{Q}$为反码输出端。电路工作原理如下。

① 当$\overline{R}=0$、$\overline{S}=1$时，触发器被置“0”，$Q=0$、$\overline{Q}=1$。

② 当$\overline{R}=1$、$\overline{S}=0$时，触发器被置“1”，$Q=1$、$\overline{Q}=0$。

③ 当$\overline{R}=1$、$\overline{S}=1$时，触发器输出状态保持不变。

④ 当$\overline{R}=0$、$\overline{S}=0$时，下一状态不确定，应避免使触发器出现这种状态。表 7-2 为其真值表。

▼ 表 7-2　　与非门构成的 RS 触发器真值表

输入		输出	
$\overline{R}$	$\overline{S}$	Q	$\overline{Q}$
0	1	0	1
1	0	1	0
1	1	保持	
0	0	下一状态不确定	

7.1.3　D 触发器构成的双稳态触发器

将 D 触发器的反码输出端$\overline{Q}$与其自身的数据输入端 D 相连接，即构成了计数触发式双稳态触发器，如图 7-11 所示。触发脉冲U_i由 CP 端输入，上升沿触发。输出信号通常由原码输出端 Q 引出，也可从反码输出端$\overline{Q}$输出。

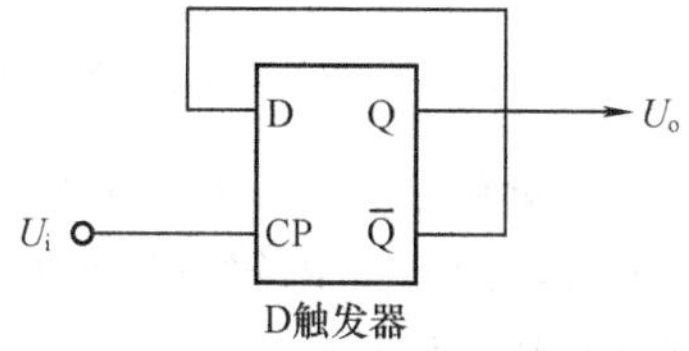

图 7-11　D 触发器构成双稳态触发器

图 7-12 所示为电路工作波形。每一个触发脉冲U_i的上升沿都使双稳态触发器翻转一次，因此输出脉冲U_o的个数是输入触发脉冲U_i的二分之一。该双稳态触发器常被用作二进制计数单元。

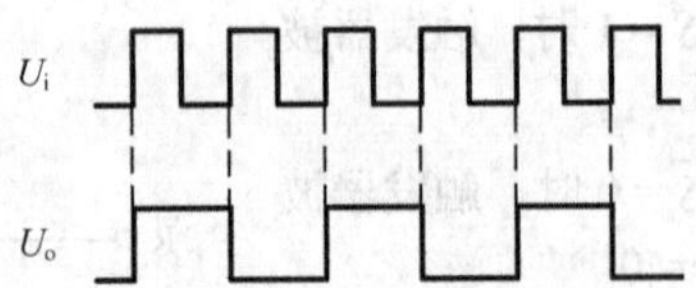

图 7-12　D 触发器构成双稳态触发器工作波形

7.1.4　时基电路构成的双稳态触发器

用 555 时基电路可以构成 RS 型双稳态触发器，电路如图 7-13 所示。$\overline{S}$ 为置“1”输入端，“0”电平触发有效。R 为置“0”输入端，“1”电平触发有效。输出信号 U_o 由 555 电路的第 3 脚输出。C_1、R_1 构成 $\overline{S}$ 端触发信号微分电路，C_2、R_2 构成 R 端触发信号微分电路。

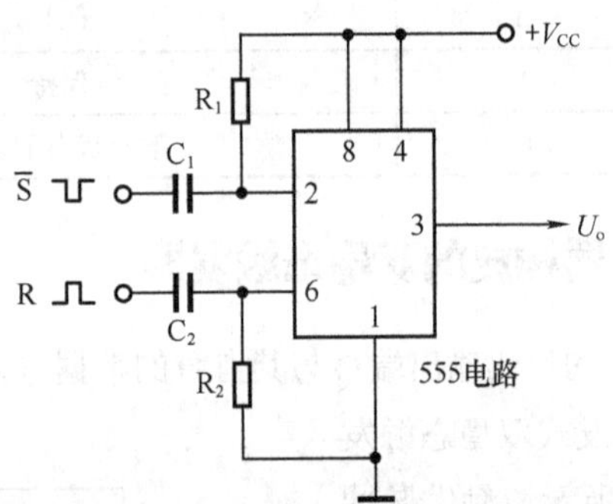

图 7-13　时基电路构成双稳态触发器

该电路工作过程为：在 $U_o = 0$ 时，在 $\overline{S}$ 端加上一个“0”电平触发脉冲，经 C_1、R_1 微分后产生一负脉冲至 555 电路的第 2 脚，使触发器翻转，$U_o = 1$。

这之后，在 R 端加上一个“1”电平触发脉冲，经 C_2、R_2 微分后产生一正脉冲至 555 电路的第 6 脚，使触发器再次翻转，又使 $U_o = 0$。各点波形如图 7-14 所示。

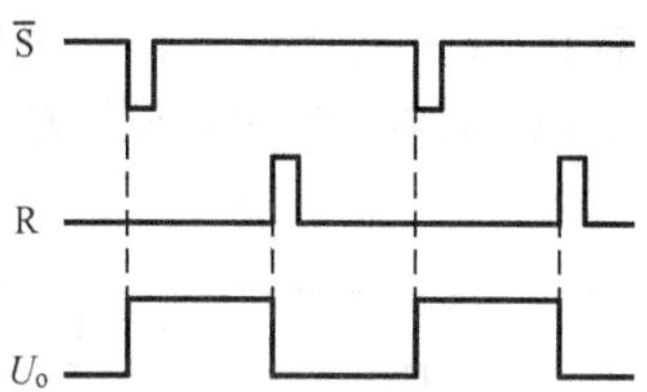

图 7-14 时基电路构成双稳态触发器工作波形

7.2 单稳态触发器

单稳态触发器也是脉冲和数字电路中的基本触发器之一。单稳态触发器的特点是只有一个稳定状态，另外还有一个暂时的稳定状态（暂稳状态）。在没有外加触发信号时，电路处于稳定状态。在外加触发信号的作用下，电路就从稳定状态转换为暂稳状态，并且在经过一定的时间后，电路能够自动地再次转换回到稳定状态。

单稳态触发器在一个触发脉冲的作用下，能够输出一个具有一定宽度的矩形脉冲，常用在脉冲整形、定时和延时电路中。单稳态触发器可以由晶体管、数字电路或时基电路等构成。

7.2.1 晶体管单稳态触发器

图 7-15 所示为晶体管单稳态触发器电路，它也是由 VT_1、VT_2 两个晶体管交叉耦合组成，但与双稳态触发器不同的是，单稳态触发器 VT_1 集电极与 VT_2 基极之间改由电容 C_1 耦合。正是电容的耦合作用，使电路具有了单稳态的特性。

R_4、R_3 是 VT_1 的基极偏置电阻，R_2 是 VT_2 的基极偏置电阻，R_1、R_5 分别是两管的集电极电阻。微分电路 C_2、R_6 和隔离二极管 VD 组成触发电路。输出信号可以从两个晶体管的集电极取出，两管输出信号相反。

（1）稳定状态

单稳态触发器处于稳定状态时的情况如图 7-16 所示。电源 $+V_{CC}$ 经 R_2 为 VT_2 提供基极偏流 I_{b2}，VT_2 导通，其集电极电压 U_{C2} = 0V。

VT_1因无基极偏压而截止，其集电极电压$U_{C1}=+V_{CC}$.电源$+V_{CC}$经R_1、VT_2基极-发射极向电容C_1充电，C_1上电压为左正右负，大小等于电源电压$+V_{CC}$。

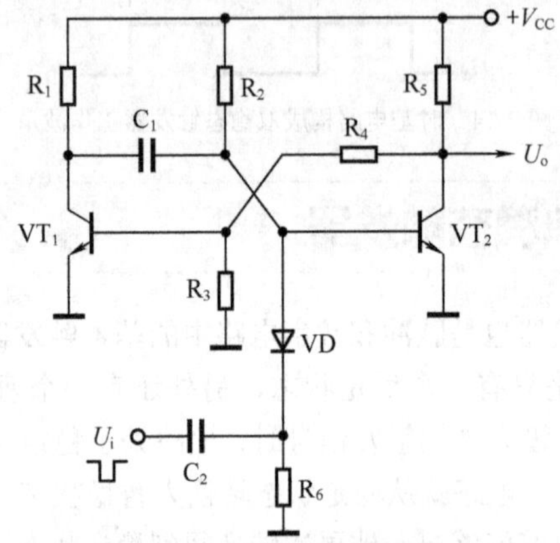

图 7-15　晶体管单稳态触发器

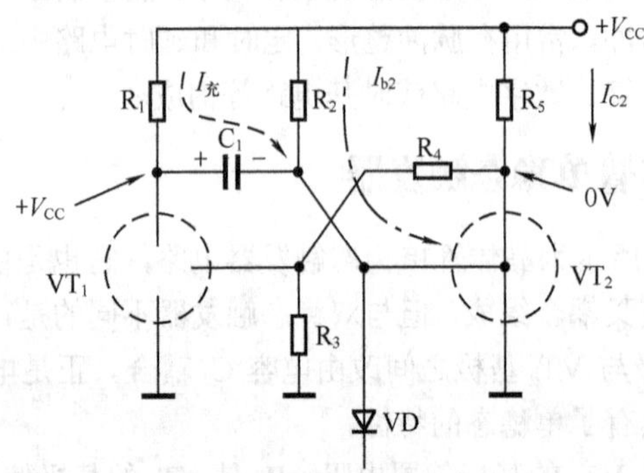

图 7-16　稳定状态

（2）暂稳状态

当在单稳态触发器的触发端加上一个触发脉冲U_i时，经C_2、R_6微分，负触发脉冲通过VD加至导通管VT_2基极使其截止，$U_{C2}=+V_{CC}$，并通过R_4为VT_1提供基极偏流I_{b1}，使VT_1导通，U_{C1}从$+V_{CC}$下跳为

0V。由于电容 C_1 两端电压不能突变，所以在此瞬间 VT_2 基极电压 U_{b2} 将下跳为 $-V_{CC}$，VT_2 在触发脉冲结束之后仍然保持截止状态，这时电路处于暂稳状态，如图 7-17 所示。

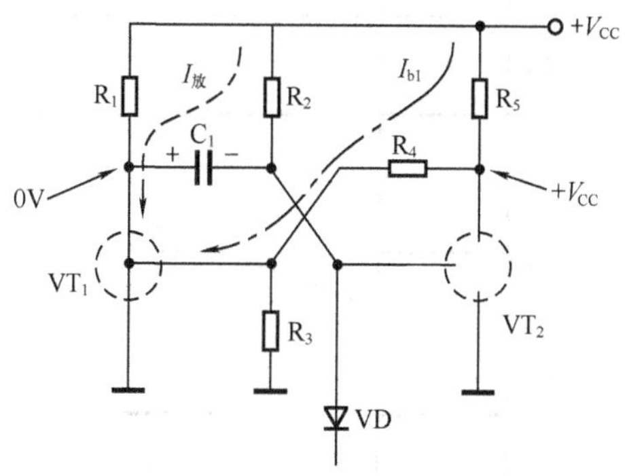

图 7-17 暂稳状态

进入暂稳状态后，电容 C_1 通过 VT_1 集电极-发射极、电源、R_2 不断放电，放电结束后即进行反向充电，U_{b2} 电位不断上升，如图 7-18 所示。

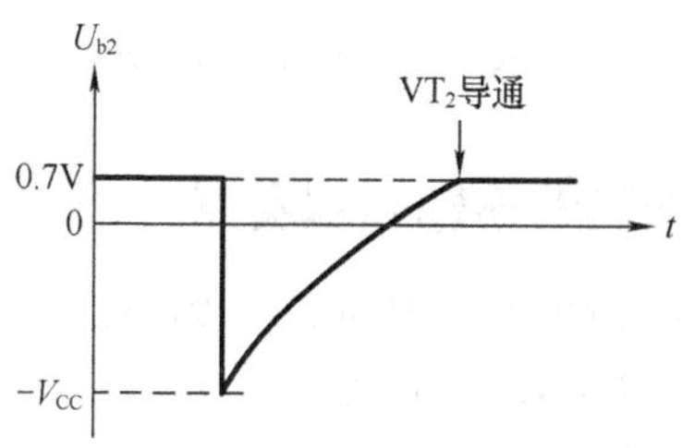

图 7-18 U_{b2} 电位变化情况

当 U_{b2} 达到 VT_2 的导通阈值 0.7V 时，VT_2 立即导通，并通过 R_4 使 VT_1 截止，电路自动从暂稳状态回复到稳定状态。

单稳态触发器电路各点工作波形如图 7-19 所示。输出脉宽 T_w（暂稳态时间）由 C_1 经 R_2 的放电时间决定，$T_w = 0.7R_2C_1$。在暂稳态时间，VT_2 集电极输出一个宽度为 T_w 的正矩形脉冲；VT_1 集电极则输出一个

宽度为 T_W 的负矩形脉冲。

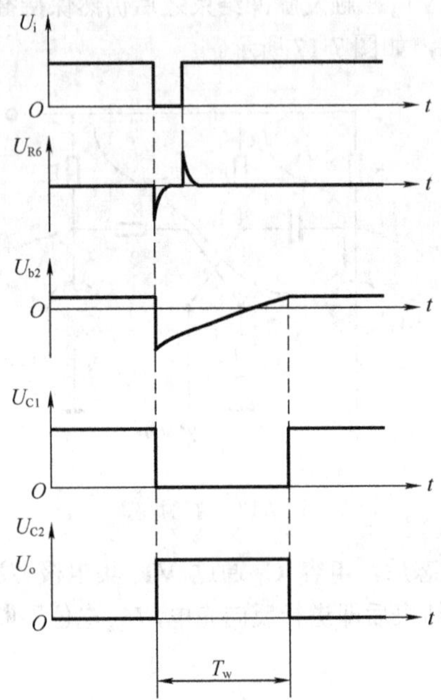

图 7-19　单稳态触发器工作波形

7.2.2　门电路构成的单稳态触发器

或非门电路和与非门电路都可以构成单稳态触发器。

（1）或非门构成的单稳态触发器

或非门构成的单稳态触发器电路结构如图 7-20 所示，由或非门 D_1、非门 D_2、定时电阻 R 和定时电容 C 组成。或非门单稳态触发器由正脉冲触发，输出一个脉宽为 T_W 的正矩形脉冲。

或非门构成的单稳态触发器工作过程如下。

① 单稳态触发器电路处于稳态时，由于反相器 D_2 输入端经 R 接 $+V_{DD}$，其输出端为“0”，D_2 耦合至 D_1 输入端使 D_1 输出端为“1”，电容 C 两端电位相等，无压降。

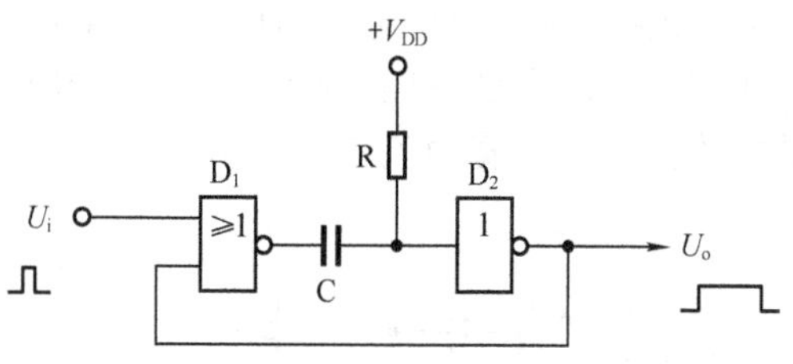

图 7-20　或非门构成单稳态触发器

② 当在触发端加入触发脉冲 U_i 时，或非门 D_1 输出端变为“0”。由于电容 C 两端的电压不能突变，因此 D_2 输入端也变为“0”，D_2 输出端 U_o 变为“1”。由于 U_o 又正反馈到 D_1 输入端形成闭环回路，所以电路一经触发，触发脉冲即使被取消，U_i 仍能保持暂稳状态。此时，电源+V_{DD} 开始经 R 对 C 充电。

③ 随着 C 的充电，D_2 输入端电位逐步上升。当达到反相器 D_2 的转换阈值时，D_2 输出端 U_o 又变为“0”。由于闭环回路的正反馈作用，D_1 输出端随即变为“1”，电路回复稳态，直至再次被触发。各点波形如图 7-21 所示。输出脉宽 $T_W = 0.7RC$。

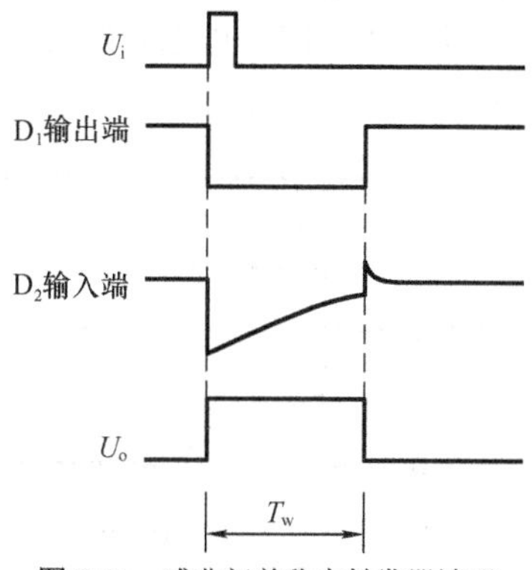

图 7-21　或非门单稳态触发器波形

（2）与非门构成的单稳态触发器

与非门构成的单稳态触发器电路如图 7-22 所示，由与非门 D_1、

反相器 D_2、定时电阻 R 和定时电容 C 组成。与或非门单稳态触发器不同的是，定时电阻 R 不是接+V_{DD} 而是接地。与非门单稳态触发器由负脉冲触发，输出一个脉宽为 T_w 的负矩形脉冲。

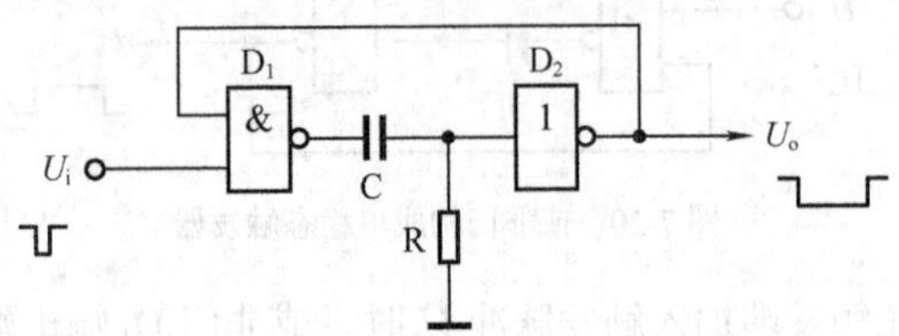

图 7-22　与非门构成单稳态触发器

① 电路处于稳态时，由于反相器 D_2 输入端经 R 接地，其输出端 U_o 为“1”，D_2 耦合至 D_1 输入端使 D_1 输出端为“0”，电容 C 两端电位相等，无压降。

② 当电路被触发后，D_1 输出端变为“1”。由于电容 C 两端的电压不能突变，因此 D_2 输入端也变为“1”，D_2 输出端 U_o 变为“0”，电路进入暂稳状态。

③ 随着 C 的充电，D_2 输入端电位逐步下降，当达到 D_2 的转换阈值时，D_2 输出端 U_o 又变为“1”，电路回复稳态，直至再次被触发。各点波形如图 7-23 所示。输出脉宽 $T_w = 0.7RC$。

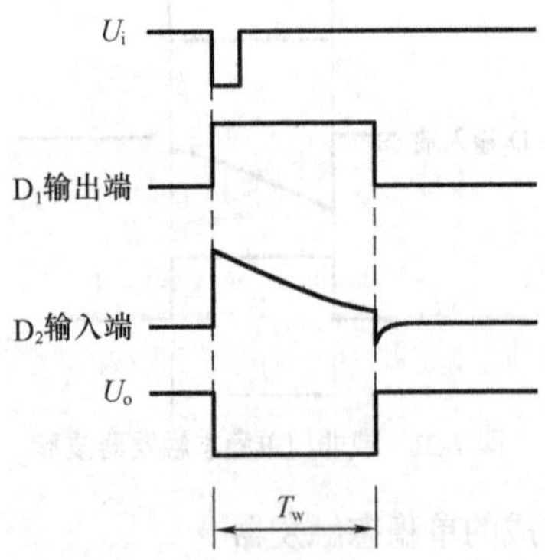

图 7-23　与非门单稳态触发器波形

7.2.3 D触发器构成的单稳态触发器

D 触发器构成的单稳态触发器由正脉冲触发，输出一个脉宽为 T_w 的正矩形脉冲。电路如图 7-24 所示，R 为定时电阻，C 为定时电容。D 触发器的数据端 D 接“1”电平（$+V_{DD}$），置“1”端 S 接地，输出端 Q 经 RC 定时网络接至置“0”端 R。触发脉冲 U_i 从 CP 端输入，输出信号 U_o 由 Q 端输出。

电路工作过程如下。

（1）电路处于稳态时，$U_o = 0$。

（2）当触发脉冲 U_i 加至 CP 端时，U_i 上升沿使数据端 D 的“1”到达输出端 Q，电路转换为暂稳态，$U_o = 1$，并经 R 向 C 充电。

（3）随着充电的进行，当电容 C 上的电压达到 R 端的转换电压时，使 D 触发器置“0”，$U_o = 0$，电路回复稳态。这时 C 经 R 放电，为下一次触发做好准备。U_o 的输出脉宽 $T_w = 0.7RC$。各点波形如图 7-25 所示。

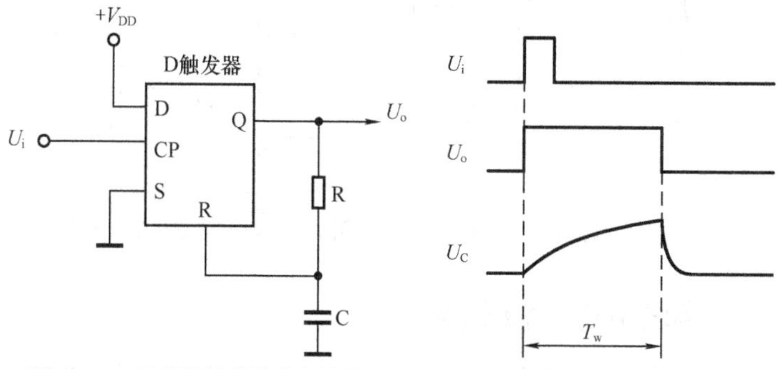

图 7-24　D触发器构成单稳态触发器　图 7-25　D触发器构成单稳态触发器波形

7.2.4 时基电路构成的单稳态触发器

555 时基电路构成的单稳态触发器电路如图 7-26 所示。RC 组成定时网络，555 电路的置“0”端（第 6 脚）和放电端（第 7 脚）并接于定时电容 C 上端。触发脉冲 U_i 从 555 电路的置“1”端（第 2 脚）

输入，输出信号 U_o 由第 3 脚输出。555 时基电路构成的单稳态触发器由负脉冲触发，输出一个脉宽为 T_W 的正矩形脉冲。

电路工作过程如下。

（1）电路处于稳态时，$U_o = 0$，放电端（第 7 脚）导通到地，电容 C 上无电压。

（2）当负触发脉冲 U_i 加到 555 时基电路的第 2 脚时，电路翻转为暂稳态，$U_o = 1$，放电端（第 7 脚）截止，电源 $+V_{CC}$ 开始经 R 向 C 充电。

（3）由于 C 上电压直接接到 555 电路的置“0”端（第 6 脚），当 C 上的充电电压达到 $\frac{2}{3}V_{CC}$（置“0”端阈值）时，电路再次翻转，回复稳态。U_o 的输出脉宽 $T_w = 0.7RC$。各点波形如图 7-27 所示。

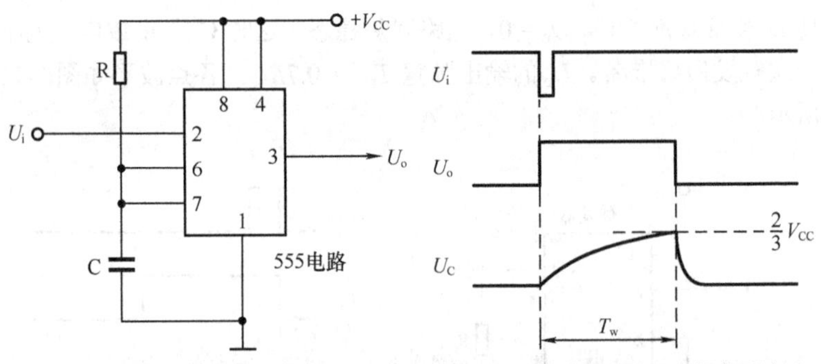

图 7-26　时基电路构成单稳态触发器　　图 7-27　时基电路单稳态触发器波形

7.2.5　集成单稳态触发器

集成单稳态触发器电路符号如图 7-28 所示。单稳态触发器一般具有两个触发端：上升沿触发端 TR_+ 和下降沿触发端 $\overline{TR_-}$。具有两个输出端：Q 端和 $\overline{Q}$ 端，其输出信号互为反相。另外还具有清零端 $\overline{R}$，外接电阻端 R_e，外接电容端 C_e。

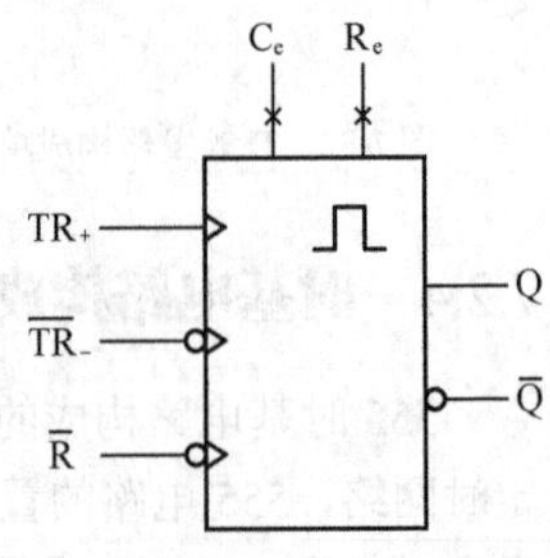

图 7-28　单稳态触发器的符号

在单稳态触发器的触发端输入一个

触发脉冲，其输出端即输出一个恒定宽度的矩形脉冲，该矩形脉冲的宽度由外接定时元件 R_e 和 C_e 决定。表 7-3 为单稳态触发器真值表。

▼ 表 7-3 单稳态触发器真值表

输入			输出	
$\overline{R}$	TR_+	$\overline{TR_-}$	Q	$\overline{Q}$
1	↑	1	⊓	⊔
1	0	↓	⊓	⊔
1	↑	0	不触发	
1	1	↓	不触发	
0	任意	任意	0	1

图 7-29 所示为双单稳态触发器集成电路 CC4098 引脚功能。CC4098 内含两个独立的单稳态触发器。每个单稳态触发器具有：正向触发输入端 TR_+，负向触发输入端 TR_-，清零端 R，外接电阻端 R_e，外接电容端 C_e，原码输出端 Q 和反码输出端 $\overline{Q}$。R_e 与 C_e 端外接的电阻 R、电容 C 的值，决定了输出脉冲的宽度。

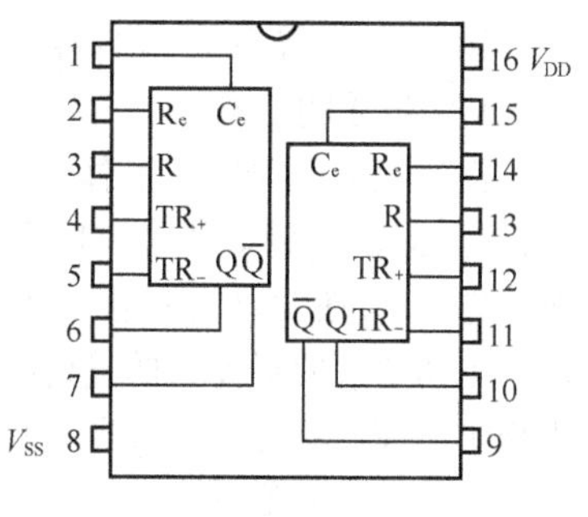

图 7-29 CC4098 引脚功能

7.3 施密特触发器

施密特触发器是最常用的整形电路之一。施密特触发器的两个显著特点是：① 电路含有正反馈回路；② 具有滞后电压特性，即正向和负向翻转的阈值电压不相等。施密特触发器也具有两个稳定状态：要么 VT_1 截止、VT_2 导通，要么 VT_1 导通、VT_2 截止。这两个稳定状态在一定条件下能够互相转换。施密特触发器可以由晶体管、门电路等构成。

7.3.1 晶体管施密特触发器

晶体管施密特触发器电路由两级电阻耦合共发射极晶体管放大器组成，如图7-30所示。与一般两级电阻耦合放大器不同的是，两个晶体管 VT_1、VT_2 共用一个发射极电阻 R_5，这就形成了强烈的正反馈。R_2、R_3 是 VT_2 的基极偏置电阻，R_1、R_4 分别是 VT_1、VT_2 的集电极负载电阻。

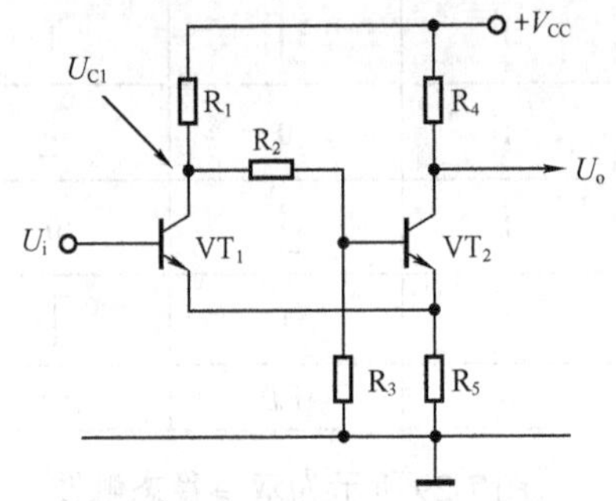

图7-30 晶体管施密特触发器

（1）第一稳定状态

第一稳定状态为 VT_1 截止、VT_2 导通的状态。

没有输入信号时，晶体管 VT_1 因无基极偏置电流而截止。电源 $+V_{CC}$ 经 R_1、R_2 为晶体管 VT_2 提供基极偏置电流 I_{b2}，VT_2 导通，其发射极电流 I_{e2} 在发射极电阻 R_5 上产生电压降 U_{R5}（$U_{R5}=I_{e2}R_5$）。正是这个电压 U_{R5} 使得 VT_1 的发射结处于反向偏置，进一步保证了电路处于稳定的 VT_1 截止、VT_2 导通的状态，如图7-31所示。

（2）第二稳定状态

第二稳定状态为 VT_1 导通、VT_2 截止的状态。

当输入信号 U_i 加至施密特触发器输入端，并且 $U_i \geqslant U_{T+}$ 时，电路翻转为第二稳定状态，VT_1 导通，其集电极电压 $U_{C1}=0$，VT_2 因失去基极偏流而截止。U_{T+} 称为正向阈值电压。

同时 VT_1 发射极电流 I_{e1} 在发射极电阻 R_5 上产生的电压降 U_{R5}（这时的 $U_{R5}=I_{e1}R_5$），VT_2 的发射结处于反向偏置，进一步保证了电路处于稳定的 VT_1 导通、VT_2 截止的状态，如图7-32所示。

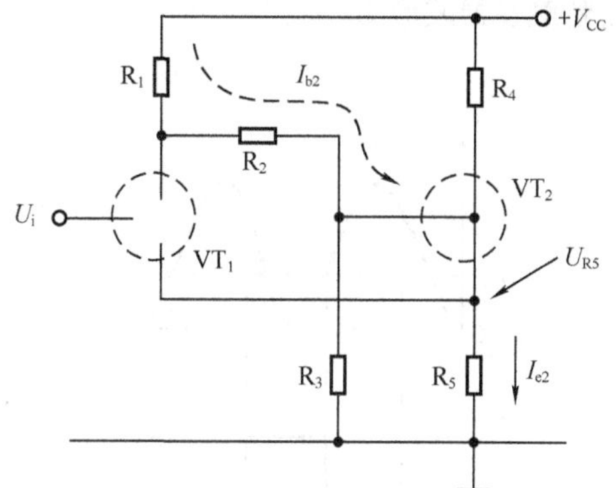

图 7-31 VT_1截止 VT_2导通状态

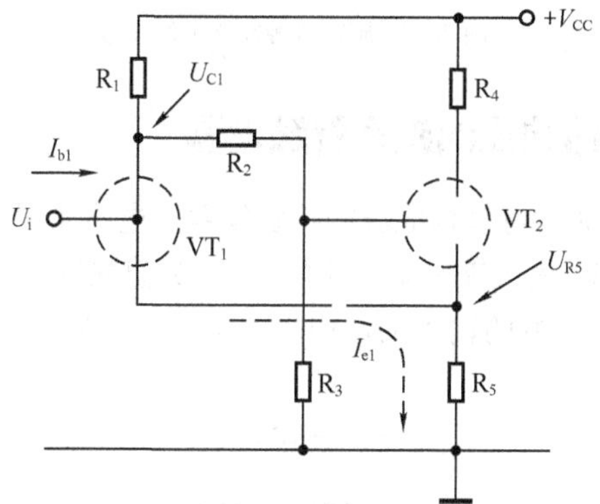

图 7-32 VT_1导通 VT_2截止状态

（3）电路的再次翻转

当输入信号 U_i经过峰值后下降至 U_{T+}时，电路并不翻转。而只有当 U_i继续下降至 U_{T-}时，电路才再次发生翻转回到第一稳定状态，即 VT_1截止、VT_2导通的状态。

这是因为 VT_1的集电极回路中接有 R_2、R_3分流支路，使得 VT_1导通时的发射极电流 I_{e1}小于 VT_2导通时的发射极电流 I_{e2}。U_{T-}称为负向阈值电压，U_{T+}与 U_{T-}的差值称为滞后电压ΔU_T，即$\Delta U_T = U_{T+} - U_{T-}$。

图 7-33 为施密特触发器波形图。

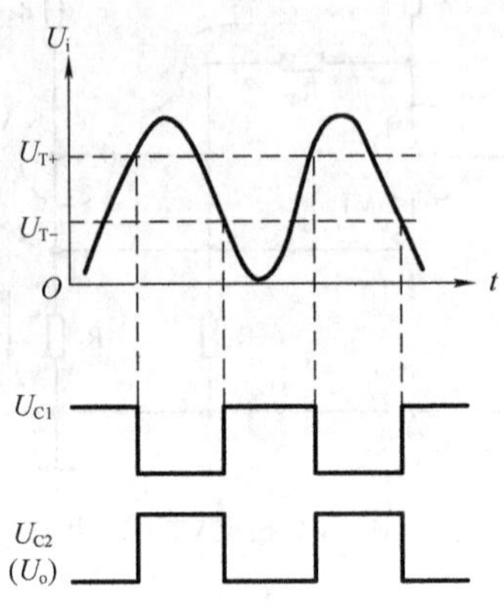

图 7-33 施密特触发器工作波形

7.3.2 门电路构成的施密特触发器

利用两个非门可以构成施密特触发器，电路如图 7-34 所示。R_1 为输入电阻，R_2 为反馈电阻。非门 D_1、D_2 直接连接，R_2 将 D_2 的输出端信号反馈至 D_1 的输入端，构成了正反馈回路。

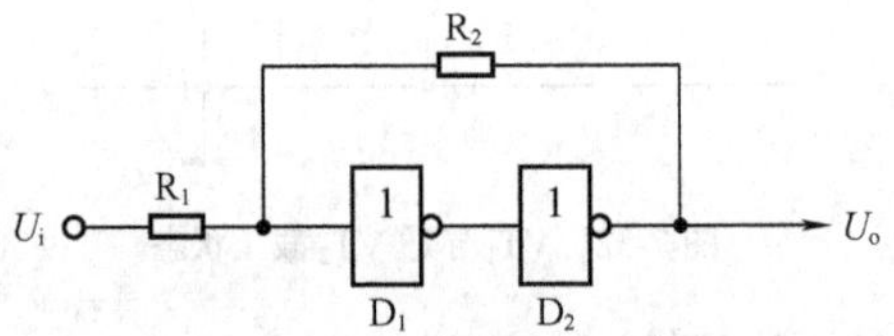

图 7-34 门电路构成施密特触发器

（1）触发器的第一稳定状态

无输入信号时，非门 D_1 输入端为“0”，所以触发器处于第一稳定状态，各非门输出端状态为：$D_1 = 1$、$D_2 = 0$。这时，R_1、R_2 对输入信号形成对地的分压电路，如图 7-35 所示。

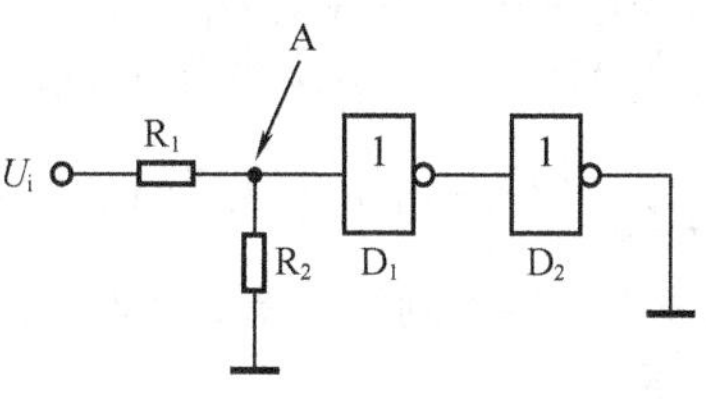

图 7-35 第一稳定状态

（2）翻转为第二稳定状态

当接入输入信号 U_i 时，由于 R_1、R_2 的分压作用，非门 D_1 的输入端 A 点的实际电压是 U_i 的 $\frac{R_2}{R_1+R_2}$ 倍，即 A 点电压为 $\frac{R_2}{R_1+R_2}U_i$。设非门的阈值电压为 $\frac{1}{2}V_{DD}$，只有当输入信号上升到 $U_i \geqslant \frac{R_1+R_2}{R_2} \cdot \frac{1}{2}V_{DD}$ 时，触发器才发生翻转。$\frac{R_1+R_2}{R_2} \cdot \frac{1}{2}V_{DD}$ 称为施密特触发器的正向阈值电压 U_{T+}，即 $U_{T+}=\frac{R_1+R_2}{2R_2}V_{DD}$。

由于 R_2 的正反馈作用，翻转过程是非常迅速和彻底的，触发器进入第二稳定状态，$D_1 = 0$、$D_2 = 1$。这时，R_1、R_2 对输入信号形成对正电源 V_{DD} 的分压电路，如图 7-36 所示。

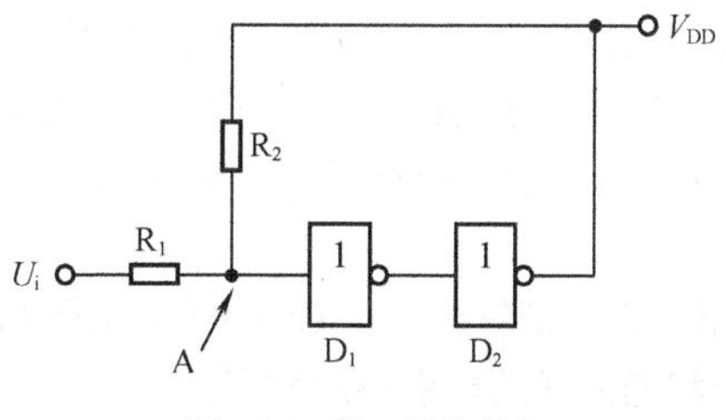

图 7-36 第二稳定状态

（3）触发器的再次翻转

当输入信号 U_i 经过峰值后下降至 U_{T+} 时，触发器并不翻转。这是因为 V_{DD} 经 R_2、R_1 在 A 点有一分压，叠加于 U_i 之上，使得 A 点的实际电压为 $U_i+\frac{R_1}{R_1+R_2}(V_{DD}-U_i)$。只有当 U_i 继续下降至 $U_i\leqslant\frac{1}{2}V_{DD}$ 时，触发器才再次发生翻转回到第一稳定状态。施密特触发器的负向阈值电压 $U_{T-}=\frac{R_2-R_1}{2R_2}V_{DD}$。滞后电压 $\Delta U_T=U_{T+}-U_{T-}=\frac{R_1}{R_2}V_{DD}$。

7.3.3 集成施密特触发器

集成施密特触发器电路符号如图 7-37 所示，其中图 7-37（a）为同相输出型施密特触发器，图 7-37（b）为反相输出型施密特触发器。施密特触发器具有一个输入端 A，一个输出端 Q 或 $\overline{Q}$ 。

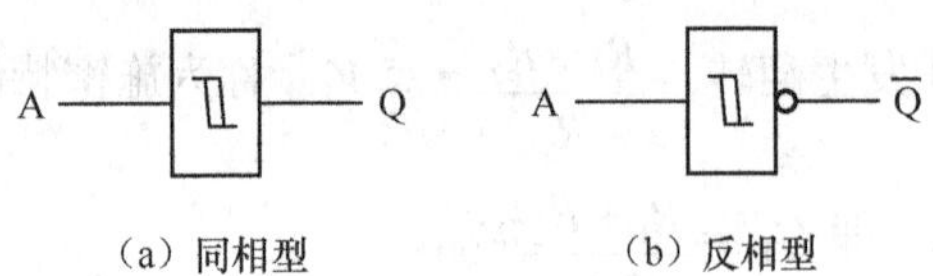

（a）同相型　　（b）反相型

图 7-37　施密特触发器的符号

施密特触发器具有滞后电压特性，即当输入电压上升到正向阈值电压 U_{T+} 时，触发器翻转；当输入电压下降到负向阈值电压 U_{T-} 时，触发器再次翻转。滞后电压 $\Delta U_T=U_{T+}-U_{T-}$。

施密特触发器的特点是，可将缓慢变化的电压信号转变为边沿陡峭的矩形脉冲。图 7-38 所示为四 2 输入端施密特触发器 CC4093 引脚功能，CC4093 内含四个独立的具有 2 个输入端的与非门形式的施密特触发器。

图 7-39 所示为六施密特触发器 CC40106 引脚功能，CC40106 内含 6 个独立的反相器形式的施密特触发器。

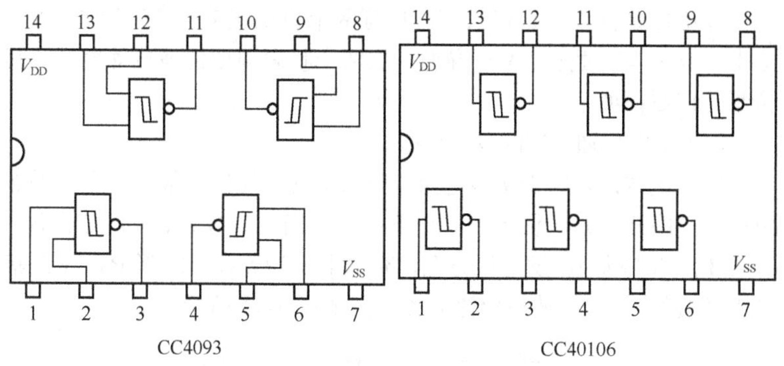

图 7-38 CC4093 引脚功能　　图 7-39 CC40106 引脚功能

7.4 多谐振荡器

多谐振荡器是脉冲和数字电路中常用的信号源之一，它能够产生连续的脉冲方波。多谐振荡器由晶体管、数字电路或时基电路等构成。

7.4.1 晶体管多谐振荡器

晶体管多谐振荡器电路如图 7-40 所示，它也是由 VT_1、VT_2 两个晶体管交叉耦合而成，但与双稳态电路或单稳态电路不同的是，两个晶体管的集电极-基极间的耦合均为电容耦合（C_1 和 C_2）。R_1、R_4 分别是两晶体管的集电极电阻，R_2、R_3 分别是两晶体管的基极偏置电阻。

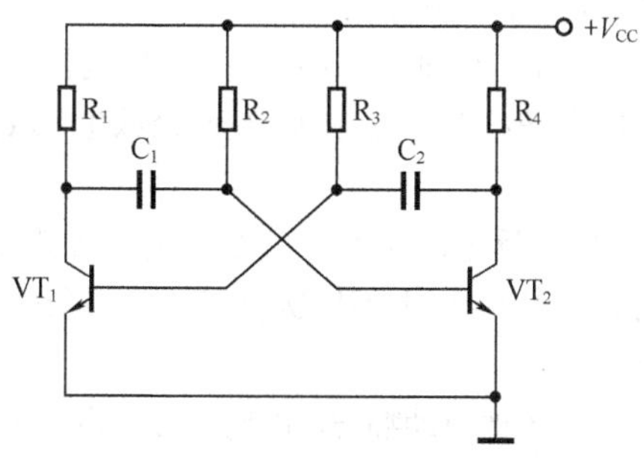

图 7-40 晶体管多谐振荡器

多谐振荡器没有稳定状态，只有两个暂稳状态：VT_1 导通、VT_2 截止；或者 VT_1 截止、VT_2 导通；这两个状态周期性地自动翻转。其简要工作原理如下。

（1）VT_1 导通，VT_2 截止状态

接通电源后，由于接线电阻、分布电容、元件参数不一致等偶然因素，电路必然是一侧导通、一侧截止。当 VT_1 导通、VT_2 截止时，C_2 经 R_4、VT_1 基极-发射极充电，充电电流为 $I_{C2充}$；C_1 经 R_2、VT_1 集电极-发射极放电，放电电流为 $I_{C1放}$，如图 7-41 所示。

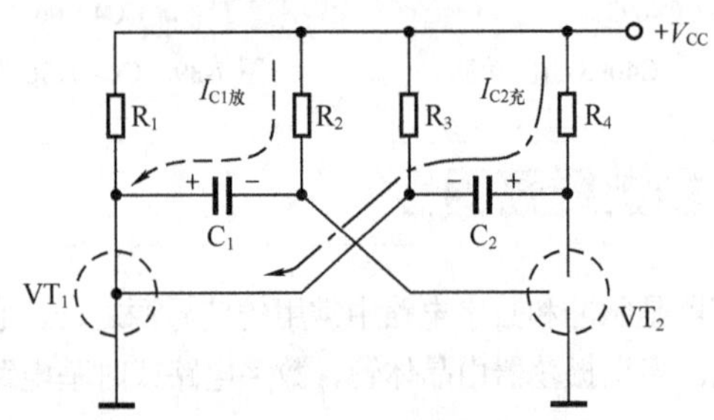

图 7-41　VT_1 导通，VT_2 截止状态

随着 C_1 的放电及反方向充电，当 C_1 右端（VT_2 基极）电位达到 0.7V 时，VT_2 由截止变为导通，其集电极电压 U_{C2} = 0V。由于 C_2 两端电压不能突变，VT_1 基极电位变为$-V_{CC}$，VT_1 因而由导通变为截止，电路翻转为另一暂稳状态。

（2）VT_1 截止，VT_2 导通状态

在 VT_1 截止、VT_2 导通时，C_1 经 R_1、VT_2 基极-发射极充电，充电电流为 $I_{C1充}$；C_2 经 R_3、VT_2 集电极-发射极放电，放电电流为 $I_{C2放}$，如图 7-42 所示。

随着 C_2 的放电及反方向充电，当 C_2 左端（VT_1 基极）电位达到 0.7V 时，VT_1 导通，其集电极电压 U_{C1} = 0V，并通过 C_1 使 VT_2 截止，电路又一次翻转。

正是如此周而复始地自动翻转，电路形成自激振荡，振荡周期 $T=0.7(R_2C_1+R_3C_2)$。通常取 $R_2=R_3=R$，$C_1=C_2=C$，则 $T=1.4RC$。振

荡频率 $f=\dfrac{1}{T}$。多谐振荡器工作波形如图 7-43 所示，两晶体管集电极分别输出互为反相的方波脉冲。

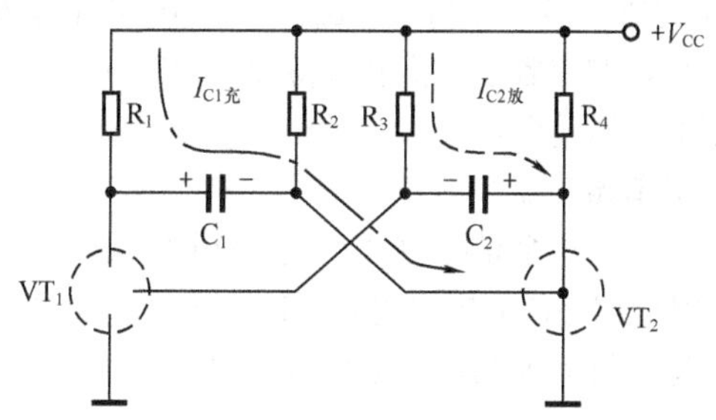

图 7-42　VT_1 截止，VT_2 导通状态

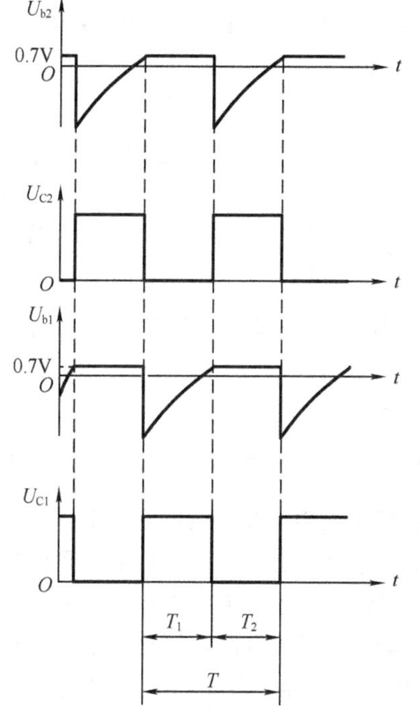

图 7-43　多谐振荡器工作波形

7.4.2 门电路构成的多谐振荡器

门电路可以构成多谐振荡器，而且电路简单，工作稳定。特别是 CMOS 门电路构成的多谐振荡器，由于 CMOS 电路输入阻抗很高，因此无须用大容量的电容器，就能获得较大的时间常数，特别适用于制作低频和超低频振荡器。

（1）非门多谐振荡器

两个非门可以构成多谐振荡器，电路如图 7-44 所示。D_1、D_2 为非门，R 为定时电阻，C 为定时电容。B 点（D_1 输出端）和 E 点（D_2 输出端）分别输出互为反相的方波脉冲信号。

电路工作过程如下。

① 当 E 点刚刚由“0”变为“1”时，由于电容 C 两端电压不能突变，所以 $A = 1$，$B = 0$，电容 C 开始经 R 充电，充电电流 $I_{C充}$ 如图 7-45 所示。

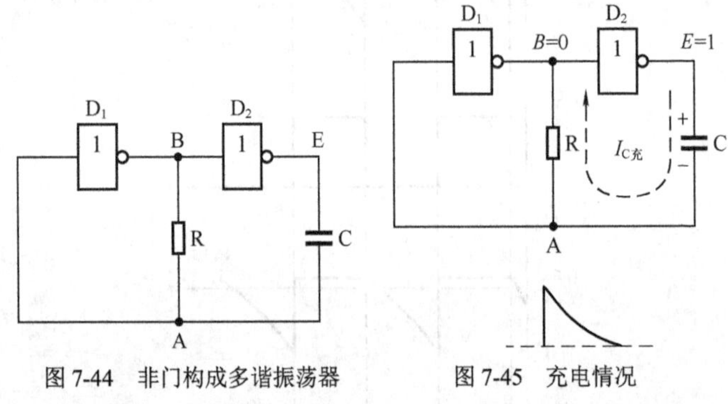

图 7-44　非门构成多谐振荡器　　图 7-45　充电情况

② 随着电容 C 的充电，A 点电位逐渐下降。当 A 点电位降低至 D_1 的转换阈值时，D_1 输出端（B 点）由“0”变为“1”，D_2 输出端（E 点）由“1”变为“0”，实现了电路的一次翻转。

③ 在电路刚翻转为 $E = 0$ 时，同样由于电容 C 两端电压不能突变，所以 $A = 0$，$B = 1$，电容 C 开始经 R 放电，放电电流 $I_{C放}$ 如图 7-46 所示。

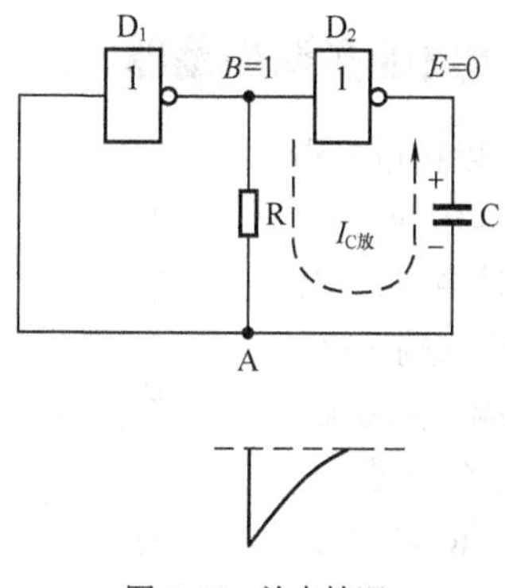

图 7-46 放电情况

④ 随着电容 C 的放电，A 点电位逐渐上升。当 A 点电位升高至 D_1 的转换阈值时，D_1 输出端（B 点）又由"1"变为"0"，D_2 输出端（E 点）又由"0"变为"1"，电路再次翻转。如此不断地自动翻转形成自激振荡，振荡周期 $T=1.4RC$。各点波形如图 7-47 所示。

（2）改进型多谐振荡器

图 7-48 所示为改进型多谐振荡器电路，在反相器 D_1 的输入端增加了补偿电阻 R_S，可以有效地改善由于电源电压变化而引起的振荡频率不稳定的情况。当 R_S 远大于 R（一般应使 $R_S>10R$）时，电路振荡周期 $T=2.2RC$。

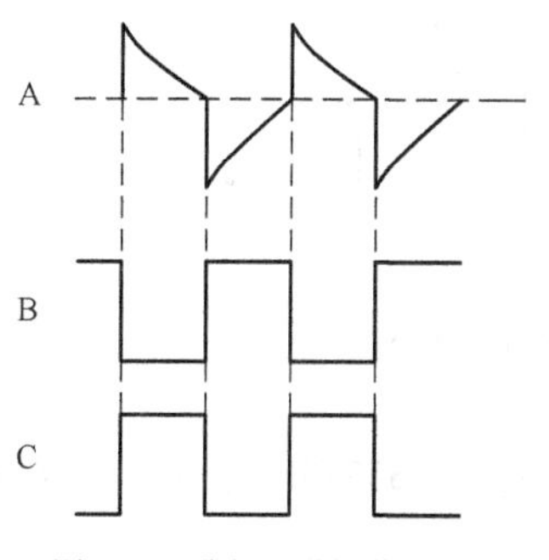

图 7-47 非门多谐振荡器波形

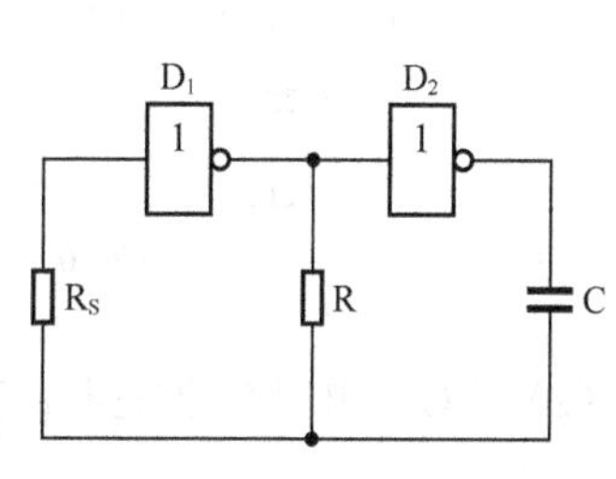

图 7-48 改进型多谐振荡器

7.4.3 时基电路构成的多谐振荡器

555 时基电路可以构成多谐振荡器，电路如图 7-49 所示。R_1、R_2、C 组成定时网络，555 时基电路的置“1”输入端（第 2 脚）和置“0”输入端（第 6 脚）一起并接在定时电容 C 上端，放电端（第 7 脚）接在 R_1 与 R_2 之间，从 555 时基电路的第 3 脚输出方波脉冲。

图 7-49 时基电路构成多谐振荡器

电路工作过程分析如下。

（1）刚接通电源时，因 C 上电压 $U_C = 0$，555 时基电路输出电压 $U_o = 1$，放电端（第 7 脚）截止，电源$+V_{CC}$经 R_1、R_2 向 C 充电，如图 7-50 所示。

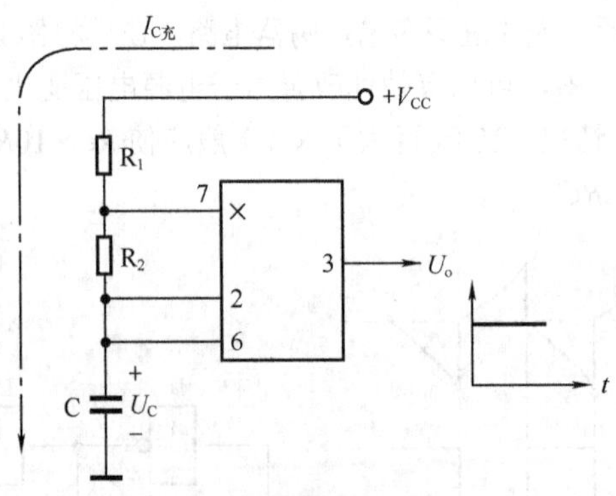

图 7-50 电源向 C 充电

（2）当 C 上电压 U_C 被充电到 $\frac{2}{3}V_{CC}$ 时，555 时基电路翻转，$U_o = 0$，放电端（第 7 脚）导通到地，C 上电压 U_C 经 R_2 和放电端放电，如图 7-51 所示。

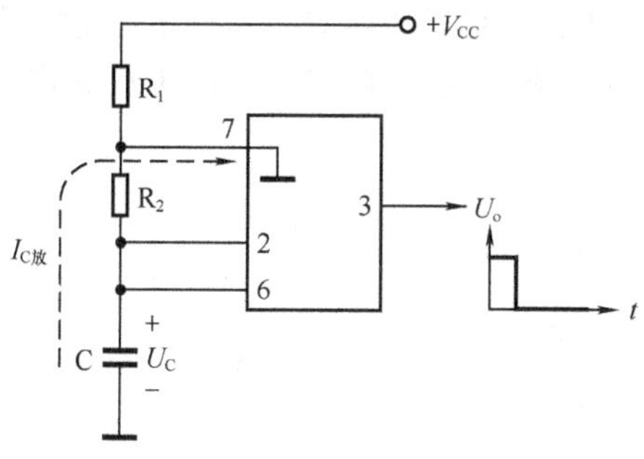

图 7-51　C 经放电端放电

（3）当 C 上电压 U_C 放电下降到$\frac{1}{3}V_{CC}$时，555 时基电路再次翻转，又使 $U_o = 1$，从而开始新的一个周期。电路波形如图 7-52 所示。充电周期 $T_1 = 0.7(R_1+R_2)C$，放电周期 $T_2 = 0.7R_2C$，振荡周期 $T = T_1 + T_2 = 0.7(R_1+2R_2)C$。

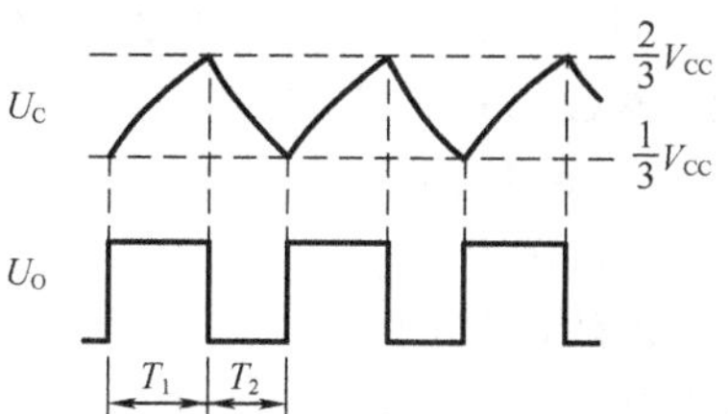

图 7-52　时基电路构成多谐振荡器波形

7.4.4　单结晶体管构成的多谐振荡器

单结晶体管具有负阻特性，可以很方便地构成多谐振荡器，其电路如图 7-53 所示。V 为单结晶体管，R_1 是单结晶体管的发射极电阻，R_2、R_3 分别是单结晶体管的两个基极电阻，C 为定时电容。

单结晶体管多谐振荡器也是利用电容器的充放电原理工作的，具体工作过程分析如下。

（1）接通电源后，由于电容 C 上电压不可能瞬间建立，单结晶体管 V 处于截止状态，电源$+V_{CC}$通过 R_1 向 C 充电，充电电流 $I_{C充}$如图 7-54 所示。

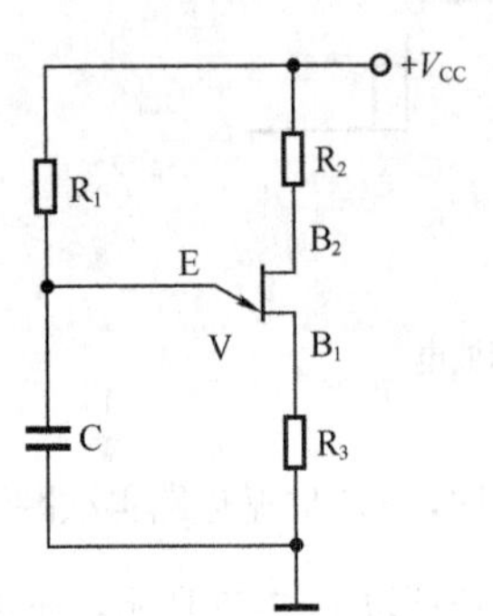

图 7-53　单结晶体管多谐振荡器

图 7-54　电容充电

（2）随着充电的进行，电容 C 上电压不断上升。当 C 上电压上升到单结晶体管 V 的峰点电压 U_P 时，发射结等效二极管导通，C 通过 V 的发射极-第一基极和 R_3 放电，放电电流 $I_{C放}$如图 7-55 所示。放电电流 $I_{C放}$在 R_3 上的压降形成窄脉冲。

（3）当电容 C 上电压因放电下降至单结晶体管 V 的谷点电压 U_V 时，单结晶体管截止，又开始新的一轮充放电过程，从而产生自激振荡，振荡周期 $T \approx R_1 C \ln \dfrac{1}{1-\eta}$，式中，$\eta$为单结晶体管的分压比。

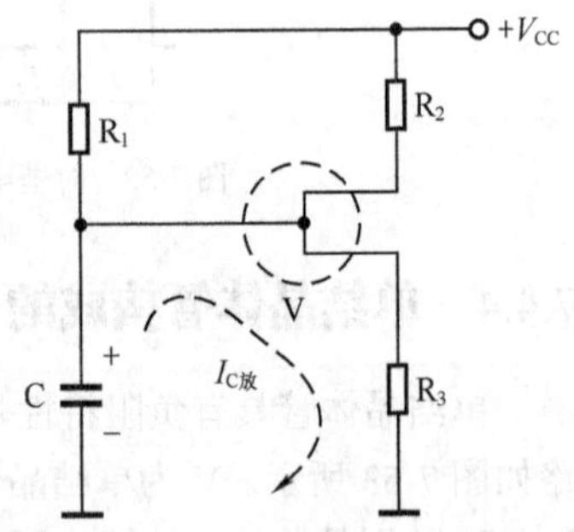

图 7-55　电容经单结晶体管放电

振荡信号可从单结晶体管的第一基极 B_1 或第二基极 B_2 输出，B_1 输出为连续窄脉冲，B_2 输出为占空比较大的方波脉冲，波形如图 7-56 所示。

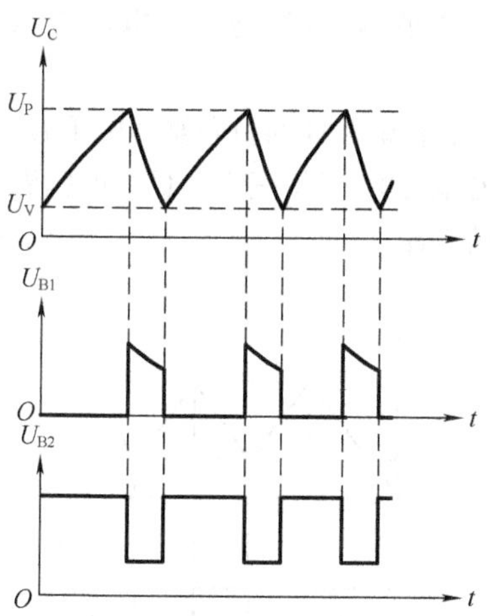

图 7-56 单结晶体管多谐振荡器波形

7.4.5 施密特触发器构成的多谐振荡器

施密特触发器构成多谐振荡器时，电路相当简单，仅需外接一个电阻和一个电容，电路如图 7-57 所示。电阻 R 和电容 C 组成定时电路，电阻 R 跨接在施密特触发器 D 的输出端和输入端之间。

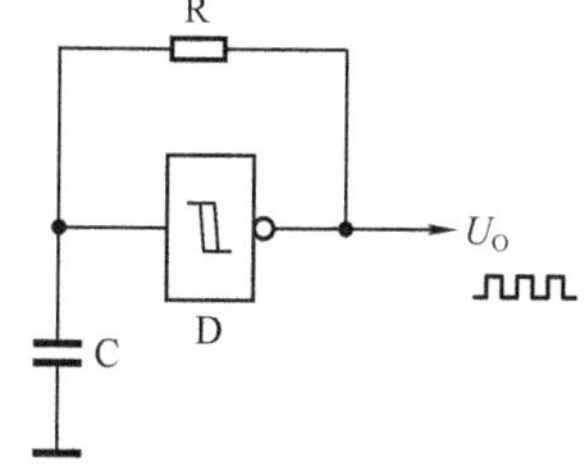

图 7-57 施密特触发器构成多谐振荡器

电路工作过程分析如下。

（1）当施密特触发器 D 输出端为“1”时，通过电阻 R 对电容 C 充电，C 上电压（D 的输入端电压）不断上升。

（2）当 C 上电压达到 D 的正向阈值电压 U_{T+}时，施密特触发器翻转，D 输出端由“1”变为“0”。这时，电容 C 通过电阻 R 放电，C 上电压不断下降。

（3）当 C 上电压下降至 D 的负向阈值电压 U_{T-}时，施密特触发器再次翻转，D 输出端又由“0”变为“1”，如此周而复始形成振荡，图 7-58 为其工作波形图。

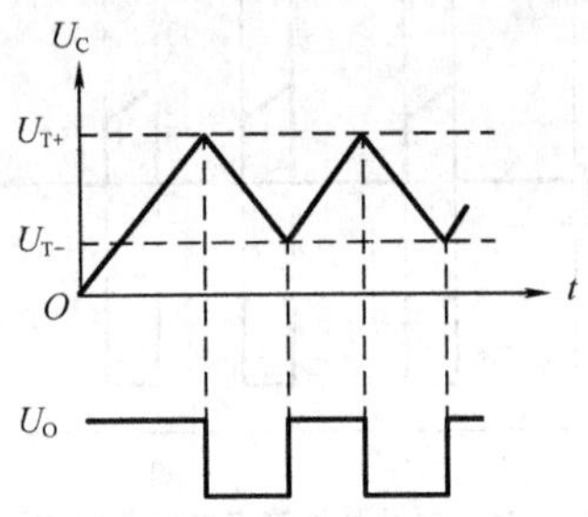

图 7-58　施密特触发器构成多谐振荡器波形

第 8 章　怎样看电路图实例

在掌握了基本元器件的性能特点和基本单元电路的分析方法后，就可以对一个完整的电路图进行分析研究了。下面通过不同类型的具体电路实例，融会贯通上述知识，详细介绍“怎样看电路图”的基本方法和步骤。

8.1　双声道功率放大器

双声道功率放大器是家庭影院系统的必需设备，也是广大爱好者乐此不疲的制作项目。合并式双声道功率放大器采用了集成运放和集成功放，具有电路简洁、功能完备、保护电路齐全、制作调试简单的特点。

8.1.1　电路整体分析

合并式功率放大器是指将前置放大器与功率放大器组合在一起的设备，其主要技术指标是，额定输出功率每声道 20W，输入灵敏度 100mV，输入阻抗 50kΩ，电压增益 40dB，音调控制范围低音 32dB、高音 40dB。

图 8-1 为合并式双声道功率放大器电路图，需要注意的是，图中只画出了电路的左声道（L 声道）和公共部分，而右声道（R 声道）并未画出。

由于双声道设备的左右两个声道电路是完全相同的，因此，双声道设备的电路图一般只画出一个声道，而制作时应按电路图制作出相同的两个声道。

同理，我们只需要分析一个声道电路以及公共部分电路，即可掌握整个设备的电路原理。下面以图 8-1 中画出的左声道为例进行分析。

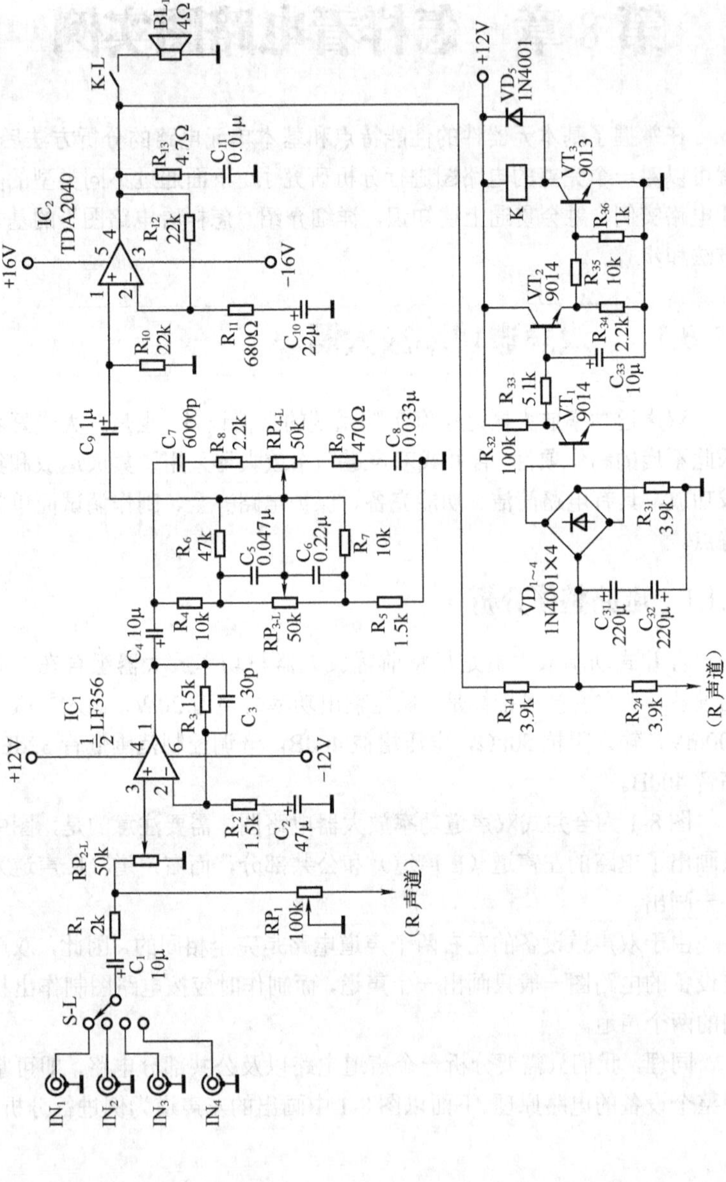

图 8-1　双声道功率放大器电路图

（1）信号处理流程方向

我们知道，功率放大器的作用是将音源设备提供的微弱的音频电压，放大至足够的功率，以驱动扬声器或音箱发声。因此可以判断出电路图中，左边 IN_1～IN_4 为信号输入端，右边 BL_1 为最终负载，信号处理流程方向为从左到右。

（2）电路结构

图 8-1 电路图上半部分为左声道放大器，从左到右依次包括以下单元电路：波段开关 S 构成的输入选择电路，电位器 RP_1 构成的平衡调节电路，电位器 RP_2 构成的音量调节电路，集成运放 IC_1 等构成的前置电压放大器，电位器 RP_3、RP_4 等构成的音调调节电路，集成功放 IC_2 等构成的功率放大器。

图 8-1 电路图下半部分为扬声器保护电路，由晶体管 VT_1～VT_3 等组成的。

图 8-2 为电路结构方框图，其中，从平衡调节到功率放大为主电路（虚线右上部分），输入选择与扬声器保护为附加电路（虚线左下部分）。

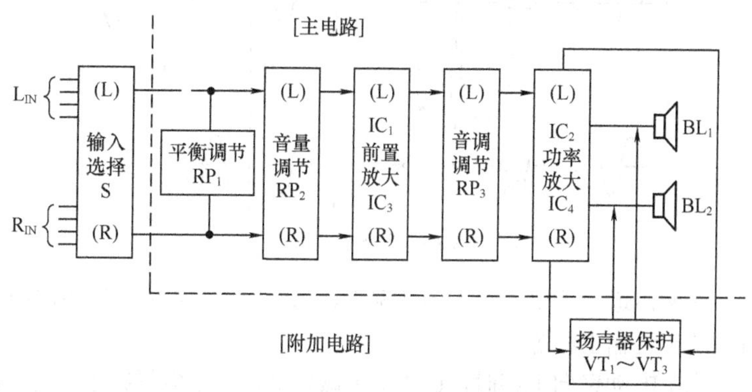

图 8-2　双声道功率放大器方框图

（3）总体工作原理

音源信号经耦合电容 C_1、隔离电阻 R_1、音量电位器 RP_2 进入集成运放 IC_1 输入端（第 3 脚），经 IC_1 电压放大后，通过音调控制网络，再经 C_9 耦合至集成功放 IC_2 进行功率放大，放大后的功率信号由 IC_2

的第 4 脚输出，去驱动扬声器或音箱。调节 RP_2 即可调节音量。

波段开关 S 的作用是输入信号选择，从 4 个输入端中选择 1 个。这样就可以将卡座、收音头、录像机、VCD 等音源设备同时接入功率放大器。

扬声器保护电路的作用有两个，一是开机延时静噪，避开了开机时浪涌电流对扬声器的冲击；二是功放输出中点电位偏移保护，防止损坏扬声器。

8.1.2 主通道电路分析

主通道电路包括平衡调节电路、音量调节电路、前置电压放大器、音调调节电路、功率放大器等。

（1）平衡调节电路

平衡调节电路的作用是使左右声道的音量保持平衡，这在双声道立体声功率放大器中是必须具备的。平衡调节电路由电位器 RP_1 与隔离电阻 R_1、R_{21} 组成。调节原理可用图 8-3 来说明。

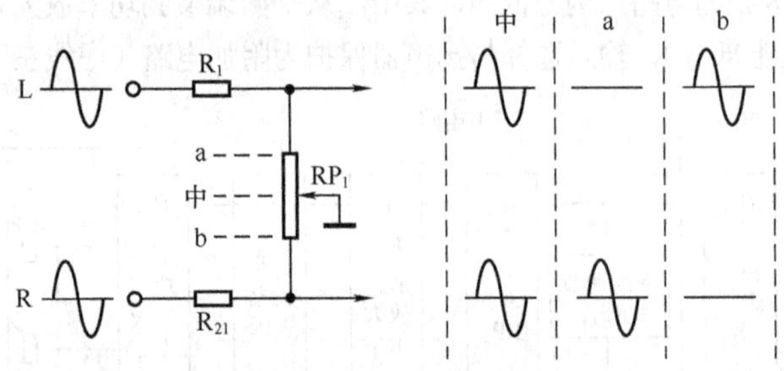

图 8-3　平衡调节原理

在两声道信号电平一致的情况下，RP_1 动臂（接地点）指向中点时，两声道输出相等。

当 RP_1 动臂向上移时，L 声道衰减增加，输出电平减小。当 RP_1 动臂指向 a 点时，L 声道输出为“0”。

当 RP_1 动臂向下移时，R 声道衰减增加，输出电平减小。当 RP_1 动臂指向 b 点时，R 声道输出为“0”。

因此，在两声道信号电平不一致的情况下，可通过调节 RP_1 使其达到一致。

（2）音量调节电路

音量调节电路的作用是控制双声道功率放大器的输出音量大小。图8-1中的RP_2即为音量调节电位器。RP_2是同轴双联电位器，其RP_{2-L}、RP_{2-R}分别控制左、右声道的音量，并且同轴联动。

（3）前置电压放大器

前置电压放大器的作用是对音源信号进行电压放大。前置电压放大器由集成运放IC_1等构成，如图8-4所示，其特点是电路简单、可靠、无须调试。

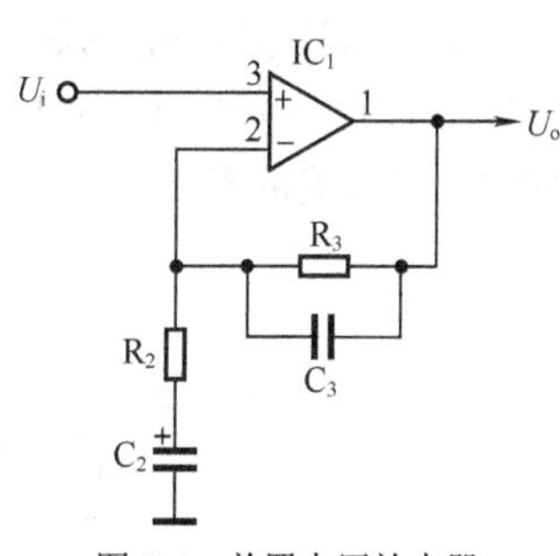

图8-4　前置电压放大器

音源信号由IC_1同相输入端第3脚输入，放大后由输出端第1脚输出，输出信号与输入信号同相。

在IC_1输出端第1脚与反相输入端第2脚之间，接有R_2、R_3、C_2组成的交流负反馈网络。由于集成运放的开环增益极高，因此其闭环增益仅取决于负反馈网络，电路放大倍数$A = R_3/R_2 = 10$倍（20dB），改变R_3与R_2的比值即可改变电路增益。深度负反馈还有利于电路稳定和减小失真。

（4）音调调节电路

音调调节电路的作用是调节高、低音。电阻R_4～R_9、电容C_5～C_8、电位器RP_3～RP_4等组成衰减式音调调节网络，平均插入损耗约10dB。音调调节曲线如图8-5所示。

网络左侧是低音调节电路，当RP_3动臂位于最上端时，低音信号最强；RP_3动臂位于最下端时，低音信号最弱。

网络右边是高音调节电路，当RP_4动臂位于最上端时，高音信号最强；RP_4动臂位于最下端时，高音信号最弱。

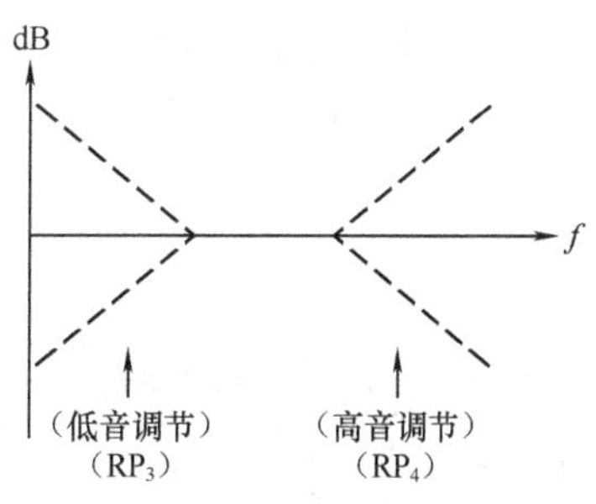

图8-5　音调调节曲线

（5）功率放大电路

功放电路的作用是对电压信号进行功率放大并推动扬声器。功放电路采用了高保真音频功放集成电路 TDA2040（IC_2），具有输出功率大、失真小、内部保护电路完备、外围电路简单的特点。

典型的功放电路如图 8-6 所示，闭环放大倍数 $A = R_{12}/R_{11} = 32$ 倍（30dB），在±16V 电源电压下能向 4Ω 负载提供 20W 不失真功率，可以满足一般家庭的需要。R_{13} 与 C_{11} 构成消振电路，保证电路工作稳定。

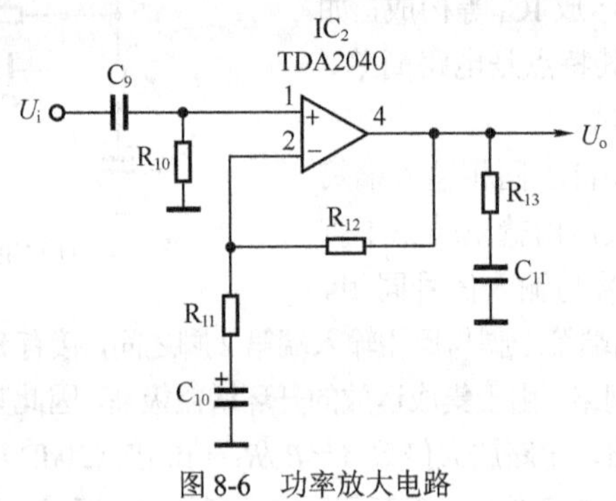

图 8-6　功率放大电路

8.1.3　扬声器保护电路分析

图 8-1 所示电路图下半部分为扬声器保护电路，包括以下组成部分：电阻 R_{14} 和 R_{24} 组成的信号混合电路、二极管 VD_1～VD_4 和晶体管 VT_1 组成的直流检测电路、晶体管 VT_2 和 R_{32}、R_{33}、C_{33} 等组成的延时电路、晶体管 VT_3 和继电器 K 等组成的控制电路，如图 8-7 所示。

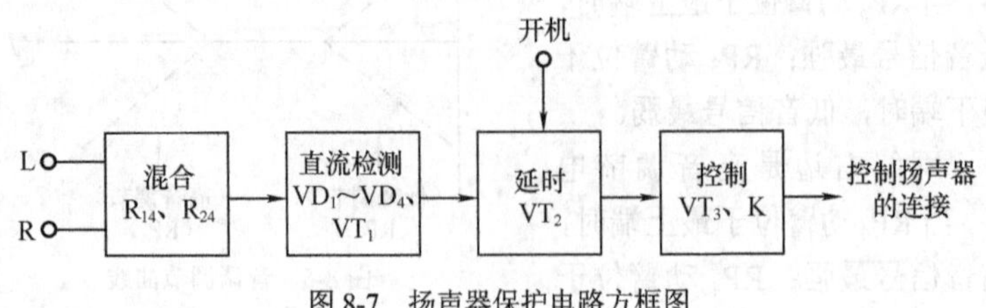

图 8-7　扬声器保护电路方框图

（1）开机延时静噪电路

开机延时静噪电路的作用是防止开机瞬间浪涌电流对扬声器的冲击。开机延时静噪原理可用图 8-8 来说明。

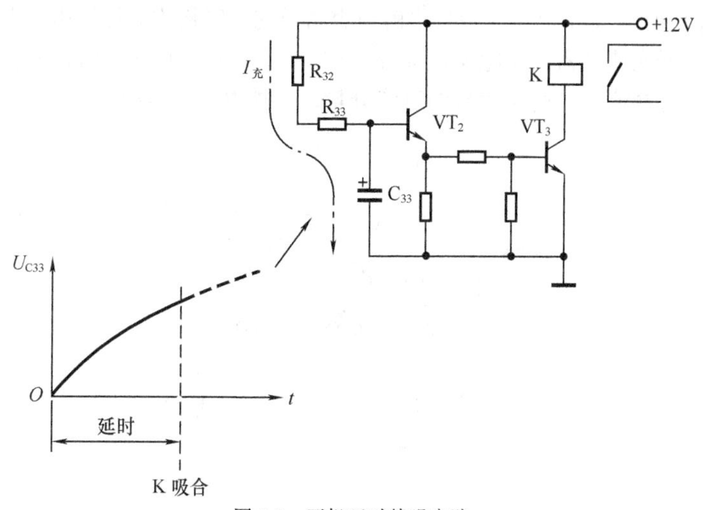

图 8-8　开机延时静噪电路

刚开机（接通电源）时，由于电容两端电压不能突变，C_{33} 上电压为“0”，所以 VT_2、VT_3 截止，继电器 K 不吸合，其接点 K-L、K-R 断开，分别切断了左右声道功放输出端与扬声器的连接，防止了开机瞬间浪涌电流对扬声器的冲击。

随着+12V 电源经 R_{32}、R_{33} 对 C_{33} 的充电，C_{33} 上电压不断上升。经一段时间延时后，C_{33} 上电压达到 VT_2 导通阈值，VT_2、VT_3 导通，继电器 K 吸合，其接点 K-L、K-R 分别接通左右声道扬声器，进入正常工作状态。开机延时时间与 R_{32}、R_{33}、C_{33} 的取值有关，本电路中为 1～2s。

（2）功放输出中点电位偏移保护电路

如果 OCL 功放输出端出现较大的正的或负的直流电压，将烧毁扬声器，因此功放输出中点电位偏移保护是必需的。功放输出中点电位偏移保护电路的作用是防止 OCL 功放电路输出端出现直流电位而烧毁扬声器。

如图 8-9 所示，二极管 VD_1～VD_4 构成桥式直流电位偏移检测器。左右声道功放输出端分别通过 R_{14}、R_{24} 混合后加至桥式检测器，R_{14}、R_{24} 同时与 C_{31}、C_{32}（两只电解电容器反向串联构成无极性电容器）组成低通滤波器，滤除交流成分。在 OCL 功放工作正常时，其输出端只有交流信号而无明显的直流分量，保护电路不启动。

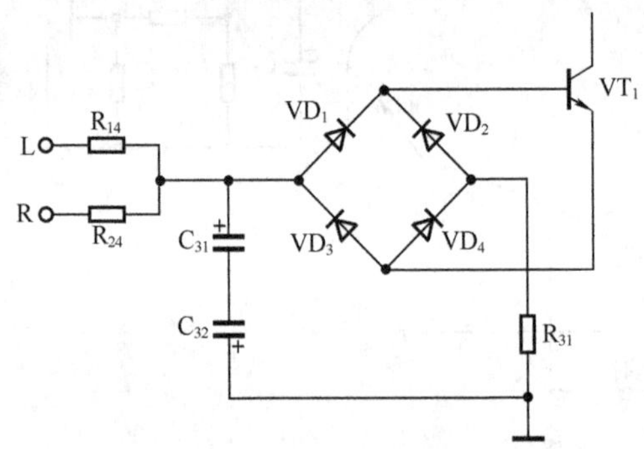

图 8-9　直流电位偏移检测电路

当出现某种原因导致某声道输出端出现直流电压时，如果该直流电压为正，则经 R_{14}（或 R_{24}）、VD_1、VT_1 的 b-e 结、VD_4、R_{31} 到地，使 VT_1 导通；如果该直流电压为负，则地电平经 R_{31}、VD_2、VT_1 的 b-e 结、VD_3、R_{14}（或 R_{24}）到功放输出端，同样也使 VT_1 导通。

VT_1 导通后，使 VT_2、VT_3 截止，继电器 K 释放，接点 K-L、K-R 断开，使扬声器与功放输出端脱离，从而保护了扬声器。VD_5 是保护二极管，防止 VT_3 截止的瞬间，继电器线包产生的反向电动势击穿 VT_3。

8.1.4　配套电源电路

整机工作电源包括±16V 和±12V，其中±12V 为稳压电源。图 8-10 为配套电源电路图，这是一个典型的整流稳压电源，电源变压器 T 次级的两个绕组，分别经桥式整流滤波成为+16V 和–16V 直流电压输出，同时又分别经集成稳压器稳压后，输出+12V 和–12V 直流电压。

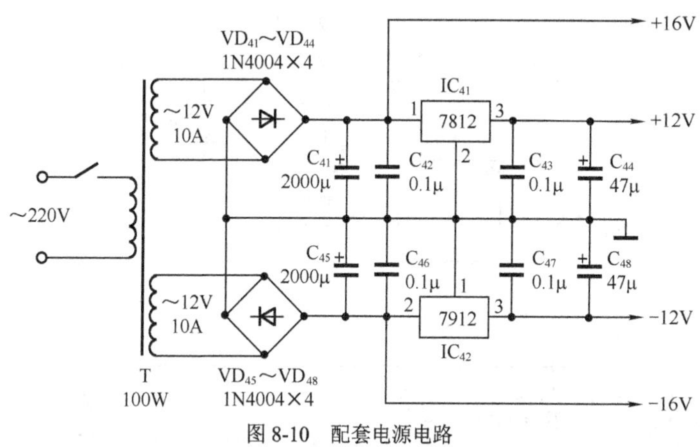

图 8-10 配套电源电路

8.2 红外无线耳机

红外无线耳机利用红外光传输音频信号，免除了耳机线，使收听者尽可以随意活动。红外无线耳机适用于电视机、音响或家庭影院，仍使用电视机或家庭影院的音量遥控按钮调节音量，并具有自动电平控制功能，无论距离发射机远近，其设定音量基本不变，使用非常方便。

8.2.1 整机工作原理

红外无线耳机由发射机和接收机两部分组成，图 8-11 为发射机电路图，图 8-12 为接收机电路图。发射机和接收机均采用 9V 层叠电池作为电源，以求减小体积和减轻重量。

（1）发射机电路

发射机电路方框图见图 8-13，包括晶体管 VT_1 构成的幅度调制电路和红外发光二极管 VD_1～VD_3 构成的红外发射电路。

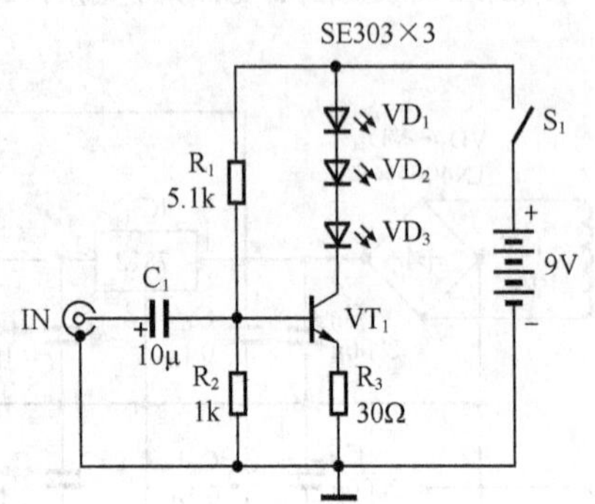

图 8-11　发射机电路图

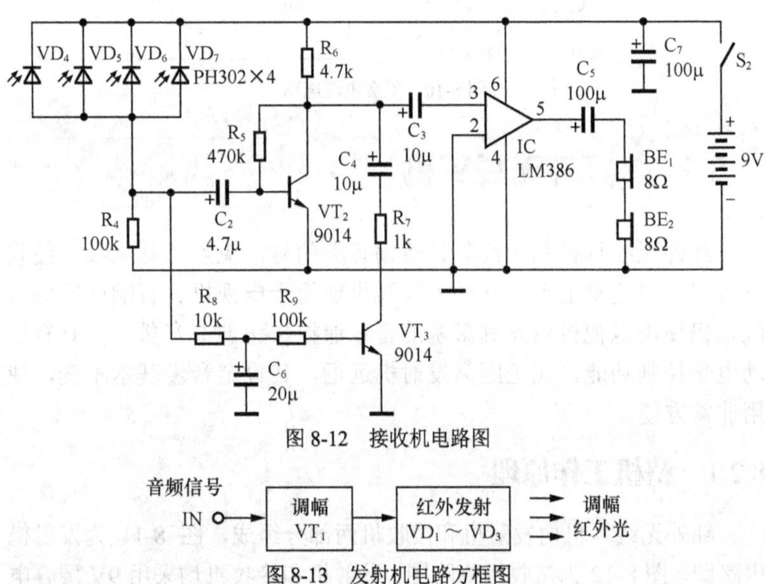

图 8-12　接收机电路图

音频信号
IN → 调幅 VT_1 → 红外发射 VD_1 ~ VD_3 → 调幅 红外光

图 8-13　发射机电路方框图

（2）接收机电路

接收机电路方框图见图 8-14，包括红外光电二极管 VD_4 ~ VD_7 构成的红外接收电路、晶体管 VT_2 构成的电压放大电路、集成电路 IC 构成的音频功放电路和晶体管 VT_3 构成的自动电平控制（ALC）电路。

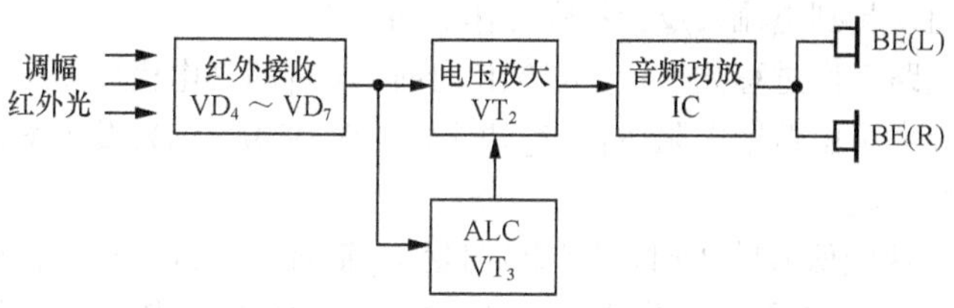

图 8-14　接收机电路方框图

（3）电路工作原理

红外无线耳机的工作原理如图 8-15 所示。

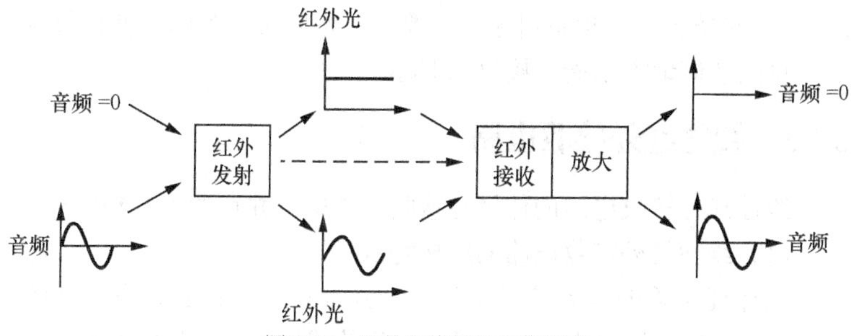

图 8-15　红外无线耳机工作原理

发射机工作过程为：从电视机或家庭影院耳机插孔输出的音频信号，由“IN”端输入发射机电路，经 VT_1 调制控制后，使 3 个红外发光二极管 VD_1～VD_3 向外发出被音频信号调幅的红外光。

接收机工作过程为：调幅红外光被接收机的 4 个光电二极管 VD_4～VD_7 接收并转变为电信号，经 VT_2 电压放大、IC 功率放大后，驱动耳机发声，收听者便听到了电视机或家庭影院的声音。

8.2.2　红外调幅发射电路

红外调幅发射电路的作用是将音频信号调制在红外光上发射出去。

图 8-11 所示为最简单的红外调幅发射电路，VT_1 为调制驱动管，3 个红外发光二极管 VD_1、VD_2、VD_3 串联后接在 VT_1 的集电极回路

中。R_1、R_2 为基极偏置电阻，为 VT_1 提供合适的工作点。R_3 为发射极电阻，起到电流负反馈稳定工作点的作用。

电路工作过程如下：无音频信号时，VT_1 的集电极电流为一恒定值，其大小由偏置电阻 R_1、R_2 决定，这时 VD_1～VD_3 发出恒定强度的红外光。

有音频信号输入时，音频信号经 C_1 耦合至 VT_1 基极，叠加于偏置电压上，使得 VT_1 集电极电流（VD_1～VD_3 的工作电流）随音频信号作相应的变化，这时 VD_1～VD_3 发出被音频信号调制的调幅红外光。

采用 3 个红外发光二极管串联，并且 VD_1、VD_2、VD_3 分别指向 3 个不同的方向，同时向外发射，是为了消除接收死角，使接收机在房间里的任何地方都能够接收到调幅红外光。

8.2.3　线性红外接收电路

线性红外接收电路的作用是接收红外信号并解调出音频信号。

（1）线性红外接收电路的结构特点

为保证传输的音频信号不失真，红外接收电路必须有良好的线性。光电二极管比光电三极管具有更好的线性度，因此采用光电二极管 VD_4～VD_7 和电阻 R_4 等构成线性红外接收电路，R_4 上的电压就是红外接收输出电压。

（2）电路工作过程

无红外光时，4 个光电二极管均无光电流，其负载电阻 R_4 上无电压降，输出电压为“0”。

当 4 个光电二极管中任何一个（或几个）接收到红外光时，便产生相应的光电流流过 R_4，并在 R_4 上产生电压降。如果接收到的红外光是被音频信号调制的调幅红外光，R_4 上的输出电压便是具有音频信号特征的调幅电压，经 C_2 隔直流耦合至 VT_2 基极的即为交流音频信号。

采用 4 个红外光电二极管并联，并且 VD_4、VD_5、VD_6、VD_7 分别朝向不同的方向，是为了保证收听者所戴接收机不论朝向哪个方向都能够可靠接收。

8.2.4 电压负反馈放大器

VT_2等构成并联电压负反馈放大器，对解调出的音频信号进行电压放大。

（1）并联电压负反馈放大器

与一般偏置电路不同的是，并联电压负反馈放大器偏置电阻 R_5 不直接接正电源，而是接在 VT_2 集电极与基极之间，起到直流负反馈作用，因此这是一个电压负反馈偏置电路，具有自动稳定工作点的特性。

R_5 同时也是交流负反馈电阻，将 VT_2 集电极部分输出电压反馈到基极。因为集电极电压与基极电压相位相反，所以反馈电压将抵消一部分输入电压，形成交流电压负反馈。

并联电压负反馈放大器是单管放大器中偏置电路最简单的，其突出优点是省元件，只用一个电阻 R_5，既提供了稳定的工作点，又提供了交流电压负反馈，使放大器的增益稳定性、频响特性、非线性失真和噪声指标均得到改善。

（2）工作点的稳定

晶体管 VT_2 工作点的稳定过程是，如果因为温度升高等原因使 VT_2 集电极电流 I_c 增大，其集电极电阻 R_6 上压降也增加，VT_2 集电极电位 U_c 下降，导致通过 R_5 提供的基极偏置电流减小，迫使 I_c 回落，最终使 I_c 保持基本不变。

8.2.5 自动电平控制电路

（1）自动电平控制电路的作用

如果收听者戴着红外无线耳机在房间里走动，由于与发射机的距离发生变化，接收到的红外光的强弱将会有较大的变化。为保证稳定的收听效果，在接收机电路中设计了一个自动电平控制（ALC）电路。

（2）自动电平控制电路的工作原理

自动电平控制电路由 VT_3 和 R_7、R_8、R_9、C_4、C_6 等组成。晶体

管 VT_3 在这里作为一个可变电阻，其集电极-发射极间的等效电阻取决于基极的控制电压。VT_3 与 R_7、C_4 串联后接在电压放大器 VT_2 的集电极输出端，对输出信号起分流衰减作用。

R_8、C_6、R_9 构成控制电压形成电路，将 R_4 上输出的红外接收信号电压转换为 VT_3 的控制电压。C_6 的作用是滤除 R_4 上电压中的音频成分，使控制电压只与接收到的红外光的平均强度有关，而与调制在红外光上的音频信号无关。

距离较近时，接收到的红外光平均强度较强，形成的控制电压就高，VT_3 导通程度大、等效电阻小，对 VT_2 集电极输出信号旁路衰减就多；距离较远时，控制电压低，VT_3 导通程度小、等效电阻大，衰减就少。这样就实现了自动调节输出电平，保持稳定的目的。

8.2.6 集成功率放大器

功放电路采用了功放集成电路 LM386，在 9V 电源电压下可输出 600 mW 左右的音频功率，电压增益 20 dB。两只 8Ω耳机串联后接于 LM386 输出端，分别用于左、右耳收听。如果采用 16Ω或 32Ω耳机，可两只并联使用。

8.3 直流稳压电源

直流稳压电源是一种最常用的电子设备，也是电子爱好者制作最多的设备之一。本文以一款供“随身听”等小型电器使用的 3V 直流稳压电源为例，介绍直流稳压电源电路图的分析方法。该直流稳压电源额定输出电压为 3V，最大输出电流为 600mA。

8.3.1 整体电路分析

3V 直流稳压电源电路图见图 8-16。我们知道，直流稳压电源的功能是将交流 220V 电压转换为稳定的直流电压输出。因此，电路图左侧交流 220V 端为输入端，右侧+3V 端为输出端，信号处理流程方向为从左到右。

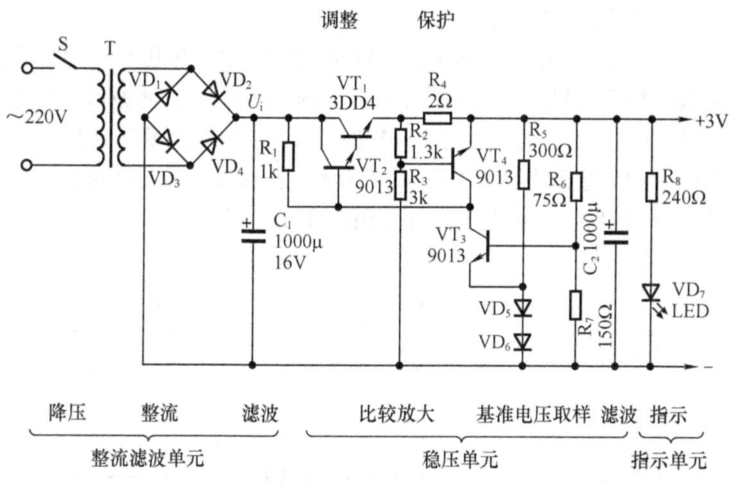

图 8-16　直流稳压电源电路图

（1）电路结构

稳压电源电路可分解为从左到右三个单元。

① 以整流二极管 VD_1～VD_4 为核心的整流滤波单元，包括交流降压电路、整流电路、滤波电路等。

② 以晶体管 VT_1～VT_4 为核心的稳压单元，包括基准电压、取样电路、比较放大器、调整元件、保护电路等。

③ 以发光二极管 VD_7 为核心的指示电路单元。

图 8-17 为直流稳压电源方框图。

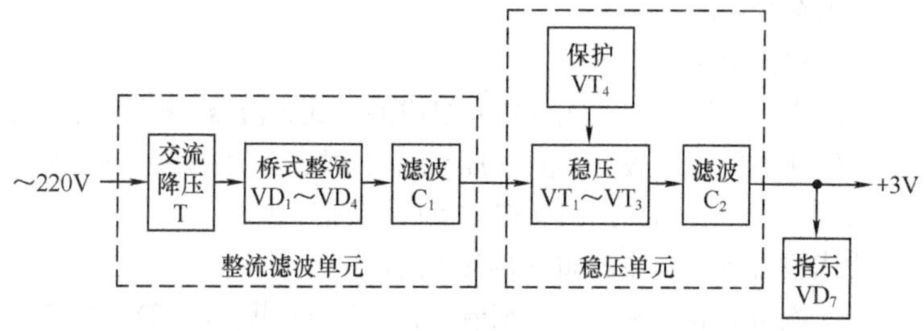

图 8-17　直流稳压电源方框图

（2）电路工作原理

3V 直流稳压电源总体工作原理是：交流 220V 电压经电源变压器 T 降压、整流二极管 VD_1～VD_4 桥式整流、电容器 C_1 滤波后，得到不稳定的直流电压。再经由 VT_1～VT_4 组成的稳压电路稳压调整后，输出稳定的 3V 直流电压，如图 8-18 所示。当输入电压或负载电流在一定范围内变化时，输出的 3V 直流电压稳定不变。

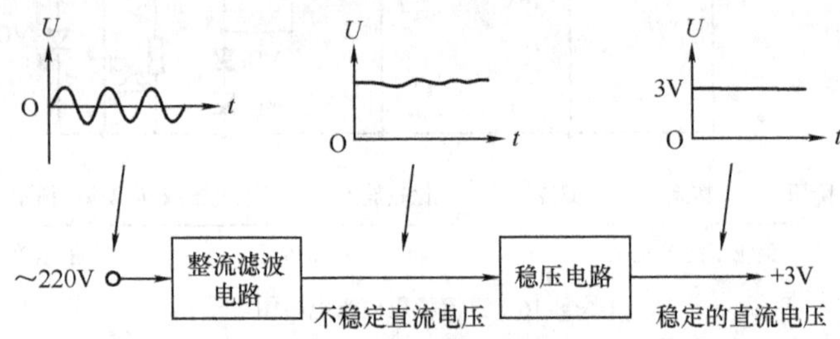

图 8-18　整流滤波稳压原理

8.3.2　整流滤波单元电路

整流滤波单元电路包括交流降压电路、整流电路和滤波电路。

（1）交流降压电路

稳压电源额定输出电压为 3V，因为调整管必须有一定的压降，交流输入电压 *e* 选择为 6V，由电源变压器 T 将交流 220V 降压为交流 6V。稳压电源最大输出电流为 600mA，考虑到一定的损耗，T 采用 6W 的电源变压器。

（2）整流电路

整流电路采用了由 VD_1～VD_4 组成的桥式整流器。虽然桥式整流器需要用 4 只整流二极管，但是其整流效率较高、脉动成分较少、变压器次级无需中心抽头，因此得到了广泛的应用。

桥式整流器工作原理如图 8-19 所示。

在交流电 *e* 正半周时，二极管 VD_1 和 VD_4 截止，VD_2 和 VD_3 导通，电流经 VD_2、R_L、VD_3 形成回路，负载 R_L 上电压为上正下负，

如图 8-19（a）所示。

在交流电 e 负半周时，二极管 VD_2 和 VD_3 截止，VD_1 和 VD_4 导通，电流经 VD_4、R_L、VD_1 形成回路，负载 R_L 上电压仍为上正下负，如图 8-19（b）所示。

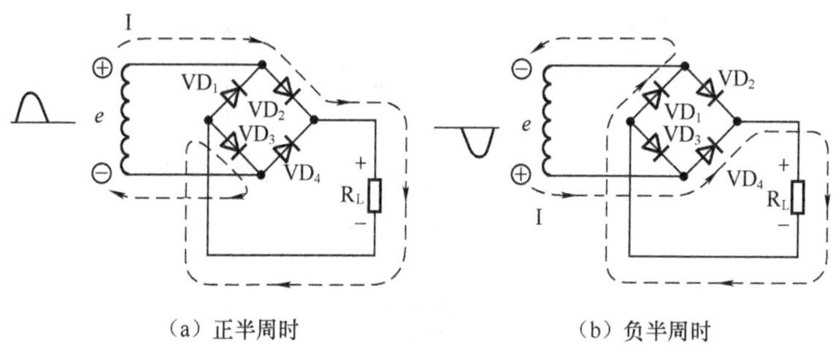

（a）正半周时　　（b）负半周时

图 8-19　桥式整流器工作原理

（3）滤波电路

桥式整流后在负载 R_L 上得到的是脉动直流电压，其频率为 100Hz（交流电源频率的两倍），峰值为 $\sqrt{2}\,e \approx 8.4V$，脉动直流电压还必须经过平滑滤波后才能实际应用。

电容滤波器是一种简单实用的平滑滤波器。由于电容器 C_1 的充、放电作用，当电容器容量足够大时，充入的电荷多，放掉的电荷少，最终整流出来的脉动电压成为直流电压 U_i，空载时 $U_i = \sqrt{2}\,e \approx$ 8.4V，滤波前后波形如图 8-20 所示。

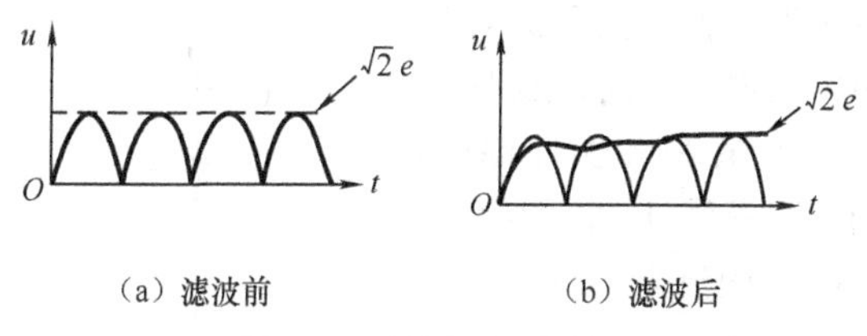

（a）滤波前　　（b）滤波后

图 8-20　滤波电路工作波形

8.3.3 稳压单元电路

稳压单元包括基准电压电路、取样电路、比较放大器、调整元件电路、保护电路等，图 8-21 为其原理方框图。

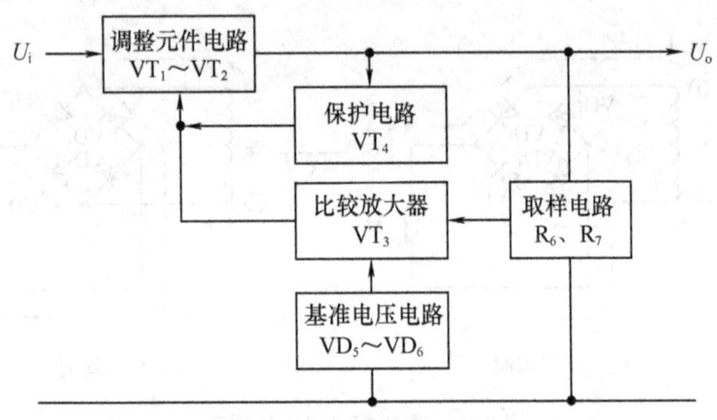

图 8-21 稳压单元电路方框图

（1）稳压的基本原理

稳压单元是典型的串联型稳压电路，调整元件串接在输入电压 U_i（8.4V 左右）与输出电压 U_o（3V）之间。如果输出电压 U_o 由于某种原因发生变化，调整元件就作相反的变化来抵消输出电压的变化，从而保持输出电压 U_o 的稳定。

（2）基准电压电路

基准电压电路的作用是提供稳压基准，其稳定性直接关系到整个稳压电源的稳定性。基准电压 U_{VD} 通常由稳压管电路获得，如图 8-22 所示，两个硅二极管 VD_5 和 VD_6 串联作为稳压管使用，可提供 1.3V 的稳定的基准电压。R_5 是限流电阻。

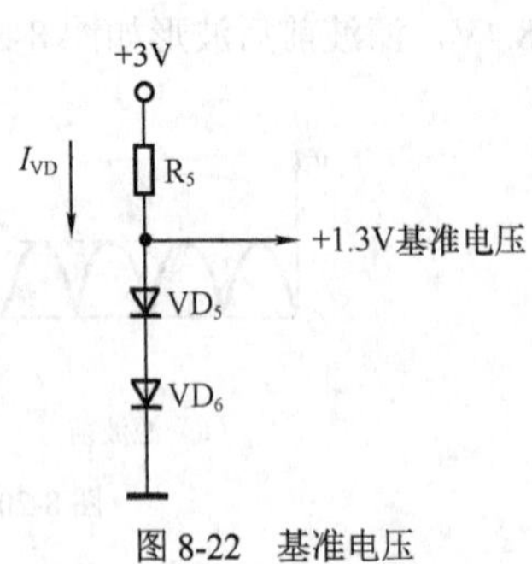

图 8-22 基准电压

（3）取样电路

取样电路的作用是将输出电压

U_o按比例取出一部分，作为控制调整元件的依据。取样电路由 R_6 和 R_7 组成，取样比为 $\frac{R_7}{R_6+R_7}=\frac{2}{3}$。稳压电源的输出电压 U_o 由取样比和基准电压 U_{VD} 决定，U_o =（U_{VD} + 0.7V）× $\frac{R_6+R_7}{R_7}$，式中，0.7V 是晶体管 VT_4 的 b-e 结间压降。改变取样比或基准电压，即可改变稳压电源的输出电压。

（4）比较放大器

比较放大器的作用是对取样电压与基准电压的差值进行放大，然后去控制调整管的变化。

比较放大器是一个由晶体管 VT_3 等构成的直流放大器，VT_3 的发射极接基准电压（1.3V），基极接取样电压（2V），集电极电压作为调整管的控制电压，如图 8-23 所示。

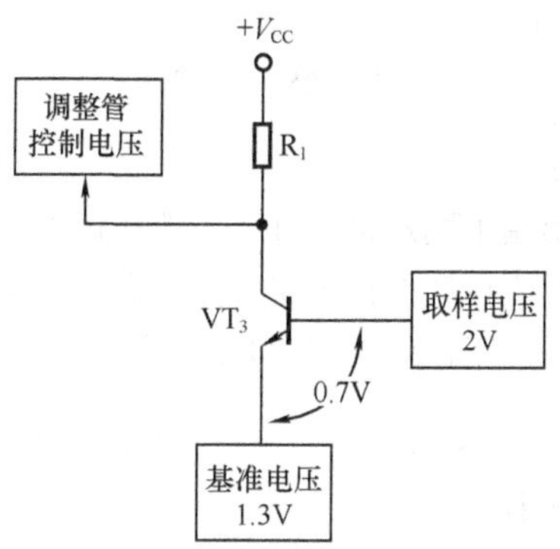

图 8-23　比较放大器原理

当由于某种情况输出电压 U_o 变高时（例如变为 3.9V），VT_3 基极的取样电压也按比例升高为 2.6V，由于 VT_3 发射极仍被基准电压稳定在 1.3V，所以 VT_3 集电极电流增大、集电极电压下降，调整管基极电流减小、管压降增大，U_o 回落。

当由于某种情况输出电压 U_o 变低时，VT_3 集电极电压上升，调整管管压降减小，U_o 回升，最终输出电压 U_o 稳定地保持在 3V。

（5）调整元件

调整元件是稳压单元的执行元件，一般由工作于线性放大区的功率晶体管构成，它的基极输入电流受比较放大器输出电压的控制，如图 8-24 所示。

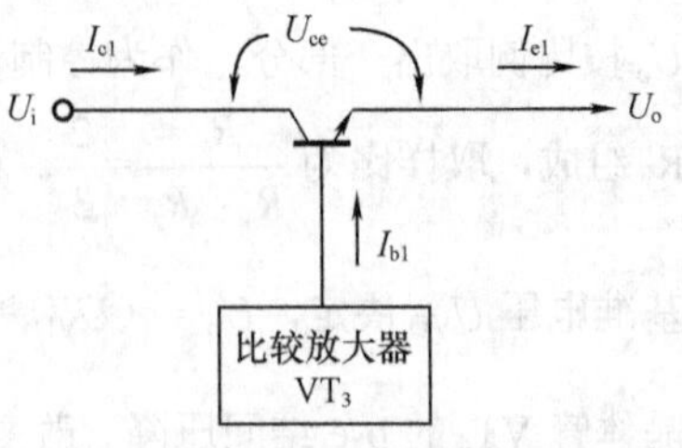

图 8-24　调整管工作原理

本电源中调整元件采用了复合管（VT_1+VT_2），其中 VT_1 为大功率晶体管。采用复合管的好处是可以极大地提高调整管的电流放大系数，如图 8-25 所示，有利于改善稳压电源的稳压系数和动态内阻等指标。

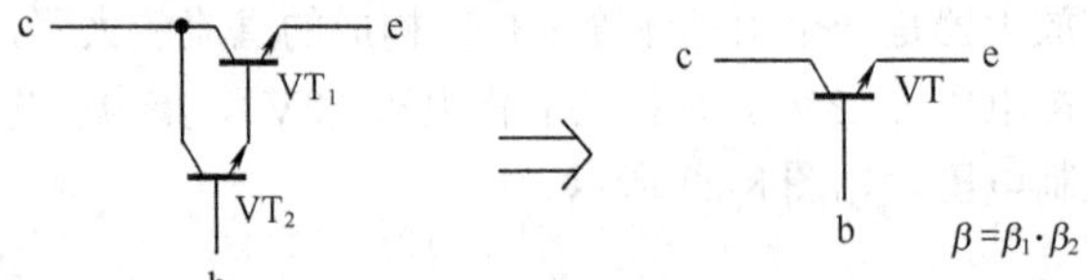

图 8-25　复合管

（6）保护电路

为了防止输出端不慎短路或过载而造成调整管损坏，直流稳压电源通常都设计有过流自动保护电路。晶体管 VT_4 和 R_2、R_3、R_4 等组成截止式保护电路，工作过程如图 8-26 所示。

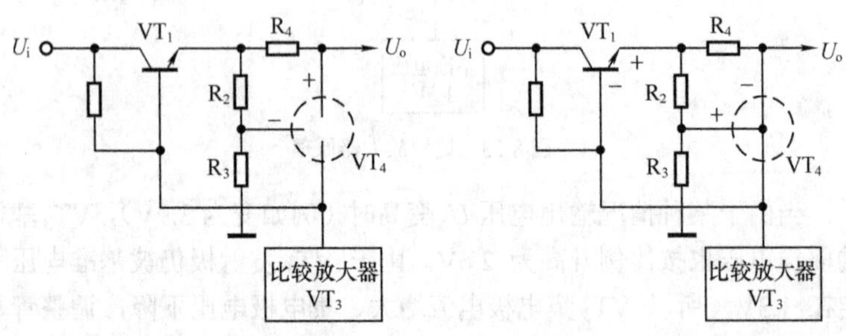

（a）正常情况　　（b）保护电路动作

图 8-26　保护电路工作原理

正常情况下，输出电流在 R_4 上产生的压降小于 R_2 上的电压（R_2 与 R_3 分压获得），使得 VT_4 基极电位低于发射极电位，VT_4 因反向偏置而截止，保护电路不起作用。

当输出端短路或过载时，输出电流增大，R_4 上压降也增大，使 VT_4 得到正向偏置而导通。VT_4 的导通使调整管基极变为反向偏置而截止，从而起到了保护作用。当短路或过载故障排除后，稳压电路自动恢复正常工作。

8.3.4 指示电路

发光二极管 VD_7 用作电源指示灯，R_8 是其限流电阻。电容器 C_2 的作用是进一步滤除输出直流电压中的交流成分。

8.4 开关稳压电源

开关稳压电源革除了笨重的工频电源变压器，主控功率管工作于开关状态，因此具有效率高、自身功耗低、适应电源电压范围宽、体积小、重量轻等显著特点。特别是采用开关电源专用集成电路设计的开关稳压电源，各项技术指标大幅度优化，保护电路完善，工作可靠性显著提高。

8.4.1 电路工作原理

12V20W 开关稳压电源电路如图 8-27 所示，采用 TOP 系列开关电源集成电路为核心设计，具有优良的技术指标：输入工频交流电压范围 85～265V，输出直流电压 12V，最大输出电流 2.5A，电压调整率≤0.7%，负载调整率≤1.1%，效率＞80%，具有完善的过流、过热保护功能。

开关稳压电源电路由以下部分组成：电容器 C_1 和电感器 L_1 组成的电源噪声滤波器，用于净化电源和抑制高频噪声。全波整流桥堆 UR 和滤波电容器 C_2 组成的工频整流滤波电路，将交流市电转换为高压直流电。开关电源集成电路 IC_1、高频变压器 T 等组成的高频振荡和脉宽调制电路，产生脉宽受控的高频脉冲电压。整流二极管 VD_2、滤波电容器 C_5、C_6、滤波电感器 L_2 等组成的高频整流滤波电路，将高频脉冲电压变换为直流电压输出。光电耦合器 IC_2、稳压二极管 VD_4 等组成的取样反馈电路，将输出直流电压取样后反馈至高频振荡电路进行脉宽调制。图 8-28 为电路原理方框图。

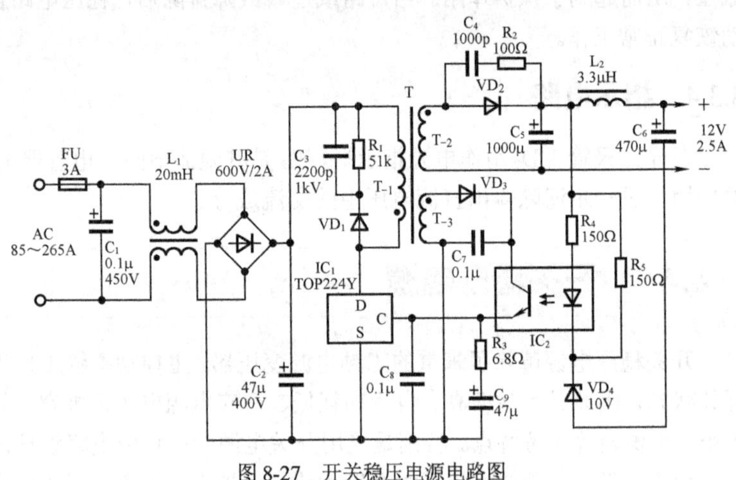

图 8-27　开关稳压电源电路图

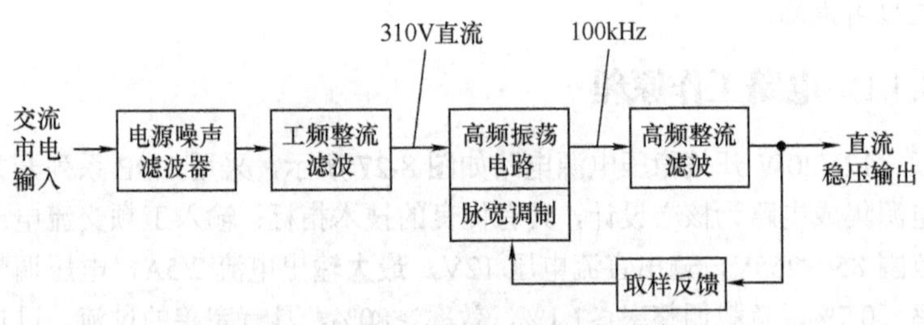

图 8-28　开关稳压电源方框图

电路简要工作过程如下：交流市电接入 AC 端后，依次经过 C_1、L_1 电源噪声滤波器、整流桥堆 UR 全波整流、电容器 C_2 滤波后，得到直流高压（当交流市电= 220V 时，直流高压≈310V），作为高频振荡和脉宽调制电路的工作电源。

直流高压经高频变压器 T 的初级线圈 T_{-1} 加至集成电路 IC_1 的 D 端，IC_1（TOP224Y）内部含有 100kHz 高频振荡器和脉宽调制电路，在 IC_1 的控制下，通过 T_{-1} 的电流为高频脉冲电流，耦合至高频变压器次级线圈 T_{-2}，再经高频整流二极管 VD_2 整流，C_5、L_2、C_6 滤波后，输出+12V 直流电压。

T_{-3} 为高频变压器的反馈线圈，用以产生控制电流去改变高频脉冲的占空比。当占空比较大时输出直流电压较高，当占空比较小时输出直流电压较低，如图 8-29 所示。通过调整高频脉冲的占空比，达到稳定输出电压的目的。

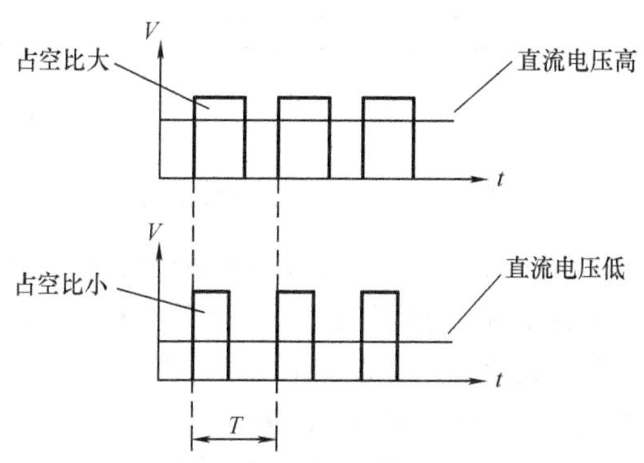

图 8-29　占空比与输出电压的关系

C_1 和 L_1 组成电源噪声滤波器，具有两方面的作用。一是净化电源，滤除经由电源线进入的外界高频干扰。二是防止污染电源，抑制本机电路产生的高次谐波逆向输入电网。

8.4.2　三端开关电源集成电路

电路的核心器件 IC_1 采用 TOP224Y，这是一种脉宽调制（PWM）型单片开关电源集成电路，内部含有 100kHz 振荡器、脉宽调制器、控制电路、高压场效应功率开关管、保护电路等，图 8-30 为 TOP224Y 内部电路原理方框图。

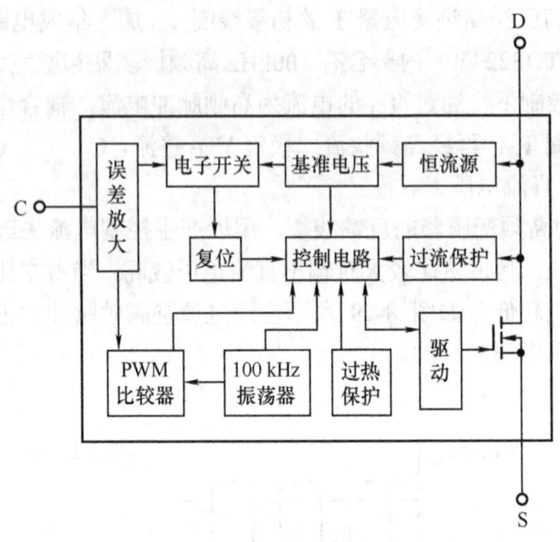

图 8-30　TOP224Y 内部电路原理

TOP224Y 具有以下特点：一是只有 3 个引出脚：源极 S、漏极 D 和控制极 C，集成度高，使用方便。二是由加在 C 极上的控制电流 I_c 来调节脉冲波形的占空比，调节范围 0.7%～70%，I_c 越大，占空比越小。三是输入交流电压的范围极宽，输入 85～265V、47～440Hz 的交流电均可正常工作。四是采用 100 kHz 的开关频率，有利于减小体积，提高效率。五是具有过流、过热保护、调节失控、自动关断和自动重启等功能，工作稳定可靠。

8.4.3　脉宽调制电路

脉宽调制电路由 TOP224Y（IC_1）、高频变压器（T）、光电耦合器（IC_2）等组成，是开关稳压电源的核心电路，功能是变压和稳压。

脉宽调制原理如图 8-31 所示，由输入交流市电直接整流获得的 +310V 直流高压，经高频变压器初级线圈 T_{-1}、IC_1 的 D-S 端构成回路。由于 IC_1 的 D-S 间的功率开关管按 100kHz 的频率开关，因此通过 T_{-1} 的电流为 100kHz 脉冲电流，并在次级线圈 T_{-2} 上产生高频脉冲电压，经整流滤波后输出。

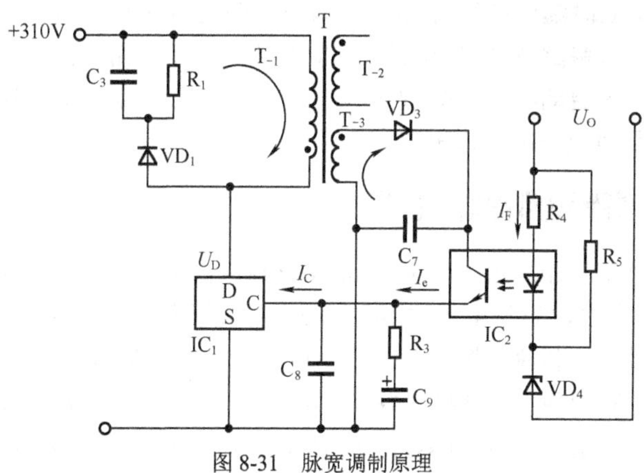

图 8-31 脉宽调制原理

T_{-3}为高频变压器的反馈线圈，其感应电压由 VD_3 整流后作为 IC_1 的控制电压，经光耦（IC_2）中接收管 c-e 极加至 IC_1 的控制极 C 端，为 IC_1 提供控制电流 I_c。

脉宽调制稳压过程如下：如果因为输入电压升高或负载减轻导致输出电压 U_o 上升，一方面 T_{-3} 上的反馈电压随之上升，使经 VD_3 整流后通过光耦接收管的电流 I_e 增大，即 IC_1 控制极 C 端的控制电流 I_c 上升；另一方面，输出电压 U_o 上升也使光耦发射管的工作电流 I_F 上升，发光强度增加，致使接收管导通性增加，I_e 增大，同样也使控制电流 I_c 上升。

I_c 上升使得 IC_1 的脉冲占空比下降，迫使输出电压 U_o 回落，最终保持输出电压 U_o 的稳定。控制电流 I_c 与高频脉冲占空比的关系如图 8-32 所示。因某种原因导致输出电压 U_o 下降时的稳压过程与前述相似，只是调节方向相反。

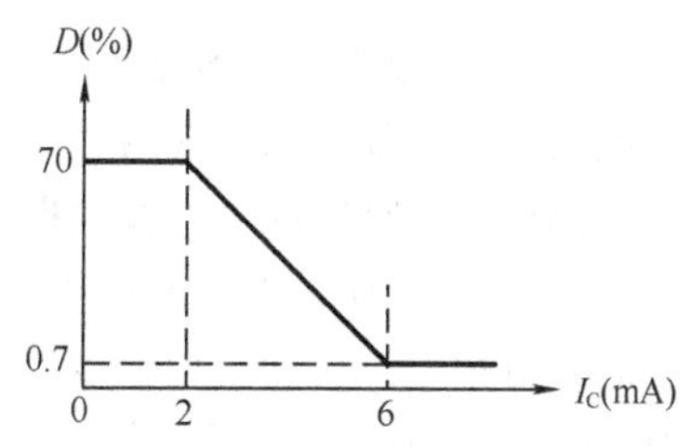

图 8-32 控制电流与占空比的关系

VD_1为钳位二极管，R_1、C_3组成吸收电路，用于箝位并吸收高频变压器关断时漏感产生的尖峰电压，对IC_1起到保护作用。C_8、C_9是控制电压旁路滤波电容，C_9同时与R_3组成控制环路补偿电路，决定电路自动重启动时间。R_4是光耦发射管的限流电阻，R_5为稳压二极管VD_4提供足够的工作电流。

8.4.4 高频整流滤波电路

高频变压器次级线圈T_{-2}上的 100 kHz 高频脉冲电压，经整流滤波后成为+12V 直流电压输出。为降低整流管损耗、提高高频脉冲电压整流效率，整流二极管VD_2采用肖特基二极管 MBR1060。

C_4、R_2组成 RC 吸收网络，并联在VD_2两端，能够消除高频自激振荡，减小射频干扰。C_5、L_2和 C_6组成Π型 LC 滤波器，能较好地滤除高频脉冲成分，输出纯净的直流电压。如需要其他输出电压值，改变高频变压器 T 初、次级的圈数比和VD_4的稳压值即可。

8.5 倒计时定时器

倒计时定时器的用途很广泛，可以用作定时器，控制被定时的电器的工作状态，定时开或者定时关，最长定时时间 99 分钟，在定时的过程中，随时显示剩余时间。还可以用作倒计时计数，最长倒计时时间 99 秒，由两位数码管直观显示倒计时计数状态。

8.5.1 电路图总体分析

图 8-33 为倒计时定时器的电路图。电路采用数字集成电路，因此电路简洁、制作调试容易。

倒计时定时器的主要技术指标为：① 最大计时数“99”，计时间隔为“1”；② 计时单位为秒或分，由选择开关控制；③ 倒计时初始时间可以预置；④ 两位 LED 数码管显示；⑤ 倒计时终了时有提示音；⑥ 同时具有“通”“断”两种控制形式。

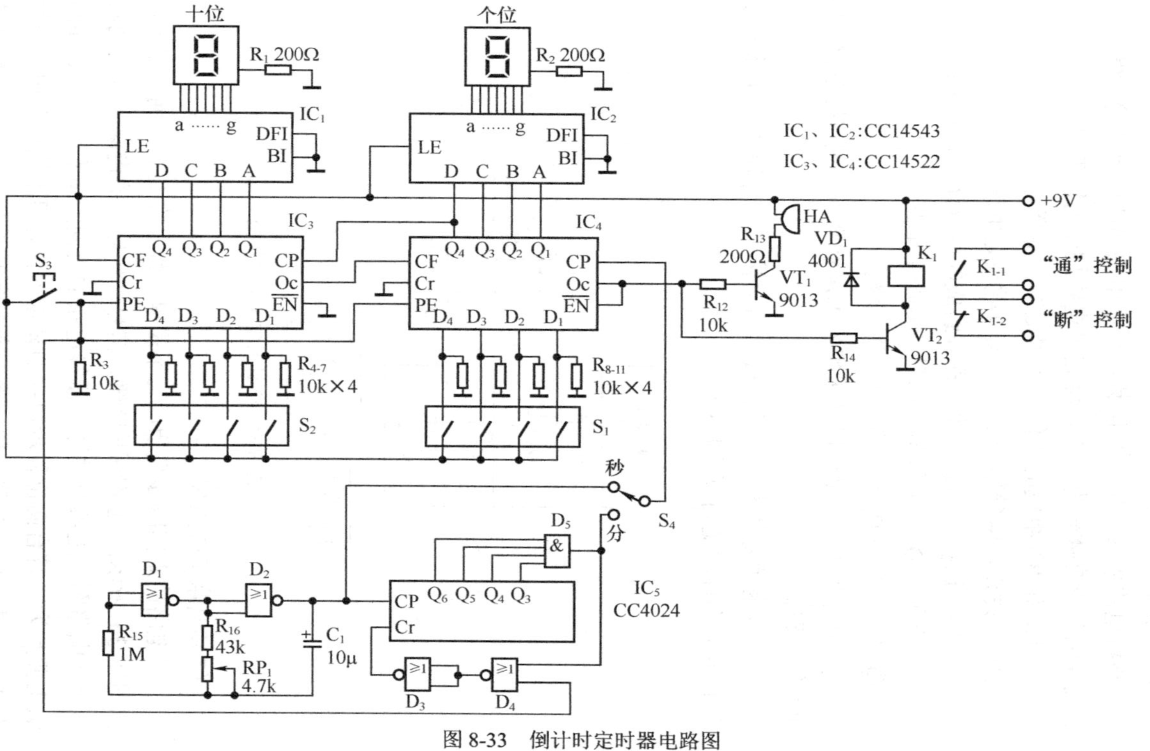

图 8-33 倒计时定时器电路图

（1）电路结构

整机电路中共使用了 7 块数字集成电路和两个晶体管，我们可以以集成电路或晶体管为核心，将整机电路划分为以下单元。

① IC_3 和 IC_4 组成的两位可预置数减计数器。

② 开关 S_1、S_2 等组成的两位预置数设定电路。

③ IC_1、IC_2 以及 LED 数码管等组成的两位译码显示电路。

④ 或非门 D_1、D_2 等组成的秒信号产生电路。

⑤ IC_5、与门 D_5 等组成的 60 分频器。

⑥ 晶体管 VT_1、VT_2 以及报警器 HA 和继电器 K_1 等组成的提示和执行电路。

S_1、S_2 为预置数设定开关，S_3 为启动按钮，S_4 为秒/分选择开关。图 8-34 为倒计时定时器方框图。

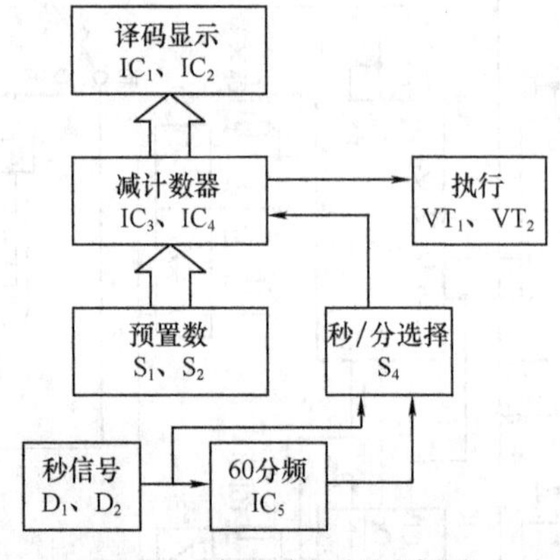

图 8-34 倒计时定时器方框图

（2）电路工作原理

该电路的走向略显复杂，它不是单一地从左到右，而是呈 S 状，如图 8-35 所示。电路图下半部分信号产生电路的走向为从左到右再向上。电路图左上部分减计数器等电路的走向为从右到左，这样的画法主要是为了符合两位显示数字的视觉习惯，即十位在左边，个位在右边，以便于分析电路。电路图右部执行电路的走向又为从左到右。

倒计时定时器的核心是可预置数减计数器 IC_3、IC_4，其初始数由拨码开关 S_1、S_2 设定，其输出状态由 BCD 码-7 段译码器 IC_1、IC_2 译码后驱动 LED 数码管显示。或非门 D_1、D_2 产生的秒信号脉冲，以及经 IC_5 等 60 分频器后得到的分信号脉冲，由开关 S_4 选择后作为时钟脉冲送入减计数器的 CP 端。

当按下启动按钮 S_3 后，S_1 与 S_2 设定的预置数进入减计数器，数码管显示出该预置数。然后减计数器就在时钟脉冲 CP 的作用下作减计数，数码管亦作同步显示。

当倒计时结束，减计数器显示为“00”时，输出高电平使 VT_1、VT_2 导通，继电器 K_1 吸合，其常开接点 $K_{1\text{-}1}$ 闭合，接通被控电器；其常闭接点 $K_{1\text{-}2}$ 断开，切断被控电器。同时，自带音源报警器 HA 发出提示音，如图 8-36 所示。

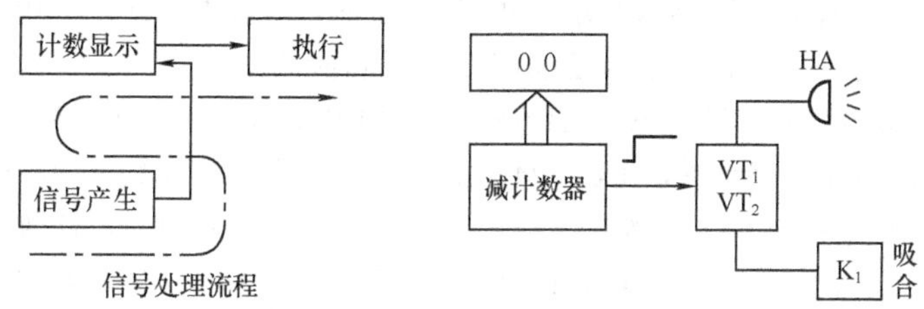

图 8-35 倒计时定时器电路图的走向

图 8-36 倒计时结束时

8.5.2 门电路多谐振荡器

CMOS 门电路输入阻抗很高，组成多谐振荡器容易获得较大的时间常数，尤其适用于低频时钟振荡电路。图 8-33 中，或非门 D_1、D_2 等组成多谐振荡器，产生秒信号脉冲，振荡周期 $T = 1\text{s}$。

如图 8-37 所示，当 B 点由“0”变为“1”时，由于电容器 C_1 两端电压不能突变，C 点也为“1”，R_{15} 使 D_1 输入端为“1”。随着 C_1 的充放电，C 点电位逐渐下降，当降至或非门的阈值（约为 $\frac{1}{2}V_{DD}$）时，A 点变为“1”，B 点变为“0”，C 点也为“0”，并开始反向充放

电。如此循环形成振荡，振荡周期 $T \approx 2.2 (R_{16} + RP_1) C_1$。$R_{15}$ 是补偿电阻，可提高振荡频率的稳定度。

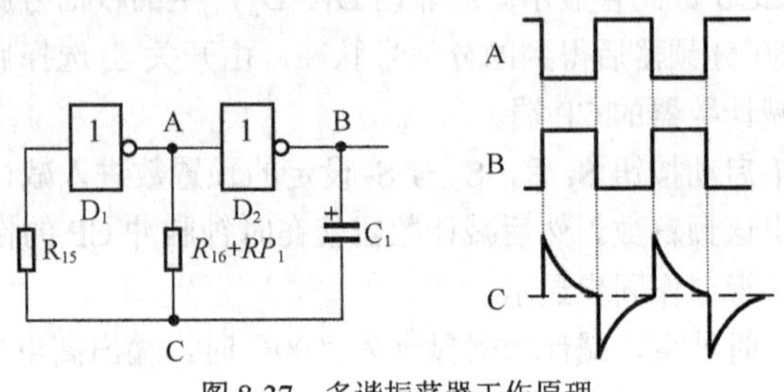

图 8-37　多谐振荡器工作原理

8.5.3　60 分频器

当倒计时定时器以“分”为计时单位时，需要每分钟 1 个脉冲的时钟信号，它是由秒信号经过 60 分频后得到的。

60 分频器电路由 IC_5、D_5 等组成，如图 8-38（a）所示。IC_5 采用 7 位二进制串行计数器 CC4024，Q_1～Q_7 分别为 7 位计数单元的输出端。从图 8-38（b）计数状态表可见，当第 60 个脉冲到达，计数状态为“0111100”时，与门 D_5 输出一高电平使 IC_5 清零，计数状态回复为“0000000”，并开始新的一轮计数。D_5 输出信号的频率为输入信号频率的 1/60，实现了 60 分频。

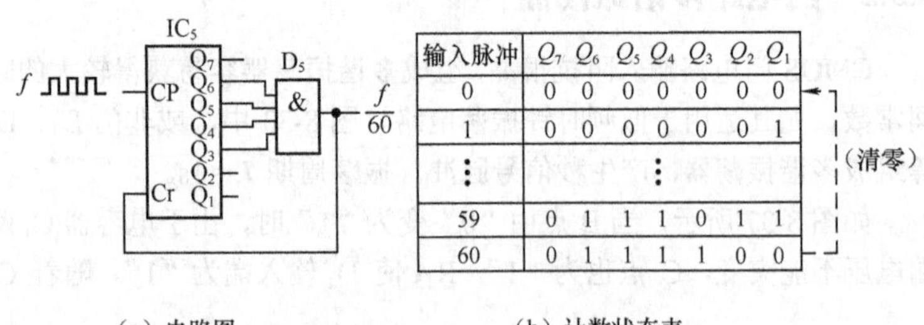

输入脉冲	Q_7	Q_6	Q_5	Q_4	Q_3	Q_2	Q_1
0	0	0	0	0	0	0	0
1	0	0	0	0	0	0	1
⋮				⋮			
59	0	1	1	1	0	1	1
60	0	1	1	1	1	0	0

（a）电路图　　（b）计数状态表

图 8-38　60 分频器

8.5.4 减计数器

两位可预置数减计数器由两块 CC14522 组成。CC14522 是可预置数的二-十进制$\frac{1}{N}$计数器，各引脚功能如图 8-39 所示。IC_3、IC_4的预置数输入端D_1～D_4的状态由拨码开关S_1、S_2设定，开关断开为“0”、闭合为“1”。

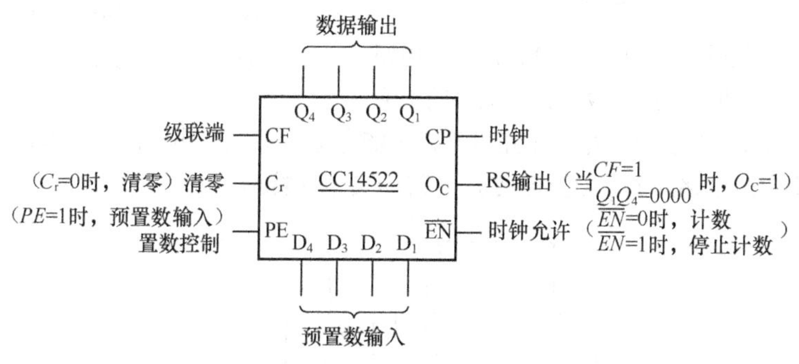

图 8-39 CC14522 引脚功能

当按下启动按钮S_3时，高电平加至IC_3和IC_4的“PE”端，使设定的预置数进入计数器中，然后计数器就在时钟脉冲作用下进行减计数。

（1）当个位计数器（IC_4）减到“0000”时，再输入一个时钟脉冲，就跳变为其最高位“1001”，Q_4端输出一“1”脉冲（可理解为借位信号）使十位计数器（IC_3）减 1。

（2）当十位计数器减至“0000”时，O_C端变为“1”，使个位计数器的 CF 端为“1”。

（3）当个位计数器再减至“0000”时，O_C端变为“1”，并使本位的$\overline{EN}$端为“1”，计数停止。个位计数器的O_C端为两位可预置数减计数器的输出端。

8.5.5 译码显示电路

两位可预置数减计数器的输出状态由译码显示电路显示。译码器

IC_1、IC_2 采用 BCD-7 段锁存译码集成电路 CC14543，将减计数器 IC_3、IC_4 输出端（Q 端）的 4 位 BCD 码（二-十进制 8421 码）译码后，驱动 7 段 LED 数码管显示，如图 8-40 所示。由于采用共阴数码管，所以 IC_1、IC_2 的 DFI 端接地。R_1、R_2 为数码管限流电阻。

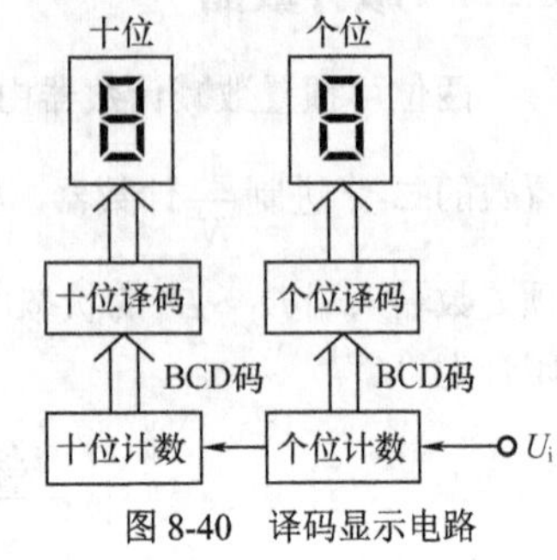

图 8-40　译码显示电路

8.5.6　电源电路

整机使用+9V 单电源工作。在电路图中，通常不画出数字集成电路的电源接线端，但在分析电源电路时千万不能忘记。图 8-33 电路图中，所有数字集成电路的 V_{DD} 端应接+9V、所有 V_{SS} 端应接地，如图 8-41 所示。

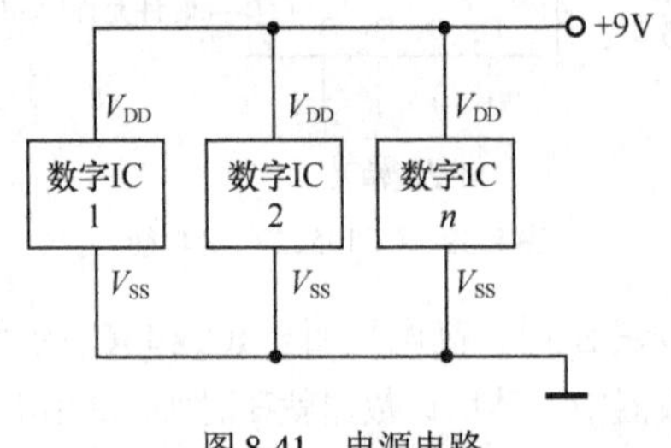

图 8-41　电源电路

8.6　数显温度计

数字显示温度计具有测量范围宽、测量精度高、反应速度快、测量结果直观易读、便于远距离遥测和计算机控制等显著优点，广泛应用于气温测量、体温检测、工农业生产和科学研究中的温度监控等各种场合。

该款数字显示温度计，采用 3 位数字显示，可以测量−50～+100℃的温度，测量误差不大于 0.5℃。该温度计置于案头或挂于墙上，既可以随时指示室内温度，又是一件美化居室的时尚物品。除测量气温外，若将温度传感器用导线连接出来，该数显温度计还可以用于测量水温、体温等。

8.6.1 整机电路原理

数字显示温度计电路结构如图 8-42 方框图所示，由温度传感器、测温电桥、基准电压、模/数转换、译码驱动、LED 数码管显示和电源电路等部分组成，电路图如图 8-43 所示。由于采用了大规模集成电路，所以电路结构简单，工作稳定可靠，制作调试容易，使用效果良好，十分适合业余爱好者自己动手制作。

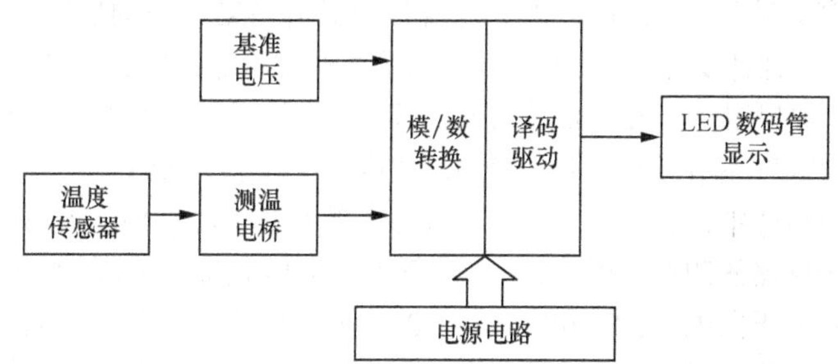

图 8-42 数字温度计方框图

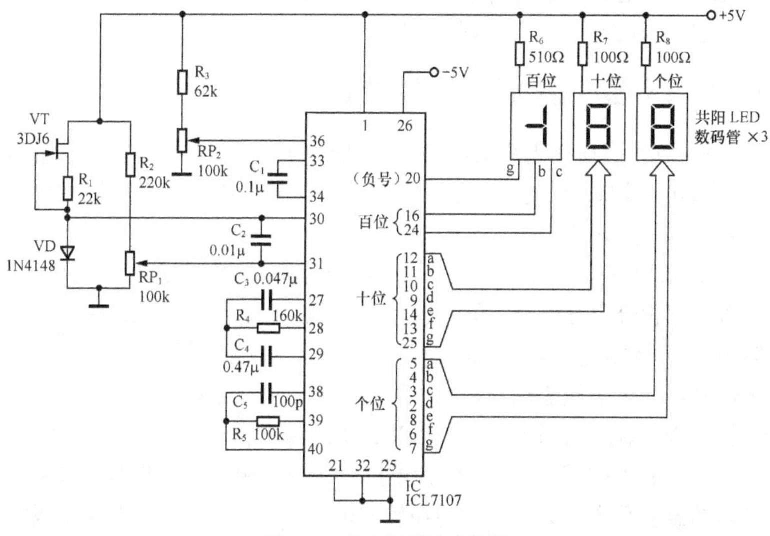

图 8-43 数字温度计电路图

8.6.2 温度测量电路

温度测量电路由温度传感器、测温电桥等组成，其功能是将环境温度转换为电压信号。

温度传感器采用常用的硅二极管 1N4148。我们知道，PN 结的正向压降具有负的温度系数，并且在一定范围内基本呈线性变化，因此，半导体二极管可以作为温度传感器使用。硅二极管 1N4148 的正向压降温度系数约为–2.2mV/℃，即温度每升高 1℃，正向压降约减小 2.2mV，这种变化在–50～+150℃范围内非常稳定，并具有良好的线性度。如果用恒流源为测温二极管提供恒定的正向工作电流，可进一步改善温度系数的线性度，使测温非线性误差小于 0.5℃。

电路图中，VT、R_1、VD、R_2、RP_1 等组成测温电桥。VD 是作为温度传感器的测温二极管。场效应管 VT 与 R_1 构成恒流源，为 VD 提供恒定的正向电流。R_2 和电位器 RP_1 构成电桥的另两个臂。电桥的上下两端点接入直流工作电压，左右两端点（VD 正极、RP_1 动臂）输出代表温度函数的差动信号电压，其中，RP_1 动臂为固定参考电压，VD 正极为随温度变化的函数电压。

8.6.3 模/数转换与译码驱动电路

模/数转换与译码驱动电路由大规模集成电路IC及其外围电路构成，其功能是将测温电桥输出的代表温度函数的模拟信号转换为数字信号，进行处理后去驱动显示电路。

IC 采用三位半双积分 A/D 转换驱动集成电路 ICL7107，其内部包含有双积分 A/D（模/数）转换器、BCD 七段译码器、LED 数码管驱动器、时钟和参考基准电压源等，能够把输入的模拟电压转换为数字信号，并可直接驱动 LED 数码管显示，同时还具有自动调零、自动显示极性、超量程指示等功能。ICL7107 各引脚功能如图 8-44 所示。

ICL7107 的第 30、31 脚为模拟信号输入端。由于测温二极管具有负的温度系数，因此测温电桥输出的差动信号电压中，VD 正极的温度函数电压接入第 30 脚（IN–），而 RP_1 动臂的固定参考电压接入

第 31 脚（IN+）。RP_1 为零点调整电位器。

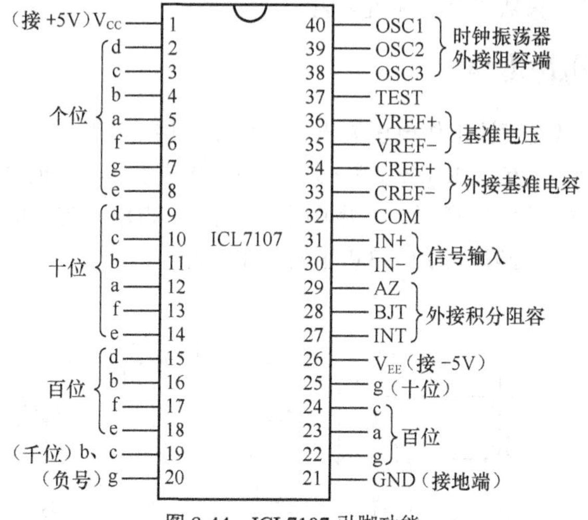

图 8-44 ICL7107 引脚功能

ICL7107 的第 35、36 脚为基准电压端。R_3、RP_2 电路提供的基准电压由第 36 脚输入，调节电位器 RP_2 可改变基准电压。

ICL7107 内的译码驱动电路可控制显示三位半数字，最大显示数绝对值为“1999”。本电路中只使用了其中的个位、十位、百位的“1”和负号的控制输出端。

8.6.4 显示电路

显示电路采用了 3 只 7 段共阳极 LED 数码管，其功能是在 ICL7107 内译码驱动电路的控制下，将温度测量结果显示出来。图 8-45（a）所示为共阳极 LED 数码管笔画，图 8-45（b）所示为其引脚。由于百位的数码管只需要显示“1”和负号，所

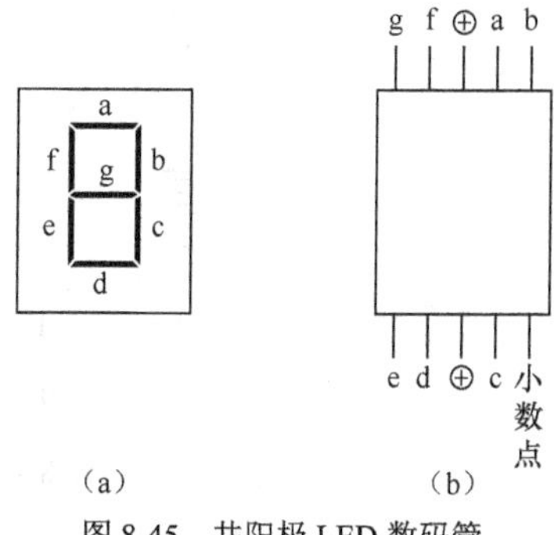

图 8-45 共阳极 LED 数码管

以图 8-43 的电路图中只连接了它的“b、c、g”三个笔画。R_6、R_7、R_8分别是 3 只数码管的限流电阻。

8.6.5 电源电路

该数显温度计工作电压为±5V，可以采用整流稳压电源，电路如图 8-46 所示，IC_1、IC_2分别为+5V 和–5V 集成稳压器。也可以采用电池供电，如图 8-47 所示，利用两个硅二极管 VD_1、VD_2的正向压降，将两组 6V 电池降压为±5.3V 作为工作电源。

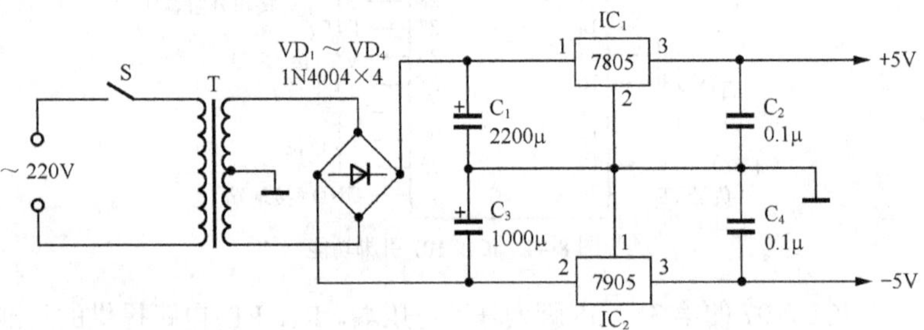

图 8-46　电源电路

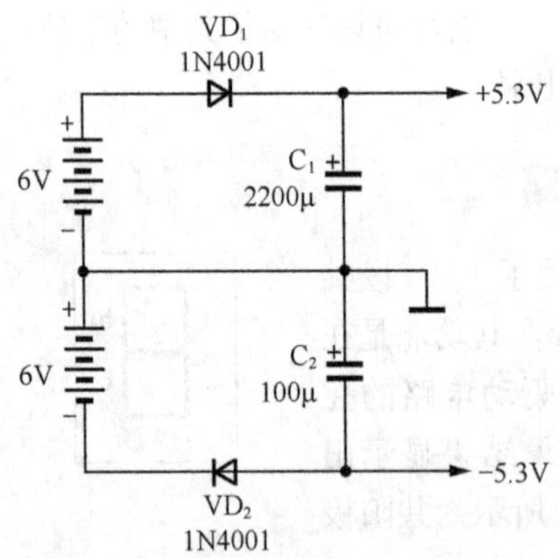

图 8-47　电池供电

8.7 无线电遥控车模

无线电遥控具有可控距离远、可穿透墙体等障碍物、操作方便灵活的特点，在生产、生活、娱乐等各个方面都得到了广泛的应用。随着技术的不断进步，特别是数字电路和集成电路的大量运用，无线电遥控设备的性能和可靠性不断提高，体积和重量越来越小。本节以一款电动汽车模型的遥控电路为例，介绍无线电遥控电路的分析方法。

8.7.1 电路图总体分析

图 8-48 为无线电遥控车模控制电路的电路图，包括发射和接收两大部分。接收控制电路全部采用集成电路，电路集成度高、外围电路简洁、制作简便、工作稳定可靠。

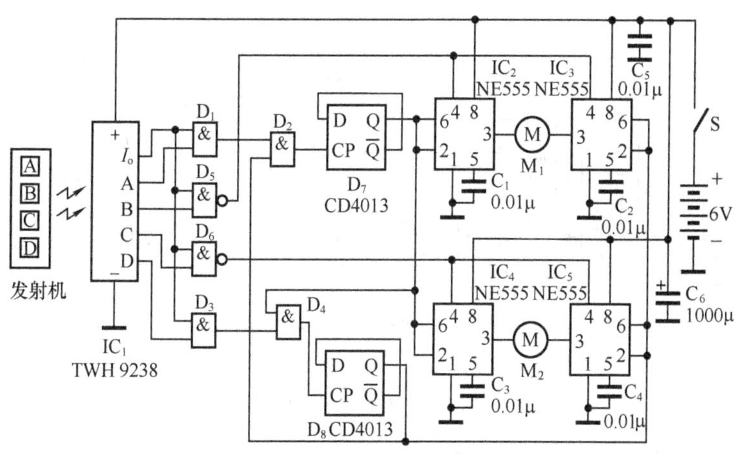

图 8-48 无线电遥控车模控制电路图

（1）整机电路结构

发射电路为一微型无线遥控器。接收控制电路由以下 5 个部分组成。

① 无线电接收模块 IC_1 构成的无线电接收和解码电路，接收遥控

器发出的无线电遥控指令并将其解码为 A、B、C、D 控制信号。

② 与门 D_1、D_3，与非门 D_5、D_6 构成脉冲形成电路，将解码电路输出的控制信号转换为前进（A）、左转弯（B）、右转弯（C）、倒退（D）等控制脉冲。

③ 与门 D_2、D_4 构成的逻辑互锁控制电路，保证电路不会处于同时执行“前进”和“后退”指令的错误状态。

④ D 触发器 D_7、D_8 构成正转、反转控制电路，控制驱动电路的工作状态。

⑤ 555 时基电路 IC_2～IC_5 构成左、右直流电机驱动电路，使直流电机按照指令正转、反转或停转，以实现车模的遥控运动。

（2）控制原理

该车模的前进、倒退、左转弯、右转弯、停车等功能均由遥控器遥控，控制原理如图 8-49 方框图所示。

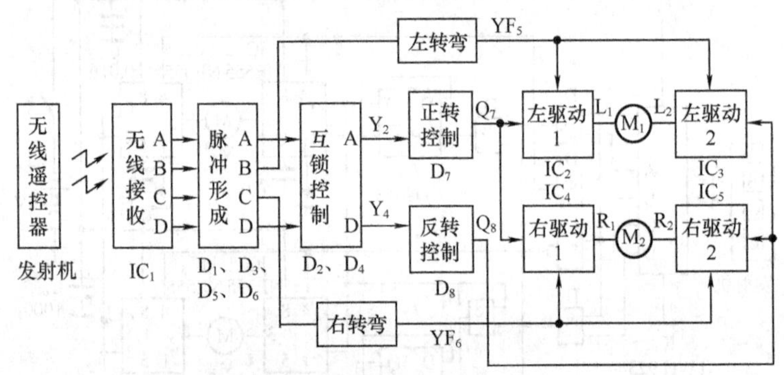

图 8-49　控制原理方框图

静止状态时，左、右各两个驱动器的输出“L_1”“L_2”“R_1”“R_2”均为“0”，左、右直流电机 M_1、M_2 均不转动。

当无线遥控器发出“A（前进）”指令时，无线接收解码器的 A 输出端为“1”，经与门 D_1、D_2 使 D_7 双稳态触发器翻转，$Q_7 = 0$，使 555 施密特触发器 IC_2、IC_4 输出端“L_1”“R_1”均变为“1”，直流电机 M_1 和 M_2 均正转，车模前进。

当无线遥控器发出“D（倒退）”指令时，无线接收解码器的 D 输出端为“1”，经与门 D_3、D_4 使 D_8 双稳态触发器翻转，$Q_8=0$，使 555 施密特触发器 IC_3、IC_5 输出端“L_2”“R_2”均变为“1”，直流电机 M_1 和 M_2 均反转，车模倒车。

在车模运行（前进或倒退）中，当无线遥控器发出“B（左转弯）”指令时，无线接收解码器的 B 输出端为“1”，与非门 D_5 输出端 $YF_5=0$。而 555 施密特触发器 IC_2、IC_3 的复位控制端（第 4 脚）受 D_5 控制，当 $YF_5=0$ 时，IC_2、IC_3 被强制复位，其输出端“L_1”“L_2”均变为“0”，直流电机 M_1 停转（左后轮停转），使车模左转弯。

同理，在车模运行中，当无线遥控器发出“C（右转弯）”指令时，无线接收解码器的 C 输出端为“1”，与非门 D_6 输出端 $YF_6=0$，IC_4、IC_5 被强制复位，其输出端“R_1”“R_2”均变为“0”，直流电机 M_2 停转（右后轮停转），使车模右转弯。

8.7.2 发射电路

无线电遥控器和接收模块采用微型无线电遥控组件，该遥控组件采用数字编码，保密性和抗干扰性都很强，遥控距离可达 100m。遥控器为 4 位微型遥控器，包括控制部分（具有 A、B、C、D 4 个按键）、编码电路、调制电路、高频振荡与发射电路以及内藏式天线，其原理如图 8-50 所示。

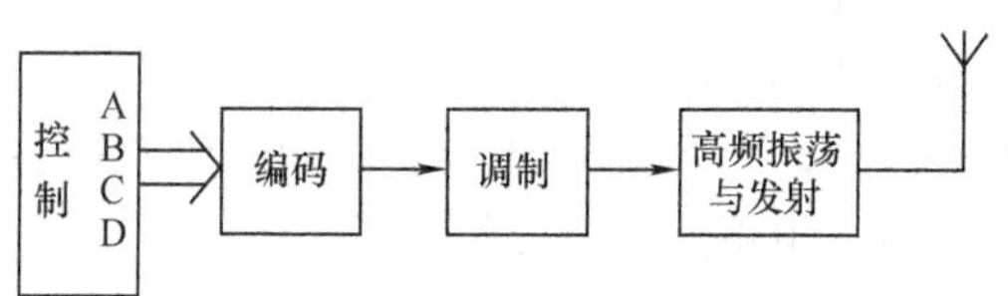

图 8-50 遥控器原理方框图

8.7.3 接收控制电路

接收控制电路包括无线接收模块、脉冲形成电路、正反转控制电路等部分。

（1）无线接收模块

接收电路采用与微型遥控器相配套的接收模块 TWH9238（IC_1），其内部电路结构如图 8-51 所示，由内藏式天线和无线接收电路、放大整形电路、解码电路、锁存电路和输出电路组成，具有 A、B、C、D 4 个锁存输出端，以及 I_o 一个非锁存输出端。

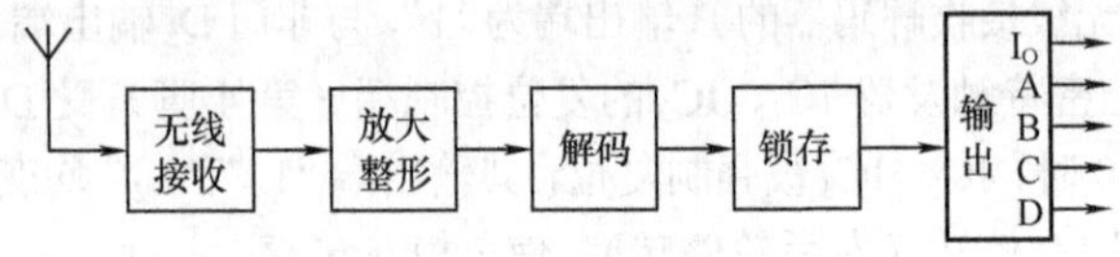

图 8-51　接收模块原理方框图

A、B、C、D 4 个锁存输出端对应遥控器上的 A、B、C、D 4 个按键，任何一个按键按下时 I_o 均输出一窄脉冲。

（2）脉冲形成电路

由于整机控制电路的逻辑需要，必须将无线电接收解码电路的锁存输出转变为非锁存脉冲输出。脉冲形成电路由与门 D_1、D_3 以及与非门 D_5、D_6 构成。

当 A、B、C、D 任一键按下时，其相应端输出为“1”，但由于 I_o 端仅在按键按下的时间内为“1”，因此经过与门或与非门后，A、B、C、D 端输出的便是与按键按下时间相等的控制脉冲。

遥控器上 A 键按下时 D_1 输出为“1”，B 键按下时 D_5 输出为“0”，C 键按下时 D_6 输出为“0”，D 键按下时 D_3 输出为“1”。

（3）正反转控制电路

正反转控制电路均采用了 D 触发器构成的双稳态触发器，如图 8-52（a）所示，电路简单，工作可靠。

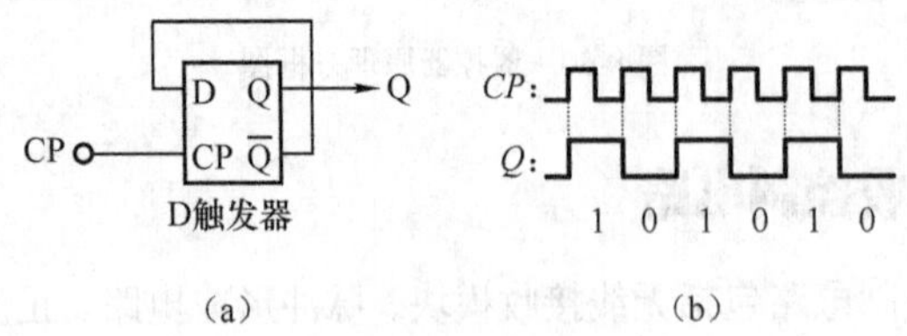

图 8-52　双稳态触发器

D 触发器由时钟脉冲 CP 的上升沿触发，由于 D 触发器的数据输入端 D 直接接在本触发器的 $\overline{Q}$ 输出端，因此每输入一个 CP 脉冲，其输出端（Q 或 $\overline{Q}$）的状态就翻转一次，波形如图 8-52（b）所示。

8.7.4 驱动电路

驱动电路采用 555 时基电路构成的施密特触发器。555 时基电路的置“1”、置“0”触发端（第 2 脚、第 6 脚）并联在一起作为输入端，当输入电压 $U_i \geqslant \frac{2}{3}V_{cc}$ 时，输出端 $U_o = 0$；当 $U_i \leqslant \frac{1}{3}V_{cc}$ 时，输出端 $U_o = 1$。电路及波形如图 8-53 所示。

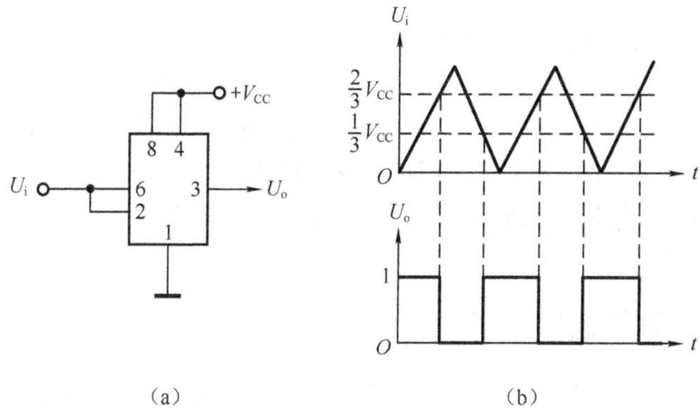

图 8-53 驱动电路

驱动原理分析如下。双极型 555 时基电路具有 200mA 的驱动能力，因此可以直接驱动车模上的直流电机，使得驱动电路完全集成化。驱动电路由四个 555 施密特触发器构成，如图 8-48 所示。

IC_2、IC_3 组成左轮驱动电路，当 IC_2 输出端 $L_1 = 1$ 时，直流电机 M_1 正转，左轮前进。当 IC_3 输出端 $L_2 = 1$ 时，M_1 反转，左轮倒退。当 $L_1 = 0$、$L_2 = 0$ 时 M_1 停转，左轮不动。

同理，IC_4、IC_5 组成右轮驱动电路，控制右轮的前进、倒退和停止。

8.7.5 逻辑互锁电路

车模不可能同时处于既前进又后退的状态，为避免误操作，设置了逻辑互锁控制电路，由与门 D_2、D_4 等构成，如图 8-48 所示。

控制“前进”指令传输的与门 D_2 受反转控制双稳态触发器 D_8 控制，控制“倒退”指令传输的与门 D_4 受正转控制双稳态触发器 D_7 控制。

当车模处于前进状态时，D_7 输出端 $Q_7 = 0$，封闭了 D_4，使得 D 端输出的“倒退”指令不能通过。当车模处于倒退状态时，D_8 输出端 $Q_8 = 0$，封闭了 D_2，使得 A 端输出的“前进”指令不能通过。从而保证电路不会处于同时执行“前进”和“倒退”指令的错误状态。

8.8 LED 应急灯

应急灯的功能是在市电电源发生故障而失去照明时，自动及时提供临时的应急照明。LED 应急灯具有启动快、效率高的特点，广泛应用于机关、学校、商场、展览馆、影剧院、车站码头和机场等公共场所的应急照明。

8.8.1 整体电路分析

图 8-54 为 LED 应急灯电路图，包括整流电源、充电电路、蓄电池、市电检测、光控、电子开关、LED 照明阵列等组成部分。图 8-55 为 LED 应急灯方框图。

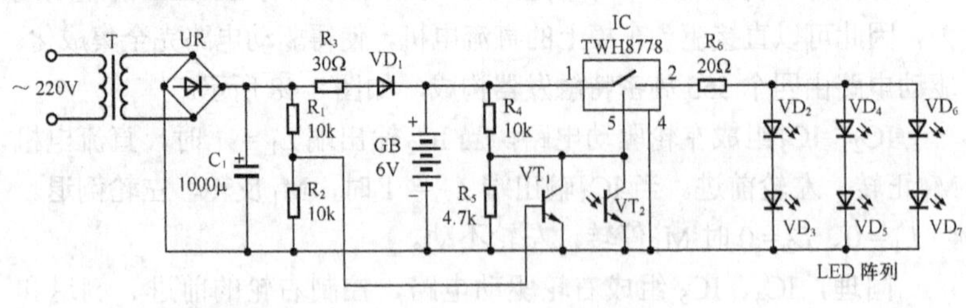

图 8-54 LED 应急灯电路图

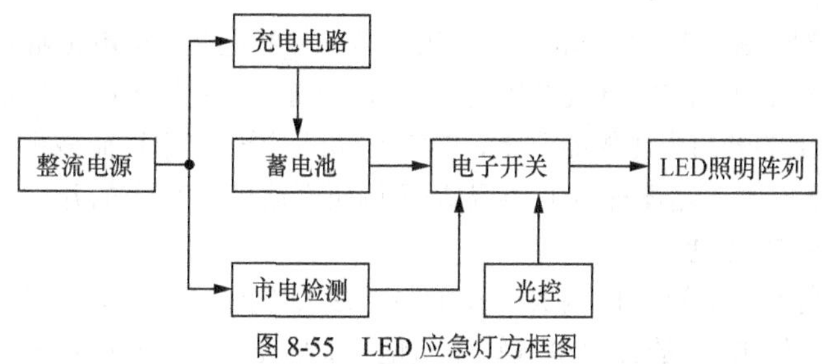

图 8-55 LED 应急灯方框图

LED 应急灯电路的工作原理是，交流 220V 市电经整流电源和充电电路向蓄电池充电，使蓄电池始终处于满电状态。电子开关 IC 控制着 LED 照明阵列的点亮与否。电子开关 IC 同时受市电检测和光控电路的控制，只有当市电缺失（停电或供电电路故障等），同时环境光昏暗时，电子开关 IC 才导通，蓄电池经电子开关 IC 向 LED 照明阵列供电使其点亮。应急灯提供照明时间的长短，取决于蓄电池容量的大小。

8.8.2 整流电源与充电电路

如图 8-54 所示，电源变压器 T、整流全桥 UR 和滤波电容 C_1 组成整流电源电路，将交流 220V 市电转换为 9V 直流电，经 R_3、VD_1 向 6V 蓄电池 GB 充电。R_3 是充电限流电阻。VD_1 的作用是在市电停电时阻止蓄电池向整流电路倒灌电流。

8.8.3 检测与控制电路

控制电路的核心是高速开关集成电路 TWH8778（IC），其内部设有过压、过流、过热等保护电路，具有开启电压低、开关速度快、通用性强、外围电路简单的特点，可方便地连接电压控制和光控等，特别适合电路的自动控制。

TWH8778 的第 1 脚为输入端，第 2 脚为输出端，第 5 脚为控制端。当控制端有 1.6V 以上的开启电压时，TWH8778 导通，电源电压从第 2 脚输出至后续电路。电阻 R_4、R_5 将输入端电压分压后，作为控制端的开启电压。

电阻 R_1、R_2 和晶体管 VT_1 组成市电检测电路。市电正常时，滤波电容 C_1 上的 9V 直流电压经 R_1、R_2 分压后，使晶体管 VT_1 导通，将 R_5 上的开启电压短路到地，TWH8778 因无开启电压而截止。市电因故停电时，晶体管 VT_1 因无基极偏压而截止，R_5 上的开启电压使 TWH8778 导通。

光电三极管 VT_2 构成光控电路。白天光电三极管 VT_2 有光照而导通，将 R_5 上的开启电压短路到地，TWH8778 因无开启电压而截止。夜晚光电三极管 VT_2 无光照而截止，R_5 上的开启电压使 TWH8778 导通。

8.8.4 LED 照明光源

LED（发光二极管）是一种将电能直接转换成光能的半导体器件。

白光 LED 的基本结构如图 8-56 所示，由蓝光 LED 芯片与黄色荧光粉复合而成。蓝光 LED 芯片在通过足够的正向电流时会发出蓝光，这些蓝光一部分被荧光粉吸收激发荧光粉发出黄光，另一部分蓝光与荧光粉发出的黄光混合，最终得到白光。

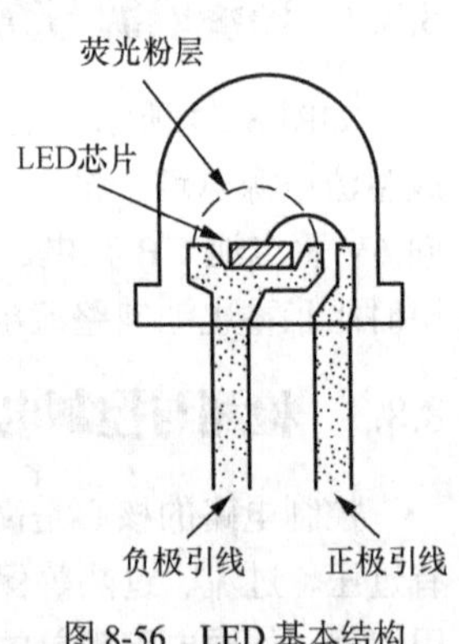

图 8-56 LED 基本结构

6 个高亮度白光 LED（VD_2～VD_7）组成照明阵列，受电子开关 TWH8778 控制。在市电检测电路和光控电路的共同作用下，市电正常时应急灯不亮，蓄电池充电。白天市电断电时应急灯仍不亮。只有在夜晚市电断电时，电子开关 TWH8778 导通，应急灯才点亮。

8.9 彩灯控制器

彩灯控制器能够使彩灯按照一定的形式和规律闪亮，起到烘托节日氛围、吸引公众注意力的作用。

8.9.1 电路图总体分析

图 8-57 为彩灯控制器电路图，主要元器件均采用数字电路，驱动部分采用交流固态继电器，因此具有电路简洁、工作可靠、控制形式多样、使用安全方便的特点。

（1）彩灯控制器的功能

彩灯控制器的主要功能如下：可以控制 8 路彩灯或彩灯串点亮次序，既可以向左（逆时针）移动，也可以向右（顺时针）移动，还可以左右交替移动。起始状态可以预置，移动速度和左右交替速度均可调节。控制电路与负载（使用交流 220V 市电的彩灯）完全隔离。

（2）电路结构

彩灯控制器电路包括以下功能单元。

① 整机的核心是 IC_1 和 IC_2 级联组成的 8 位双向移位寄存器，控制 8 路彩灯依一定规律闪亮。

② 开关 S_1、S_2、SB 等组成的预置数控制电路，控制 8 位移存器的初始状态，即 8 路彩灯的起始状态。

③ 非门 D_5、D_6 等组成的时钟振荡器，为移位寄存器提供工作时钟脉冲。

④ 非门 D_3、D_4、开关 S_3 等组成的移动方向控制电路，控制移位寄存器作左移、右移或左右交替移动。

⑤ 晶体管 VT_1～VT_8、固态继电器 SSR_1～SSR_8 等组成的 8 路驱动执行电路，在移位寄存器输出状态的控制下驱动 8 路彩灯 H_1～H_8 分别点亮或熄灭。

⑥ 变压器 T、整流全桥 UR、集成稳压器 IC_3 等组成的电源电路，为控制电路提供+6V 工作电源。

图 8-58 为整机方框图。可见，彩灯控制器电路图的走向为从左到右，直流电源供电方向为从右到左，与电路图的一般画法一致。

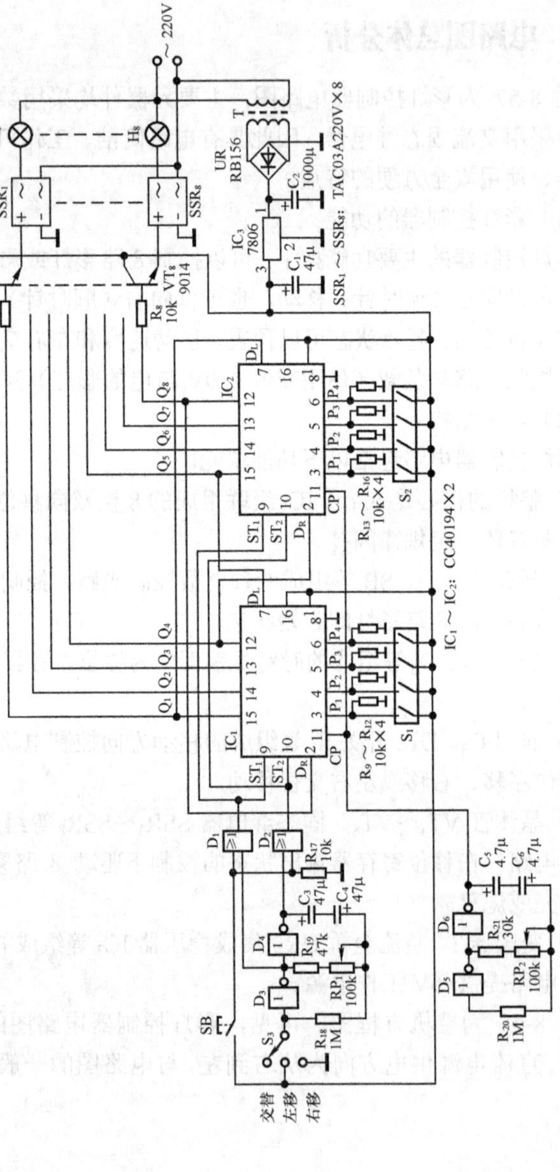

图 8-57　彩灯控制器电路图

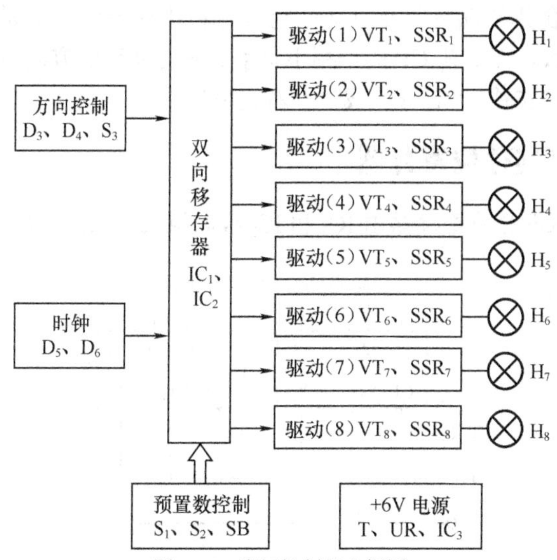

图 8-58　彩灯控制器方框图

（3）简要工作原理

IC_1和IC_2级联组成8位双向移位寄存器，在D_5、D_6产生的时钟脉冲CP的作用下作循环移位运动，如图8-59所示。双向移存器的8个输出端Q_1～Q_8分别经缓冲晶体管VT_1～VT_8控制8个交流固态继电器SSR_1～SSR_8。

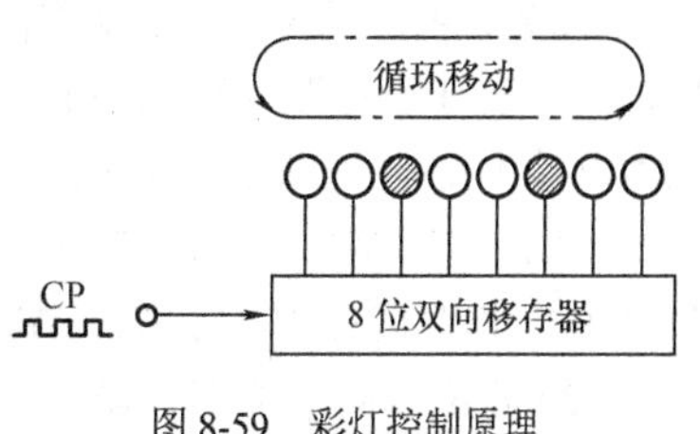

图 8-59　彩灯控制原理

当移位寄存器某Q端为“1”时，与该Q端对应的交流固态继电器SSR接通相应的彩灯H的220V市电电源，使其点亮。当某Q端为“0”时，对应的SSR切断相应彩灯H的电源而使其熄灭。由于Q_1～Q_8的状态在CP作用下不停地移位，所以点亮的彩灯便在H_1～H_8中循环流动起来。

彩灯的初始状态由S_1和S_2预置，预置好后按一下SB将预置数输入，其输出端 Q_1～Q_8 的状态（也就是彩灯 H_1～H_8 点亮的情况）即等于预置数，而后在 CP 的作用下移动。彩灯移动的方向由 S_3 控制，可以选择“左移”“右移”或“左右交替”。

8.9.2 双向移位寄存器

8 位双向移位寄存器由 IC_1 和 IC_2 级联组成，如图 8-60 所示。

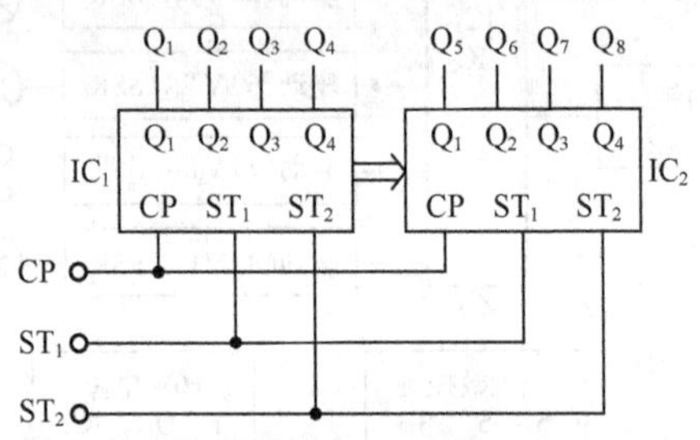

图 8-60　8 位双向移位寄存器

（1）4 位双向通用移位寄存器

IC_1、IC_2 均采用 4 位双向通用移位寄存器 CC40194，其功能较强，既可以左移，也可以右移；既可以串行输入，也可以并行输入；既可以串行输出，也可以并行输出。

CC40194 具有 4 个输出端 Q_1～Q_4，具有 4 个并行数据输入端 P_1～P_4、一个左移串行数据输入端 D_L 和一个右移串行数据输入端 D_R，还具有 2 个状态控制端 ST_1 和 ST_2。

当两状态控制端 ST_1、ST_2 = “01” 时，移存器左移。当 ST_1、ST_2= “10” 时，移存器右移。当 ST_1、ST_2 = “11” 时，预置数并行输入移存器。

（2）8 位双向移位寄存器

将两片 CC40194 级联即可组成 8 位双向移位寄存器，如图 8-57 所示。

① 右移时，数据按 $Q_1 \to Q_2 \to Q_3 \to Q_4 \to Q_5 \to Q_6 \to Q_7 \to Q_8$ 的方向移动，Q_8 的信号又经右移串行数据输入端 D_R 输入到 Q_1，形成循环。

② 左移时，数据按 $Q_8 \to Q_7 \to Q_6 \to Q_5 \to Q_4 \to Q_3 \to Q_2 \to Q_1$ 的方向移动，Q_1 的信号又经左移串行数据输入端 D_L 输入到 Q_8，形成循环。

图 8-61 为循环移位示意图。

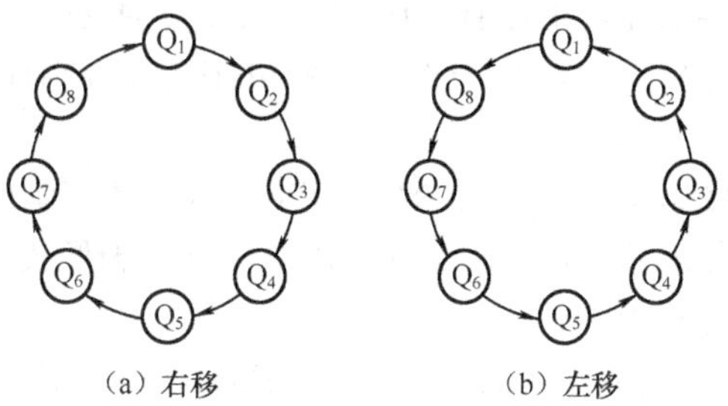

（a）右移　　（b）左移

图 8-61　循环移位示意图

8.9.3　控制电路

控制电路包括预置数控制电路、移动方向控制电路和移动速度控制电路等。

（1）预置数控制电路

预置数控制电路由两个 4 位地址开关 S_1、S_2 和按钮开关 SB 等组成，用于设置移存器的初始状态，即彩灯的起始状态。

每个地址开关中包含 4 只开关，如图 8-57 中的接法，开关闭合时为“1”，开关断开时为“0”，可根据要求设置。

移存器的两个状态控制端 ST_1、ST_2 分别由或门 D_1、D_2 控制。当按下预置数按钮开关 SB 时，“1” 电平（+6V）加至 D_1、D_2 输入端，D_1、D_2 输出均为“1”，使 ST_1、ST_2 = “11”，设置好的预置数并行进入移存器，如图 8-62 所示。

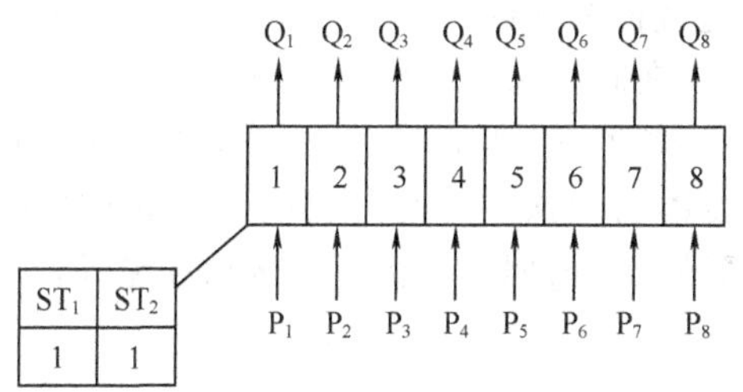

图 8-62　预置数控制原理

例如，设置 P_1～P_8 为“11100110”，按下 SB 时，Q_1～Q_8 便成为“11100110”，H_1、H_2、H_3、H_6、H_7 亮，H_4、H_5、H_8 灭。当松开 SB 时，$ST_1 \neq$ “11”、$ST_2 \neq$ “11”，移存器便在 CP 作用下使预置状态移动。

（2）移动方向控制电路

移存器移动方向由 ST_1、ST_2 的状态决定。为了实现左右交替移动，电路中设计了一个由非门 D_3、D_4 等组成的超低频多谐振荡器，并由选择开关 S_3 控制。

当 S_3 将 D_3 输入端接地时，多谐振荡器停振，使 ST_1、ST_2 为“10”，移存器右移，如图 8-63（a）所示。

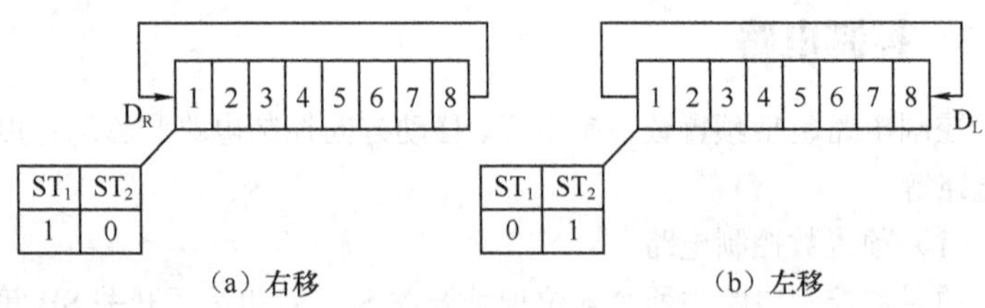

图 8-63　移动方向控制原理

当 S_3 将 D_3 输入端接+6V 时，多谐振荡器仍停振，但不同的是 ST_1、ST_2 为“01”，移存器左移，如图 8-63（b）所示。

当 S_3 悬空时，多谐振荡器起振，使 ST_1、ST_2 在“01”和“10”之间来回变化，移存器便左移与右移交替进行。电位器 RP_1 用于调节振荡周期、改变左右移动的交替时间，交替时间可在 2.5～7.5s 范围内选择。C_3、C_4 两电解电容器反向串联，等效为一个无极性电容器。

（3）移动速度控制电路

双向移存器在时钟脉冲 CP 作用下工作，时钟频率的高低决定了移存器的移动速度。时钟脉冲由非门 D_5、D_6 组成的多谐振荡器产生，调节 RP_2 可使振荡周期在 150～670ms（振荡频率为 6.5～1.5Hz）范围变化。RP_2 阻值越大，振荡周期越长，移存器移动速度越慢。

8.9.4 固态继电器驱动电路

驱动电路采用8路交流固态继电器SSR，分别控制8路彩灯或彩灯串。交流固态继电器内部采用光电耦合器传递控制信号、双向晶闸管作为控制元件，如图8-64所示。

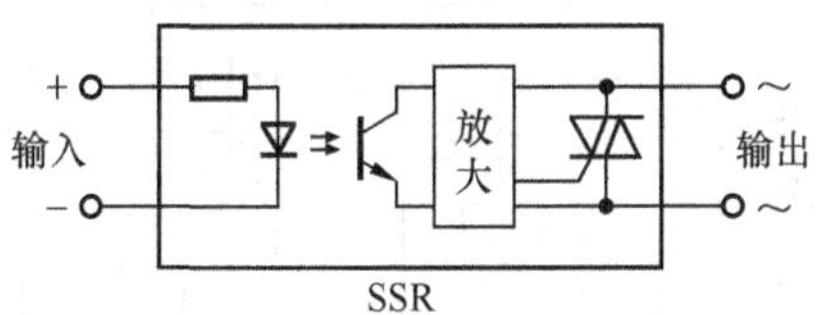

图8-64 交流固态继电器原理

以第一路驱动电路为例，当 $Q_1=1$ 时，VT_1 导通，+6V 控制电压加至交流固态继电器 SSR_1 输入端，SSR_1 两输出端间导通，接通彩灯 H_1 的交流220V电源，彩灯 H_1 亮。当 $Q_1=0$ 时，VT_1 截止，SSR_1 因无控制电压其两输出端间亦截止，切断彩灯 H_1 的交流220V电源，彩灯 H_1 灭。

采用交流固态继电器驱动彩灯，使得控制电路与交流220V市电完全隔离，十分安全。彩灯控制器接交流220V市电的两接线端不必区分相线与零线，使用很方便。

8.10 数字频率计

数字频率计具有测量精度高、读数直观、使用方便的优点。采用模拟石英钟集成电路和CMOS数字集成电路设计制作数字频率计，具有性能好、成本低、制作方便、调试简单的特点。

8.10.1 整机电路工作原理

图8-65为数字频率计电路图，电路中使用了16个数字集成电路和1个模拟集成电路，这些集成电路是构成数字频率计电路的核心器件。图8-66为电路原理方框图。

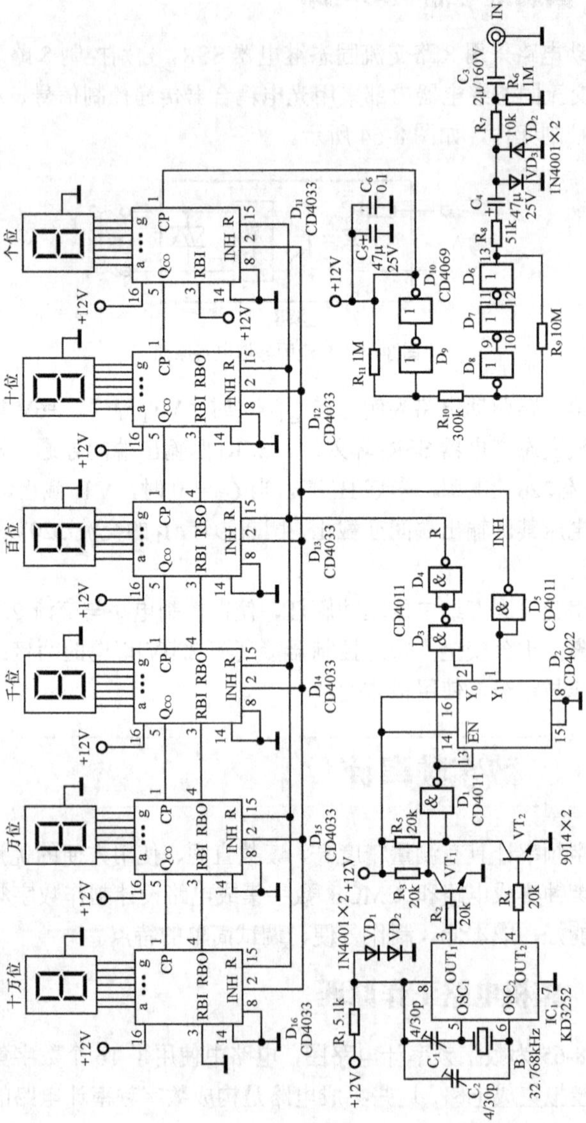

图 8-65　数字频率计电路图

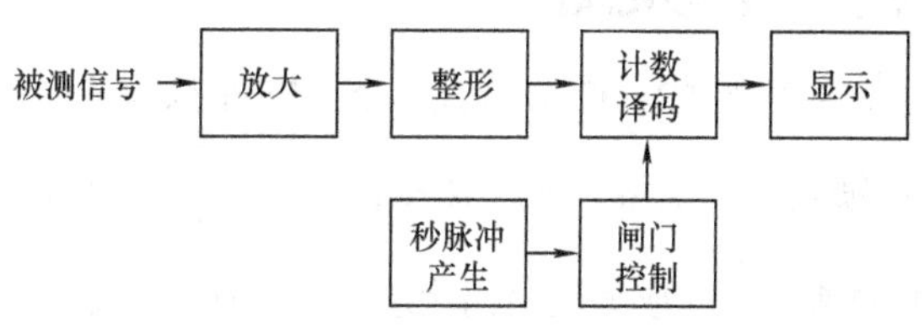

图 8-66 数字频率计方框图

数字频率计主要性能指标是：① 测量范围：1～999999Hz；② 分辨率：1Hz；③ 输入灵敏度：小于 30mV（有效值）；④ 输入阻抗：大于等于 1MΩ；⑤ 输入波形：正弦波、方波、三角波等；⑥ 最高输入电压：50V；⑦ 测量误差：±1Hz；⑧ 显示方式：6 位 LED 数码管显示（消隐无效零）。

（1）电路构成

数字频率计电路由以下 6 个单元电路组成。

① 非门 D_6～D_8 等构成的放大电路，其作用是放大被测信号。

② 非门 D_9、D_{10} 等构成的整形电路，其作用是将被测信号数字化。

③ 十进制计数/7 段译码器 D_{11}～D_{16} 等构成的计数译码电路，其作用是对被测信号进行测量和译码。

④ 6 个 LED 数码管构成的显示电路，其作用是显示测量结果。

⑤ 模拟石英钟集成电路 IC_1 等构成的秒脉冲产生电路，其作用是提供标准秒脉冲。

⑥ 八进制计数/分配器 D_2 等构成的闸门控制电路，其作用是形成计数显示电路所需的控制脉冲。

（2）简要工作原理

数字频率计电路简要工作原理是：被测信号经放大、整形后，送入计数器进行计数；秒脉冲产生电路产生标准秒脉冲，经闸门控制电路形成控制信号，控制计数器的工作模式；计数结果由数码管直接显示出来。

8.10.2 放大与整形电路

放大电路由三级 CMOS 非门 D_6、D_7、D_8 串联构成，R_8 为输入电阻，R_9 为反馈电阻，电路的电压放大倍数 $A = \frac{R_9}{R_8} = 200$ 倍，足以将 30mV 以上的信号电压放大至限幅状态，满足计数测量电路的要求。

采用 CMOS 非门构成模拟信号放大器，具有输入阻抗高、功耗低、简单可靠、无需调试的特点，同时也可减少电路中使用集成电路的种类。

整形电路是由非门 D_9、D_{10} 和电阻 R_{10}、R_{11} 构成的施密特触发器，其功能是将被测模拟信号变换成为边沿陡峭的方波脉冲送入计数器。放大与整形电路的工作原理如图 8-67 所示。

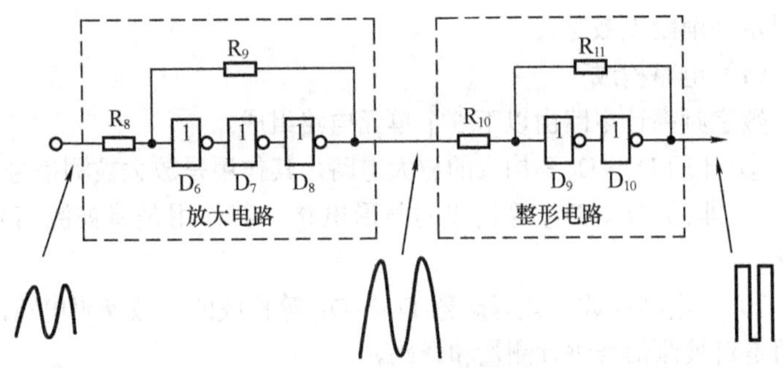

图 8-67 放大与整形电路

8.10.3 计数显示电路

计数显示电路是由十进制计数/7 段译码器 CD4033（D_{11}～D_{16}）和 LED 数码管组成的 6 位十进制计数显示器，如图 8-68 所示。CD4033 内部包括十进制计数器和 7 段译码器两部分，译码输出可以直接驱动 LED 数码管。

R 为清零端，当 $R = 1$ 时，计数器全部清零。

INH 端接闸门控制信号，当 $INH = 0$ 时，计数器计数；当 $INH = 1$ 时，停止计数，但显示的数字被保留。

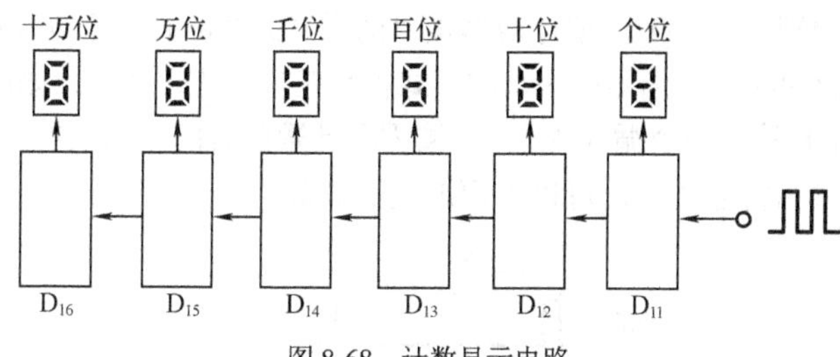

图 8-68 计数显示电路

电路中，CD4033 的 RBI 与 RBO 端多位级连，作用是自动消隐无效零。例如，计数状态为“000450”，电路将自动消隐左边三位无效零，显示为“450”，以符合人们的习惯，如图 8-69 所示。

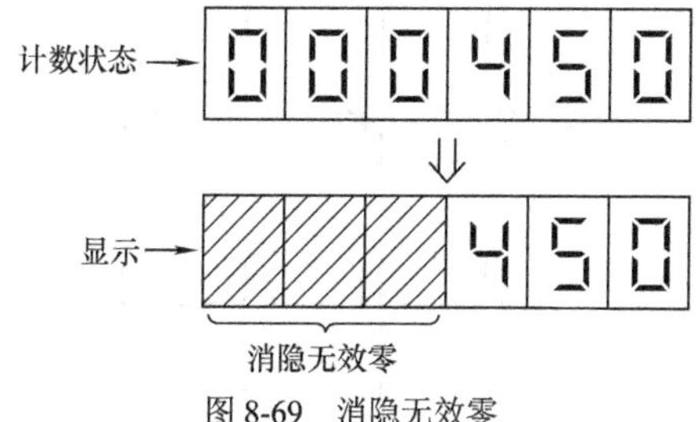

图 8-69 消隐无效零

8.10.4 秒脉冲产生和闸门控制电路

秒脉冲产生电路由模拟石英钟集成电路 IC_1、晶体管 VT_1、VT_2 和与非门 D_1 等构成。模拟石英钟集成电路 KD3252 内含 32.768kHz 晶振、多级分频、放大驱动电路等，步进电机的两个引脚 OUT_1、OUT_2 交替输出窄脉冲信号，脉宽 31.2ms，周期 2s，OUT_1 与 OUT_2 输出脉冲时差 1s。

由于石英钟电路工作电压为 1.4V，而整个系统工作电压为 12V，因此用 VT_1、VT_2 进行逻辑电平变换并反相，再通过与非门 D_1 输出周期 1s 的窄脉冲串。各点波形如图 8-70 所示。

闸门控制电路由八进制计数/分配器 CD4022（D_2）和与非门 D_3、D_4、D_5 构成。秒脉冲信号经闸门控制电路处理后，形成清零信号 R

和闸门控制信号 INH，使计数器按“清零（31.2ms）→计数（1s）→显示（6.9688s）→清零……”的模式循环工作，其时间关系如图 8-71 所示。在 8 秒的一个循环周期中，清零和计数的时间一共只有 1 秒多，而显示时间将近 7 秒，可以方便地读取读数。

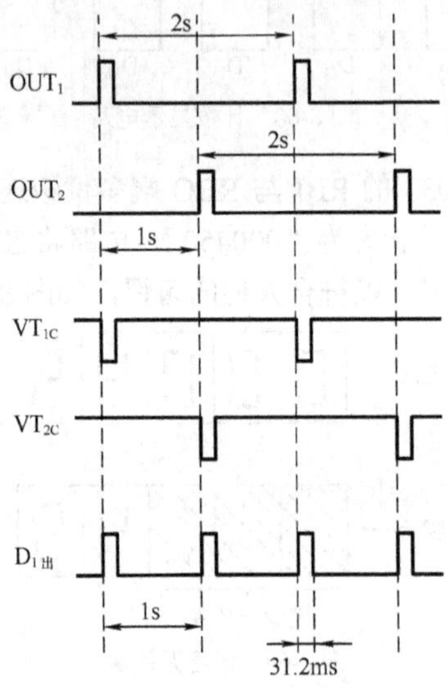

图 8-70　秒脉冲产生电路波形

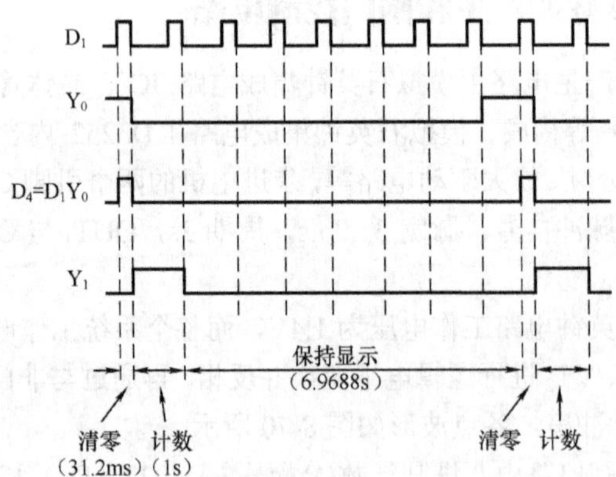

图 8-71　闸门控制信号波形